延迟焦化运行技术交流会论文集
（2025年）

周建华　主编

中国石化出版社
·北京·

内容提要

本书围绕“碳材料与延迟焦化技术”主题，收录了58篇高水平学术论文，内容涵盖石油焦综合利用、延迟焦化工艺优化、碳材料新产品研发、装置智能化与节能环保等热点领域。本书兼具前沿技术分析与实际生产案例，既反映了行业在重油轻质化和高端碳材料制备方面的最新进展，也总结了长周期运行、降本增效等关键问题的解决方案，具有较强的学术价值和实践指导意义。

本书可供炼油行业工程技术人员、科研院所研究人员、高校相关专业师生，以及碳材料生产与应用相关人士学习参考。

图书在版编目(CIP)数据

延迟焦化运行技术交流会论文集.2025年/周建华主编. — 北京：中国石化出版社，2025. 8. — ISBN 978-7-5114-8077-4

Ⅰ. TE624. 3-53

中国国家版本馆 CIP 数据核字第 2025TP8505 号

中国石化出版社出版发行

地址:北京市东城区安定门外大街 58 号

邮编:100011 电话:(010)57512500

发行部电话:(010)57512575

http://www. sinopec-press. com

E-mail:press@ sinopec. com

北京艾普海德印刷有限公司印刷

全国各地新华书店经销

*

787 毫米×1092 毫米 16 开本 22 印张 514 千字

2025 年 8 月第 1 版　2025 年 8 月第 1 次印刷

定价:298. 00 元

前　　言

在全球能源格局加速演变、环保标准持续攀升的大背景下，炼油行业正处于转型发展的关键时期。延迟焦化作为重油轻质化和碳材料生产的关键技术，凭借其流程相对简单、投资成本较低、原料适应性强等独特优势，在炼油工业中占据着不可替代的重要地位，对保障能源供应、提升资源利用效率意义深远。中国石化作为世界第一大炼油公司，拥有焦化装置共计34套，分布在24家炼油企业；设计能力3790万t/a，改造后实际加工能力4625万t/a，2024年总加工量3810万t。

近年来，随着原油重质化、劣质化趋势的不断加剧，特别是负极材料、预焙阳极等专用石油焦的质量和用量不断攀升，焦化装置功能不再是单一的重油轻质化，更是生产碳材料产品的重要角色。因此，延迟焦化装置面临着愈发严苛的原料条件和更高的生产工艺要求。中国石化延迟焦化技术交流会是全国炼油行业延迟焦化技术领域最重要的学术交流活动与专业会议之一，为促进炼油生产、科研、设计等单位之间的技术交流，提高国内炼油企业延迟焦化装置运行水平发挥了积极作用。

本届年会论文集收录了近年来中国石化炼油生产、科研、设计单位有关焦化装置生产运行情况等论文共58篇，内容丰富、涵盖面广，涉及延迟焦化技术的多个维度。既有对最新碳材料工艺技术进展的深度剖析，也有对实际生产中遇到的难题及解决方案的详细阐述；既有对设备维护与管理经验的分享，也有对未来发展趋势的前瞻性探讨。这些论文均是作者们在长期科研和生产实践中积累的宝贵经验与创新成果，代表了当前延迟焦化运行技术的前沿水平，对行业内的技术人员、科研工作者以及相关企业具有极高的参考价值和指导意义。

展望未来，随着新能源技术的不断进步，对碳材料的需求和质量要求会不断提升，延迟焦化行业机遇与挑战并存。我们坚信，通过行业内全体同仁的携手奋进、持续创新，一定能够攻克更多技术难题，推动延迟焦化技术迈向新的高度，为石油炼化行业的高质量发展注入源源不断的动力，在保障国家能源安全、促进经济社会可持续发展的征程中书写更加辉煌的篇章。

周建华

2025 年 7 月

目　录

综　述

产品结构调整、转型升级及新技术应用

降本增效及长周期运行

装置改造、设备防腐及故障分析

产品及技术研发

数智化、节能减排技术

综　　述

石油焦综合利用研究进展

李　杰

（中国石化石家庄炼化公司　河北石家庄 050000）

摘　要　石油焦作为炼油厂延迟焦化装置的主要产品，提升石油焦的附加值，对于炼油厂整体提质增效意义重大。本文围绕石油焦在负极材料、预焙阳极、冶炼燃料等领域的应用展开，分析各领域应用原理、技术进展及面临挑战，并对未来发展方向进行展望，旨在推动石油焦综合利用技术的进一步发展。

关键词　石油焦；综合利用；负极材料；预焙阳极；冶炼燃料

1　引言

石油焦是重质油在高温下，经过裂解、缩合等一系列反应，生成的无定形固体，其含碳量在90%~97%（质量分数）[1]。石油焦具有“一稳、二低、三高”（性质和组成比煤相对稳定；低灰分、低挥发分；碳高、硫高、发热量高）的特点[2]。石油焦的综合利用不仅能够提高资源利用率，降低生产成本，还能减少环境污染，符合可持续发展的理念。目前，石油焦在多个领域得到应用，本文将详细阐述其在负极材料、预焙阳极、冶炼燃料等方面的研究进展。

2　石油焦概述

2.1　性质

石油焦外观为黑色或暗灰色固体，带有金属光泽，质地坚硬。其主要化学成分为碳，含量通常在90%~98%，此外还含有少量氢、氮、硫及金属元素等杂质。石油焦的物理性质如密度、硬度、导电性等因种类而异。例如，针状焦密度为1.3~1.4g/cm^3，具有良好的导电性和较低的热膨胀系数；而海绵焦密度较高，可达1.8~2.0g/cm^3，但导电性相对较差。硫含量是影响石油焦品质的重要因素之一，根据硫含量可分为高硫焦（硫含量大于3%）、中硫焦（硫含量在1%~3%）和低硫焦（硫含量小于1%）[3]。高硫焦在燃烧或应用过程中会产生较多含硫污染物，对环境造成危害；低硫焦则更适合用于高端材料制备。

2.2　分类

石油焦的分类方式多样。按焦化方法可分为延迟焦、釜式焦、流化焦和平炉焦，其中延迟焦是目前应用最广泛的类型，其生产过程中渣油在焦炭塔内停留时间长，产品质量相对稳定。按热处理温度分为生焦和煅烧焦，生焦未经煅烧，挥发分和水分含量高，性能不稳定；煅烧焦经过高温煅烧（1200~1400℃），挥发分和水分降低，密度增加，性能得到改善。按结构和外观可分为海绵状焦、蜂窝状焦和针状焦，海绵状焦多孔，强度低，常用于一般工业领域；蜂窝状焦强度较高，适用于对强度要求高的场合；针状焦具有针状结构，石墨化性能优异，是生产高功率和超高功率石墨电极的关键原料。

3　石油焦在负极材料中的应用

3.1　应用原理

在锂离子电池中，负极材料承担着在充放电过程中提供锂离子嵌入和脱出位点的重要职责。石油焦具有较高的理论比容量，为540~740mA · h/g，其独特的碳结构为锂离子的存储和传输创造了良好条件。充电时，锂离子从正极脱出，通过电解液嵌入石油焦负极材料的晶格；放电时，锂离子则从石油焦负极脱出返回正极。在这一过程中，石油焦的晶体结构和表面性质对锂离子的嵌入、脱出效率以及电池的循环稳定性有着关键影响[4]。

3.2　技术进展

当前，石油焦在负极材料领域的研究主要聚焦于提升其电化学性能和降低成本。为实现这一目标，研究人员采用了多种技术手段。在石墨化处理方面，通过将石油焦加热至2000~3000℃的高温，使无定形碳逐步转化为石墨晶体，显著提高了晶体结构的有序度，进而增加了锂离子的扩散速率和电极的导电性。研究表明，经过高温石墨化处理的石油焦，其首次充放电效率可提高10%~20%，循环稳定性也得到明显改善。对石油焦进行表面修饰也是提升其性能的重要途径。通过在石油焦表面包覆碳纳米管、石墨烯等材料，改善了电极与电解液之间的界面相容性，减少了副反应的发生，提高了电池的循环寿命。此外，通过掺杂金属元素(如Fe、Co、Ni等)或非金属元素(如B、N等)，改变石油焦的电子结构，提高其电化学活性，也能有效提升电池的性能。

3.3　面临挑战

尽管石油焦在负极材料领域展现出一定的应用潜力，但仍面临一些挑战。石油焦的首次充放电效率较低，这主要归因于其表面存在较多缺陷和杂质，在充放电过程中会导致不可逆的锂离子消耗。石油焦基负极材料的倍率性能有待提高，以满足快速充电和高功率应用的需求。此外，石油焦的资源有限，且价格波动较大，这对大规模应用造成了一定限制。为解决首次充放电效率低的问题，需要对石油焦进行精细的预处理，如采用酸洗、碱洗等方法去除杂质，减少表面缺陷。开发新型的复合结构，将石油焦与其他具有高倍率性能的材料(如硅基材料、钛酸锂等)复合，也是提高倍率性能的有效途径[5]。

4　石油焦在预焙阳极中的应用

4.1　预焙阳极的作用与生产工艺

在电解铝行业，预焙阳极是电解过程中不可或缺的关键材料。其作用是在电解槽中作为阳极，与氧化铝发生电化学反应，将氧化铝还原为金属铝，同时自身被氧化消耗。预焙阳极的质量直接关系到电解铝的生产效率、能耗和产品质量。预焙阳极的生产工艺主要包括原料预处理、混捏、成型、焙烧等环节。首先，将石油焦进行煅烧处理，去除挥发分和水分，提高其密度和导电性。然后，将煅烧后石油焦与煤沥青等黏结剂按一定比例混合，在高温下进行混捏，使石油焦与黏结剂充分混合均匀。接着，通过成型工艺将混捏好的物料制成所需的形状，如块状、柱状等。最后，将成型后的坯体进行焙烧，在高温下使黏结剂碳化，将石油焦颗粒黏结在一起，形成具有一定强度和导电性的预焙阳极[6]。

4.2　石油焦对预焙阳极性能的影响

石油焦的品质对预焙阳极的性能起着决定性作用。优质的石油焦应具备低硫、低灰分、高挥发分的特点。低硫含量可减少预焙阳极在电解过程中产生的含硫污染物，降低对环境的影响；低灰分能提高预焙阳极的纯度，减少杂质对电解过程的干扰；高挥发分则有助于在焙烧过程中形成良好的孔隙结构，提高预焙阳极的导电性和反应活性。石油焦的颗粒形态和粒度分布也会对预焙阳极的性能产生影响。合适的颗粒形态和粒度分布可使石油焦在混捏过程中更好地与黏结剂混合，提高坯体的密度和强度。研究表明，当石油焦的颗粒形态较为规则，粒度分布均匀时，制备出的预焙阳极具有更好的导电性和抗氧化性，电解铝的生产效率也更高[7]。

4.3 研究现状

为了提高预焙阳极的质量和性能，降低生产成本，研究人员在石油焦的选择、预处理技术以及预焙阳极的制备工艺等方面进行了大量研究。在石油焦选择方面，倾向于选用低硫、低灰分、高挥发分的优质石油焦，以提高预焙阳极的质量。同时，通过对不同产地、不同品质的石油焦进行性能评估，建立石油焦质量评价体系，为预焙阳极生产提供科学的原料选择依据。在预处理技术方面，采用除杂、改性等方法，去除石油焦中的杂质，改善其性能。在制备工艺方面，不断优化混捏、成型和焙烧工艺参数，提高预焙阳极的密度、强度和导电性。例如，采用先进的混捏设备和工艺，使石油焦与黏结剂充分混合，提高混合物的均匀性；利用新型的成型技术，如振动成型、等静压成型等，制备出结构致密、性能优良的预焙阳极坯体；通过优化焙烧工艺曲线，控制焙烧过程中的温度、升温速率和保温时间等参数，提高预焙阳极的质量和性能。

5 石油焦在冶炼燃料中的应用

5.1 作为冶炼燃料的优势

石油焦具有较高的热值，发热量可达 25000～35000kJ/kg，与煤炭等传统燃料相比，具有更高的能量密度。在冶炼过程中，使用石油焦作为燃料可提高能源利用效率，减少燃料消耗。石油焦的价格相对较低，尤其是高硫石油焦，由于其硫含量高，在其他应用领域受到限制，价格更为低廉。对于一些对成本较为敏感的冶炼行业，如玻璃制造、水泥生产等，使用石油焦作为燃料可显著降低生产成本，提高企业的经济效益。

5.2 应用现状

目前，石油焦在冶炼燃料领域得到了广泛应用，尤其是在玻璃制造、水泥生产、火力发电等行业。在玻璃制造行业，石油焦可替代部分重油或天然气作为燃料，为玻璃熔炉提供热量。在水泥生产中，石油焦可作为燃料用于水泥窑的煅烧过程，为水泥熟料的烧成提供所需的高温。在火力发电领域，一些电厂也开始尝试使用石油焦与煤炭混合燃烧，以降低燃料成本。

5.3 存在问题与解决措施

石油焦作为冶炼燃料也存在一些问题。其中最主要的问题是燃烧产生的污染物较多，如二氧化硫、氮氧化物和烟尘等。高硫石油焦在燃烧过程中会释放大量的二氧化硫，形成酸雨，对环境造成严重污染。石油焦燃烧产生的氮氧化物也是大气污染物之一，会导致光化学烟雾等环境问题。为了解决石油焦燃烧产生的污染物问题，研究人员开发了一系列清洁燃烧技术和污染物控制措施。在清洁燃烧技术方面，采用循环流化床燃烧技术，通过将石油焦与脱硫剂(如石灰石)混合，在流化状态下进行燃烧，能够有效脱除燃烧过程中产生的二氧化硫。利用低氮燃烧技术，通过优化燃烧器结构和燃烧过程控制，降低氮氧化物的生成。对石油焦进行预处理，如脱硫、脱氮等，降低其污染物含量后再进行燃烧。在污染物控制措施方面，采用高效的脱硫、脱硝和除尘设备，对燃烧产生的废气进行净化处理。通过这些污染物控制措施，可以有效减少石油焦燃烧对环境的影响，使其满足环保排放标准。

6 石油焦综合利用的其他领域

6.1 生产碳化硅

碳化硅（SiC）是一种重要的工业材料，具有高硬度、高耐磨性、耐高温、耐化学腐蚀等优异性能，广泛应用于磨料、耐火材料、电子器件等领域。石油焦是生产碳化硅的主要原料之一，在碳化硅的生产过程中，石油焦与石英砂等原料在高温电炉中发生化学反应，生成碳化硅。具体反应过程为：在高温（1600~2500℃）下，石油焦中的碳与石英砂中的二氧化硅发生还原反应，生成碳化硅和一氧化碳。在这个过程中，石油焦的质量和反应条件对碳化硅的质量和产量有着重要影响。为了提高碳化硅的质量和产量，需要选择合适的石油焦原料，并严格控制反应温度、反应时间和原料配比等工艺参数[8]。

6.2 制备活性炭

活性炭是一种具有高度发达孔隙结构和巨大比表面积的吸附材料，在水处理、空气净化、食品饮料脱色、医药等领域具有广泛的应用。石油焦经过活化处理后可制备活性炭。常用的活化方法包括物理活化法（如水蒸气活化、二氧化碳活化）和化学活化法（如用磷酸、氯化锌等化学试剂活化）。物理活化法是将石油焦在高温下与水蒸气或二氧化碳等活化剂接触，通过化学反应在石油焦内部形成孔隙结构。化学活化法则是将石油焦与化学试剂混合，在一定条件下进行反应，使化学试剂在石油焦内部形成孔隙。通过控制活化条件，如活化剂种类、活化温度、活化时间等，可以制备出具有不同孔隙结构和吸附性能的活性炭产品，以满足不同应用领域的需求[9]。

7 结论与展望

7.1 研究总结

本文全面阐述了石油焦在负极材料、预焙阳极、冶炼燃料等领域的综合利用研究进展。石油焦凭借其独特的物理和化学性质，在多个领域发挥着重要作用。在负极材料领域，通过石墨化、表面修饰等技术手段，石油焦作为锂电负极材料的性能得到一定提升，但仍面临首次充放电效率低、倍率性能不足等挑战。在预焙阳极领域，石油焦的品质对预焙阳极性能影响重大，通过优化原料选择、预处理技术和制备工艺，可有效提高预焙阳极的质量和性能。在冶炼燃料领域，石油焦的高能量密度和低成本优势使其得到广泛应用，但燃烧产生的污染物问题亟待解决，通过清洁燃烧技术和污染物控制措施，可减少其对环境的影响。此外，石油焦在生产碳化硅、制备活性炭等其他领域也有应用。

7.2 展望

未来，石油焦综合利用的发展方向主要包括以下几个方面：一是进一步优化现有应用领域的技术工艺，提高石油焦的利用效率和产品质量。在负极材料领域，研发新型的改性技术和制备工艺，提高石油焦基负极材料的性能，降低成本；在预焙阳极领域，加强对石油焦品质的控制和优化，开发更加高效的制备工艺，提高预焙阳极的性能和生产效率。二是加强对石油焦清洁生产和污染物控制技术的研究。随着环保要求的日益严格，石油焦在生产和应用过程中的污染物排放问题将受到更多关注。研发更加高效的脱硫、脱氮、除尘等污染物控制技术，实现石油焦的清洁生产和应用，将是未来的重要研究方向。三是拓展石油焦的应用领域，开发高附加值的新产品。除现有的应用领域外，探索石油焦在其他新兴领域的应用，如超级电容器、燃料电池等，将石油焦转化为具有更高附加值的产品，提高其经济价值。

参考文献

[1] 刘鑫. 石油焦新材料的探索应用技术研究[J]. 当代化工，2014，43(6)：1093-1094+1097.

[2] 刘建锟，杨涛，郭蓉，等. 解决高硫石油焦出路的措施分析[J]. 化工进展，2017，36(7)：2417-2427.

[3] 雷雳光，盖朋波. 石油焦综合利用研究进展[J]. 石油与天然气化工，2018，47(5)：21-25+38.

[4] 罗望群，王永邦，姚思涵. 浅议石油焦对锂电池负极材料发展的重要作用[J]. 当代石油石化，2023，31(1)：26-30+37.

[5] 田凌燕，孙进法，王华，等. 石油焦用作锂电负极材料机理、性能影响因素及应用前景展望[J]. 石油商技，2023，41(3)：4-10.

[6] 高守磊，薛济来，郎光辉，等. 中国预焙阳极用原料石油焦现状、性能及其应用研究[J]. 轻金属，2016(12)：28-35.

[7] 赵鹏冲，赵秀琪. 石油焦对预焙阳极质量的影响因素分析[J]. 当代化工研究，2017(1)：150-151.

[8] 尹亚，刘望生，高金锋，等. 石油焦原料对合成碳化硅粒径及形貌的影响[J]. 中国陶瓷，2018，54(1)：45-49.

[9] 代晓东. 石油焦基活性炭的制备、修饰与应用基础研究[D]. 青岛：中国石油大学(华东)，2008.

石油焦作为锂离子电池负极材料的研究进展

廖树茁　李　超　蒋文军

（中国石化茂名石化公司　广东茂名 525011）

摘　要　锂离子电池作为一种重要的可充电储能设备，具有较高的能量密度、良好的安全性能和优异的循环性能，已经成为新能源方向的研究重点，被广泛应用于电动汽车和便携式电子设备等领域。在锂离子电池中，负极材料作为关键组成之一，对电池的性能起到了决定性的作用。石墨由于具有较高的容量和稳定性，已成为当下锂离子电池负极市场中最重要的负极材料。作为石油炼制的副产品之一，石油焦通常具有规模化、低成本等特点，是生产石墨的重要原材料之一。为了促进石油焦材料的发展，本文从石油焦材料的性质及分类出发，详细阐述了其用作锂离子电池负极的最新研究进展，具体从高温石墨化、表面氧化、表面包覆和掺杂改性等方面介绍石油焦的改性处理，最后对石油焦基负极材料进行了总结展望。

关键词　石油焦；锂离子电池；负极材料；改性

1　前言

随着新能源和可再生能源的发展，锂离子电池（Lithium-Ion Batteries，LIBs）因其具有循环性能好、能量密度高、工作温度范围宽、对环境污染小、无记忆效应等优异特点，被认为是一种有前景的储能设备，在便携式电子设备、新能源汽车、航空航天等领域有着广泛应用[1]。近 30 年来，用于制备锂离子电池的材料和生产技术取得了快速发展。

锂离子电池的电化学性能与其负极材料的结构和性能密切相关[2]。碳系材料具有循环寿命长、循环效率高、安全性能好等优点，是锂离子电池的首选负极材料。碳材料包括天然石墨、人造石墨、中间相炭微球等。石墨作为最具代表性的碳材料，以其成熟的理论研究和工业生产工艺，以及独特的层状锂存储结构，使得锂离子电池具有良好的成本效益和较高的库仑效率。然而，天然石墨的存量是有限的，发掘新的可替代的碳材料对于锂离子电池的可持续发展是有利的，而人造石墨材料可由煤、农业废弃物、海洋废弃物等多种碳原料在惰性条件下高温热处理合成，以提高废弃物的利用价值[3]。因此，废弃材料的重整利用显得尤为重要。

2　石油焦概述

随着社会经济的快速发展，化石燃料等传统能源的使用导致环境问题不断加重。污染问题干扰人类的生产和生活活动，对环境造成重大威胁[4]。目前，石油副产品的综合高效利用受到人们的广泛关注。石油焦是石油炼制过程中的副产品，将原油经过蒸馏处理，分离出轻质油，残留的重质油进一步热解裂解反应，保留重组分，得到的固体残渣即为石油焦生焦。其产量较大，组分中含有未经碳化的芳烃化合物，附加值低，价格低廉，主要由 80%以上的

C、1.5%~8%的H和少量的O、N、S和金属元素组成[5]。石油焦是一种软碳，具有与天然石墨相似的微晶格常数，因此易于进行石墨化处理。与天然石墨相比，石墨化后的石油焦电阻率显著降低，真密度增大，这些特性使得石油焦成为生产低电阻率石墨电极的良好材料[6]。

根据原料的组分不同，得到的石油焦形态和性能也不同。当渣油中含有较多的沥青质和树脂质组分时，生产的石油焦内部含有许多小孔，物理强度低，这种海绵石油焦附加价值低，常用作燃料。当沥青质和树脂质组分含量中等时，制得的石油焦孔隙结构分布均匀，有明显的蜂窝结构，可作为普通功率石墨电极、预焙阳极和炭素制品原料。粉焦是经流态化焦化工艺生产的一种石油焦，颗粒细(粒径0.1~0.4mm)，挥发分高，热胀系数高，不能直接用于电极制备和碳素行业。而针状焦是最优质的石油焦，其外表有明显条纹，结构致密，内部孔隙呈细长椭圆形定向排列，石墨化性能最佳，可作为生产高功率石墨电极的原料[7]。

石油焦的性能主要取决于硫的含量，硫是严重影响石油焦性能的有害杂质。通常，低硫含量[S<0.8%(质)]的石油焦，如针状焦，常用于制作钢铁工业中的石墨电极，铝电解行业中的预焙阳极，锂离子电池的负极。高硫[S≥3%(质)]石油焦通常用作水泥厂和发电厂的燃料，产生的温室气体CO_2较燃烧煤多10%。高硫石油焦可通过附加脱硫工艺转化为低硫石油焦[8]。低硫、低灰分、低挥发分的石油焦因其含碳量高、成本低而成为生产高质量碳的优良原料前驱体，适合用作电解铝行业的阳极材料和锂离子电池的负极材料，增加了石油焦的潜在价值[9]。

3　石油焦用作锂离子电池负极材料

当用作高性能锂离子电池负极材料时，石油焦材料存在与电解液兼容性差、锂离子插层动力学慢和体积膨胀等问题，导致初始库仑效率低、有效比容量低、倍率性能差、循环稳定性差。因此，研究人员采用一系列工艺对石油焦材料进行改性，如高温石墨化、表面氧化、表面包覆和掺杂改性等。

3.1　高温石墨化

石油焦是一种软碳，将其进行热处理可以使碳结构重组为石墨结构。高温石墨化处理使石油焦原本无序的层间结构转化为有序的石墨层结构，有利于锂离子的嵌入和脱出，进而提高石墨化石油焦材料的电化学性能。此外，高温石墨化还有助于减少石油焦中N、S等杂原子的含量。

陆佳欣等[10]对低硫石油焦进行碳化和石墨化处理，制成人造石墨，并将其电化学性能与针状焦进行比较，研究表明仅碳化后的样品首次库仑效率和容量较低，没有稳定的输出电压和充放电平台，难以商业化应用。如图1(a)所示，JN-2800为经2800℃石墨化后的低硫石油焦样品，其首次库仑效率为82.79%，高于针状焦石墨化样品JX-2800的79.83%，200次循环稳定比容量为273.1mA·h/g，稍低于针状焦石墨化样。如图1(b)所示，电流密度为2C时，石墨化的低硫石油焦和针状焦的比容量接近，容量保持率分别为99.4%和99.2%。结果表明低硫石油焦经石墨化在锂离子电池方面有巨大应用潜力。

刘曙民等[11]对3种石油焦原样和石墨化样品进行分析，结果表明2750℃石墨化处理后的样品结构重排，拥有更明显的规整层状结构；含碳量提升，H、O等杂元素和金属元素含量下降；表现出较低的电极电位和稳定的充放电平台，首次库仑效率分别为85.00%、78.20%、82.96%。150次循环后，比容量分别保持在273.00、259.00、226.20mA·h/g，库仑效率接近100%，是锂离子电池负极材料的潜在前驱体。

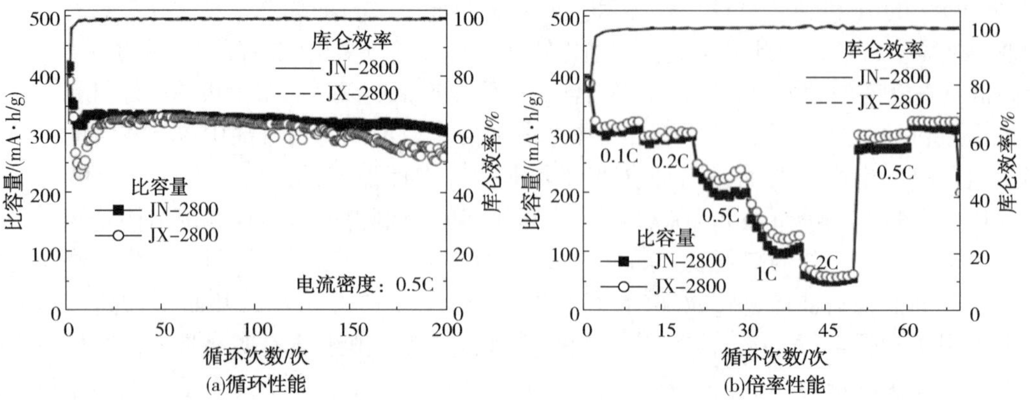

图 1　JN-2800 和 JX-2800 的循环性能和倍率性能[10]

3.2　表面氧化

表面氧化法是采用强氧化物对石油焦表面进行氧化处理，去除石油焦表面的无序碳原子，消除表面高活性位点和官能团，减少对电解液的消耗；在表面生成酸性基团和微孔结构，有利于提供更多锂离子存储位点，形成更加稳定的 SEI 膜，从而提高锂离子电池的比容量。

Ha 等[12]利用臭氧气体将氧官能团引入针状焦中，以提高针状焦基负极的放电能力。结果表明，臭氧处理对针状焦的碳结构性质没有影响，但在表面引入了羟基、醚基、羰基和羧基等氧官能团，提高了锂离子电池的电化学性能。通过臭氧处理引入氧的针状焦炭基锂离子电池在 5C 倍率下的容量提高了 17.4%，保留率达到 64.25%。这种臭氧氧化法引入氧官能团是制备高倍率、高容量锂离子电池负极材料的有效途径。

微膨胀技术是表面氧化法的一种，能够扩大石油焦材料的内部层间距、提高锂离子扩散速率、消除焦炭表面的无序碳原子、缓解充放电过程中的体积膨胀，提高倍率性能和稳定性。孙冬[13]以 H_2SO_4、H_2O_2、$KMnO_4$分别作为氧化剂和插层剂，对针状焦基石墨进行微膨胀处理，制备工艺如图 2 所示。两次气体膨胀后，内部层间距由 0.346nm 扩大至 0.352nm。对其进行电化学性能研究，发现层间距扩大能提高锂离子的扩散速率、存储更多的锂离子，且能缓解充放电过程中的体积膨胀和碎裂。微膨胀针状焦基石墨半电池在 0.5V 平台下的可逆容量明显提高，全电池也具有优异的倍率性能和循环性能。

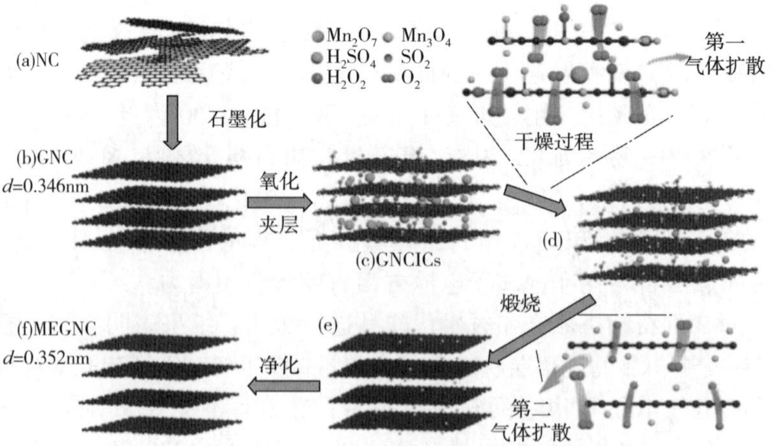

图 2　微膨胀针状焦基石墨制备工艺示意图[13]

3.3 表面包覆

表面包覆是指在石油焦表面形成一种硬碳包覆层，避免电解液与石油焦表面接触发生反应，降低首次充电时的不可逆容量，提高首次库仑效率，增加锂离子的存储位点，防止溶剂共嵌入，缓解充放电过程中的体积膨胀效应，提高循环稳定性。常见的包覆层有硬碳、金属和金属氧化物等。

孙冬[13]以针状焦基石墨为原料，通过酚醛树脂浸渍—蒸发—热解碳化的方法制备酚醛树脂包覆针状焦基石墨样品，不同酚醛树脂包覆量的样品的倍率性能和循环性能如图 3 所示，其性能随着酚醛树脂包覆量的增加呈现出先增加后减小的趋势，10%的包覆量具有最佳的倍率性能和循环性能。后续采用 10%的酚醛树脂最佳包覆量对海绵焦基石墨进行包覆，在 200mA/g 和 500mA/g 的电流密度下容量明显提升，循环过程中的可逆容量和稳定性得到显著提高。

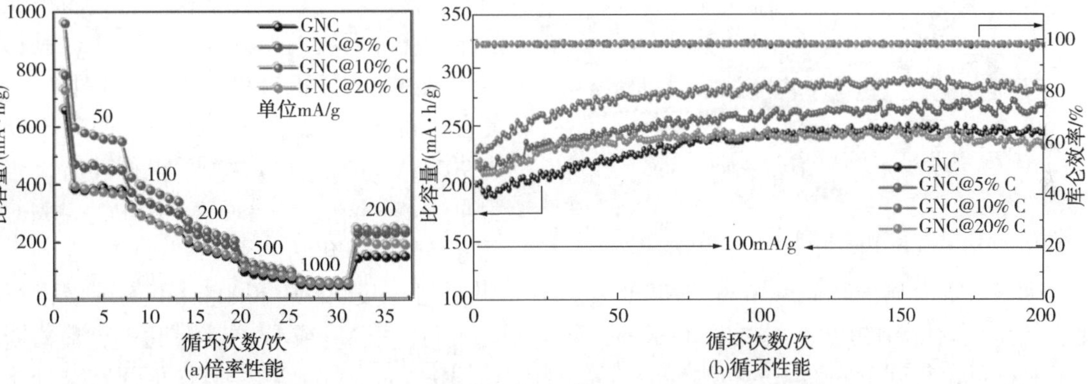

图 3　不同酚醛树脂包覆量的针状焦基石墨的倍率性能和循环性能[13]

Gao 等[14]以石油焦和沥青焦为集料，以煤沥青为黏结剂，加热得到机械强度高、抗氧化、电阻率低的预焙阳极产品。该方法增加了颗粒接触面积，提高了预焙阳极的导电性。在 3A/g 电流密度下，经 100 次循环后，预焙阳极的初始放电比容量为 548.7mA·h/g，稳定放电比容量为 134.5mA·h/g，经 1000 次循环后预焙阳极的比容量为 132.5mA·h/g，比容量保持率高，循环性能好。

唐小冬[15]以针状焦为原料，沥青为黏结剂，纳米碳为导电剂进行包覆造粒，再经碳化和石墨化制备人造石墨。当针状焦与沥青质量比为 0.85∶0.15，纳米碳的添加量为 1.5% CNTs+1.5% Li435，碳化温度为 1100℃，碳化时间为 12h，石墨化温度为 2900℃时所得粒径为 14~15μm 的人造石墨负极性能最佳，在 0.3C 倍率下，100 次循环后循环保持率为 100.3%，倍率性能提高了 5%~10%。此外，将硅材料与人造石墨复合，分别使用沥青与葡萄糖进行包覆，所得两种复合材料都具有良好的比容量和容量保持率。若先采用沥青黏合，再用葡萄糖进行二次包覆的方式，所制得的材料性能更加稳定。

孙洋[16]通过不同的锂盐、钙盐、铝盐等无机盐对低温石油焦进行化学包覆处理，以提高石油焦的比容量和首次库仑效率。结果表明用 Al_2O_3、LiF 和 PAN-Li_2CO_3包覆的石油焦的容量和效率都有显著提高，最终稳定比容量超过 330mA·h/g，首次库仑效率超过 50%。

3.4 掺杂改性

掺杂改性是指向石油焦中引入一些其他元素，例如 N、B、Si、P、S 等非金属元素，Fe、Co、Ni、Mn 等金属元素，掺入这些元素能改善石墨的微观结构和电子状态，有助于锂离子在碳负极中的传输。

Xia 等[17]将 0.475g 针状焦炭、0.025g 硅纳米片和 0.05g 葡萄糖结合剂加入 80mL 乙醇中反应，干燥后煅烧至 900℃制备硅/碳复合材料。结果表明这种复合材料较原始针状焦具有更高的容量和初始库仑效率，且具有优异的循环稳定性。当电流密度为 100mA/g 时，经 170 次循环，硅/碳负极的可逆容量为 381.8mA · h/g。这种简单、低成本的制造工艺使硅纳米片/针状焦复合材料成为锂离子电池理想的负极材料。

单婕等[18]系用 KOH 活化法，在 800℃下改变碱焦质量比制得不同比表面积的高硫石油焦基活性炭(AC-PC-X)，并将 1.8g 乙酸锰与 0.3g AC-PC-X 进行水热还原反应，制得担载 Mn_3O_4 的复合材料 AC-PC-X/Mn_3O_4，结果表明用不同碱焦质量比制得的高硫石油焦基活性炭均呈现微孔结构，比表面积随碱焦比的增加而增大；碱焦比为 3∶1 时制得的活性炭，比表面积为 996m^2/g；如图 4 所示，复合材料 AC-PC-3/Mn_3O_4 初始循环比容量为 907mA · h/g，120 次充放电循环后比容量为 400mA · h/g，综合而言 AC-PC-3/Mn_3O_4 具有最佳的电化学性能。

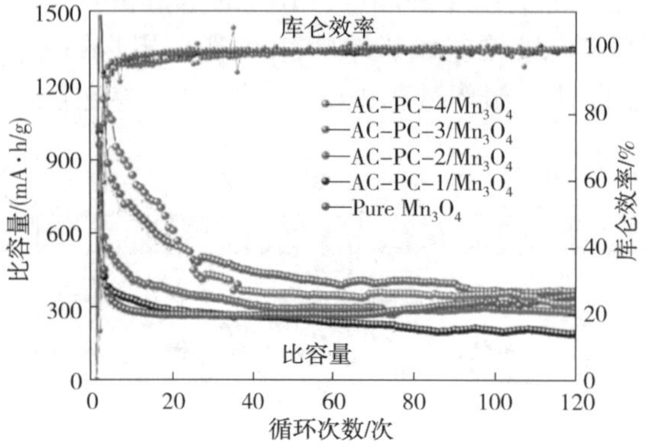

图 4 AC-PC-X/Mn_3O_4 和纯 Mn_3O_4 的循环性能[18]

通过添加金属催化剂，如 Fe、Ni 和 Mg，在低热处理温度(900~1300℃)下实现催化石墨化，从而影响材料的电化学性能。Obrovac 等[19]研究表明，用 Mg 或 Fe 作为催化剂，葡萄糖衍生的硬碳可以得到不同形态的石墨。金属氧化物如氧化铁(Fe_2O_3)比纯金属铁更便宜，且储量丰富。Nugroho 等[20]将石油焦与铁基催化剂混合，铁元素的含量为总质量的 40%，在 N_2 气氛中，1300℃下制备石墨碳材料。结果表明，利用低成本 Fe_2O_3 制备的样品，其结晶度和形貌与用铁催化剂合成的样品相似，且用铁基催化剂合成的样品的倍率性能与工业石墨相当。在 0.25C 倍率下表现出 100mA · h/g 的高容量，库仑效率为 80%。XRD 分析表明，铁基催化剂有助于在低热处理温度下形成石墨结构，利于 Li^+ 的嵌入和脱嵌过程。

Chang 等[21]研究了铁/镍基双金属纳米颗粒对工业针状焦炭的催化改性。以 0.3g 针状焦粉末、0.75mmol $Fe(NO_3)_3$ $9H_2O$ 和 0.75mmol $Ni(NO_3)_2$ $6H_2O$ 为 Fe/Ni 金属源制备 Fe/Ni-NC 样品。制备的 Fe/Ni-NC 中含有丰富的 C═O 基团、带状石墨畴、缺陷和较大的层间距。Fe/Ni-NC 负极材料在钠离子电池和锂离子电池中表现出优异的电化学容量和循环寿命，在钠离子电池 2.0A/g 的电流密度下经 1000 次循环后比容量为 212.7mA · h/g；在锂离子电池 5.0A/g 的电流密度下经 2000 次循环后比容量为 305.2mA · h/g。

3.5 电化学石墨化

在传统工艺中，将高硫石油焦转化为石墨碳需要经过脱硫、去除其他非碳杂质和石墨化等许多既复杂又耗能的过程。随着可再生能源的快速发展，电化学驱动技术在工业中发挥重要作用，能够将高硫石油焦直接转化为低能耗、低碳排放的石墨碳。Saha 等[22]展示了利用电化学剥离法(ECE)成功将石油焦转化为高质量的石墨烯纳米片。

Zhu 等[23]提出了一种在熔融 $CaCl_2$-LiCl 的阴极极化下，在温度相对较低(900~950℃)的熔盐介质中直接将高硫石油焦转化为石墨纳米材料的简单方法，电化学石墨化原理如图 5 所示。作为锂离子电池的负极时，当电流密度为 0.2C 时，由碳纳米管和石墨薄片组成的混合碳石墨材料具有 358.7mA·h/g 的比容量。经过 2000 次循环后，制备的混合石墨可以在 3C 的电流密度下提供 320.5mA·h/g 的比容量，与商用石墨相当。电化学石墨化法可以将低价值的石油焦可持续地转化为用于储能的高质量石墨，具有较大应用潜力。

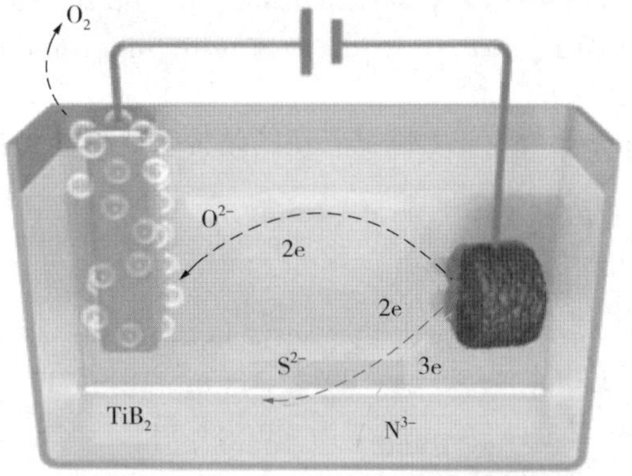

图 5　高硫石油焦电化学石墨化原理示意图[23]

4　结语与展望

本文主要介绍了石油焦改性用作锂离子电池负极材料的研究进展。适用于锂离子电池负极材料的石油焦具有易于石墨化、O 和 S 等杂原子含量低、粒径分布均匀和比表面积小等特点。但普通的石油焦本身存在一定缺陷，需要通过改性处理来提高其电化学性能。优质石油焦可通过煅烧和石墨化改变内部结构，从而提高其电化学性能。石墨化后的石油焦具有优异的倍率性能，但其循环效率和稳定性问题仍有待解决[24]。且石墨化是一个高温、高能耗的过程，通过改善石油焦的微晶结构能够降低石墨化温度[25]，进而有效降低石墨化成本。此外，研究人员通过表面包覆在石油焦表面形成一种“壳”结构，避免其与电解液接触反应，提高石油焦基负极材料的首次库仑效率和循环稳定性；通过表面氧化和掺杂改性优化石油焦的微晶结构，获得性能更优异的新型石油焦负极材料，增加锂离子传输通道，提高负极材料的比容量和倍率性能。

提高锂离子电池的倍率性能和循环稳定性是国内外众多研究人员共同追求的目标，因此未来还需进一步探索石油焦的改性方法，以提高其电化学性能。深入了解石油焦的组成结构及其影响因素，以制备更高容量和更高倍率性能的锂离子电池；对石油焦原料进行适当的预处理、关键组分的改性、开发新型石油焦基复合负极材料，以及优化碳化反应条件，使石油焦的微晶结构更加有序，从而提高锂电池的电化学性能。总之，石油焦用作锂离子电池负极材料这条途径为石油焦提供了一种高附加值的利用方式，同时增加了负极材料的原料供应，降低了负极材料的成本，具有广阔的应用前景[26]。

参 考 文 献

[1] ZHANG L，LI X，YANG M，et al. High-safety separators for lithium-ion batteries and sodium-ion batteries：Advances and perspective[J]. Energy Storage Materials，2021，41：522-545.

[2] PENG L，ZHU Y，CHEN D，et al. Two-dimensional materials for beyond-lithium-ion batteries[J]. Advanced Energy Materials，2016，6(11)：1600025.

[3] WANG T，WANG Y，CHENG G，et al. Catalytic graphitization of anthracite as an anode for lithium-ion batteries[J]. Energy & Fuels，2020，34(7)：8911-8918.

[4] VOHRA K, VODONOS A, SCHWARTZ J, et al. Global mortality from outdoor fine particle pollution generated by fossil fuel combustion: Results from GEOS-Chem[J]. Environmental Research, 2021, 195: 110754.
[5] WANG B, LI W, MA C, et al. Synergistic effect on the co-gasification of petroleum coke and carbon-based feedstocks: A state-of-the-art review[J]. Journal of the Energy Institute, 2022, 102: 1-13.
[6] JIANG X H, XIA J T, ZHAO J L, et al. Preparation of prebaked anode using lowcost materials[J]. Carbon Techniques, 2011, 30(3): 1-5.
[7] 杨洲. 热处理温度对石油焦、针状焦和微晶石墨的结构及电化学性能的影响[D]. 长沙：湖南大学，2021.
[8] SHAN Y, GUAN D, MENG J, et al. Rapid growth of petroleum coke consumption and its related emissions in China[J]. Applied Energy, 2018, 226: 494-502.
[9] ZHU Y, WANG Y, WANG Y, et al. Research progress on carbon materials as negative electrodes in sodium- and potassium-ion batteries[J]. Carbon Energy, 2022, 4(6): 1182-1213.
[10] 陆佳欣，杨璐彬，王际童，等. 低硫石油焦锂离子电池负极材料的电化学性能研究[J]. 化学反应工程与工艺，2021，37(5)：457-466.
[11] 刘曙民，刘天波，赵雷，等. 石油焦锂离子电池负极材料电化学性能研究[J]. 炼油技术与工程，2024，54(2)：11-16+31.
[12] HA N, LIM C, MIN C G, et al. Improved discharge capacities for lithium-ion batteries containing needle cokes doped with oxygen via ozonation[J]. Journal of Materials Science: Materials in Electronics, 2024, 35(3): 252.
[13] 孙冬. 石油焦基石墨负极材料的制备及改性研究[D]. 北京：中国石油大学(北京)，2022.
[14] GAO Z, WANG B, LIU J, et al. Pre-baked anode based on petroleum coke used as lithium-ion battery anode material[J]. Materials Research Express, 2023, 10(10): 105602.
[15] 唐小冬. 高倍率人造石墨与硅碳复合负极材料的制备及其改性研究[D]. 赣州：江西理工大学，2022.
[16] 孙洋. 低温石油焦作为锂离子电池负极材料的改性研究[D]. 济南：济南大学，2019.
[17] XIA J, LI S, GAO Y, et al. Silicon/Needle Coke Composites as Efficient Anodes for Lithium Ion Batteries[C]//MATEC Web of Conferences. EDP Sciences, 2022, 363: 01022.
[18] 单婕，黄戒介，赵建涛，等. 高硫石油焦基活性炭的制备及其在二次电池负极材料中的应用[J]. 煤炭转化，2022，45(2)：93-102.
[19] OBROVAC M N, ZHAO X, BURKE L T, et al. Reversible lithium insertion in catalytically graphitized sugar carbon[J]. Electrochemistry Communications, 2015, 60: 221-224.
[20] NUGROHO A, NURSANTO E B, PRADANAWATI S A, et al. Fe based catalysts for petroleum coke graphitization for Lithium Ion battery application[J]. Materials Letters, 2021, 303: 130557.
[21] CHANG G, HUANG C, ZHENG H, et al. Synergistically catalytic regulation of surface chemistry on coal based needle coke by bimetallic interface for enhanced Li/Na storage[J]. Carbon, 2024, 218: 118762.
[22] SAHA S, LAKHE P, MASON M J, et al. Sustainable production of graphene from petroleum coke using electrochemical exfoliation[J]. npj 2D Materials and Applications, 2021, 5(1): 75.
[23] ZHU F, SONG W L, GE J, et al. High-purity graphitic carbon for energy storage: sustainable electrochemical conversion from petroleum coke[J]. Advanced Science, 2023, 10(8): 2205269.
[24] 涂志强，范启明，刘自宾，等. 优质石油焦用于锂离子电池负极的研究进展[J]. 山东化工，2018，47(15)：57-59+61.
[25] 牛鹏星，王艳莉，詹亮，等. 针状焦和沥青焦用作锂离子电池负极材料的电极性能[J]. 材料科学与工程学报，2011，29(2)：204-209.
[26] 田凌燕，孙进法，王华，等. 石油焦用作锂电负极材料机理、性能影响因素及应用前景展望[J]. 石油商技，2023，41(3)：4-10.

石油焦脱硫技术的研究进展

武润平　廖树茁　潘　奇　李　超　季　澎　何靖斌

（中国石化茂名石化公司　广东茂名 525011）

摘　要　在全球对清洁能源及环保标准日益严苛的背景下，作为石油炼化关键产物的石油焦，其脱硫技术已成为业内研究焦点。本文深入剖析了石油焦的市场态势、应用范畴，以及高硫石油焦中硫化物的弊端，全面梳理了煅烧法、氧化法、溶剂萃取法、碱金属化合物法、加氢法、微生物法和过程强化辅助法等主流脱硫技术的作用机理、特性、研究现状及实际应用案例。经深入探究各方法后，明确指出了当前石油焦脱硫技术面临的难题与挑战，并对其未来发展趋势予以展望，力求为石油焦脱硫技术的后续深入研究及工业化应用提供有力参考。

关键词　石油焦；催化剂；脱硫技术

1　前言

在当今能源布局里，石油作为关键的化石能源，其加工衍生品石油焦在众多领域有着举足轻重的应用价值。石油焦主要以减压渣油为原料，经延迟焦化或流化焦化等特定工艺生成[1]。近年来，随着原油品质逐渐劣质化，石油焦中硫含量持续攀升，高硫石油焦大量面世，这不但严重制约了其自身应用的广泛性，还给环境以及相关产业引发诸多负面影响。高硫石油焦燃烧时会产生大量硫化物等有害气体，加重酸雨等环境灾难；作为预焙阳极材料使用时，会损害阳极品质，致使能耗与生产成本双增。所以，研发高效、经济、环保的石油焦脱硫技术，已然成为当务之急，且意义非凡。

2　石油焦概述

2.1　石油焦的用途

石油焦是一种使用范围极广的大宗工业产品，主要用途涵盖预焙阳极、燃料、还原剂（用于工业硅、钛白粉生产）、碳化硅、碳化钙制电石、增碳剂、锻造焦制造活性炭、制气以及锂电负极材料等众多领域，见图1。其中，炼铝行业所使用的预焙阳极，是石油焦消费量最大的终端，该应用领域对石油焦的硫质量分数有严格要求，一般要求低于4.00%，2024年石油焦用于预焙阳极的量约1269万t，从整体应用占比而言，石油焦用于预焙阳极的比例超59%，其次为燃料和增碳剂，分别占比18%和6%，而锂离子负极材料作为近年来石油焦高附加值应用的新兴方向之一，2022年其用量已超100万t。鉴于石

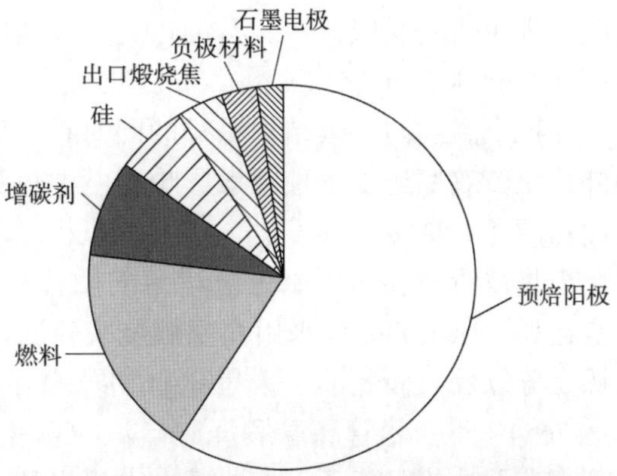

图1　2024年中国石油焦下游消费

油焦碳质结构的特殊性和石墨化工艺流程的严格性，锂电负极材料用石油焦中硫和灰分的质量分数必须控制在较低的范围内。

2.2 石油焦中硫化物的危害

高硫石油焦中的硫化物主要由无机硫以及有机硫两类构成，其中噻吩类是最常见的有机硫，多依附于芳香碳骨架和芳香烃的侧链之上[2]。硫化物的主要危害体现在：第一，环境污染方面：石油焦燃烧过程中会释放大量二氧化硫(SO_2)，这种有害气体会对生态环境造成严重破坏，高硫石油焦使用时会排放更多二氧化硫，加剧环境恶化。第二，对设备产生腐蚀与损害：二氧化硫不仅危害环境，还会腐蚀燃烧设备，导致设备使用寿命缩短，维护成本攀升。第三，影响产品质量，在一些特定应用领域，像铝冶炼过程中，石油焦中的硫含量会直接关联到最终产品的质量，高硫含量极易造成产品性能下降，出现不合格品，特别是在石墨电极生产中，硫含量过高会损害石墨电极品质，进而影响炼钢质量。第四，影响经济效益，尽管高硫石油焦采购价格相对较低，但使用成本颇高，企业为降低硫排放，需额外投入资金安装脱硫设备、增加燃料处理环节等，这无疑增加了企业的运营成本，削弱了经济效益。

3 石油焦的脱硫方法

当前石油焦常用的脱硫方法包括萃取法、碱洗法、加氢法、煅烧法以及石膏法等，随着科技的持续进步，一系列新型脱硫技术应运而生，其中较具代表性的有微生物法、过程强化辅助法等。

3.1 溶剂萃取法

溶剂萃取脱硫法的原理基于相似相溶，用有机硫化物选择性溶剂将石油焦中的有机硫化物溶解分离从而实现脱硫。P. Agarwal 等分别以四氯乙烯、邻氯苯酚作为萃取剂进行实验，结果显示，初始硫质量分数 7.00%的石油焦，用四氯乙烯作萃取剂脱硫率达 35.0%；用邻氯苯酚作萃取剂，脱硫率为 28.5%。需要注意的是传质扩散是影响脱硫率的最关键的要素之一，石油焦颗粒粒径越小，萃取剂与之接触面积越大，传质越充分，有机硫化物脱除效果越显著[3]。然而，该方法存在明显不足，面对高硫石油焦，脱硫率较低，且液固比大、反应耗时长。同时，在反应过程中会产生大量的废溶剂，这不仅增加了处理成本，还会对环境造成一定的影响，极大地限制了其在工业领域的广泛应用。

3.2 高温煅烧法

高温煅烧脱硫法的操作方式是将石油焦置于高温环境下煅烧，促使其中的硫化物分解并逸散，进而达到脱硫目标。石油焦的煅烧温度一般介于 1000~1300℃，在此温度条件下，脱硫率大约能到 50.0%。

在这个温度内，碳结构重排的同时石油焦里的硫化物逐渐释放出来。除受煅烧的温度影响外，脱硫效率还受多种因素影响，石油焦的颗粒大小、煅烧气氛和煅烧时间也有相关性。石油焦的孔隙结构不够发达，比表面积相对较低，经过高温煅烧后，石油焦表面的焦油和碳氢化合物被清理干净，原先被堵塞的微孔重新打开，比表面积得以增加，这有利于硫的脱除。比如，H. J. Zhu 等采用高温煅烧脱硫法，当石油焦初始硫质量分数为 0.81%时，煅烧后其挥发分以及表面焦油、碳氢化合物被去除，比表面积从 2.67m^2/g 升至 59.00m^2/g，脱硫率达 76.4%[4]。尽管高温煅烧脱硫法脱硫率相对可观且无废溶剂产生，但生产能耗过高，处理高硫石油焦时，环保处置成本大幅提升。此外，当操作温度过高或石油焦中硫质量分数超标时，硫化物会快速逸出，石油焦易出现“晶胀”现象，进而产生裂纹，影响其后续应用。

只是，该方法是石油焦用作预焙阳极、负极材料以及增碳剂时不可或缺的工序，目前仍是工业生产中唯一行之有效的脱硫手段。

3.3 氧化法

氧化脱硫法的核心是借助氧化剂，将石油焦中的噻吩类硫化物氧化为砜类化合物，随后借助溶剂洗涤实现脱除，见图 2。H_2O_2凭借其强大的氧化能力，在油品硫化物脱除领域应用广泛，也被引入石油焦脱硫的反应体系之中，杂多酸盐则因卓越的催化效果备受关注。肖劲等采用自制氧化脱硫剂，石油焦初始硫质量分数 3.39%、液固比 30mL/g 脱硫率可达 75.0%；F. M. Li 等以 H_2O_2为氧化剂，同时采用萃取剂萃取，可使石油焦的硫质量分数由 4.46%降至 2.48%。在石油焦氧化脱硫的反应体系中，由于石油焦比表面积较小且基本无孔道结构，宜选用小分子类氧化剂，如此可提升其扩散速率，便于氧化剂与石油焦中的硫化物位点充分接触传质[5]。该方法反应条件相对温和，对石油焦本体结构影响甚微，脱硫效率也较高。不过，剂液比过高、溶剂回收处理成本高昂以及氧化性溶剂带来的安全环保问题，制约了其在工业生产中的大规模应用。

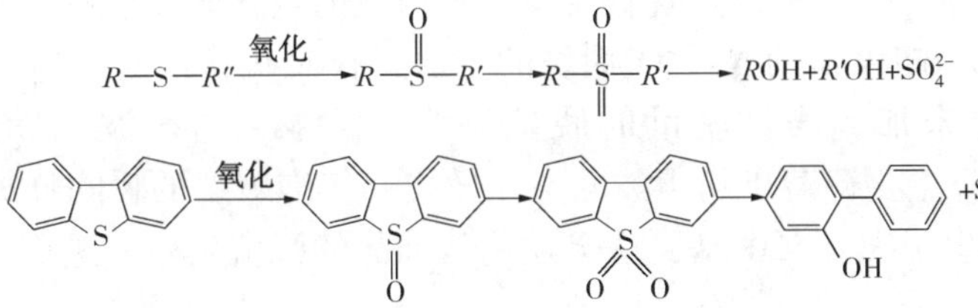

图 2　硫化物的氧化过程

3.4 碱金属化合物法

碱金属化合物，如氢氧化钾、氢氧化钠，在较高的温度下，能够与石油焦中的噻吩类硫化物发生化学反应，生成无机硫等物质，从而实现对石油焦中硫化物的有效脱除。S. J. Cao 等用初始硫质量分数 6.50%的石油焦、在 N_2 气氛下使用 NaOH 进行脱硫，脱硫率达 98.1%。对比发现，KOH 脱硫率虽高，但易对石油焦进行插层造孔，形成由微孔和介孔构成的发达孔隙结构，进而改变石油焦内部结构[6]。此外，碱金属的存在会影响石油焦在预焙阳极的应用，因此在整个脱硫过程中中和纯化至关重要，因为当石油焦中 K、Na 含量增加时，在硫质量分数不变的前提下，石油焦的二氧化碳反应性会逐渐增强，这将影响预焙阳极的品质。

3.5 加氢法

加氢脱硫法是在 H_2气氛环境下，利用固定床对石油焦实施加氢处理的一种方法，这在当前炼油工业中是常见的脱硫手段。B. S. Parmar 等分别采用加氢脱硫和对石油焦预氧化后再加氢脱硫两种方式进行实验，研究发现以初始硫质量分数为 6.80%的石油焦，单纯加氢脱硫的石油焦脱硫率为 27.0%；经空气预氧化后再进行加氢脱硫，脱硫率则升至 87.0%。原因在于石油焦经预氧化后，有机硫化物形态发生改变，由原来的噻吩类硫化物转化为砜类有机硫化物，更易于加氢断键[7]。加氢脱硫效果受温度影响显著，温度升高时，石油焦的裂纹宽度与长度会大幅增加，H_2能够借助裂纹深入石油焦内部，与有机硫化物充分接触，从而提升脱硫率。目前固相石油焦加氢在工业放大方面存在较多困难，所以该方法仍处于探索性研究阶段。

3.6 微生物法

在常温常压条件下，厌氧菌和需氧菌能够脱除石油焦中含硫杂环化合物。其基本原理是，微生物在代谢过程中会通过分解有机物获取能量，一些特定的厌氧菌和需氧菌对石油焦中的含硫化合物有较强的吸附消化能力，在这些菌种的协同作用下，石油焦中的含硫有机化合物转化为不含硫的有机物以及水溶性含硫无机化合物，以此实现脱硫目的。P. Agarwal 等利用氧化亚铁酸性硫杆菌，对石油焦开展脱硫性能研究，研究表明氧化亚铁酸性硫杆菌对石油焦的脱硫率为 38.3%。在脱硫过程中，氧化亚铁酸性硫杆菌会直接对石油焦中的二硫化亚铁产生作用；同时，氧化亚铁酸性硫杆菌还会将二价铁先氧化成三价铁，然后三价铁再与二硫化亚铁发生反应生成硫酸根[3]。该方法不会对石油焦的结构造成改变，但鉴于传质需求，石油焦需预先破碎成小颗粒，可能会对其的应用产生一定影响。同时，微生物脱硫法还存在微生物培养周期长、菌种筛选耗时、废液处理复杂等问题。

3.7 过程强化辅助法

过程强化辅助脱硫法是在现有的脱硫方法上，引入微波辐照和超声波等方法。微波辐照通过增强石油焦内部分子振动来提高脱硫效率，超声波的空化效应能够提升石油焦脱硫反应效率。P. J. Zhao 等采用超声辅助 Na_2CO_3煅烧的方法进行脱硫，针对初始硫质量分数 7.57% 的石油焦进行脱硫，未加超声波辅助时脱硫率为 73.4%，超声波辅助后脱硫率提高到 93.6%。脱硫率的提升主要得益于超声波的空化效应，气泡破裂的瞬间释放大量的能量促进了氧化剂的分解，产生了大量自由基，这会加速石油焦的脱硫反应，进而提高反应效率[8]。

4 结论

石油焦脱硫技术对于拓宽石油焦的应用边界、降低环境污染起着至关重要的作用。当前的各类脱硫方法均有利弊：溶剂萃取脱硫法和微生物脱硫法反应耗时长且脱硫率偏低，难以适用于工业大规模脱硫场景；加氢脱硫法虽脱硫效果出色，但操作难度大，工业放大存在诸多障碍，仍处于探索研究阶段；碱金属化合物脱硫法脱硫率高，却会对石油焦本体结构造成较大破坏，后续纯化面临挑战；过程强化辅助脱硫法虽能提升脱硫率，但在设备大型化方面存在难题。相较而言，氧化脱硫法与过程强化辅助脱硫法相结合，具有较为广阔的应用前景，其反应条件温和，对石油焦本体结构影响甚微，脱硫率也能达到一定水平。未来，石油焦脱硫技术的研究应聚焦于开发更加高效、经济、环保的方法，持续优化现有的脱硫工艺，攻克设备大型化等工程难题，以满足工业生产的实际需求，推动石油焦产业实现可持续发展。

参 考 文 献

[1] 王祖纲，杨勇，肖家治．重油加工脱碳技术的发展现状与趋势[J]．世界石油工业，2021，28(2)：53-62.

[2] 伍茜．高硫焦湿化学法脱硫工艺及其动力学研究[D]．长沙：中南大学，2012.

[3] AGARWAL P，SHARMA D K. Studies on the desulfurization of petroleum coke by organorefining and other chemical and biochemical techniques under milder ambient pressure conditions[J]. Petroleum Science and Technology，2011，29(14)：1482-1493.

[4] ZHU H J，YAO Y，WANG R. Comparative study of the effects of various activation methods on the desulfurization performance of petroleum coke[J]. Aerosol and Air Quality Research，2021，21(4)：200540.

[5] LI F M，HUA M Q，WEI Y C，et al. Insight into the oxidative desulfurization of high-sulfur petroleum coke

under mild conditions: a journey of vanadium-substituted dawson-type phosphotungstic acid[J]. Petroleum Science, 2021, 18(3): 983-993.

[6] CAO S J, CHEN Z J, MA W H, et al. Vacuum-assisted and alkali roasting for desulfurization of petroleum coke[J]. Journal of Cleaner Production, 2022, 332: 130052.

[7] PARMAR B S, TOLLEFSON E L. Desulfurization of oil sands coke[J]. The Canadian Journal of Chemical Engineering, 1977, 55(2): 185-191.

[8] ZHAO P J, MA C, WANG J T, et al. Almost total desulfurization of high-sulfur petroleum coke by Na_2CO_3-promoted calcination combined with ultrasonic-assisted chemical oxidation[J]. New Carbon Materials, 2018, 33(6): 587-594.

产品结构调整、转型升级及新技术应用

延迟焦化装置试生产低排阳极石油焦研究

张　勇　郭立春

（中国石化齐鲁石化公司　山东淄博 255400）

摘　要　本文围绕延迟焦化装置试生产低排阳极石油焦展开研究。阐述了低排阳极石油焦的控制指标，相关指标对低排阳极石油焦性能的影响。制定了低排阳极石油焦试生产方案，并对产品检测分析，得出试生产的石油焦的产品指标完成情况，分析了钙含量超标、硫含量高、挥发分超标的影响因素。最后进行了试生产总结，为后续生产提供参考。

关键词　延迟焦化装置；低排阳极石油焦；检测分析；试生产

1　引言

1.1　选题背景与研究意义

随着铝工业的快速发展，低排阳极作为铝电解槽的关键耗材，其质量和产量对铝生产的成本和效率有着重要影响。低排阳极的生产流程是以炼油厂的副产品石油焦为骨料，占预焙阳极总质量的80%以上，再以焦化厂副产品煤沥青为黏结剂制造低排阳极，石油焦和煤沥青的成本占预焙阳极生产成本75%左右。其生产以石油焦、沥青焦等为原料，经煤沥青黏结后形成炭块，然后再进行焙烧处理得到低排阳极[1]。提高石油焦的质量和附加值，对于提升焦化装置的经济效益和满足铝工业需求具有重要意义。延迟焦化装置进行低排阳极石油焦的试生产，旨在探索如何优化生产工艺，提高产品质量，为企业创造更大的价值。

1.2　国内外低排阳极石油焦生产研究现状

在国外，一些先进的石油焦生产企业已经具备了较为成熟的生产技术和工艺，能够生产出高质量的低排阳极石油焦。它们通过优化原料选择、改进生产设备和工艺参数等方式，不断提高产品的性能和质量。而国内虽然在石油焦生产方面取得了一定的进展，但在生产技术和产品质量上与国外仍存在一定差距。目前，国内对于焦化装置试生产低排阳极石油焦的研究还相对较少，需要进一步深入探索。

1.3　试生产延迟焦化装置简介

延迟焦化装置于2004年建成投产，装置主要由焦化反应分馏、吸收稳定系统组成。

该装置以胜利高酸高硫原油的减压渣油为原料，主要产品为干气、液化气、稳定汽油、柴油、蜡油和焦炭。焦化干气直接进入原有装置脱硫，脱硫后干气送往制氢装置作为制氢原料或燃料气；焦化液化气进入脱硫塔脱硫后，去气体分离装置后加工；汽油、柴油、蜡油由管线送出装置至罐区或后续加氢装置加工处理；焦炭通过汽车或铁路运输外销。

2 试生产前的准备工作

2.1 现行低排阳极专用石油焦产品指标

低排阳极专用石油焦产品指标分为两个牌号，具体见表1。

表1 低排阳极专用石油焦产品指标

牌号	硫含量/%	挥发分/%	灰分/%	粉焦量(<8mm)/%	固定碳/%	Ca/(mg/kg)	Fe/(mg/kg)	Na/(mg/kg)	Ni/(mg/kg)	Si/(mg/kg)	V/(mg/kg)
YBYJJ-1	≤2.00	≤10.00	≤0.30	≤30.0	≥85.0	≤200	≤200	≤100	≤150	≤200	≤200
YBYJJ-2	≤4.00	≤12.00	≤0.50	≤40.0	≥85.0	≤380	≤400	≤150	≤250	≤300	≤380

2.2 石油焦关键影响指标

2.2.1 挥发分含量

石油焦的挥发物取决于石油焦的生产工艺，焦化温度对石油焦挥发分含量有较大影响，焦化温度越高，石油焦中挥发分的含量越少；挥发分过高将影响煅后焦真密度，降低煅后焦实收率，且对煅烧操作带来不少困难；挥发分过低会导致下游低排阳极厂家在煅烧时增加自身能耗，因此，适量的挥发分有助于石油焦煅烧。挥发分在10%~12%较为合适，能够保证煅烧焦质量。

2.2.2 灰分含量

灰分与石油焦含矿物杂质的多少关系密切。灰分中的金属元素容易加大阳极的损耗，灰分过大将影响阳极及原铝质量，限制灰分含量有利于减少电解过程污染铝液品质。通常，低排阳极用石油焦要求灰分小于0.5%。

2.2.3 硫含量

根据硫含量的不同，我国将石油焦分为三类：硫含量>3%的高硫石油焦；硫含量在1%~3%的中硫石油焦；硫含量<1%的低硫石油焦。硫在石油焦中以有机硫为主，存在少量的无机硫。在煅烧过程中，石油焦中的大部分为无机硫和少量的有机硫会氧化为 H_2S 和 SO_x 气体排出，造成环境的污染；石油焦中硫含量增加，会使煅烧后焦的烧损率和气孔率上升，产品的密度下降，造成产品密度、气孔率和电阻率等指标的下降，严重的情况还将造成碳素制品的开裂、破损等不合格率上升；硫含量增大使电解时铁-炭压降升高[2]。

2.2.4 微量元素

Ni、V等微量元素氧化速度较快，使预焙阳极受到严重的氧化，并出现掉渣、掉块等问题，导致其导电性降低、铝电解电解槽内电流效应减弱，预焙阳极使用过程中，对碳的需求量明显增加。Si、Ti、Mn、Fe等微量元素主要影响成品原铝的机械性能和纯度。S、P等微量元素会导致碳素制品质量和物理性能降低[3]。而其中金属含量是影响石油焦性能的最关键因素。

2.2.5 粉焦量

粉状焦的比例增大，会导致阳极的粉化程度加重。粉焦在回转窑煅烧过程中处于回转窑最下层，煅后焦真密度降低，将导致制备出的焦炭阳极易氧化、裂纹、掉块，出现热槽、病槽等现象；粒度更细的粉焦会被烧损或被气流带走，降低粉焦实收率；粉状焦比例增大，使阳极生产配料中粉料过多。

从影响石油焦性能的各项指标可以看出，石油焦中的微量元素是影响石油焦反应性能及氧化性能的关键因素。

3 试生产方案

3.1 试生产的目的与要求

为了提高焦炭产品的附加值，增加焦化装置的效益，按照炼厂排产计划，延迟焦化装置于10月12日至14日进行两塔低排阳极石油焦的试生产。检验生产出的石油焦质量是否符合低排阳极专用石油焦的相关标准。

3.2 采用的具体方案

3.2.1 常减压装置的操作调整

在焦化装置试生产低排阳极石油焦期间，常减压装置加工的原油品种保持不变，外油掺炼量保持不变。常减压装置提前一天，停止回炼轻污油和重污油。

3.2.2 延迟焦化装置的操作调整

延迟焦化装置提前一塔停止回炼轻污油和重污油，停止浮渣回炼，将加热炉出口温度按495℃控制，大吹汽流量由12t/h提至15t/h控制；在试生产低排阳极石油焦期间，继续掺炼催化裂化装置的油浆。

3.2.3 试生产期间的工作安排

① 试生产期间焦炭塔按20小时生焦程序排产。

② 10月12日1:30切四通至2#焦炭塔开始生产低排阳极石油焦；12日1:30 1#焦炭塔开始冷却焦炭，12:00 1#焦炭塔除焦，15:00预热；2#焦炭塔生焦期间，采集常减压减压原油、减压渣油、油浆，每个样品各1L。

③ 12日21:30切四通至1#焦炭塔继续生产；1#焦炭塔生焦期间，采集常减压减压原油、减压渣油、油浆，每个样品各1L；12日21:30 2#焦炭塔开始冷却焦炭，13日8:00 2#焦炭塔除焦，除焦人员分别在2#焦炭塔上部、中部和下部除焦时，对石油焦进行采样，每个样品各25kg；采集焦化切焦水、冷焦水，每个样品各1L；13日11:00 2#焦炭塔除焦结束，开始试压、预热。

④ 13日17:30切四通至2#焦炭塔继续生产，1#焦炭塔开始冷却焦炭；14日4:00 1#焦炭塔除焦，除焦人员分别在1#焦炭塔上部、中部和下部除焦时对石油焦进行采样，每个样品各25kg；采集焦化切焦水、冷焦水，每个样品各1L。石油焦试生产结束。

4 试生产装置石油焦性能的分析与试生产总结

试生产结束后，采集每一塔石油焦的上中下三部分，进行石油焦各理化性能分析，以确定将污油、浮渣及废胺液不掺炼的焦化工艺生产的石油焦产品能否达到YBYJJ-2标准的要求，为了确定分析结果的准确性，所有石油焦样品均由试生产公司分析机构及石油焦下游用户公司同时进行分析，由于固定碳和粉焦量不属于低排阳极厂家重点关注指标，因此，首次试生产石油焦样品不进行固定碳及粉焦量分析。

4.1 石油焦水分含量分析

石油焦水分含量分析结果见表2。

表 2　石油焦样品水分分析结果　　%(质量分数)

石油焦样品	水分	石油焦样品	水分
10 月 13 日上部	13.46	10 月 14 日上部	11.19
10 月 13 日中部	10.11	10 月 14 日中部	11.24
10 月 13 日下部	12.96	10 月 14 日下部	16.36

从表 2 可以看出，10 月 13 日不同部位石油焦样品，中部水分含量最低，10 月 14 日不同部分石油焦样品，上部和中部水分含量都在 11%(质量分数)左右，下部最高达到了 16.36%(质量分数)，而下部水分含量最高。在除焦过程中，除焦水是从焦炭塔上部往下部除，因此导致下部石油焦中含有较多的水，石油焦运输到下游低排阳极生产厂家后，生产厂家会采用静置的方法继续去除石油焦中的水，直到其达到使用要求。

4.2　石油焦灰分分析

试生产公司和下游用户公司对石油焦样品中的灰分进行了分析，具体数据见表 3 和表 4。

表 3　10 月 13 日不同样品灰分分析结果　　%(质量分数)

<table>
<tr><th colspan="2" rowspan="2">石油焦样品</th><th colspan="2">灰分</th></tr>
<tr><th>YBYJJ-1</th><th>YBYJJ-2</th></tr>
<tr><td>10 月 13 日上部(试生产公司)</td><td>0.20</td><td rowspan="6">≤0.30</td><td rowspan="6">≤0.50</td></tr>
<tr><td>10 月 13 日上部(下游用户公司)</td><td>0.23</td></tr>
<tr><td>10 月 13 日中部(试生产公司)</td><td>0.18</td></tr>
<tr><td>10 月 13 日中部(下游用户公司)</td><td>0.18</td></tr>
<tr><td>10 月 13 日下部(试生产公司)</td><td>0.22</td></tr>
<tr><td>10 月 13 日下部(下游用户公司)</td><td>0.20</td></tr>
</table>

从表 3 可以看出，10 月 13 日试生产的不同部位的石油焦的灰分都达到了 YBYJJ-1 的要求。

表 4　10 月 14 日不同样品灰分分析结果　　%(质量分数)

<table>
<tr><th colspan="2" rowspan="2">石油焦样品</th><th colspan="2">灰分</th></tr>
<tr><th>YBYJJ-1</th><th>YBYJJ-2</th></tr>
<tr><td>10 月 14 日上部(试生产公司)</td><td>0.20</td><td rowspan="6">≤0.30</td><td rowspan="6">≤0.50</td></tr>
<tr><td>10 月 14 日上部(下游用户公司)</td><td>0.23</td></tr>
<tr><td>10 月 14 日中部(试生产公司)</td><td>0.19</td></tr>
<tr><td>10 月 14 日中部(下游用户公司)</td><td>0.23</td></tr>
<tr><td>10 月 14 日下部(试生产公司)</td><td>0.20</td></tr>
<tr><td>10 月 14 日下部(下游用户公司)</td><td>0.25</td></tr>
</table>

从表 4 可以看出，10 月 14 日试生产的不同部位的石油焦的灰分都达到了 YBYJJ-1 的要求。

4.3　石油焦挥发分分析结果

试生产公司和下游用户公司对石油焦样品中的挥发分进行了分析，具体数据见表 5。

表 5　石油焦样品挥发分分析结果　　%(质量分数)

石油焦样品		挥发分	
		YBYJJ-1	YBYJJ-2
10 月 13 日上部(试生产公司)	9.40	≤10.00	≤12.00
10 月 13 日上部(下游用户公司)	10.33		
10 月 13 日中部(试生产公司)	8.30		
10 月 13 日中部(下游用户公司)	10.13		
10 月 13 日下部(试生产公司)	10.20		
10 月 13 日下部(下游用户公司)	10.75		
10 月 14 日上部(试生产公司)	9.10		
10 月 14 日上部(下游用户公司)	10.05		
10 月 14 日中部(试生产公司)	8.40		
10 月 14 日中部(下游用户公司)	10.19		
10 月 14 日下部(试生产公司)	10.50		
10 月 14 日下部(下游用户公司)	10.26		

从表 5 可以看出，10 月 13 及 14 日试生产的石油焦的挥发分都达到了 YBYJJ-2 的要求。

4.4　石油焦硫含量分析结果

试生产公司和下游用户公司对石油焦样品中的硫含量进行了分析，具体数据见表 6 和表 7。

表 6　10 月 13 日石油焦样品硫含量分析结果　　%(质量分数)

石油焦样品		硫含量	
		YBYJJ-1	YBYJJ-2
10 月 13 日上部(试生产公司)	3.05	≤2.00	≤4.00
10 月 13 日上部(下游用户公司)	3.34		
10 月 13 日中部(试生产公司)	3.04		
10 月 13 日中部(下游用户公司)	3.21		
10 月 13 日下部(试生产公司)	3.04		
10 月 13 日下部(下游用户公司)	3.23		

从表 6 可以看出，10 月 13 日试生产的不同部位的石油焦的硫含量都达到了 YBYJJ-2 的要求。

表 7　10 月 14 日石油焦样品硫含量分析结果　　%(质量分数)

石油焦样品		硫含量	
		YBYJJ-1	YBYJJ-2
10 月 13 日上部(试生产公司)	3.20	≤2.00	≤4.00
10 月 13 日上部(下游用户公司)	3.48		
10 月 13 日中部(试生产公司)	3.28		
10 月 13 日中部(下游用户公司)	3.47		
10 月 13 日下部(试生产公司)	3.42		
10 月 13 日下部(下游用户公司)	3.43		

从表7可以看出，10月14日试生产的不同部位的石油焦的硫含量都达到了YBYJJ-2的要求。

4.5 石油焦元素分析结果

试生产公司和下游用户公司对石油焦样品中的微量元素含量进行了分析，具体数据见表8和表9。

表8 石油焦样品微量元素含量分析结果(试生产公司)

样品名称	元素含量/(mg/kg)							
	Al	Ca	Fe	Mg	Na	Ni	V	Si
10月13日石油焦(上)	114.37	242.97	66.34	18.37	61.38	233.76	112.41	49.06
10月13日石油焦(中)	100.59	209.06	53.23	13.97	49.65	200.55	94.97	43.06
10月13日石油焦(下)	83.78	211.71	35.73	9.89	70.05	196.94	100.24	42.22
10月14日石油焦(上)	108.61	184.28	45.61	13.05	51.23	211.83	113.53	49.71
10月14日石油焦(中)	91.92	332.55	47.89	23.64	68.48	202.15	109.69	18.63
10月14日石油焦(下)	97.38	422.79	40.14	23.13	84.91	163.98	83.00	23.70
YBYJJ-1	—	≤200	≤200	—	≤100	≤150	≤200	≤200
YBYJJ-2	—	≤380	≤400	—	≤150	≤250	≤380	≤300

表9 石油焦样品微量元素含量分析结果(下游用户公司)

样品名称	元素含量/(mg/kg)					
	Ca	Fe	Na	Ni	V	Si
10月13日石油焦(上)	174	47	61	190	106	158
10月13日石油焦(中)	194	39	64	159	87	133
10月13日石油焦(下)	192	28	61	155	91	104
10月14日石油焦(上)	169	52	73	175	106	165
10月14日石油焦(中)	176	42	64	170	106	146
10月14日石油焦(下)	273	47	51	142	81	138
YBYJJ-1	≤200	≤200	≤100	≤150	≤200	≤200
YBYJJ-2	≤380	≤400	≤150	≤250	≤380	≤300

从表8及表9可以看出，10月13日试生产的不同部位的石油焦的各金属元素含量都达到了YBYJJ-2的要求，10月14日试生产的上部及中部部位的石油焦的各金属元素含量都达到了YBYJJ-2的要求，而同一样品的同一元素含量，下游用户公司的测试结果大部分比试生产公司检测机构测试的低，这是由于下游用户公司采用铝用石油焦YS/T 63.16标准的测试方法，而试生产公司采用的是金属元素ICP测试通则的方法，测试结果有所差异。

由于下游低排阳极企业对固定碳不作为入厂指标进行分析，同时粉焦量指标需要焦化装置连续生产时持续跟踪分析才有代表性，因此，本次试生产试验不对固定碳及粉焦量指标进行分析考察。

对试生产的不同部位石油焦样品进行空气及二氧化碳反应性能分析，以考察样品的反应性能情况(见表10)。

表 10　不同部位石油焦样品反应性能分析数据

样品名称	空气反应性能/(%/min)	二氧化碳反应性能/%
10 月 13 日石油焦(上)	0.055	8.13
10 月 13 日石油焦(中)	0.050	8.21
10 月 13 日石油焦(下)	0.052	8.85
4A 石油焦	0.117	9.65

从表 10 可以看出，不同部位石油焦的空气反应性能都在 0.05%/min 左右，而二氧化碳反应性能在 8%左右，相比于 4A 石油焦，空气反应速率及二氧化碳损失率均出现了降低，其中空气反应性能降低幅度较大，说明试生产公司开发的低排阳极用石油焦可以明显降低石油焦的空气反应性能，降低低排阳极在使用过程中的消耗，减少二氧化碳排放。

对 10 月 13 日中部石油焦进行了 TG 及 DSC 分析，以模拟石油焦在煅烧过程中的重量变化情况，表征结果见图 1。

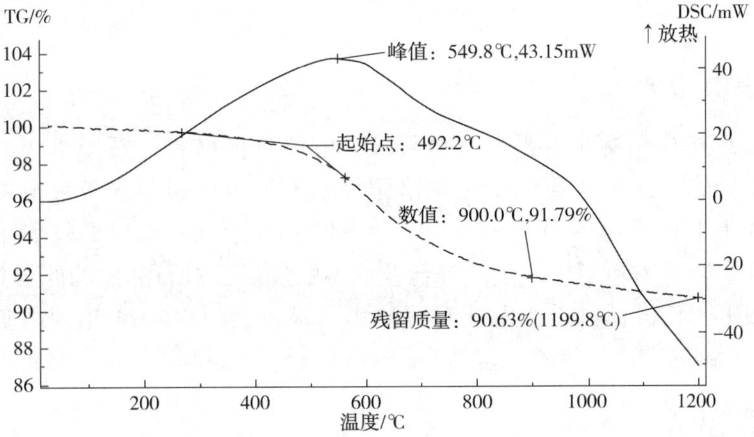

图 1　石油焦的 TG(热重分析)及 DSC(差示扫描量热)图

从图 1 可以看出，石油焦在 1200℃时，样品残留质量为 90.63%，与石油焦 10%的挥发分数据一致，说明工业石油焦在进行煅烧过程中，只发生了挥发分组分的燃烧，满足了下游低排阳极厂家 1200℃的煅烧要求。

通过以上低排阳极专用石油焦各性能分析结果可以看出，只使用减压渣油及催化油浆作为原料生产的石油焦产品各项指标基本满足了 YS/T 285—2012 低排阳极专用石油焦 YBYJJ-2 产品的各项性能指标要求，说明此次低排阳极石油焦试生产达到了预期效果。

参 考 文 献

[1] 潘三红，米寿杰．中国铝用阴极炭块的现状与发展[J]．炭素技术，2011，30(4)：41-44.
[2] 王平甫，刘凤琴，童春秋，等．铝电解槽炭阳极氧化掉渣裂纹掉块的危害和影响因素[J]．轻金属，2002(3)：42-45.
[3] 杨静，李宪磊，杜滨，等．预焙阳极中微量元素对铝电解的影响及控制[J]．炭素，2010(4)：37-41.

高品质石油焦在延迟焦化装置规模化生产

侯代磊

（中国石化湖南石化公司　湖南岳阳 414000）

摘　要　随着新能源车的加速发展，车用燃料需求已处于下降趋势。高端碳材料的生产，已成为石油炼制行业"油转特""油转材"的重要途径。本文介绍延迟焦化装置如何降低石油焦硫含量，从试生产3A焦到批量生产高品质石油焦的生产调整。该延迟焦化装置所生产出的石油焦能够满足储能电池、动力电池指标要求。

关键词　延迟焦化；负极焦；储能焦；油浆比例

1　石油焦市场现状

国内石油焦下游消费领域主要有预焙阳极、电池负极材料、石墨电极、增碳剂、燃料等[1]；其中，中低硫石油焦主要消费在预焙阳极、电池负极材料、石墨电极、增碳剂等领域[2]，高硫石油焦主要消费在预焙阳极、工业燃料、硅冶炼、出口煅烧焦生产等领域。随着中国铝、钢等金属冶炼和半导体生产等行业的不断发展，对石油焦的原材料需求量不断增长，下游预焙阳极、负极材料产业发展对石油焦需求较大[3]。2024年国内负极焦需求量约290万吨，负极材料渠道用焦供不应求[4]。

2　3A焦试生产

2.1　装置简况

为满足市场对高品质石油焦的需求，各炼化企业的延迟焦化装置不断探索、调整操作，以生产出高端碳材料。现以某炼油厂延迟焦化装置为例，阐述负极焦量产条件。装置原料油原则流程如图1所示。

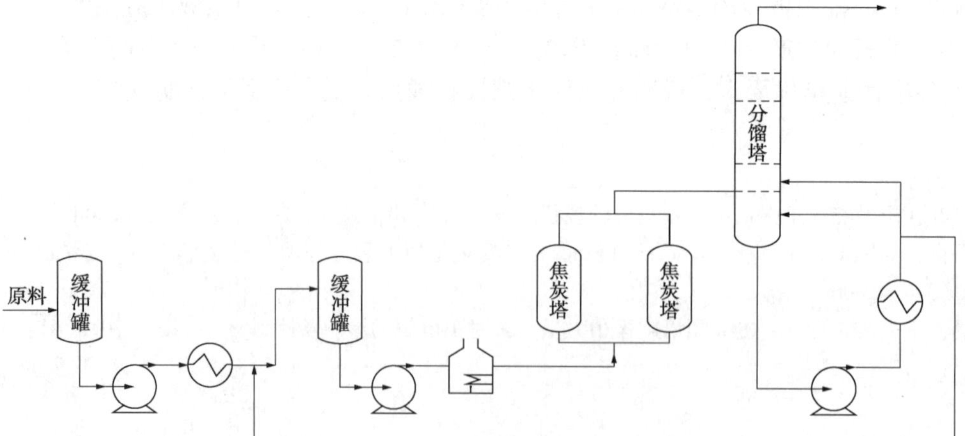

图1　装置原料油原则流程

随着炼油厂加工原油硫含量上升，减压渣油硫含量在2%左右，延迟焦化装置所生产的石油焦硫含量在2.4%左右，属于3B牌号焦。为降低石油焦硫含量，提升石油焦的品质，焦化装置通过调整油浆掺炼比，降低装置原料油硫含量，试生产3A牌号石油焦。

2.2 具体措施

以装置标定数据(装置日加工量)为依据，测算石油焦硫含量与原料硫含量之间关系，如表1所示。

表1 延迟焦化装置各产品硫分布情况

	项目	总量/(t/d)	硫含量/%	硫总量/(t/d)
入方	1#催化油浆	221	0.91	2.01
	3#催化油浆	243	0.95	2.31
	减压渣油	2713	1.48	40.15
	合计			44.472
出方	干气	180.27	5.31	9.57
	液态烃	72.00	0.88	0.63
	石脑油	485.50	0.43	2.09
	柴油	714.63	0.59	4.22
	轻蜡油	781.00	1.06	8.28
	重蜡油	82.12	1.33	1.09
	焦炭	856.00	1.76	15.06
	含硫污水	0.46	0.76	0.0035
	放空污水	2.46	0.03	0.0007
	放空尾气	2.56	5.31	0.14
	合计			41.08

通过表1可知，石油焦硫含量为15.06t/d，原料油硫含量为44.47t/d，石油焦约占原料硫含量的34%。以焦炭收率为30%，焦炭硫含量为1.95%(3A焦)计算。若要生产出3A焦，焦化混合原料的硫含量应小于1.72%。焦化装置主要原料为减压渣油和催化油浆，因催化油浆中硫含量在1%以下，可以通过油浆掺炼比来调整原料油中硫含量。

实际生产中，通过调整油浆掺炼比，得到石油焦硫含量数据，如表2所示。

表2 不同油浆掺炼比下焦炭硫含量对比

日期	1日		2日		3日		4日	
	加工量/(t/d)	加工比例/%	加工量/(t/d)	加工比例/%	加工量/(t/d)	加工比例/%	加工量/(t/d)	加工比例/%
3#常减压渣油	2320.1	78.10	2257.73	74.95	2145.65	71.12	2172.5	71.69
1#油浆	144.65	4.87	157.66	5.23	169.68	5.62	200.55	6.62
3#油浆	281.5	9.48	350.74	11.64	443.28	14.69	408.696	13.49
罐区油浆	224.31	7.55	246.36	8.18	258.43	8.57	248.86	8.21
总油浆量	650.46	21.90	754.76	25.05	871.39	28.88	858.106	28.31
原料硫含量	1.83%		1.80%		1.76%		1.77%	
焦炭硫含量	2.08%		1.91%		2.04%		1.9%	

通过表 2 可知，1~4 日实际生产期间，有三天原料硫含量小于 1.80%，在这三天中有两天能产 3A 石油焦，即原料中硫含量小于 1.80%，能产 3A 石油焦的概率为 67%，实际生产的数据接近表 1 测算数据。当焦化混合原料硫含量为 1.7%以下，可批量生产 3A 牌号焦炭概率更大。

3 规模化生产储能焦

自 2022 年焦化装置开始进行 3A 焦生产攻关。2023 年延续 3A 焦生产思路，开始负极焦生产，通过多次送样至下游客户确定相对固定的油浆掺炼比例，克容量等指标到达客户要求。2024 年装置开始大批量生产储能焦。

依据储能材料专用炭材料的技术要求，相关要求如表 3 所示。

表 3 储能材料专用炭材料的技术要求

项目	质量指标	项目	质量指标
硫含量(质量分数)/%	不大于 2.30	固定碳(质量分数)/%	报告
挥发分(质量分数)/%	不大于 9	需满足下列项目之一 黏结指数 自黏成型率/%	 报告 不小于 60
灰分(质量分数)/%	不大于 0.3		

在 2024 年储能焦生产期间，焦化装置进行如下调整。

3.1 调整油浆掺炼比

生产储能焦时，将油浆掺炼比控制在 20%~22%。考虑催化油浆对石油焦灰分影响，控制油浆掺炼比不宜过高，同时监测催化油浆固含量变化。2024 年焦化原料油分析数据如表 4、表 5、表 6 所示。

表 4 减压渣油分析数据

项目	指标	项目	指标
密度(20℃)/(kg/m³)	1004.76	钙含量/(μg/g)	7.680
残炭(质量分数)/%	18.861	铜含量/(μg/g)	0.072
硫含量(质量分数)/%	1.676	铁含量/(μg/g)	26.34
饱和烃(质量分数)/%	13.533	钠含量/(μg/g)	0.95
芳烃(质量分数)/%	44.923	镍含量/(μg/g)	63.75
胶质(质量分数)/%	31.967	钒含量/(μg/g)	57.45
沥青质(质量分数)/%	4.715		

表 5 催化油浆分析数据

项目	1#油浆数据	3#油浆数据
固含量/(g/L)	2.4	3.61
密度(20℃)/(kg/m³)	1123.74	1123.83
残炭(质量分数)/%	13.96	14.45
硫含量(质量分数)/%	0.85	0.99
饱和烃(质量分数)/%	6.89	7.41

续表

项目	1#油浆数据	3#油浆数据
芳烃(质量分数)/%	72.74	72.92
胶质(质量分数)/%	10.87	11.57
沥青质(质量分数)/%	6.53	5.16

按20%掺炼比计算，混合原料组成见表6。

表6 混合原料分析数据

项目	指标	项目	指标
密度(20℃)/(kg/m³)	1028.5	芳烃(质量分数)/%	50.83
残炭(质量分数)/%	17.89	胶质(质量分数)/%	27.89
硫含量(质量分数)/%	1.57	沥青质(质量分数)/%	5.08
饱和烃(质量分数)/%	12.46		

3.2 关键操作参数

石油焦挥发分影响因素主要有原料性质、加热炉出口温度，生产上以控制炉出口温度为主，同时做好冷焦水系统带油情况的监测，及时收油。为避免浮渣对焦炭质量的不确定影响，储能焦生产期间焦炭塔放空时期停止带炼浮渣。关键操作参数见表7。

表7 关键操作参数

工艺参数	控制范围	工艺参数	控制范围
炉管注水量/(t/h)	2.47	焦炭塔顶压力/MPa	0.20
生焦时间/h	24	循环比/%	12.07
加热炉出口温度/℃	492.58	小吹汽量	4t/h×2h
渣油进料总管温度/℃	487.63	大吹汽量	15t/h×2h
焦炭塔顶温度/℃	415.38		

3.3 焦场低库存运行

生产储能焦前，焦场低库存运行，便于不同牌号石油焦分区堆放。除焦吊车班当班员工，将当天所除的石油焦集中堆放在一区域，并在焦场石油焦堆放示意图上进行标注。

3.4 生产成果

2024年度累计储能焦生产时间161天，其中最长连续生产达21天，最高月产销量为22572t，全年共产销储能焦16.09万t，占本装置全年石油焦产出总量的43.90%。储能焦质量数据如下表8所示。

表8 储能焦化验分析数据

项目	质量指标	项目	质量指标
固定碳(质量分数)/%	89.44	镍含量/(μg/g)	198.45
硅含量/(μg/g)	293.02	挥发分(质量分数)/%	7.66
钒含量/(μg/g)	159.33	灰分(质量分数)/%	0.15
铁含量/(μg/g)	114.055	硫含量(质量分数)/%	1.66
钙含量/(μg/g)	47.57		

本装置储能焦微观结构方面趋势向好、粗纤维、流域面积较大、取向性好，镶嵌较少。克容量高，在350~355mA·h/g，适合高能量密度动力快充电池领域。

从下游客户了解，负极材料对石油焦硫含量要求不是很苛刻，可以接受硫含量在2.3%以下石油焦，但对油浆掺炼比有一定的要求。

根据客户鉴定，当油浆掺炼比在5%左右，所生产的石油焦可以作为储能焦；当油浆掺炼比在20%左右，所生产的石油焦可作为动力焦。

3.5 20h生焦试验

为提高储能焦产量及检验20h生焦对储能焦质量影响，本装置用两个月时间组织20h生焦，经试验得出以下结论：

实施20h生焦，生产负极焦挥发分和粉焦量偏高。储能焦产品质量相对于24h生产时有所下降，下游客户反馈不愿接收该负极焦产品。根据下游客户的负极焦使用情况，焦炭颜色异常，原料指标中挥发分及黏结指数均有升高，负极焦使用过程中出现黏结现象，石墨化有团聚现象，仅部分产品小范围能用。主要原因：20h生焦反应时间缩短，焦炭塔内热量不足，导致反应深度低，焦炭挥发分升高，粉焦量增多。

4 存在问题

① 产量方面，受全厂重油平衡的影响，本装置在生产储能焦时无法完全平衡渣油，因此储能焦无法全年连续生产。

② 计量仪表不完善。实际生产中，催化油浆进焦化装置没有计量表，所掺炼油浆量只能参考上游装置油浆出装置流量表、罐区罐位检尺获得油浆掺炼量，不能实时监控油浆掺炼比。

③ 化验仪器配备不全。目前公司的检验单位只能检测石油焦硫含量、挥发分、灰分、金属含量、真密度、相对结晶度。相关负极焦指标的检验设备不完善，不能及时获知生产中相关参数与石油焦产品指标关联性。

5 结语

随着油系碳材料在市场广泛应用，各炼油厂延迟焦化装置为生产高品质石油焦，逐步固化操作，获得一定生产经验。但是，因从石油焦至电池上车整个评判周期较长，且延迟焦化装置操作属于比较“粗放式”操作。在高品质石油焦产、销、研、用等方面，需要多方加强合作、联合技术攻关，形成石油焦定制化生产体系。

参 考 文 献

[1] 安鹏宇. 中国预焙阳极市场现状及发展趋势[J]. 轻金属，2020(9)：1-5.

[2] 吴世锋，靳艳菊. 钢铁-石墨电极-石油焦市场分析与展望[J]. 炭素技术，2013，32(1)：59-61.

[3] 谷柳. 石油焦在铝用炭素行业的应用及标准化情况[J]. 中国金属通报，2020(6)：122-123.

[4] 罗艳托，陆彬，邓钰暄，等. 2023年中国石油焦市场分析及2024年预测[J]. 国际石油经济，2024，32(3)：62-68.

延迟焦化装置负极焦生产工艺探讨

雷云龙　赵昊宇　徐　钢

（中国石化青岛石化公司　山东青岛 266000）

摘　要　随着新能源领域的高速发展，负极焦作为锂离子电池负极材料的核心原料，其性能直接影响电池的能量密度、循环寿命与安全性。石油焦特别是低硫石油焦市场缺口越来越大，借助现有的装置产能，通过调整工艺参数及原料性质生产出满足牌号要求的负极焦产品是提质增效最有效益的途径。本文聚焦延迟焦化工艺，系统分析生产负极焦原料的选择、操作参数的调整与反应机理的协同作用对负极焦结构的影响，为国产高端大批量负极焦生产提供参考。

关键词　延迟焦化装置；负极焦；原料性质；工艺参数；反应机理

1　负极焦生产的原料选择与预处理

目前新能源制造市场所使用的负极焦种类繁多且质量良莠不齐。造成这一现象的主要原因为焦炭塔内不同部位的产品质量大不相同，渣油和油浆混合比例不稳定造成焦原料晶体结构变化大，反应温度、反应压力和生焦周期的频繁调整造成石油焦品质不稳定。在锂离子电池组件中，负极材料为锂离子提供嵌入场所，因此持续稳定生产出新型高储能负极焦十分迫切，对新能源领域的发展提供了坚实基础。

1.1　焦化原料的选择

负极焦所需的原料需富含芳烃，以促进中间相的形成。芳烃分子在480~520℃下发生定向排列，易形成流线形纹理结构。杂质限制也尤为重要，其中硫、氮、灰分等杂质需严格控制在0.5%(体积分数)以下，否则会降低焦炭导电性和热稳定性[1]。催化油浆掺炼时若未脱除催化剂粉末，镍、钒会催化结焦反应，增加焦炭灰分，导致焦炭灰分超标。除此之外，硫含量控制尤为重要，低硫原料(硫<2%)可生产预焙阳极、石墨电极等高端产品，可提升产品附加值。

高残炭值原料会增加石油焦产率，同时会导致焦炭硬度高、孔隙率低，影响下游加工性能。而沥青质含量过高会加速炉管结焦，增加加热炉热负荷，装置能耗水平增加。宽馏程原料易导致裂解反应不均，生成镶嵌结构焦炭，降低负极焦的各向异性性能。优化原料馏程可提高中间相质量，改善焦炭结构。焦化原料的组成和性质直接决定了石油焦的质量与应用方向，通过原料优化可有效提升装置经济性和产品竞争力[2]。

通过优化原料配比和工艺参数(如多段加热控制)，可提高生产出满足锂电池负极需求的低硫负极焦成功率。

1.2　焦化原料预处理

原料馏程过宽或杂质过多导致中间相融并不完全，形成无序区域，会降低各向异性。因此负极焦生产需要稳定的原料性质和混合温度，通过二十余次试生产数据，最终得出油浆配比占装置总进料的25%最佳，装置在负极焦生产前根据装置内的原料缓冲罐水平核算出全部置换罐内存油的时间，即为原料置换时间。通常在焦炭塔切塔前5h完成置换操作，使渣油、油浆、分馏塔底油混合均匀。

2　焦化反应机理与操作优化

2.1　反应原理与结构形成机制

延迟焦化反应是通过高温热裂化和缩合反应将重质渣油转化为轻质油品及石油焦的工艺。原料在管式加热炉中快速加热至490~505℃，通过高流速和短停留时间避免在炉管内发生结焦。加热后的原料进入焦炭塔，在高温和低压环境下，侧链断裂后缩合生成稠环芳烃，最终形成石油焦，图1是24h生焦周期负极焦的外观及SEM镜像图。

芳烃分子缩聚能力直接影响中间相的形成速度与范围。高芳烃原料(如催化裂化油浆)更易生成广域中间相，而低芳烃原料易形成镶嵌结构[3]。缩合反应通过中间相成焦机制，芳烃分子有序排列形成中间相小球体，最终堆叠为各种类别的石油焦[4]。在高温(500℃以上)和急冷油控制下，可抑制无序缩合，促进中间相有序生长。

(a)外观　　(b)SEM镜像

图1　负极焦外观及SEM镜像图

表2为装置10月试产负极焦光学组织分析。由表2可知10月6日样品的片状结构、纤维结构总量较为接近参比样，特别是大片与粗纤维结构非常接近；10月6日样品的纤维总量稍高于参比样、片状总量稍低于参比样，纤维状、片状结构高特别是纤维状结构高，这与表1的石墨化度和克容量分析结果趋势类似。表2的光学组织结构也说明10月6日样品的晶体结构与参比样较为接近。10月4日样品的片状结构与参比样接近，而纤维总量要明显低于参比样。图2~图4为10月试产和参比样的光学组织照片，与表2中的分析相对应，图3、图4中10月6日、参比样有明显的纤维状、片状结构。

表1　装置10月试产负极焦性质

样品名称	10月4日样品	10月6日样品	参比样
真密度/(kg/m^3)	1.40	1.41	1.41
硫含量(质量分数)/%	0.718	0.754	2.35
HGI	106	107	73
Al/(mg/kg)	145	151	—
Si/(mg/kg)	128	136	331

续表

样品名称	10月4日样品	10月6日样品	参比样
V/(mg/kg)	25	25	113
Ni/(mg/kg)	189	217	159
Fe/(mg/kg)	69	68	198
Na/(mg/kg)	206	145	5
Ca/(mg/kg)	71	74	13
挥发分(质量分数)/%	8.68	8.73	10.0
灰分(质量分数)/%	0.25	0.26	0.44
石墨化度(2900℃)	92.08	93.54	91.72
克容量/(mA·h/g)	343	352	349

表2 装置10月试产负极焦光学组织分析

样品	大片/%	细纤维/%	粗纤维/%	短纤维/%	小片/%	镶嵌/%	总纤量/%	总片量/%
10月4日样品	33.5	18.6	8.4	10.2	14.4	14.9	47.9	37.2
10月6日样品	38.4	16.9	8.1	7.6	16.3	12.7	54.7	32.6
参比样	36.2	24.9	6.9	5.3	15.1	11.6	51.3	37.1

图2 10月4日负极焦光学组织分析图

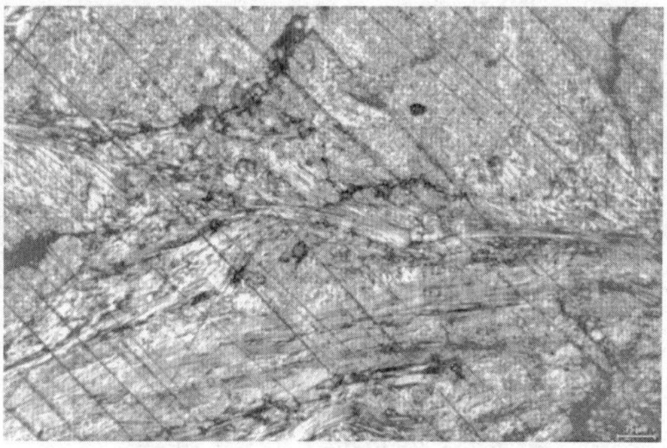

图3 10月6日负极焦光学组织分析图

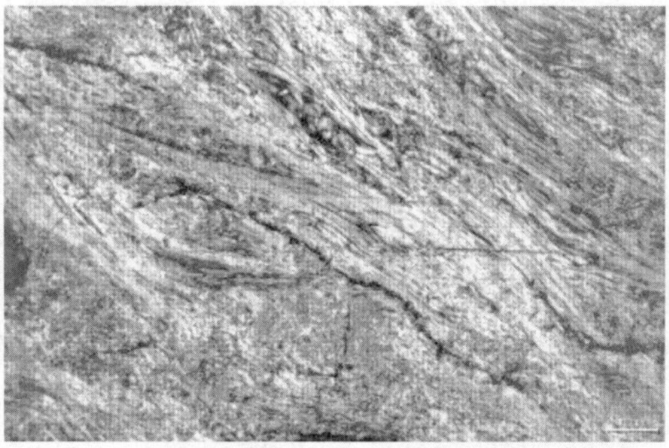

图4 高牌号负极焦参比样光学组织分析图

2.2 关键操作参数调控

结合APC先进控制系统，实现关键参数精准调节，通过实时调整加热炉温度和循环比，稳定中间相生长环境。

长焦化周期利于负极焦生成，过短的焦化时间（<24h）存在中间相未充分发育的问题，而周期过长（>72h）可能引起石油焦结构塌陷。高反应温度与反应压力，试生产期间数据表明，高炉出口温度利于负极焦生产。生焦期间稳定装置循环比，低循环比减少重质组分回炼，避免二次裂解干扰中间相生长。焦化炉出口温度需控制在497~500℃，过高导致过度裂解，形成无序焦，压力升高可促进中间相定向排列。表3对比了反应温度对负极焦重要衡量指标“克容量”的影响。化验数据表明，提高加热炉出口温度由495℃至497℃有利于负极焦生成，但石油焦硬度会增加。

表3　不同操作压力下负极焦化验单

分析项目	495℃生产样品	497℃生产样品
真密度/（kg/m^3）	1.39	1.39
硫含量（质量分数）/%	0.77	0.74
HGI	121	117
Al/（mg/kg）	275	259
Si/（mg/kg）	249	228
V/（mg/kg）	61	61
Ni/（mg/kg）	192	186
Fe/（mg/kg）	123	85
Na/（mg/kg）	159	296
Ca/（mg/kg）	120	107
挥发分（质量分数）/%	8.69	8.49
灰分（质量分数）/%	0.20	0.46
石墨化度（2900℃）	93.1	93.7
克容量/（mA·h/g）	348	351

3　面临挑战与未来展望

3.1　“三泥”的处理

负极焦生产期间，需暂停“三泥”回炼。焦化装置通常利用焦炭塔小给水冷焦阶段的余热（约300℃）分解隔油池底泥、浮渣、剩余活性污泥，是目前炼厂最具经济效益与环保效益的处理方式。通过回炼“三泥”替代外委处理，每吨可节省约4000元处理费。经统计，约5%的“三泥”转化为焦炭产品，增加石油焦产量，同时轻油组分可回收至放空塔，提升资源利用率。

“三泥”中的杂质，特别是钠离子，会增加石油焦钠含量，但对克容量影响不大，见表4。标号为2C和2B的牌号均生焦中掺炼了“三泥”钠离子含量明显上升，石油焦高钠含量会降低其市场价值。可尝试定期净化冷焦水或“三泥”回炼中暂停碱渣掺入降低负极焦中的钠含量。

表4　不同操作压力下负极焦化验单

分析项目	石油焦A塔(2A)	石油焦B塔(2A)	石油焦A塔(2C)	石油焦B塔(2B)
硫含量（质量分数）/%	0.9	0.9	0.98	0.77
挥发分（质量分数）/%	11.95	7.74	7.32	8.08
灰分（质量分数）/%	0.22	0.17	0.26	0.22

续表

分析项目	石油焦 A 塔(2A)	石油焦 B 塔(2A)	石油焦 A 塔(2C)	石油焦 B 塔(2B)
总水分(质量分数)/%	12.08	12.11	12.2	12.04
粉焦量(质量分数)/%	6.2	6.2	6.2	6.2
硅/(μg/g)	42.5	29.6	77.21	40.8
钒/(μg/g)	87.4	60.2	40.07	30.7
铁/(μg/g)	105.1	73.1	110.93	129.8
钙/(μg/g)	79	54.4	64.68	85.6
镍/(μg/g)	155.8	156.4	158.39	165.6
钠/(μg/g)	58	39.8	230.95	218.7
克容量/(mA·h/g)	348	349.5	349	345

3.2 污油的处理

目前国内大部分焦化装置均为分馏系统持续回炼污油，污油性质变化大，生产负极焦期间，需暂停污油回炼，防止污油回炼造成分馏塔底温度波动，特别是分馏塔底循环油会影响原料进原料缓冲罐内温度。

3.3 原料的苛刻

生产负极焦期间，对原料的选择比较苛刻，这就造成了对原料的高度专一性。通常选择的焦化原料芳香分在40%左右，胶质35%左右、沥青质43%左右、饱和分含量17%左右、焦化原料硫含量0.80%以下。2025年2月试产负极焦的焦化原料和蜡油性质见表5。

表5 2025年2月试产负极焦的焦化原料和蜡油性质

分析项目	罐区油浆	外购油浆	焦化原料
密度(20℃)/(g/cm^3)	1.08	1.10	1.01
残炭/%	11.65	14.5	12.86
硫/%	0.85	0.59	0.74
氮/%	0.19	0.21	0.48
灰分/%	0.057	0.16	0.017
固含量/%	0.06	0.16	—
三环+四环芳烃/%	43.5	41.5	—
四组分			
饱和分/%	12.7	12.3	17.7
芳香分/%	62.1	58	42.9
胶质/%	21.9	24.4	35.6
沥青质/%	3.3	5.3	3.8

3.4 负极焦未来展望

通过筛选高芳烃含量的原料并优化反应温度、吹汽时长等参数，可提升石油焦的石墨化性能，将普通石油焦转化为负极焦，使其更适配负极材料需求。

负极焦需求呈现多元化趋势，快充焦、高容量焦等细分品类需求增长。负极焦需根据电池应用场景开发定制化产品。

4 结论

本文分析了在新能源产业快速发展的背景下，负极焦作为锂离子电池负极材料的关键原料，其生产技术与工艺优化对提升电池性能及降低成本至关重要。基于延迟焦化装置的生产特性，结合原料筛选与工艺参数调整，在负极焦生产中的核心地位，要求从原料筛选、工艺优化到设备升级的全链条协同。选择催化裂化油浆、低硫减压渣油等富含芳烃的原料，可有效促进中间相小球的形成与定向排列，提升针状焦的纤维结构完整性。控制低硫与杂质，硫、金属等杂质含量需严格控制在0.5%以下，以避免对后续石墨化过程及电池循环性能的负面影响。匹配焦化阶段的温度与时间，焦化温度控制在490~505℃，焦化时间延长至24~36h，可促进中间相小球的充分融并与定向排列，形成均一的结构，使负极焦克容量提升至350mA・h/g。

参 考 文 献

[1] 郭冲．基于高能量密度负极焦生产工艺分析[J]．大众标准化，2023(21)：41-43.

[2] 曹东学．锂离子电池负极材料技术现状和发展趋势[J]．炼油技术与工程，2024，54(9)：1-7.

[3] 王慧，党建军，花飞．普通延迟焦化装置生产动力类负极焦研究[J]．石油炼制与化工，2025，56(1)：117-122.

[4] 丁宗禹，申海平．石油针状焦生产技术[J]．炼油设计，1997(1)：10-13.

焦化新生产指标下影响焦炭产品质量的原因分析及建议

贾　洋　向　杰　王乐毅　奕　龙　刘晨东

（中国石化河南炼化公司　河南洛阳 471100）

摘　要　石油焦产品通常根据硫含量、挥发分以及灰分含量的不同划分不同等级。根据焦炭环保生产要求，按照以前的生产操作难以满足高品质石油焦的生产要求，因此亟须进一步优化完善石油焦生产流程。不同的性质对焦炭强度的影响程度不同，本文通过改善原料性质，适当提高加热炉出口温度，停止“三泥”和油浆沥青质的回炼，提高了石油焦产品质量，进一步达到石油焦产品质量标准。

关键词　石油焦；灰分；挥发分；硫含量

1　研究背景及意义

“减油增特”（缩减成品油产出比例，增加特色炼油产品比例）是中国炼化企业转型升级的发展要求，也是继“减油增化”（缩减成品油产出比例，增加化工产品比例）后中国炼化企业又一发展方向[1]。中国炼油产能本就过剩，加上“十四五”期间仍有大型炼化项目投产，使得成品油供大于求的矛盾愈加突出，而近几年来，由于石油焦在冶金、原子能、宇宙科学等方面的广泛应用，改变了石油焦作为延迟焦化副产品的地位，同时也对延迟焦化装置提出了新的要求。随着社会主义市场经济的不断扩大，冶金工业电极焦以及其他用途焦的需求量大大增加，就要求石油焦的导电性、机械强度、热膨胀性能都比较高，所以在延迟焦化装置改变生产方案，即改变原料性质、改变操作条件以生产针状焦或优质石油焦，已经成了延迟焦化的重要目的和任务。

1.1　石油焦分类

石油焦外观为形状不规则、具有金属光泽、黑色或暗灰色固体，有发达的孔隙结构。石油焦的主要成分是碳青质，且含有一定量的挥发分、灰分。石油焦的元素组成为碳 90%~97%，氢 1.5%~8.0%，此外还含有硫、氮、氧和金属等。从焦化装置生产出来的石油焦均称为生焦或原焦，它含有些未炭化的挥发分，强度较差。这是由于焦化原料并不是同时进入焦炭塔的，它们所经历的反应时间跨度很大，其中较晚进入焦炭塔的原料油未来得及充分炭化即被出焦所致。生焦可以直接当作燃料，如果要做炼铝的阳极或炼钢用的电极，则需再经高温煅烧，使其完成炭化过程，使挥发分降低至最小程度。经过煅烧的焦炭称为煅烧焦或熟焦。

按其结构形态的不同，石油焦可分为海绵状焦、针状焦以及非正常的弹丸焦。

1.1.1　海绵状焦

海绵状焦，又称普通焦，见图 1，是由胶质、沥青质含量高的原料生成的无定形焦。从外观看呈海绵状，焦块内有许多小孔，空隙之间的焦壁很薄，几乎无内部连接，分为电极焦和燃料焦。

电极焦：以低硫渣油和蜡油原料生产所得。用于生产电炉炼钢的普通功率电极、炼铝阳极。燃料焦：以高硫、高金属原料生产所得。用于燃料、水泥生产等。

图1　海绵状焦

1.1.2　针状焦

以催化裂化澄清油、润滑油抽出油、乙烯焦油、蜡油等低硫，富含三、四环芳烃的原料生产所得。从外观看，有明显的条纹，焦块内的空隙是均匀定向呈细长椭圆形，当碰撞时焦块碎裂成针状焦化见图2。针状焦致密如纤维状，又称优质焦，它在性质上与海绵焦有显著差别，具有密度高、强度高、热膨胀系数低等特点，在热、导电、导磁和光学上都有明显的各向异性。用于生产电炉炼钢的高功率和超高功率石墨电极。

1.1.3　弹丸焦

弹丸焦又称球形焦，以高沥青质、高金属含量原料，或非正常操作下生产所得。直径从滚珠大小到篮球大小，表面坚硬少孔见图3，无市场需求时尽量避免[2]。

图2　针状焦

图3　弹丸焦

1.2　焦炭的生成机理

焦化过程是一个分解和缩合的综合过程。分解反应是吸热反应，而缩合反应是放热反应。原料油一般加热到350℃后开始热解，分子中最弱的C—C链或C—H链首先断裂，低分子产品以气相逸出，而液相中的各自由基则反应形成更稳定的芳烃或缩合成稠环芳烃，随着温度的升高反应加剧，而分子量大的缩合产物则继续脱氢缩合，最后成为焦炭。总之，烃类在加热的条件下，反应基本上可以分成裂解与缩合(包括叠合)两个方向。裂解方向产生较小的分子，而缩合方向则生成较大的分子。烃类的热反应是一种复杂的平行-顺序反应，这些平行的反应不会停留在某一阶段上，而是继续不断地进行下去。随着反应时间的延长，一方面由于裂解反应，生成分子越来越小、沸点越来越低的烃类(如气体烃)；另一方面由于缩合反应生成分子越来越大的稠环芳香烃。高度缩合的结果就产生胶质、沥青质，最终生成碳氢比很高的焦炭。焦化反应的机理较为复杂，简化流程见图4。

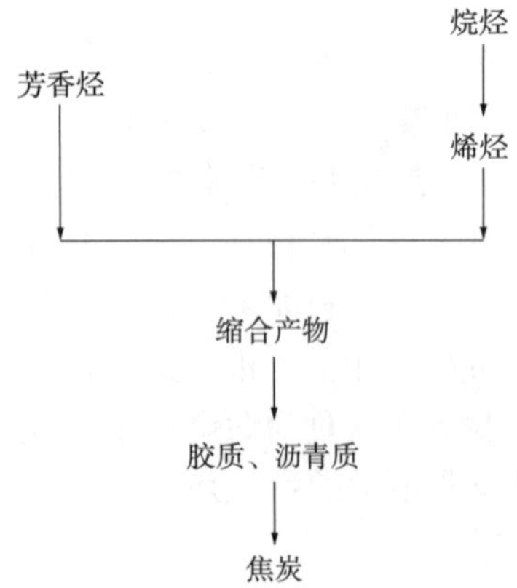

图4　焦炭生成机理图

1.3 石油焦的量化指标

1.3.1 挥发分

如石油焦中所含挥发分的量太多，在煅烧时焦炭易于破碎。焦炭塔的反应温度会影响焦炭的挥发分含量。石油焦挥发分的大小表明其焦化温度的高低，釜式焦的焦化温度较高、可达700℃左右，因此釜式焦的挥发分含量较低(3%~7%)，而延迟焦化石油焦的焦化温度只有500℃左右，所以挥发分含量高达8%~15%，延迟焦化生产的石油焦其挥发分不仅取决于焦化温度，还和渣油通入焦化塔的装填时间及向焦炭层吹入蒸汽的条件有关，同一塔卸出的焦炭挥发分也差别很大，如位于塔底的焦炭结构较致密，体积密度大，挥发分含量较低，而塔顶部的焦炭结构疏松，挥发分含量要高得多。

1.3.2 硫含量

硫含量是石油焦重要的质量指标。焦炭硫含量与原料油的沥青质和残炭值有关。硫含量相同的两种焦化原料油，高沥青质含量、高残炭值的原料生产的焦炭硫含量也较高。焦炭塔温度对焦炭硫含量有影响：焦炭塔温度升高后，从焦炭中蒸发出来的低硫重质油增多，所以焦炭的硫含量会相应增高。石油焦的含硫量取决于渣油的含硫量，渣油中的硫分有30%~40%残留在石油焦中，如果含硫量较高的渣油事先加氢脱硫，减少渣油中的含硫量，由此得到的石油焦含硫量相应降低[3]。

石油焦中的硫可分为硫的有机化合物(硫醚、硫醇、磺酸等)和硫的无机化合物(硫化铁、硫酸盐)两类。一般煅烧到1300℃左右脱硫效果不大，只有将煅烧温度提高到1450℃左右才能有较明显的脱硫效果，一部分硫化物需在石墨化的高温下才能排出。对生产铝电解用阳极材料及生产石墨制品而言，硫是一种有害元素，含硫量较大的石油焦生产的石墨电极在石墨化过程中产生“气胀”现象，容易导致产品裂纹。高硫石油焦中硫根据其组成可分为有机硫(质量分数大于99.8%)和无机硫，其中噻吩类是最常见的有机硫，主要附着在芳香碳骨架和芳香烃的侧链上。高硫石油焦用作燃料时，燃烧过程中会生成大量温室气体、SO_x及NO气体，对环境及人类健康产生影响，高硫石油焦用作预焙阳极材料时，过量的硫化物会加速设备腐蚀，增大阳极电阻率、电解设备的电耗、阳极异常消耗；在电解过程中硫以SO_2的形式排出，不仅增加环保处理成本，也使煅烧后焦真密度下降，烧损率提高，进而导致预焙阳极开裂，高硫石油焦作为锂电负极材料时，若石油焦中硫质量分数过高，则锂电负极材料会出现缺陷位，进而影响锂电负极材料的效率；因此为了保护环境，为大量的高硫石油焦寻找出路，有必要研发出环境友好、操作简单且价格低廉的高石油焦脱硫技术。

1.3.3 灰分

在高温石墨化过程中，部分灰分会挥发而形成孔隙，从而使成品电极的机械强度和电性能降低。此外，石墨电极中灰分的存在还会影响冶金产品的纯度。石油焦灰分中含有的主要元素为铁、硅、钙、铝、钠、镁，还含有少量的钒、钛、铬、镍、锰等。除铝、镁、钙为电解质所需元素外，其余都是有害杂质[4]。灰分中的这些元素按照危害的受害体不同可分为两类：一类以电解最终产品原铝为受害体的元素，它们在电解过程中转入铝液中影响铝的质量。另一类元素能使炭阳极的化学性能下降，如钠元素。钠对电解质及铝的质量并无危害作用，对阳极的物理性能也无大的影响，但它影响阳极的化学性能。促使阳极的选择性氧化，造成阳极工作的不均匀性且使阳极脱落掉渣。这样不仅增加了炭耗量，而且使电解质中炭渣增多，污染电解质，影响生产和操作。

1.3.4　真密度

单位体积的焦块在 1300℃的高温煅烧，5h 后出的重量叫作石油焦的真密度。其单位为 g/cm^3，一般在 2.0g/cm^3 以上，其大小可直接反映了焦炭的强度和质量。

1.4　石油焦的应用领域

石油焦的用途广泛，属于大宗工业品。其用途主要有预焙阳极、燃料、还原剂(工业硅、钛白粉)、碳化硅、碳化钙制电石、增碳剂、锻造焦制造活性炭、制气及锂电负极材料[5]。炼铝用预焙阳极是石油焦用量最大的产业，2022 年石油焦用作预焙阳极的用量约 2225 万 t，预焙阳极用石油焦要求硫质量分数小于 4.00%。锂离子负极材料是近年来新兴石油焦高附加值利用途径之一，2022 年锂离子负极材料用量约 100 万 t，由于石墨化工艺及石油焦碳质结构的影响，锂电负极材料用石油焦中硫质量分数要求必须小于 1.50%。石油焦应用在预焙阳极的占比较大，约为 61.94%。

2　石油焦质量的影响因素

石油焦质量的影响因素中有装置进料状态，加热炉炉出口温度“三泥”回炼状态。2024 年 10 月 1 日至 10 月 10 日期间，冷渣量为 40t/h，油浆沥青质流量为 32t/h，加热炉生产炉室炉出口温度分别为 493℃、492.7℃，10 月 2 日“三泥”回炼一次。

表 1、表 2 分别为 2024 年 10 月装置原料性质和石油焦产品质量。结合图 6 和表 1、表 2 可知，在冷渣量为 40t/h，油浆沥青质流量为 32t/h，加热炉生产炉室炉出口温度分别为 493℃、492.7℃的条件下，石油焦产品灰分、挥发分偏高，且 10 月 2 日回炼“三泥”后，出现灰分超标现象，导致石油焦不合格。

表 1　2024 年 10 月 1 日至 10 月 10 日装置原料性质

采样日期	样品名称	残炭(质量分数)/%	密度(20℃)/(kg/m^3)
2024/10/10 8:00:00	焦化减压渣油	20.18	1022.6
2024/10/9 8:00:00	焦化减压渣油	21.07	1021.3
2024/10/8 8:00:00	焦化减压渣油	20.74	1021.6
2024/10/7 8:00:00	焦化减压渣油	20.74	1022.2
2024/10/6 8:00:00	焦化减压渣油	20.09	1020.8
2024/10/5 8:00:00	焦化减压渣油	19.48	1021.4
2024/10/4 8:00:00	焦化减压渣油	19.02	1022.5
2024/10/3 8:00:00	焦化减压渣油	19.41	1022.4
2024/10/2 8:00:00	焦化减压渣油	19.09	1021.4
2024/10/1 8:00:00	焦化减压渣油	19.28	1023.5

表 2　2024 年 10 月 2 日至 10 月 9 日石油焦产品质量

采样日期	样品名称	硫含量（质量分数）/%（≤4.80）	挥发分（质量分数）/%（≤13.00）	灰分（质量分数）/%（≤0.70）
2024/10/9 17:00:00	石油焦	4.68	9.8	0.4
2024/10/8 17:00:00	石油焦	4.1	9.39	0.48
2024/10/6 17:00:00	石油焦	4	9.41	0.42
2024/10/5 17:00:00	石油焦	3.89	8.44	0.4
2024/10/3 17:00:00	石油焦	3.63	9.7	0.43
2024/10/2 17:00:00	石油焦	3.3	9.23	0.9

2024 年 11 月 15 日至 11 月 18 日期间，装置进料仅为减压渣油，为 72t/h；沥青质流量为定期活线操作，最终进入重污油罐不进入生产流程。加热炉炉出口温度从 493℃ 调整为 494℃，同时减少“三泥”回炼。

根据表 3 可知，原料硫含量从 17 日开始明显下降，这是由于联系罐区调整装置进料性质，使得原料硫含量下降。通过表 4 可知，原料调整后，石油焦硫含量保持稳定；石油焦挥发分降低，相较于 10 月 1 日至 10 月 10 日期间，挥发分降低约 11%；灰分整体含量呈明显下降趋势，降幅约 20%。

表 3　2024 年 11 月 15 日至 11 月 18 日装置原料性质

采样日期	样品名称	硫含量（质量分数）/%	残炭（质量分数）/%	密度（20℃）/（kg/m^3）
2024/11/18 17:00:01	焦化减压渣油	1.82		
2024/11/18 8:00:00	焦化减压渣油	1.78	14.76	1021.2
2024/11/17 20:30:01	焦化减压渣油	1.8		
2024/11/17 17:00:01	焦化减压渣油	1.8		
2024/11/17 14:00:01	焦化减压渣油	1.91		
2024/11/17 11:00:01	焦化减压渣油	2.44	14.1	
2024/11/17 8:00:01	焦化减压渣油	2.99		
2024/11/17 8:00:00	焦化减压渣油		17.45	1021.1
2024/11/16 16:00:00	焦化减压渣油	3.2		
2024/11/16 8:00:00	焦化减压渣油		18.48	1025.4
2024/11/15 8:00:00	焦化减压渣油		15.06	1023.3

表 4　2024 年 11 月 12 日至 11 月 17 日石油焦产品质量

采样日期	样品名称	硫含量（质量分数）/%（≤5.0）	挥发分（质量分数）/%（≤11.50）	灰分（质量分数）/%（≤0.48）
2024/11/17 15:00:00	石油焦	3.62	9.23	0.34
2024/11/16 17:00:00	石油焦	3.38	8.46	
2024/11/15 17:00:00	石油焦	3.41	8.38	
2024/11/14 17:00:00	石油焦			0.4
2024/11/13 17:00:00	石油焦	3.51	8.04	0.33
2024/11/12 17:00:00	石油焦	3.42	9.31	0.45

3 分析与讨论

3.1 沥青质油浆

洛阳分公司采用以下 2 条途径处理重油：

① 将重油送入溶剂脱沥青装置中，产品脱油沥青经加工后，外卖或进入延迟焦化装置回炼；

② 直接进入延迟焦化装置，依据经济效益调整不同途径的加工量。由于脱油沥青加工后的产品道路沥青受市场价格影响，为提升重油加工效益，将脱油沥青送至延迟焦化装置回炼。

对沥青油浆进行分析可知，在生焦周期为 36h，进料量为 72t/h，掺炼调和沥青油浆为 32t/h 的条件下，石油焦灰分平均质量分数为 0.43%，当未掺炼沥青质油浆，进料仅为冷渣时，石油焦灰分平均质量分数为 0.38%，较掺炼沥青质油浆时降低了 0.05 个百分点。这表明掺炼脱油沥青和轻质油浆会造成石油焦灰分升高。

3.2 回炼“三泥”

“三泥”来源于炼油污水处理厂的浮渣、活性污泥，以及油气单元三相分离后的油泥等。石油工业的“三泥”已被国家列为危险固体废弃物。

依据延迟焦化装置生产特点，在大吹汽后期，将“三泥”经给水管线送入焦炭塔，蒸出其中的水和油，同时部分重油降解，油气进入放空系统回收；而“三泥”其中的固体物成分比较复杂，无法进行灰分测定。因此，采用最直接的方式，即停止“三泥”回炼后，石油焦灰分和挥发分平均质量分数降低，所以“三泥”回炼对石油焦产品性质产生一定的影响。

4 结论

根据上文分析，在不改变生产周期的前提下，最小幅度调整工艺参数和原料来提高石油焦产品质量的方法可归纳为三点：

① 改善原料性质，降低原料硫含量从而降低石油焦硫含量；

② 适当提高加热炉出口温度，可显著降低石油焦挥发分含量；

③ 停止“三泥”和油浆沥青质的回炼，可显著降低石油焦灰分含量；

参 考 文 献

[1] 罗艳托，陆彬，邓钰暄，等. 2023 年中国石油焦市场分析及 2024 年预测[J]. 国际石油经济，2024，32(3)：62-68.

[2] 侯继承，翟志清. 延迟焦化装置生成弹丸焦的原因分析及预防[J]. 河南化工，2010，27(5)：54-56.

[3] 蔡海乐，张舒冬，马锐，等. 高硫石油焦脱硫及活化制备活性炭研究[J]. 石油化工，2021，50(12)：1246-1252.

[4] 岳鹏. 对石油焦灰分影响因素的探讨[J]. 中国石油和化工，2015，(5)：72-74.

[5] 刘庆林，郭宇晨，蒋金洋，等. 高硫石油焦脱硫技术研究进展[J]. 炭素技术，2023，42(6)：13-17.

延迟焦化装置回炼苯乙烯焦油影响因素研究

孙大宽

（中国石化齐鲁石化公司　山东淄博 255400）

摘　要　针对苯乙烯焦油处理环保压力较大的问题，通过采用苯乙烯焦油进延迟焦化装置进行回炼的处理方法，并不断优化工艺、设备条件，解决回炼过程设备、管线堵塞的问题，最终实现回炼后对装置影响最小，将苯乙烯焦油分解到延迟焦化装置产品中，增效创收。

关键词　苯乙烯焦油；延迟焦化；回炼；影响

1　前言

苯乙烯焦油是苯乙烯精馏提纯时产生的残渣，其主要成分是苯乙烯聚合物以及组成复杂的苯乙烯衍生物、低聚物等，其外售价格低廉，且附加值低，苯乙烯焦油没有得到充分的利用。工艺上的处理方法一般是作为燃料烧掉，但该处理方法的环保压力很大。因此如何提高苯乙烯焦油的利用价值，是炼化企业面临的一个重要课题。

延迟焦化装置作为炼油厂的二次加工装置具有独特的优势，对于原料的适应性强，主要表现为对原料中硫、氮、残炭、盐、金属等没有较为严格要求。延迟焦化装置目前有减压渣油、直馏渣油、循环油、焦油砂、沥青、脱沥青油、澄清油、煤的衍生物、催化裂化油浆、炼厂污油等60余种原料，通过热裂化工艺，获得焦化干气、汽柴油、蜡油等产品[1]。通过对比苯乙烯焦油的物性发现，苯乙烯焦油馏程与焦化柴油馏程相近，因此探索了进入延迟焦化装置进行试回炼的可行性，本文详细讲述了苯乙烯焦油在回炼过程对生产操作及设备运行产生的影响，以及装置回炼过程的应对策略。

2　苯乙烯焦油性质

2.1　常规物性

分别采集2组不同时段的苯乙烯焦油样品，主要分析指标有密度、残炭、元素组成等常规物性，并与减压渣油共同比对分析，分析结果见表1。

表1　苯乙烯焦油与减压渣油性质对比

项目	苯乙烯焦油		减压渣油
	1号样品	2号样品	
密度(20℃)/(g/cm³)	0.97	0.99	1.02
残炭值(质量分数)/%	2.11	2.01	18.92
H(质量分数)/%	8.26	8.4	10.89
C(质量分数)/%	90	89.55	84.88

续表

项目	苯乙烯焦油		减压渣油
	1号样品	2号样品	
N(质量分数)/%	0.38	0.41	0.89
S(质量分数)/%	未检出	未检出	2.96
C/H质量比	10.9	10.7	7.8
H/C原子比	1.10	1.13	1.54

从表1可以看出，2次采集的苯乙烯焦油性质基本一致，说明苯乙烯焦油性质相对稳定；将采集的苯乙烯焦油模拟管道条件放置2~3天，并未出现明显聚合或结焦现象，由此推测，苯乙烯焦油在管线内长时间静置不会出现聚合或结焦问题。苯乙烯焦油的密度低于减压渣油，残炭值为2%左右，碳氢质量比高达10以上，明显高于减压渣油，原因为其分支结构以芳环为主。

为检测苯乙烯焦油中的苯乙烯含量，对采集的苯乙烯焦油进行烃类组成分析(见图1、图2)。

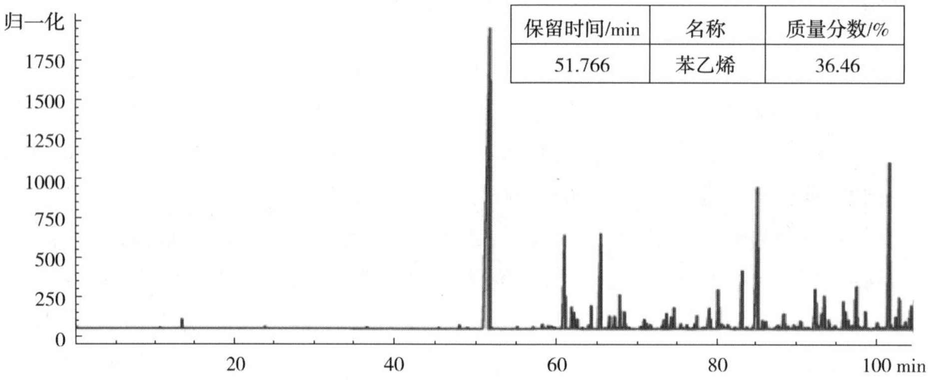

图1　1号苯乙烯焦油样品<200℃馏分谱图分析

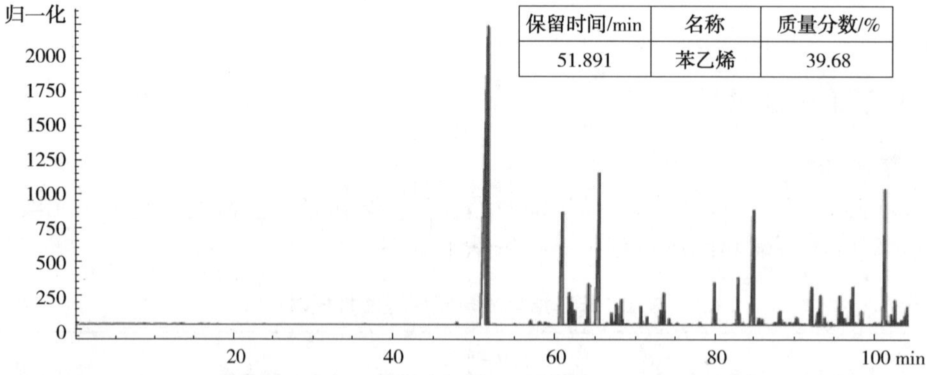

图2　2号苯乙烯焦油样品<200℃馏分谱图分析

从图1和图2看出：苯乙烯焦油<200℃切割馏分中苯乙烯单体含量为36%~39%。

2.2　馏程分布

对2次采集的苯乙烯焦油进行常压恩氏蒸馏，确定苯乙烯焦油的馏程分布(见表2、表3)。

表 2　1 号苯乙烯焦油样品馏程分布

温度/℃	馏出体积/mL	馏出率(体积分数)/%
100	2. 5	1. 67
120	5	3. 33
140	10	6. 67
160	15	10. 00
180	22	14. 67
200	30	20. 00
225	40	26. 67
240	52	34. 67
260	100	66. 67
300	135	90. 00

表 3　2 号苯乙烯焦油样品馏程分布

温度/℃	馏出体积/mL	馏出率(体积分数)/%
100	0	0
120	1	0. 67
140	2	1. 33
160	7	4. 67
180	10	6. 67
200	13	8. 67
220	18	12. 00
240	31	20. 67
250	58	38. 67
270	100	66. 67
280	110	73. 33
300	140	93. 33

(a)<200℃馏分　(b)200~300℃馏分　(c)>300℃馏分

图 3　苯乙烯焦油样品不同温度下状态

通过表2、表3和图3可以看出，2次采集的苯乙烯焦油<300℃馏分均高达90%以上，其中250℃左右的馏分含量最高。200℃以下的切割馏分长期静置后有少量的自聚现象，200~300℃馏分长期静置后由浅色变成深色；>300℃的蒸馏残渣黏度大、延展性好，残炭值高达23%~24%，高于减压渣油(18%左右)。苯乙烯焦油馏程与延迟焦化装置的汽油、柴油馏程重叠，如表4所示，苯乙烯焦油进入延迟焦化装置回炼，经过高温裂解后，轻组分进入焦化汽油及柴油产品，重组分附着在焦炭上。

表4 苯乙烯焦油样品、焦化汽油、焦化柴油馏程分布

馏程	苯乙烯焦油/℃	焦化汽油/℃	焦化柴油/℃
0	100	37	197
10%	166	68	244
50%	250	142	288
90%	300	205	344
95%			356
100%		222	

2.3 热反应特性

苯乙烯焦油注入焦炭塔后，被高温焦炭加热升温，发生部分汽化或热反应，苯乙烯焦油中未汽化的重组分沉积在焦炭层的生焦孔道表面。其热反应特性是影响泡沫层残油量的重要因素，泡沫层油过多可能会导致出现黏焦，甚至除焦卡钻的问题。因此需开展乙烯焦油热反应评价试验考察其产品收率与反应温度的关系，试验结果见图4。

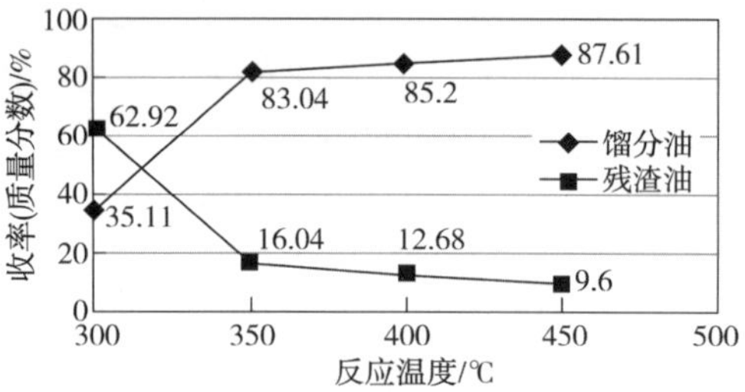

图4 产品收率与反应温度关系

苯乙烯热反应的馏分油收率随反应温度升高，从35.11%增加至87.61%，但其收率仍低于常压恩氏蒸馏的收率；相反残渣油收率从62.9%降至9.6%，其收率高于常压蒸馏收率，预估苯乙烯焦油在300~450℃范围内发生一定的缩聚反应，生成重质馏分。

3 苯乙烯焦油回炼方式

对比分析苯乙烯焦油与减压渣油的组分及性质，通过蒸馏、高温裂解试验，表明苯乙烯焦油主要组成与延迟焦化装置汽、柴油相近，高温可使苯乙烯焦油发生汽化、裂解、缩合反应更彻底[2]。焦炭塔给水冷焦初期，焦炭塔塔体温度在350℃以上，给水2h后，塔体温度可降至200℃以上；焦炭塔正常生产阶段，焦炭塔塔顶温度在410~430℃，苯乙烯焦油少量进入塔顶；延迟焦化装置焦炭塔冷焦期间和生产期间，都具备少量回炼苯乙烯焦油条件。

3.1 焦炭塔冷焦期间回炼

在焦炭塔小给水初期，苯乙烯焦油与浮渣按一定比例较为均匀地混合后，与冷焦水混合进入焦炭塔底部，利用焦炭塔焦层热量将苯乙烯焦油进行加热，轻组分蒸发成油气，从塔顶逸出至接触冷却系统。进行洗涤冷却，冷却凝油最终作为焦炭塔急冷油回炼，较重组分缩合形成固体物，吸附在焦炭表面，再经过高压除焦工序，进入焦池成为焦炭产品。工艺流程见图5。具体工艺参数见表5。

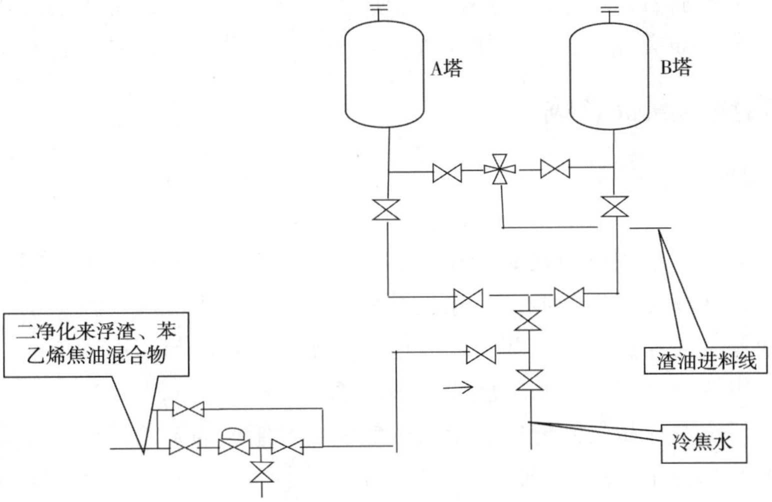

图5　焦炭塔冷焦期间回炼流程

表5　冷焦期间苯乙烯焦油操作参数

参数名称	操作数据	参数名称	操作数据
焦炭塔焦层下部小给水前后温度/℃	150~400	小给水与浮渣总量/(t/h)	50
焦炭塔焦层中部小给水前后温度/℃	260~400	焦炭塔生焦时间/h	20
焦炭塔顶部小给水前后温度/℃	150~398	浮渣回炼时间/h	1.5

回炼苯乙烯焦油过程，尽量在给水冷焦初期，冷焦塔内温度较高，苯乙烯焦油能够发生分解，注意冷焦塔塔顶及塔底压力；加强石油焦质量监控；需要定期对含硫污水、含油污水、冷切焦水进行苯乙烯焦油的含量分析，减少对污水汽提装置产生影响。

3.2　焦炭塔生产期间回炼

苯乙烯焦油在焦炭塔换塔后注入生产塔进行回炼。换塔后生产塔热量稳定，冷焦塔在大吹汽阶段，将苯乙烯焦油通过塔顶消泡剂注入点注入生产塔塔顶，同时控制急冷油注入量，塔顶温度保持不低于410℃。

由于生产塔在预热期间热量不稳，预热凝油需做急冷油，如果继续注入苯乙烯焦油会导致塔顶温度降低，故在预热前0.5h停止注入苯乙烯焦油(见图6)。

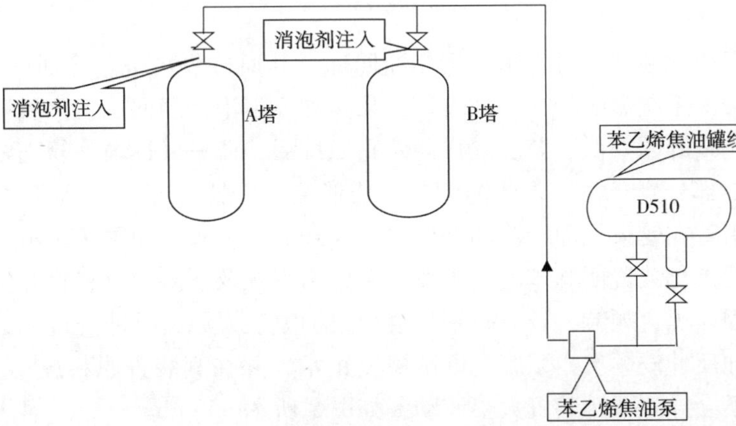

图6　焦炭塔生产期间回炼流程

回炼苯乙烯焦油前后，对苯乙烯焦油管线进行氮气贯通；苯乙烯焦油罐体伴热及管线伴热投用正常；注意分馏塔各个侧线操作参数变化；关注焦化装置产品质量变化。

4 苯乙烯焦油回炼影响

4.1 冷焦期间

首次回炼是在焦炭塔小给水初期，回炼苯乙烯焦油与浮渣混合物，现场异味明显，除焦过程中除焦水及沉淀池水颜色与之前一样。第二次回炼在焦炭塔小给水初期，回炼苯乙烯焦油与浮渣混合物，现场异味不明显；在除焦过程中，除焦塔内流出的除焦水是橘红色，除焦完毕后，除焦池及沉淀池的水全部变为橘红色。停止回炼浮渣与苯乙烯焦油混合物后，除焦过程有异味，除焦池及沉淀池的水颜色仍为橘红色。

通过采集冷切焦水样品化验分析，苯乙烯焦油主要组成为苯乙烯、苯乙烯衍生物、阻聚剂(工艺阻聚剂 DNBP，协同阻聚剂 GE)以及生产过程中产生的苯乙烯低聚物，如二苯乙烯等组分[3]。冷焦期间回炼苯乙烯焦油，造成冷切焦水变色主要原因是阻聚剂。现场异味大主要原因是冷焦期间温度低，苯乙烯焦油未蒸馏和分解，全部吸附在冷切焦水系统。因此，苯乙烯焦油在冷焦期间回炼不合适。

4.2 生产期间

延迟焦化装置开始试回炼苯乙烯焦油(焦炭塔顶注入)，注入量在 0.5～1t/h，回炼过程中对装置分馏塔产生一定影响。

4.2.1 顶循及塔顶油气系统

分馏塔塔顶至压机压降增大，对压缩机运行及分馏塔塔顶压力都造成较大影响；分馏塔塔顶至压缩机入口压差达到 0.075MPa，分馏塔塔顶压力最高达到 0.15MPa，压机入口压力最低 0.045MPa，低于 0.04MPa 压机将发生喘振。在焦炭塔换塔及放空阶段，为保证分馏塔塔顶不超压，只能降低装置处理量。

在回炼期间，存在塔顶冷却负荷不足、压缩机易带液、塔顶循环系统空冷易堵塞等问题。在延迟焦化装置回炼苯乙烯焦油期间，因苯乙烯焦油易聚结在顶循系统和塔顶油气系统，特别是管束比较细的设备；应加强对顶循系统监控；回炼苯乙烯焦油与回炼重污油最好不要同时进行，延迟焦化装置受工艺特点影响，分馏塔塔顶油气及顶循系统容易结盐，再回炼苯乙烯焦油，会造成更严重影响。

4.2.2 柴油系统

某炼油厂延迟焦化装置也进行苯乙烯焦油回炼，其通过焦炭塔急冷油回炼苯乙烯焦油，对延迟焦化装置柴油系统影响较大，随着苯乙烯焦油经消泡剂线回炼至焦炭塔，掺炼 1h 后，柴油至再吸收塔流量开始降低。苯乙烯焦油停止回炼后，流量又逐渐恢复正常。初步分析是由于苯乙烯焦油中部分聚合物进入柴油组分，柴油经水冷器冷却后，温度降至 35℃，聚合物或胶质析出，附着在管束表面，流动性变差，导致流量下降，如图 7 所示。

某炼油厂延迟焦化装置回炼苯乙烯焦油，对柴油系统及下游加氢装置产生影响，因柴油组分中存有微量固体黑色颗粒，长时间聚集会导致加氢装置原料反冲洗过滤器冲洗加剧，但短时间内通过增加反冲洗频次，系统会逐渐恢复正常，并在其装置原料波动承受范围之内，属于受控状态，不会导致下游装置大幅波动，如图 8 所示。

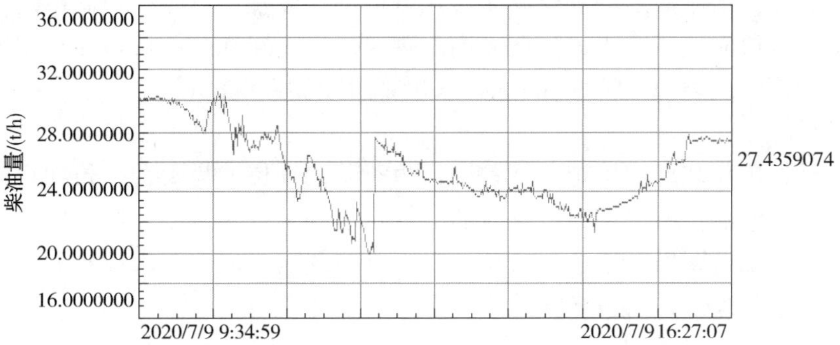

图 7　某炼油厂延迟焦化装置再吸收柴油量变化趋势

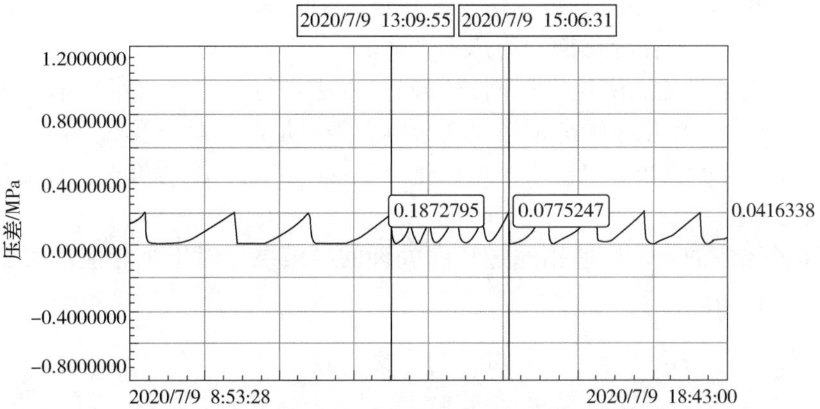

图 8　某炼油厂蜡油加氢装置原料反冲洗过滤器压差变化趋势

4.3　设备影响

4.3.1　泵型选择

苯乙烯焦油回炼泵有两台，其中一台为设计新增齿轮泵，一台为旧柱塞泵。由于柱塞泵从地面向焦炭塔顶 52m 打苯乙烯焦油时，附塔管线振动晃动较为严重，存在泄漏着火的隐患，故本装置一般启用齿轮泵回炼苯乙烯焦油。

泵体、轴承座、齿轮与轴均有不同程度的磨损。这是齿轮泵上量逐渐降低的直接原因。通过维修仅将轴承座、齿轮与轴进行了更换，泵体并未更换，从泵体磨损情况来看会对流量有一定的影响。

从维修情况来看，齿轮泵配件在 3 个月内磨损的原因是介质比较脏，固体颗粒带入齿轮中，造成齿轮磨损，齿轮磨损后带动轴与轴承座、齿轮与泵体开始磨损。在这种工况下该泵需要大量的备件和频繁的维修，所以在这种工况下设计选齿轮泵是不合适的。

苯乙烯焦油属于黏度较大、流动性差的物质，并存在微量结晶体，回炼苯乙烯焦油泵使用屏蔽泵。如果使用齿轮泵，建议将齿轮泵复合套改为硬质合金套，泵轴承处高频淬火，泵体增加辉光离子氮化，增加耐磨性。

4.3.2　换热器

装置检修期间，发现分馏塔塔顶油气与采暖水换热器后有大量角质物覆盖，管束外侧堵塞严重，分馏塔顶循塔盘 1~4 层浮阀基本失效，无法自由活动，大量晶体角质黏状物覆盖。

未回炼苯乙烯焦油前，装置大检修期间分馏塔顶油气设备及管线较为干净，未出现过换热器存在大量油泥，顶循抽出塔盘浮阀基本正常活动。装置运行阶段顶循系统未出现滑量甚至抽空，分馏塔塔顶油气系统未出现压差高的现象。停止回炼苯乙烯焦油，用蒸汽对顶循系统进行过一次倒顶，顶循量维持在50t/h，未出现过顶循系统滑量。

4.3.3 管线

某炼油厂延迟焦化装置回炼苯乙烯焦油，由于苯乙烯焦油易聚合，长期存放导致泵入口过滤器堵塞、机封泄漏，需定期对入口过滤器进行清理，防止过滤器堵塞情况。

因此在苯乙烯焦油回炼完毕后，使用氮气将管线及机泵内的苯乙烯焦油吹扫至苯乙烯焦油罐，机泵及管线内聚合物相应减少。

5 结论

① 面对越来越严苛的环保态势，给水冷焦期间回炼苯乙烯焦油，冷切焦水变色，除焦期间有异味，苯乙烯焦油在冷焦期间回炼不合适。

② 苯乙烯焦油通过焦炭塔生产期间进行回炼方法可行，回炼前对于苯乙烯焦油馏程分布进行分析，了解会对焦化装置分馏塔侧线影响，需要控制回炼量及回炼时间，要做好工艺优化操作及设备计划性维修，定期对延迟焦化装置各个产品、冷切焦水、含硫污水中苯乙烯焦油的含量进行分析。

③ 回炼苯乙烯焦油泵最好使用通过特殊处理的屏蔽泵同时增加相应的安全、环保卸车系统。

参 考 文 献

[1] 张浩，关旭，李景艳，等. 延迟焦化装置掺炼大庆裂解焦油的研究[J]. 石油炼制与化工，2007(12)：20-22.

[2] 王金刚. 苯乙烯焦油资源化回用研究[J]. 齐鲁石油化工，2020，48(2)：109-110+131.

[3] 黎志刚. 苯乙烯焦油结晶的原因分析与处理[J]. 炼油技术与工程，2013，43(5)：20-23.

延迟焦化装置回炼苯乙烯焦油的工业探索

孙　磊

（中国石化安庆石化公司　安徽安庆 246000）

摘　要　为探索苯乙烯焦油转化为燃料油的可行性，进行了延迟焦化装置掺炼苯乙烯焦油技术攻关。理论上分析了将苯乙烯焦油在延迟焦化装置回炼的可行性，并将苯乙烯焦油混入焦炭塔用的急冷油，在焦炭塔生产期间进行苯乙烯焦油回炼。急冷油中掺入小于5%（质量分数，相对于装置原料油）的苯乙烯焦油，对装置混合原料油的性质、产品分布影响不大，装置运行平稳，且装置换热系统、加热炉炉管结焦趋势变化不大，说明装置可以稳定掺炼苯乙烯焦油。但当急冷油中掺入量达到15%（质量分数，相对于装置原料油）的苯乙烯焦油时，会造成焦化装置分馏塔顶循量下降，汽柴油分离效果变差。需要控制回炼量，做好工艺优化操作及设备计划性维修，通过不断优化工艺和设备条件，解决回炼过程中分馏塔操作波动的问题，装置运行较为平稳。工业探索结果表明，焦化装置掺炼苯乙烯焦油是苯乙烯焦油资源化利用的有效途径之一，解决了环保问题的同时创造了可观的经济效益。

关键词　延迟焦化；苯乙烯焦油；掺炼；分馏塔

1　前言

加工劣质原油导致重质低价值油品产量快速增加，为合理加工炼油厂的这部分重质油品以提高经济效益，大部分炼油厂都选择了工艺成熟、投资较低、操作费用较少和对原料适应性强的延迟焦化工艺技术[1]。延迟焦化装置是炼油厂提高轻质油收率和生产石油焦的主要加工装置，其加工原料适应性很强，以减压渣油为主，还可以掺炼脱油沥青、催化油浆、乙烯焦油等[2-6]，可将重质低价值油品经深度热裂化反应转化为高价值的液体和气体产品，同时生成石油焦[7]。

1.0Mt/a 延迟焦化装置是企业加工重质油品的主要手段之一，装置采用两炉四塔工艺路线，原料为减压渣油、催化油浆的混合油和罐区污油，主要产品为干气、液化气、汽油、柴油、蜡油、焦炭等。为了满足 GB 31570—2015《石油炼制工业污染物排放标准》的排放要求，对延迟焦化装置的水力除焦部分实施了技术改造，新增焦炭塔顺控系统和密闭除焦系统，实现除焦操作密闭作业，尾气达标排放。

苯乙烯焦油是苯乙烯装置的副产品之一，其主要成分是苯乙烯聚合物以及组成复杂的衍生物、低聚物、阻聚剂等。随着环保压力的增大和相关法律法规的完善，2016 年《国家危险废物名录》中将苯乙烯焦油列为危险废物，苯乙烯焦油的处理难度越来越大。探索苯乙烯焦油合理的处理方式，将其变废为宝，提升企业经济效益意义重大[8-10]。为实现提质增效，提高苯乙烯焦油的利用价值，进行了延迟焦化装置掺炼苯乙烯焦油技术攻关，通过将苯乙烯焦油掺入焦炭塔顶急冷油中进行加工。

2　苯乙烯焦油

2.1　苯乙烯焦油的组成

企业乙苯-苯乙烯联合装置采用乙苯脱氢制苯乙烯的生产工艺，生产过程中，原料乙苯在脱氢催化剂的作用下发生脱氢反应生成的脱氢液，经精馏所得的塔釜物料，回收其中大部分苯乙烯后得到苯乙烯焦油。苯装置的精馏重组分(高沸物)常作为苯乙烯装置的脱氢尾气吸收剂，也是苯乙烯焦油的主要来源之一。乙烯装置高沸物与苯乙烯焦油混合存储，二者质量比约为 1∶1。高沸物为柴油馏分，不含聚合物，亦不产生聚合，凝固点低于-15℃。苯乙烯焦油的密度为 983.7kg/m^3(20℃)，运动黏度为 4mm^2/s(100℃)，凝固点为-2℃，其典型组成如表 1 所示。

表 1　苯乙烯焦油组成　　%(质量分数)

项　目	数　值	项　目	数　值
苯乙烯	5.7	聚合物	28.3
α-甲基苯乙烯	1.3	多乙苯残油	29.7
高沸物	31.9	阻聚剂 DNBP	3.1

2.2　延迟焦化装置掺炼苯乙烯焦油的可行性分析

从组分种类角度分析，乙烯装置高沸物和苯乙烯焦油的组成均比较复杂。但从油品馏程角度分析，苯乙烯焦油中的最轻组分苯乙烯，常压下沸点为 145℃，属于汽油馏分；高沸物、阻聚剂 DNBP、苯乙烯低聚物等组分为柴油馏分；其余为高沸点混合物，可以认为是渣油馏分。由于苯乙烯高聚物(相对分子质量达到数万)的分解温度为 300~400℃，理论上苯乙烯聚合物可以通过高温分解得到汽/柴油组分[11]。王金刚[11]对比分析了苯乙烯焦油与减压渣油的组分、性质，通过对苯乙烯焦油进行蒸馏试验、高温裂解试验，结论表明苯乙烯焦油中<300℃的馏分达到 90%，且在热裂解温度≤450℃时，反应产物中有黏油，在热裂解温度达到 500℃时，反应产物中无黏油，说明高温可使苯乙烯焦油发生汽化、裂解、缩合反应更彻底。这从试验上印证了上述推测的正确性。

3　掺炼苯乙烯焦油工艺流程

延迟焦化装置的加热炉炉管结焦是制约装置长周期运行的主要因素[8]。由于尚不明确将苯乙烯焦油掺入重油原料是否会影响加热炉炉管结焦，为了避免掺炼苯乙烯焦油可能对延迟焦化装置长周期稳定运行带来不利影响，在确定苯乙烯焦油掺炼流程时，苯乙烯焦油不与重油原料混合进入加热炉，而是混入焦炭塔用的急冷油，直接进入焦炭塔进行焦化反应，从而降低加热炉炉管结焦的风险。延迟焦化装置掺炼苯乙烯焦油工艺流程如图 1 所示。

4　延迟焦化装置掺炼苯乙烯焦油运行情况

2018 年 6 月，延迟焦化装置首次掺炼苯乙烯焦油，掺炼量为装置总进料量的 0.2%(质量比)。掺炼苯乙烯焦油 3 年多时间，掺炼量一直控制在装置总进料量的 0.2%(质量比)，焦炭塔与分馏塔之间油气线压降、加热炉炉管温度、加热炉差压、换热器进出口压力等无明

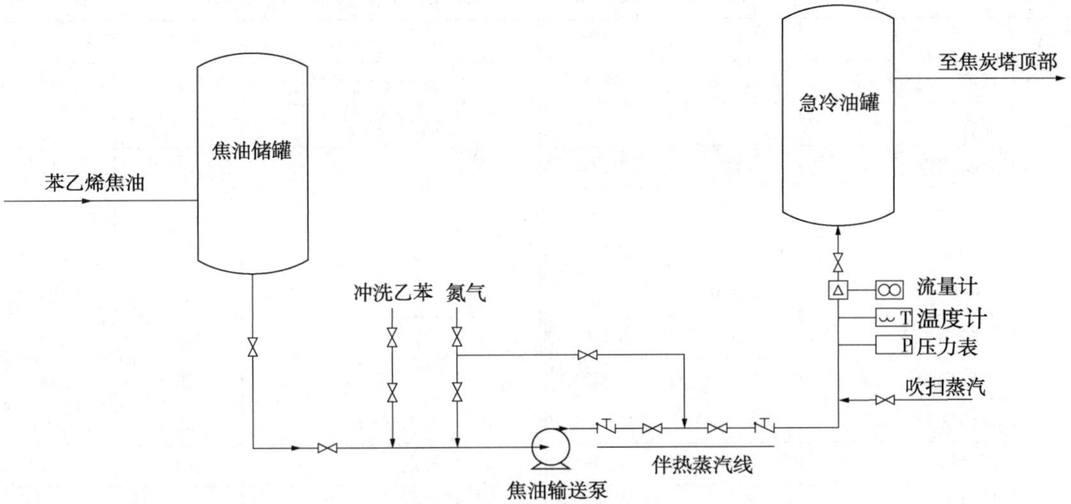

图 1　延迟焦化装置掺炼苯乙烯焦油工艺流程

显变化，分馏塔运行工况良好，装置设备设施运行平稳。

4.1　掺炼前后焦化产品分布情况

掺炼苯乙烯焦油前后焦化装置产品分布情况如表 2 所示。

延迟焦化装置掺炼苯乙烯焦油量保持为装置总进料量的 0.2%(质量比)，与掺炼苯乙烯焦油前物料平衡无显著变化。

表 2　延迟焦化装置掺炼苯乙烯焦油前后的产品收率比较　　%

项目	掺炼前	掺炼后
干气	5.35	5.31
液化气	3.15	2.38
汽油	10.99	12.32
柴油	22.75	23.01
蜡油	29.28	28.13
石油焦	28.28	28.59
损失	0.20	0.26
合计	100	100

4.2　掺炼前后焦化产品性质情况

掺炼苯乙烯焦油前后焦化汽油、焦化柴油及石油焦质量分别如表 3、表 4 所示，可以看出，掺炼后焦化汽油终馏点与掺炼前一致，焦化柴油 50%馏出温度、90%馏出温度、95%馏出温度与掺炼前相比变化不大，石油焦挥发分、灰分、硫等主要指标与掺炼前相比变化不大，均在控制指标范围内，说明少量掺炼苯乙烯焦油对装置产品质量无影响。

表 3　延迟焦化装置掺炼苯乙烯焦油前后的汽油、柴油产品性质比较

产品	项目	掺炼前	掺炼后	产品	项目	掺炼前	掺炼后
汽油	密度/(kg/m³)	727.6	727.8	柴油	密度/(kg/m³)	838.7	840.6
	馏程/℃				馏程/℃		
	初馏点	33.1	30.6		初馏点	167.5	171.2
	10%	58.8	56.6		10%	209.9	210.3
	50%	116.5	120.8		50%	255.9	258.8
	90%	162.9	164.4		90%	305.7	308.2
	终馏点	185.3	183.6		95%	318.2	322.5
	正构烷烃	25.79	26.22		终馏点	330.6	338.2
	异构烷烃	18.30	18.92		十六烷指数	45.2	45.4
	环烷烃	10.03	8.3		凝点	-11	-12
	烯烃	33.94	36.57		闪点	55.6	56.2
	芳烃	10.49	9.58		色度	6.5	6.5
	胶质含量	3.2	3.4				

表 4　延迟焦化装置掺炼苯乙烯焦油前后的石油焦产品性质比较　%(质量分数)

项目	掺炼前	掺炼后	项目	掺炼前	掺炼后
总水分	11.2	12.5	挥发分	11.90	11.88
硫含量	2.26	2.44	灰分	0.16	0.12
内水	0.46	0.47			

4.3　掺炼苯乙烯焦油的效益分析

苯乙烯焦油经延迟焦化装置掺炼后转化为汽油、柴油和焦炭，根据装置物料平衡进行简化计算，每加工 1t 苯乙烯焦油其产品效益增值约 3600 元；延迟焦化装置吨油加工成本约为 65 元，苯乙烯焦油外委处理价格按 1300 元/吨计算，每加工 1t 苯乙烯焦油可降本增效 4835 元。延迟焦化装置掺炼苯乙烯焦油量按 0.2%进行计算，总体经济效益可达 880 万元/a。延迟焦化装置成功稳定地掺炼苯乙烯焦油，不仅节省了苯乙烯焦油交由有资质单位进行处理产生的处置费用，还将其变废为宝，提升了企业经济效益。

5　延迟焦化装置提高苯乙烯焦油掺炼量的工业探索

企业新建 40 万吨/年乙苯-苯乙烯联合装置投产后，苯乙烯焦油量增加。由于苯乙烯焦油易自聚的特性，如进催化装置回炼可能会造成催化装置提升管喷嘴堵塞，且进料流量不易控制；苯乙烯焦油中的轻组分组成复杂，对催化装置的稳定运行也会带来不利影响。为使增加的苯乙烯焦油得到妥善处理，仍考虑进延迟焦化装置进行回炼，开展提高苯乙烯焦油掺炼量的探索工作。

5.1　探索延迟焦化装置可掺炼苯乙烯焦油最大量

工业运转结果表明，延迟焦化装置可稳定掺炼 0.2%(与装置进料量的质量比)的苯乙烯焦油。提高苯乙烯焦油掺炼量至 0.4%时，随着时间的延长，分馏塔塔顶循环量出现下滑趋势。分析认为，分馏塔上升气相气速较高，焦粉夹带苯乙烯焦油自聚产物形成的固体油状物质堵塞了顶循塔盘和抽出口，导致分馏塔塔顶循环量下降。通过定期水洗后可清除堵塞的固体油状物，不影响分馏塔的正常运行。

提高苯乙烯焦油掺炼量至0.8%时，运行至第10日，分馏塔柴油段至顶循段开始出现波动，通过提高循环比、稳定柴油段下部负荷，优化对流段流程换热等措施，可稳定分馏塔的正常运行。当提高苯乙烯焦油掺炼量至1.2%时，分馏塔柴油段至顶循段波动幅度增大，这种现象在焦炭塔预热、换塔期间更为明显。分馏塔柴油段、顶循段塔盘大幅度波动，表现为柴油、顶循段间断性气阻，柴油向上携带进汽油，对产品性质影响较大。分析认为，随着苯乙烯焦油掺炼量的上提，达到一定量时即会影响分馏塔上段的正常运行，过高的掺炼量会使汽柴油馏分的重叠度增加，甚至影响分馏塔的安全稳定生产。

5.2 掺炼苯乙烯焦油对装置长周期运行的影响

探索延迟焦化装置可掺炼苯乙烯焦油最大量的工业试验期间，延迟焦化装置运行工况稳定，焦炭塔操作参数基本不受影响；苯乙烯焦油输送管线通畅，未出现堵塞现象；混合原料性质、加热炉管结焦趋势、出厂石油焦的各项指标均保持相对稳定，说明延迟焦化装置具备提高苯乙烯焦油掺炼量的能力。但过高的掺炼量会影响分馏塔的安全稳定运行，掺炼苯乙烯焦油期间，需确保分馏塔操作的正常以及装置的长周期稳定运行。

装置停工检修期间，对分馏塔进行了检查。相较于未掺炼苯乙烯焦油时，分馏塔底结焦比以往多，基本持平于塔底的伞帽，略低于分馏塔塔底侧抽出口；分馏塔第22层顶循抽出至第25层返塔塔盘，越靠近塔顶杂质越多；分馏塔第25层塔盘浮阀大部分浮起，通过敲击振动可恢复。

5.3 掺炼苯乙烯焦油造成分馏塔生产波动的原因分析

对苯乙烯焦油进行实验室结焦试验分析，苯乙烯焦油在高温下可分解为气体、轻质油、沥青质和半焦。苯乙烯焦油通过急冷油注入点与高温油气接触并快速到达分馏塔，高温下分解成的气相轻质油，对分馏塔上升气相气速造成影响，导致柴油抽出量波动。对顶循层塔盘杂质进行采样分析，其中，56%的组分为挥发分，其余大部分为焦炭和灰分，说明苯乙烯焦油在高温条件下，与焦化柴油、汽油等组分发生聚合反应，转化为沥青质进而转化为半焦，携带至分馏塔上部堵塞顶循层塔盘。顶循水洗时排出的絮状杂质可能是苯乙烯焦油的分解产物，能被水洗或者蒸汽吹扫等工艺处理携带出，水洗或者蒸汽吹扫能起到缓解塔盘或者抽出口堵塞的作用，这与工业生产装置出现的现象相吻合。焦油反应产物分布及分子量变化曲线如图2所示。

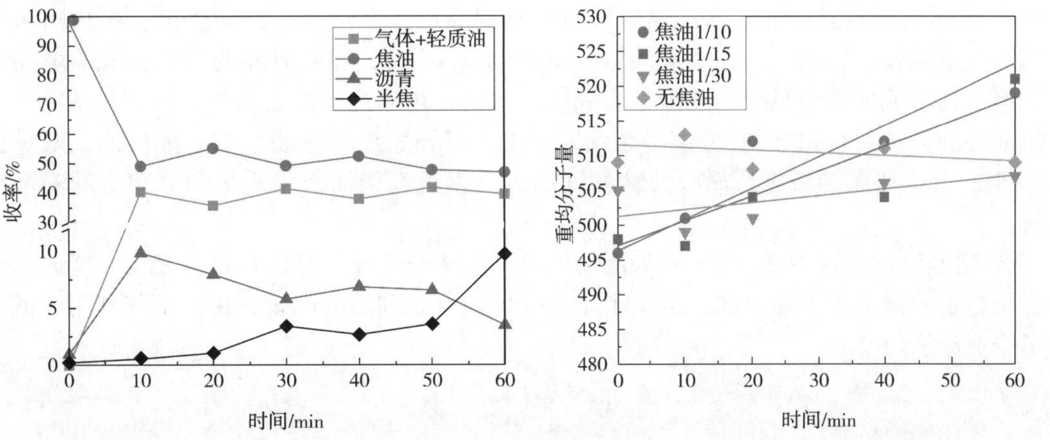

图2 焦油反应产物分布及分子量变化曲线

实验结果还表明，苯乙烯焦油在反应过程中，分子量增加，生成了大分子物质(胶质、聚苯乙烯、聚烯烃)，在分馏塔产生聚合现象，生成的聚合物影响浮阀的灵活性，导致塔盘以及降液管流动受影响，从而导致分馏塔柴油内回流以及中段回流出现问题。

苯乙烯焦油到暖塔油罐后，如果与罐中的蜡油混合不均匀，会出现短时间急冷油几乎全为苯乙烯焦油的情况，当苯乙烯焦油裂解后，对分馏塔的正常生产运行产生较大冲击。在回炼苯乙烯焦油期间，若装置加工负荷较大，装置循环比增加，提高分馏塔塔底温度，叠加苯乙烯焦油在高温下裂解生成自由基的因素，会进一步加速分馏塔底缩聚结焦，导致塔底结焦速率上升。

5.4 掺炼苯乙烯焦油时确保分馏塔正常生产的控制措施

苯乙烯焦油掺炼量稳定在0.4%左右，确保分馏塔的正常稳定运行。

加强分馏塔塔顶循环量的监控。发现顶循流量有下降趋势且通过调整不能回升时，视需要进行顶循系统水洗或蒸汽反吹。同时，控制好分馏塔顶温和顶循返塔温度，避免顶循带水、顶循泵抽空造成分馏塔顶部循环系统波动。

加强汽柴油产品的质量监控。观察汽柴油颜色异常，或某项分析指标异常时，视需要提高中段和蜡油回流量，调整油集油箱温度，必要时降低装置负荷，暂停分馏塔顶部循环回流，对分馏塔柴油段以上部分进行水洗处理。

中段回流量出现下降时，及时增大柴油回流量和顶循返塔量，调整分馏塔中上部温度、柴油集油箱温度；适当降低焦炭塔顶温度，提高蜡油下回流量，降低分馏塔下部负荷，控制蒸发段温度、蜡油集油箱温度不宜过高，防止出现冲塔现象。必要时降低装置负荷，以确保分馏塔恢复正常生产工况。

分馏塔蜡油下回流量不宜控制过高，以充分保证油气中焦粉的洗涤效果；同时，分馏塔底部对流两层进料比例做好优化，保证上层进料的脱过热作用，同时，分馏塔底温度不宜控制过高，以减缓分馏塔底结焦速度。

6 结论

① 延迟焦化装置掺炼0.2%的苯乙烯焦油，由于掺炼量较小，对装置产品分布和产品性质无较大的影响，且装置换热系统、加热炉管结焦趋势变化不大，说明装置可以稳定掺炼苯乙烯焦油。苯乙烯焦油在延迟焦化装置的成功掺炼，解决了苯乙烯焦油的后路问题，使苯乙烯焦油资源得到有效的利用。

② 延迟焦化装置掺炼的苯乙烯焦油量逐渐提高时，对焦炭塔、加热炉、换热网络及相关管线未造成较大影响。苯乙烯焦油掺炼量达到0.4%时，随着时间的延长，分馏塔操作稳定，但分馏塔顶部循环系统会逐渐积聚固体油状物，可通过水洗或蒸汽反吹进行清除。苯乙烯焦油掺炼量达到0.8%时，分馏塔柴油段至顶循段开始出现波动；苯乙烯焦油掺炼量达到1.2%时，分馏塔柴油段至顶循段波动幅度加大，影响汽柴油产品质量和分馏塔的安全稳定运行。

③ 延迟焦化装置掺炼0.2%的苯乙烯焦油，总体经济效益可达880万元/a。延迟焦化装置成功稳定的掺炼苯乙烯焦油，解决了苯乙烯焦油有效利用的问题，提高了其利用价值，提升了企业经济效益。

参 考 文 献

[1] 瞿国华. 延迟焦化工艺与工程[M]. 2版. 北京：中国石化出版社，2017.

[2] 朱自新，杨军．延迟焦化装置掺炼催化裂化油浆和脱油沥青的应用[J]．炼油技术与工程，2020，50(1)：24-27.
[3] 王晓强，杨有文，张宏锋，等．延迟焦化装置小比例掺炼催化油浆的工业应用[J]．石油与天然气化工，2017，46(5)：20-24.
[4] 唐铭辰，王志伟，李林．延迟焦化装置掺炼乙烯裂解重油的工业应用[J]．石油与天然气化工，2020，49(3)：34-38.
[5] 孟庆宁，许军，李林．苯乙烯焦油综合利用的研究进展[J]．炼油与化工，2022，33(1)：4-8.
[6] 唐铭辰，张维燕，李林．苯乙烯焦油在延迟焦化装置上的加工利用[J]．中外能源，2022，27(10)：75-80.
[7] 胡尧良．延迟焦化装置技术手册[M]．北京：中国石化出版社，2013.
[8] 回军，陈俊宇，孙浩程，等．苯乙烯焦油的资源化利用研究进展[J]．当代化工，2022，51(1)：202-205.
[9] 黎志刚．苯乙烯焦油结晶的原因分析与处理[J]．炼油技术与工程，2013，43(5)：20-23.
[10] 林华影，张伟，张琼，等．气相色谱-质谱法分析聚苯乙烯加热分解产物[J]．中国卫生检验杂志，2009，19(9)：1964-1966.
[11] 王金刚．苯乙烯焦油资源化回用研究[J]．齐鲁石油化工，2020，48(2)：109-110+131.
[12] 杨军卫，刘丽颖，王朔，等．延迟焦化加热炉炉管焦组成与成因分析[J]．中国石油大学学报(自然科学版)，2020，44(1)：180-184.

延迟焦化装置掺炼油浆及沥青的产品分布对比研究

王雨洁

（中国石化济南炼化公司　山东济南 250101）

摘　要　本文以某炼化企业延迟焦化装置为研究对象，系统分析了渣油掺炼不同比例油浆[催化裂化(FCC)油浆]及沥青对物料平衡及产物分布的影响。通过对比四种典型掺炼方案(渣油+10%油浆+10%沥青、渣油+10%沥青、渣油+25%油浆、纯渣油)的原料性质及产品收率数据发现：掺炼沥青显著提升焦炭产率(最高达 29.89%)，但导致轻质油品收率下降；掺炼油浆则通过高芳烃特性促进蜡油生成(蜡油收率 22.50%)，但抑制汽油裂解(汽油收率 16.92%)。纯渣油工况下柴油收率最优(28.23%)，焦炭产率最低(27.16%)。研究结果为炼油厂原料配比优化及经济性评估提供了关键数据支撑。

关键词　延迟焦化；掺炼；油浆；沥青；产品分布

1　前言

随着全球原油重质化趋势加剧，延迟焦化工艺作为重油轻质化的核心手段，其原料适应性优化成为炼厂降本增效的关键。传统纯渣油加工虽能稳定生产轻质油品，但面临原料成本高、装置负荷受限等问题。近年来，掺炼 FCC 油浆或沥青的混合进料模式逐渐普及，此类重组分可有效降低原料成本并提升装置处理能力[1]。然而，油浆与沥青的高残炭、高芳烃特性可能显著改变焦化反应路径，导致产物分布失衡[2]。本文基于实际生产数据，从物料平衡角度定量解析掺炼比例对产物分布的影响规律，旨在为炼厂优化掺炼策略提供理论依据。

2　实验方法与数据来源

2.1　实验设计

本文选取四组典型掺炼工况进行对比分析：

工况 A：渣油+10%油浆+10%沥青；

工况 B：渣油+10%沥青；

工况 C：渣油+25%油浆；

工况 D：纯渣油。

2.2　数据采集与处理

① 原料性质：采用 ASTM 标准方法测定残炭(Conradson Carbon Residue，CCR)、硫含量(UV 荧光法)及氮含量(化学发光法)，组分分析通过四组分分离(SARA)完成。

② 产品收率：基于 DCS 系统实时数据计算 72h 平均收率，并剔除外来物料干扰（如酸性气、污油等）。

③ 误差控制：采用移动平均法消除仪表波动，物料平衡闭合误差<0.05%。

3 结果与讨论

3.1 原料性质对反应的影响

不同掺炼方案下原料的主要性质见表 1，沥青和油浆性质分别见表 2 和表 3。

表 1 不同掺炼方案下原料的主要性质指标

项目	采样点	残炭（质量分数）/%	硫含量（质量分数）/%	氮含量（质量分数）/%
工况 A	焦化混合原料	16.28	1.119	0.828
工况 B	焦化混合原料	16.27	1.17	0.7844
工况 C	焦化混合原料	16.3	1.236	0.7258
工况 D	焦化混合原料	15.77	1.121	0.7441

表 2 沥青性质

项目	试样密度/(kg/m^3)	残炭（质量分数）/%	饱和烃含量（质量分数）/%	芳烃含量（质量分数）/%	胶质含量（质量分数）/%	沥青质含量（质量分数）/%
含量	1021.4	24.15	6.68	40.4	45.07	3.41

表 3 油浆性质

项目	试样密度/(kg/m^3)	残炭（质量分数）/%	饱和烃含量（质量分数）/%	芳烃含量（质量分数）/%	胶质含量（质量分数）/%	沥青质含量（质量分数）/%
含量	1100.8	13.49	11.26	71.37	12.27	1.62

表 1 数据显示，掺炼沥青（残炭 24.15%）显著提升混合原料的 CCR 值（工况 A/B 较工况 D 升高 0.5~0.6 个百分点）。

高残炭原料在焦化塔内更易发生缩合反应，生成焦炭前驱体[3]，这与工况 A/B 焦炭产率（29.24%/28.88%）高于工况 D（27.16%）（见表 3）的现象一致。

油浆的芳烃含量高达 71.37%，其稠环芳烃结构在热裂解中倾向发生脱氢缩合而非断链，导致工况 C 蜡油收率提升至 22.50%（较工况 D 高 2.73 个百分点），同时抑制汽油生成（工况 C、D 的汽油收率分别为 16.92%、19.42%，相差 2.5 个百分点）。

3.2 产物分布的定量解析

不同掺炼方案下的产品收率见表 4。

表 4 不同掺炼方案下的产品收率 %（质量分数）

产品收率	工况 A	工况 B	工况 C	工况 D
净化干气	5.62	5.25	6.01	5.00
液化气	1.61	1.66	1.62	2.28
汽油出装	23.19	23.13	16.92	19.42
柴油出装	22.12	24.27	25.30	28.23

续表

产品收率	工况 A	工况 B	工况 C	工况 D
蜡油	21.89	18.86	22.50	19.77
焦炭	29.24	28.88	29.89	27.16
甩油	0.00	0.00	0.00	0.00

分析表 4 不同工况下的产品收率，可以得到以下结论：

① 焦炭-轻质油品权衡关系：掺炼沥青(工况 A/B)使焦炭产率增加 1.7~2.1 个百分点，同时柴油收率下降 4.1~6.1 个百分点，印证了高残炭原料对二次裂解的抑制作用[4]。

② 油浆的芳烃效应：工况 C 中油浆的高芳烃含量促进蜡油生成(+2.73 个百分点)，但芳烃缩合反应消耗大量氢自由基，导致汽油收率显著降低(-2.5 个百分点)。

③ 硫分布风险：掺炼油浆使硫含量升至 1.236%(工况 C)(表 1)，需配套强化加氢处理能力以避免下游装置催化剂中毒。

4 工业应用建议

4.1 掺炼策略优化

目标焦炭生产：若需提升负极焦产量，可采用工况 A(掺炼 10%油浆+10%沥青)，焦炭产率达 29.24%，但需配套脱硫设施。

最大化轻质油品：纯渣油(工况 D)仍为最优选择，柴油收率 28.23%，焦炭产率最低(27.16%)。

蜡油定向调控：掺炼 10%~15%油浆可平衡蜡油与汽油收率，避免高比例掺炼导致的产物失衡。

4.2 操作参数调整

反应温度：掺炼高芳烃原料时，可适度提高加热炉出口温度(2~3℃)以促进长链烷烃裂解。

循环比控制：掺炼沥青工况下，建议将循环比从 0.15 提升至 0.20，延缓焦炭生成速率。

5 结论

① 沥青掺炼通过提高原料残炭值(0.5~0.6 个百分点)显著增加焦炭产率(1.7~2.1 个百分点)，但抑制柴油生成。

② 油浆的高芳烃特性(71.37%)促进蜡油产率提升至 22.50%，但导致汽油收率下降 12.8%。

③ 纯渣油工况在轻质油品收率(汽柴油合计 47.65%)和焦炭控制(27.16%)方面表现最优，适合以燃料油为主的炼厂。

参考文献

[1] GARY J H，HANDWERK G E. KAISER M J，et al. Petroleum refining：technology and economics[M]. Leiden：CRC Press，2007.

[2] SPEIGHT J G. The Chemistry and Technology of Petroleum. [M]. 4th ed. Leiden：CRC Press，2006.

[3] WIEHE I A. Process chemistry of petroleum macromolecules[M]. Leiden：CRC Press，2008.

[4] STRATIEV D，et al. Fuel Processing Technology[J]，2016(152)：130-138.

乙烯焦油交联聚合多产低硫石油焦

郑须涛　王宝石

（中石化炼化工程洛阳技术研发中心　河南洛阳 471003）

摘　要　乙烯焦油中含有大量的各种芳香族化合物，可用作生产双环烃和多环烃以及生产高附加值碳材料产品的原料。本文在乙烯焦油焦化反应中添加交联剂和催化剂，可以显著提高乙烯焦油生焦率，当同时加入5%交联剂和1%催化剂时，乙烯焦油生焦率可达37.89%，比纯乙烯焦油生焦率高出10.98个百分点，当只加入5%催化剂时，生焦率可达37.18%，比纯乙烯焦油生焦率高出10.27个百分点，并且加入的交联剂和催化剂对石油焦性质没有负面影响，制备的低硫石油焦达到1号焦标准，实现了多产石油焦的目标。

关键词　乙烯焦油；交联聚合；低硫石油焦

1　前言

乙烯焦油(ET)是乙烯生产过程中的主要副产品(约占总产量的15%)。大多数炼厂使用石脑油和汽油作为原料，当原料从轻质向重质(瓦斯油、燃料油、焦油)转变时，ET的产量及其组成中多环芳烃的比例会显著增加[1,2,3]。2017年全球乙烯产量超过3000万吨[4]，由于乙烯需求的不断增长，2026年全球乙烯总产量可能会进一步增加到4500万吨。目前，ET主要用作锅炉燃料。由于乙烯需求的不断增长[5]，从经济和环境方面来看，应提高乙烯焦油产品的附加值。

众所周知，ET含有大量的各种芳香族化合物，可用作生产双环烃和多环烃以及生产高附加值碳材料产品的原料[6,7]。ET中的沥青质含量可达22%(质)，极易碳化，完全溶于甲苯、高碳/氢比、高芳香性和基本不含无机灰分，硫含量较低，使其成为高价值碳材料的合适来源，可用于生产低硫石油焦。

2　实验部分

2.1　实验原料

实验中所用乙烯焦油的性质如表1所示。从表中可以看出，乙烯焦油的饱和分的含量较少，其中芳香分的含量占比较大，可达65%以上。四种乙烯焦油的元素组成相近，碳含量都在92%以上。四种乙烯焦油的硫含量和金属含量都较低，是生产低硫石油焦的优质原料。

2.2　实验装置

实验是在自研的重油热加工性能快速评价装置上进行的，实验装置的流程示意如图1所示。装置通过预热炉和锡浴模拟焦化中试条件。温度、反应器加热炉升降采用计算机自动控制，该装置具有较高的产品收率和较好的数据重复性。

表 1　乙烯焦油性质分析

项目名称	MMET	DQET
密度(20℃)/(g/cm^3)	1.0733	1.0942
黏度(80℃)/(mm^2/s)	15.03	7.26
黏度(100℃)/(mm^2/s)	8.205	
凝点/℃	-30	
残炭/%(质)	13.49	13.22
灰分/%(质)	0.023	0.03
元素组成		
C/%(质)	92.63	92.52
H/%(质)	7.10	7.32
S/%(质)	0.101	0.024
N/(μg/g)	58.3	364
O/%(质)	0.17	
四组分/%(质)		
饱和分	0.29	0.30
芳香分	70.45	65.20
胶质	26.58	28.44
沥青质	2.68	6.06

项目名称		MMET	DQET
重金属含量/(μg/g)	Ca	2.192	12.00
	Fe	6.239	165.53
	Mg	1.01	1.05
	Na	3.30	10.74
	Ni	0.23	0.95
	V	0.31	<0.05
模拟蒸馏馏程		℃	℃
初馏点		152.4	113.3
5%		179.8	158.9
10%		191.7	176.5
20%		198.1	199.0
30%		219.1	204.4
40%		253.8	225.2
50%		312.5	279.2
60%		396.8	346.9
70%		473.2	432.4
80%		535.0	514.5
90%		617.9	576.4
95%		658.6	609.4
终馏点		719.4	680.7

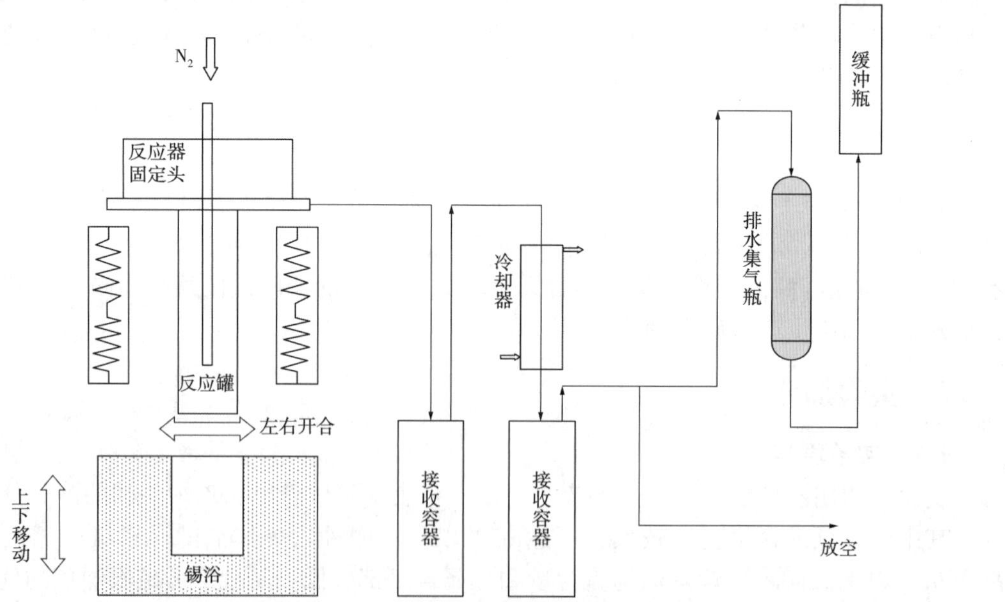

图 1　重油热加工快速评价装置原则工艺流程示意

实验时称取适量的焦化原料油加入焦化反应罐中，密封后通入 N_2 进行试压，确保反应器密封完好，通入 N_2 达到设定压力。之后将反应器置于预热炉中，预热到设定温度稳定一段时间后，迅速将反应罐没入锡浴当中反应一段时间，之后通入 N_2 气提。通过采样阀采集气体样品和液体样品进行分析。实验结束后将反应罐中的焦炭取出送样分析。

3 交联前后乙烯焦油性质对比

3.1 基本性质对比

以乙烯焦油(MMET)为原料，在反应温度350℃，压力0.6MPa，反应时间1h，添加交联剂与催化剂反应后测定了乙烯焦油的性质，并与未经过交联聚合的乙烯焦油原料物性进行对比，未经处理的和交联处理的乙烯焦油分别记为MMET-1、MMET-2。MMET-1和MMET-2性质分析结果见表2。

表2 预处理前后乙烯焦油的性质变化结果

项目	MMET-1	MMET-2	项目	MMET-1	MMET-2
反应温度/℃	350	350	w(C)/%	92.30	92.87
反应时间/h	0	1	w(H)/%	7.08	6.94
反应压力/MPa	0.6	0.6	w(O)/%	0.61	0.19
是否加入添加剂	否	是	C/H原子比	1.09	1.12

由表2可以看出，乙烯焦油主要由C、H、O组成，与MMET-1相比，MMET-2的C质量分数增加，H质量分数减少。这是因为经过交联聚合后，乙烯焦油中的胶质、沥青分子间发生缩聚脱氢反应，其中H元素和O元素在聚合反应过程中会以水分子形式逸出，使H、O元素质量分数减少，C元素质量分数增加，碳氢原子比提高[8]。

3.2 ^{1}H NMR分析

MMET-1和MMET-2由^{1}H NMR分析结果显示，在5.0~6.8ppm处的核磁共振氢谱存在差别，这是因为发生交联聚合后，乙烯焦油中的双键发生反应，形成了大分子的聚合物结构。加入添加剂可以使乙烯焦油中的烯烃部分发生聚合反应，从而提高了乙烯焦油的热稳定性，也将部分轻组分聚合变重，为后续提高生焦率提供了基础。

3.3 FT-IR分析

FT-IR能够有效地揭示有机官能团的变化情况。利用FT-IR对预处理前后乙烯焦油进行了分析，结果如图2所示。

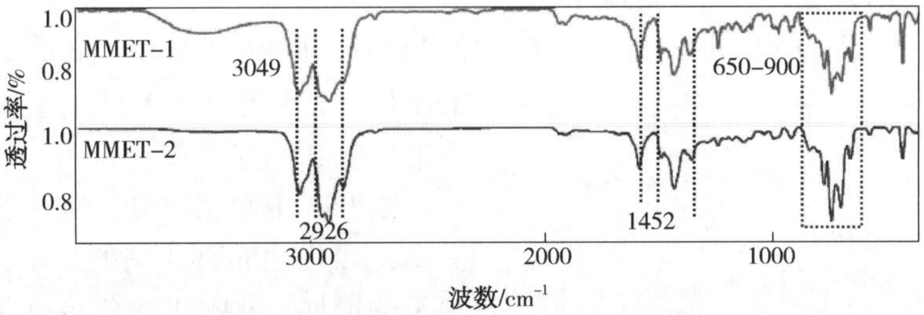

图2 预处理前后乙烯焦油FT-IR谱图

由图2可以看出，预处理前后乙烯焦油的谱图较相似，3049cm^{-1}、1600cm^{-1}、813cm^{-1}、784cm^{-1}、740cm^{-1}处为芳香结构的特征峰，从谱图中可知乙烯焦油中的芳香度较高；2926cm^{-1}和2864cm^{-1}处的吸收振动峰为脂肪族—CH_3的不对称弯曲振动吸收峰[9]；1452cm^{-1}的吸收振动峰为脂肪族—CH_2—的弯曲振动吸收峰，1378cm^{-1}的吸收振动峰为脂肪族—CH_3的对称弯曲振动吸收峰，经过聚合后脂肪族—CH_3峰强度有所减弱[10,11]，进一步说明了预处理过程中发生了聚合反应。

芳香族指数(I_{ar})及侧链指数(r)通过式(1)及式(2)进行计算。

$$I_{ar}=A_{b1}/(A_{b1}+A_{b2}) \tag{1}$$

$$r=3.07\times(A_1/A_2)-3.72 \tag{2}$$

式中，A_{b1}、A_{b2}分别为3050cm^{-1}和2920cm^{-1}处的吸收峰面积；A_1、A_2分别为1460cm^{-1}和1380cm^{-1}处的吸收峰强度。

经计算得出，未处理乙烯焦油的I_{ar}为0.41，3h反应处理后乙烯焦油的I_{ar}为0.44，说明经过热聚合改性后芳香性有所增加，此结果与红外光谱变化一致[19]；未处理乙烯焦油的r为4.35，3h反应处理后乙烯焦油的r为4.16，说明经过深度热聚合反应后体系内小分子支链结构减少，沥青烷基侧链长度有所缩短[20]。

4 交联剂对生焦率的影响

4.1 交联剂种类对生焦率的影响

在第一段预热反应温度350℃、稳定时间60min，第二段反应温度440℃，第二段反应时间180min，氮气气提120min条件下，考察了交联剂种类对MMET的生焦率的影响，结果如表3所示。

表3 交联剂种类对乙烯焦油生焦率的影响

原料-编号	1	2	3	4	5	6
交联剂名称	CA	CB	莲藕淀粉	玉米淀粉	红薯淀粉	—
交联剂加入量/%	5	5	5	5	5	—
催化剂名称	催化剂A	催化剂A	催化剂A	催化剂A	催化剂A	—
催化剂加入量/%	1	1	1	1	1	—
焦炭收率/%	37.89	34.26	33.21	33.43	33.47	26.91

由表3中数据可知，加入不同的交联剂对乙烯焦油的石油焦收率影响较为显著，在交联剂加入量相同的条件下，CA作为交联剂的效果要好于CB和淀粉类交联剂。因此，在后续实验过程中选择CA作为交联剂。

4.2 交联剂加入量对生焦率的影响

在350℃、反应时间60min，然后进入锡浴440℃，反应180min，之后氮气气提120min的条件下，考察了CA添加量对MMET的生焦率的影响，结果如图3所示。

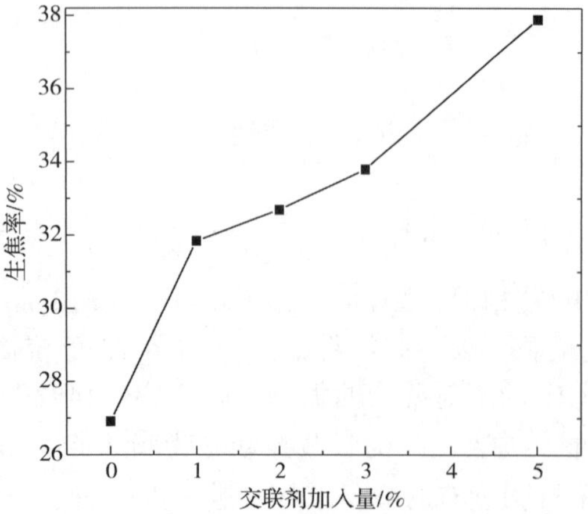

图3 交联剂加入量对生焦率的影响

由图3中数据可知，加入交联剂可以明显提高乙烯焦油的石油焦的收率，随着交联剂添加量的增加，MMET焦化得到的石油焦收率逐渐增大，这是因为：随着交联剂添加量的增加，体系内分子间聚合反应加剧，体系中分子质量较小的物质聚合形成大分子，在酸性催化剂作用下交联剂易与沥青发生亲电取代反应，因此经过第一段交联聚合后，乙烯焦油中重组分或大分子质量分数(主要为β树脂和QI)增加。因此，在第二段的焦化过程中这些重组分易发生缩合生焦反应，导致石油焦收率增加。当催化剂和交联剂添加过量时，会使大分子QI质量分数增加。综合考虑，交联剂添加量选择5.0%较为合适。

4.3 交联剂加入量对石油焦性质的影响(见表4)

表4 交联剂加入量对石油焦性质的影响

交联剂加入量/%	1	2	3	5	0
灰分/%	0.18	0.15	0.13	0.18	0.145
挥发分/%	12.37	12.93	12.83	12.65	12.51
硫含量/%	0.38	0.41	0.45	0.42	0.36

由表4中数据可知，加入交联剂对石油焦的灰分和挥发分以及硫含量基本没有影响，可以采用现有的石油焦处理方式，无须其他处理手段。同时，所得石油焦硫含量满足1号焦要求，挥发分偏高，可通过延长反应时间或提高反应温度降低挥发分。

4.4 一段反应时间对生焦率的影响

在第一段预热反应温度350℃，第二段反应温度440℃，第二段反应时间180min，氮气气提120min条件下，考察了一段反应时间对MMET的生焦率的影响，结果图4所示。

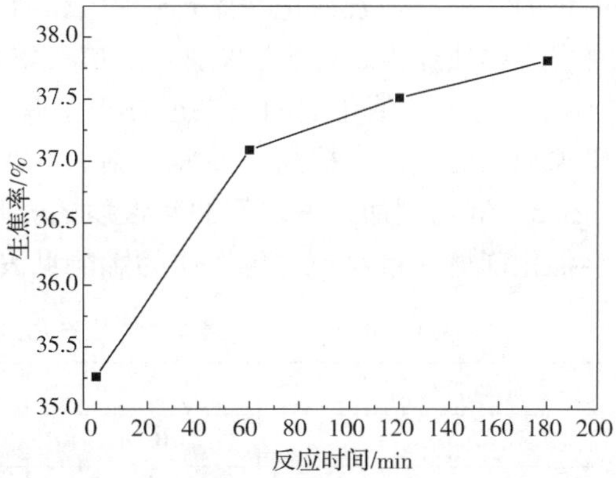

图4 一段反应时间对生焦率的影响

由图4中数据可知，随着一段反应时间延长，生焦率逐渐增大，呈现出现快速增加后趋于平缓的趋势，当反应时间超过60min时，生焦率增长缓慢，故出于能耗考虑，最佳的一段反应时间为60min。

5 催化剂对生焦率的影响

5.1 催化剂种类对生焦率的影响

在第一段反应温度350℃、反应时间60min，第二段反应温度440℃、反应时间180min，氮气气提120min条件下，考察了催化剂种类对MMET的生焦率的影响，结果如表5所示。

表5 催化剂种类对生焦率的影响

原料-编号	7	8	9
催化剂名称	催化剂A	催化剂B	催化剂C
催化剂加入量/%	1	1	1
焦炭收率/%	30.95	30.17	29.51
挥发分/%	9.41	10.73	11.46

由表5中数据可知，加入不同的催化剂对乙烯焦油的石油焦收率影响较为显著，在催化剂加入量相同的条件下，催化剂A的催化效果要好于催化剂B和催化剂C。因此，在后续实验过程中选择催化剂A作为催化剂。

5.2 催化剂加入量对生焦率的影响

在第一段反应温度350℃、反应时间60min，第二段反应温度440℃、反应时间180min，氮气气提 120min 条件下，考察了催化剂加入量对 MMET 的生焦率的影响，结果如表 6 所示。

表 6　催化剂加入量对生焦率的影响

原料-编号	10	11	12	13	14
交联剂名称	CA	CA	CA	CA	—
交联剂加入量/%	5	5	5	1	0
催化剂名称	催化剂 A	—	催化剂 A	催化剂 A	催化剂 A
催化剂加入量/%	1	—	2	5	5
焦炭收率/%	37.09	32.95	38.61	37.65	37.18
挥发分/%	13.65	10.53	14.02	10.26	9.41

由表 6 中数据可知，在交联剂加入量不变的情况下加入催化剂可以明显提高乙烯焦油的石油焦的收率。随着催化剂添加量由 1%增加至 2%，石油焦收率由 37.89%提高到 38.61%；同时发现单独加入 5%的交联剂石油焦产率为 32.95%，单独加入 5%催化剂时石油焦产率为 37.18%。可见，催化剂的效果远好于交联剂，同时交联剂成本远大于催化剂，因此本实验将单独加入催化剂来提高石油焦产率。

5.3　催化剂加入量对石油焦性质的影响

催化剂加入量对石油焦性质的影响见表 7。

表 7　催化剂加入量对石油焦性质的影响

催化剂加入量/%	1	2	3	5
灰分/%	0.34	0.42	0.36	0.36
挥发分/%	8.09	8.49	8.61	9.41
硫含量/%	0.35	0.37	0.40	0.42

由表 7 中数据可知，随着催化剂加入量增加，灰分、挥发分以及硫含量基本没有变化，说明催化剂的加入对石油焦的性质没有不良影响。由此方法生产的石油焦满足 1 号焦要求，可以多产高品质的低硫石油焦。

6　结论

本文在乙烯焦油焦化反应中添加交联剂和催化剂，可以显著提高乙烯焦油生焦率，当加入 5%交联剂和 1%催化剂时，乙烯焦油生焦率可达 37.89%，比纯乙烯焦油生焦率(27%，见表 3)高出 10.98 个百分点，并且加入的交联剂和催化剂对石油焦性质没有负面影响，制备的低硫石油焦硫含量和灰分达到 1 号焦标准，挥发分可通过延长反应时间和提高反应温度降低。

同时研究了单独加入催化剂对乙烯焦油生焦率的影响，当单独加入 5%催化剂时，生焦率可达 37.18%，比纯乙烯焦油生焦率高出 10.27 个百分点，并且加入的交联剂和催化剂对石油焦性质无负面影响，制备的低硫石油焦达到 1 号焦标准。单独加入 5%交联剂时的石油焦产率为 32.95%，单独加入 5%催化剂时的石油焦产率为 37.18%，可见催化剂的效果远好于交联剂。考虑到交联剂和催化剂的成本，可以只添加催化剂。

综上所述，本文通过乙烯焦油焦化反应中添加催化剂，提高了乙烯焦油生焦率 10.27 个百分点，制备了低硫石油焦，实现了多产低硫石油焦的目标，为乙烯焦油的高价值利用提供了新的途径。

参 考 文 献

[1] GUO J, LU S, XIE J, et al. Preparation of mesophase pitch with domain textures by molecular regulation of ethylene tar pitch for boosting the performance of its carbon materials [J] Journal of Analytical and Applied. Pyrolysis, 2023, 170: 105932.

[2] MUKHAMEDZYANOVA A A, GIMAEV R N, KHAIBULLIN A A, et al. Research of high-quality descriptions of heavy pyrolysis tar[J]. Bull. Bashkir Univ, 2012, 17: 909-915.

[3] BORISOVA Y Y, MIRONOV N A, YAKUBOVA S G, et al. Application of ethylene aar as an additive in visbreaking of petroleum vacuum residue[J]. Energy & Fuels, 2021, 35(19): 15684-15694.

[4] http: //www. energy. globaldata. com/media-center/press-releases/oil-and-gas/us-and-china-driving-global-ethylene-capacity-to-record-208-million-tons-per-year-by-2017-says-globaldata.

[5] BIKBAEVA V, NESTERENKO N, KONNOV S, et al. A low carbon route to ethylene: ethane oxidative dehydrogenation with CO_2 on embryonic zeolite supported Mo-carbide catalyst[J]. Applied Catalysis B: Environmental, 2023, 320: 122011.

[6] LIU J, CHEN X, XIE Q, et al. Controllable synthesis of isotropic pitch precursor for general purpose carbon fiber using waste ethylene tar via bromination-dehydrobromination[J]. Journal of Cleaner Production, 2020, 271: 122498.

[7] SHI K, ZHANG X X, WU W, et al. Effect of the oxygen content and the functionality of spinnable pitches derived from ethylene tar by distillation on the mechanical properties of carbon fibers[J]. New Carbon Materials. 2019, 34(1): 84-94.

[8] 张硕，付怀佳，韩冬云，等．改性乙烯焦油沥青的制备及表征分析[J]．辽宁石油化工大学学报，2023，43(4)：8-13.

[9] LIN X, SHENG Z, HE J, et al. Preparation of isotropic spinnable pitch with high-spinnability by co-carbonization of coal tar pitch and bio-asphalt[J]. Fuel, 2021, 295: 120627.

[10] YU Y, WANG F, BINEY B W, et al. Co-carbonization of ethylene tar and fluid catalytic cracking decant oil: development of high-quality needle coke feedstock[J]. Fuel, 2022, 322: 124170.

[11] CHAI L, LOU B, YU R, et al. Study on structures and properties of isotropic pitches and carbon fibers from co-carbonization of aromatic-rich distillate oil and polyethylene glycol[J]. Journal of Analytical and Applied Pyrolysis, 2021, 158: 105260.

延迟焦化粗汽油做顶循油的改造与模拟分析

吴宗涛

（中国石化齐鲁石化公司　山东淄博 255434）

摘　要　焦化装置在大量掺炼重污油时，会产生分馏塔塔顶压缩机压降上升，顶循环量下降，导致塔顶温度无法控制。通过技术改造，利用顶循泵打汽油的流程来控制分馏塔顶温，但是汽油干点偏低。本文通过 Aspenhysys 软件模拟粗汽油回流代替顶循，发现维持相同的汽油干点需要控制更高的分馏塔塔顶温度，从而解决汽油干点偏低的问题。

关键词　重污油；压降；顶循量；粗汽油回流

1　前言

在石油炼制过程中，必然会产生各种轻、重污油。重污油处理的主要方式是将其在罐区储罐中脱水，然后再送至常减压或焦化装置回炼，但会增加罐区的储存压力及伴热蒸汽耗量[1]。某炼油厂的重污油大部分为常减压电脱盐无法处理的高含盐原油[2]，经过含油污水处理设施脱除污水后掺至焦化原料，当重污油占焦化原料量[3]达到半数以上时，焦化原料中的盐类在分馏塔顶结盐堵塞顶循系统[4]，导致焦化装置出现了分馏塔塔顶至压缩机压降增大、顶循油循环量下滑等问题。

本文对分馏塔顶循系统存在的问题进行了分析，通过技术改造，采用顶循泵打粗汽油的流程来控制分馏塔顶温度，并应用 Aspenhysys 软件模拟[5]粗汽油回流代替顶循的情况，提出了指导意见。

2　分馏塔及顶循系统工艺概述

分馏塔及顶循系统流程如图 1 所示。分馏塔顶油气经油气-热水换热器(E121/A-H)、塔顶空冷器(A101/A-H)、分馏塔顶后冷器(E101/A-H)冷却至 40℃流入分馏塔顶气液分离罐(D102)，分出的焦化富气经压缩机入口分液罐分液后进入富气压缩机，汽油由汽油泵(P109A/B)送去吸收稳定部分汽油稳定塔(C201)作吸收剂，含硫污水由含硫污水泵(P112A/B)送出装置。燃料气与自分馏塔来的顶循回流油经顶循-瓦斯换热器(E102)换热至 110℃供加热炉使用，顶循回流油与燃料气换热后，再由塔顶循环回流泵(P108A/B)送经顶循-热水换热器(E122/AB)、分馏塔塔顶循环回流空冷器(A102/A-F)冷却至 60℃返回分馏塔，从而控制分馏塔顶温度。

通过技术改造，新增汽油泵(P109A/B)入口至顶循泵(P108A/B)入口的跨线，实现顶循泵打粗汽油的流程来控制分馏塔顶温。

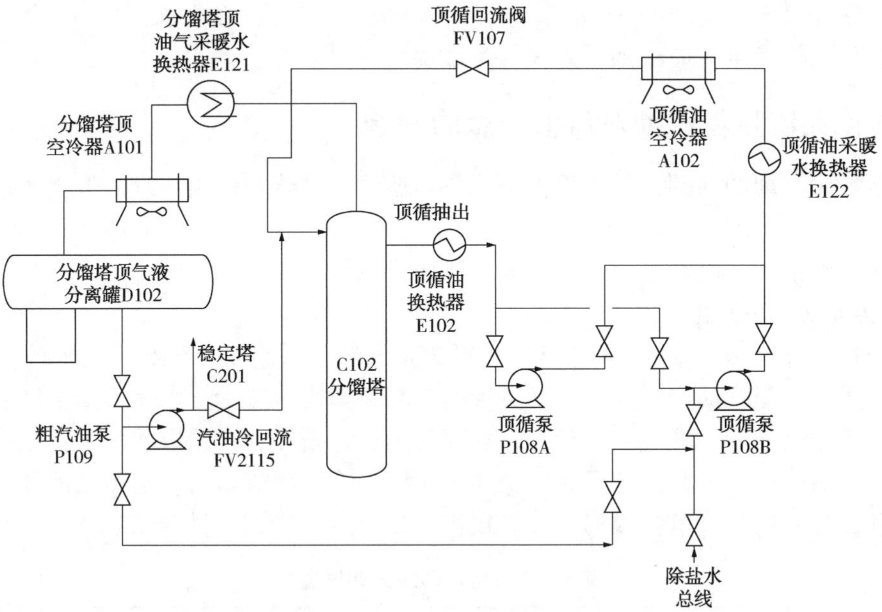

图 1　某焦化分馏塔及顶循系统流程示意

3　顶循系统故障与处理过程

分馏塔顶循油回流量正常为 75t/h，因顶循系统流量降至 20t/h 时，无法维持塔顶正常温度，车间决定对顶循系统进行处理。

① 将顶循系统停运，用吹扫蒸汽对顶循油抽出口进行反顶，反顶后顶循量为 40t/h，最高至 48t/h，顶循泵出口压力为 0.8MPa。

② 顶循油抽出口进行蒸汽反顶后又出现顶循量下降至 20t/h 的现象，现场流程及控制阀均无问题，泵出口压力为 0.9MPa。因此采取将顶循油采暖水换热器 E122 副线打开的措施，顶循量升至 40t/h，由此判断 E122 可能堵塞。

③ 顶循量回零后，泵出口压力为 1.0MPa，对顶循空冷器 A102(共 6 台)进行切除，在切除吹扫过程中顶循油恢复至 15t/h，将 A102 进行切除并吹扫，然后备用。顶循量降至 10t/h，无法保证分馏塔顶温度。停用顶循系统，投用汽油泵(P109A/B)入口至顶循泵(P108A/B)入口的跨线，用顶循泵打粗汽油，维持分馏塔塔顶温度。

4　顶循系统改造存在的问题

顶循系统改造后，顶循系统取热负荷将全部转移至塔顶系统，顶循泵打粗汽油做回流时，粗汽油回流会全部汽化，增加了分馏塔塔顶冷却负荷，给装置运行带来新的问题。

① 分馏塔塔顶压降变大，影响压缩机运行。分馏塔塔顶压降为分馏塔顶压力与压缩机入口压力之差，顶循泵打粗汽油后，分馏塔顶压力由 0.105MPa 升至 0.127MPa，最高达 0.13MPa，压缩机入口压力最低至 0.045MPa，低于 0.04MPa 压机将发生喘振，塔顶压降达 0.07MPa。生产中通过打开塔顶换热器 E121 的副线，塔顶的压降可以降低，但压缩机入口温度无法满足要求，夏季温度较高，冷却效果不佳，生产负荷受限。

② 汽油干点偏低。2020 年 4 月汽油干点约 210℃。顶循油用粗汽油替代后，分馏塔顶温度控制在 145~148℃，同样地，塔顶温度用顶循油控制，汽油干点接近甚至超过 240℃。

塔顶控制温度如果大于 150℃，会减少冷汽油循环量，同时也提高后续冷却器的入口温度，虽然降低了冷却介质量，但冷却介质入口温度提高。

5 顶循系统打粗汽油对汽油干点的影响

针对装置中出现的问题，采用粗汽油代替顶循油控制分馏塔顶温度，但生产过程中会出现汽油干点偏低的问题，因此利用 Aspenhysys 软件对分馏塔顶循系统进行了模拟，研究分馏塔顶温度对汽油干点的影响，从而保障产品质量达标。

5.1 控制分馏塔顶温

模型中控制分馏塔顶温 135℃，改变顶循流量和柴油采出量，分析冷回流流量对顶循流量、粗汽油干点、粗汽油产量及柴油产量等的影响，如表 1 所示。由表可知，汽油冷回流流量从 1t/h 提高至 19t/h，顶循量由 59.97t/h 降低至 32.68t/h，顶循取热减少，粗汽油干点下降，粗汽油产量降低，而柴油产量相应增加。因增加冷回流流量后，塔顶汽油分压变大，如继续按照顶循控制时分馏塔塔顶温度，导致粗汽油干点下降，产量降低。

表 1 分馏塔顶温对分馏塔影响

冷回流流量/(t/h)	顶循量/(t/h)	粗汽油/(t/h)	粗汽油干点/℃	柴油量/(t/h)	分馏塔顶温/℃	顶循取热/MW
1	59.97	32.6	221.8	78.76	135	6.17
3	57.01	32.01	219.7	79.3	135	5.84
5	54.16	31.44	215.9	79.82	135	5.52
7	51.28	30.9	212.1	80.32	135	5.18
9	48.37	30.37	210.8	80.79	135	4.85
11	45.34	29.87	209.4	81.25	135	4.52
13	42.29	29.39	207.4	81.68	135	4.18
15	39.26	28.94	205.5	82.09	135	3.85
17	36.02	28.5	203.2	82.49	135	3.52
19	32.68	28.08	201.9	82.87	135	3.18

5.2 控制分馏塔压力

模型中控制粗汽油干点 223.5℃，变化顶循流量和柴油采出量，并将分馏塔顶压调至 110kPa，分析冷回流流量对顶循流量、柴油流量、粗汽油流量及终馏点等参数的影响，如表 2 所示。由表 2 可知，汽油冷回流流量从 1t/h 提高至 19t/h，顶循量由 59.97t/h 降低至 32.68t/h，顶循取热减少，粗汽油干点下降，粗汽油产量降低，而柴油产量相应增加。因增加冷回流流量后，塔顶汽油分压变大，如继续按照顶循控制时分馏塔塔顶温度，导致粗汽油干点下降，产量降低。

表 2 塔顶压力提高对分馏塔影响

冷回流流量/(t/h)	顶循量/(t/h)	粗汽油/(t/h)	柴油量/(t/h)	粗汽油终馏点/℃	柴油终馏点/℃	塔顶温度/℃
1	60.73	34.38	79.11	223.5	165.02	141.11
2	58.52	34.39	79.11	223.5	165.02	141.84
3	56.33	34.39	79.1	223.5	165.02	142.54
4	54.14	34.4	79.1	223.5	165.03	143.23
5	51.95	34.4	79.09	223.5	165.03	143.89
6	49.78	34.41	79.09	223.5	165.03	144.54
7	47.61	34.41	79.08	223.5	165.04	145.18

续表

冷回流流量/(t/h)	顶循量/(t/h)	粗汽油/(t/h)	柴油量/(t/h)	粗汽油终馏点/℃	柴油终馏点/℃	塔顶温度/℃
8	45.45	34.42	79.07	223.5	165.04	145.8
9	43.3	34.43	79.07	223.5	165.05	146.4
10	41.15	34.44	79.06	223.5	165.05	146.99
11	39.01	34.45	79.05	223.5	165.06	147.57
12	36.88	34.46	79.04	223.5	165.06	148.13
13	34.75	34.47	79.03	223.5	165.07	148.68
14	32.63	34.48	79.02	223.5	165.07	149.23
15	30.51	34.49	79.01	223.5	165.08	149.76
16	28.39	34.51	79	223.5	165.09	150.28
17	26.29	34.52	78.98	223.5	165.1	150.8
18	24.18	34.54	78.96	223.5	165.11	151.31
19	22.08	34.56	78.95	223.5	165.12	151.81
20	19.98	34.58	78.93	223.5	165.13	152.3

6 结论

焦化装置在大量掺炼重污油时，会导致分馏塔塔顶压缩机压降上升，分析了顶循循环量下降的原因并提出解决措施。本文通过技术改造将汽油泵入口跨顶循泵入口线，实现顶循泵打汽油的流程来控制分馏塔顶温，并通过 Aspenhysys 软件模拟粗汽油回流代替顶循研究对分馏塔的影响，得到如下结论。

① 焦化装置掺炼重污油，引起顶循系统受液槽、浮阀结盐卡涩，造成受液槽不能正常接收顶循油，造成顶循系统流量下降，无法控制分馏塔顶温度。通过增加汽油泵(P109A/B)入口至顶循泵(P108A/B)入口跨线，用顶循泵打粗汽油，解决了顶循量不足和分馏塔塔顶温度高的问题。

② 焦化装置顶循流量下降后，本文采取了顶循泵打粗汽油控制分馏塔塔顶温度的措施，但返塔温度 40℃，因此顶循返塔处存在局部液相区，形成液态硫化氢及盐酸，存在腐蚀顶循设备的可能性。

③ 采用 Aspenhysys 软件模拟焦化装置顶循系统，论证了粗汽油回流代替顶循后，保持同样的塔顶温度，会产生汽油干点下降及产量降低的现象。为保证同样的汽油干点及产量，需要提高塔顶温度 12~14℃。

参 考 文 献

[1] 蒋玉．炼厂轻、重污油回炼技术在延迟焦化装置的应用[J]．石化技术，2020，27(3)：16-17.

[2] 张焱琴．原油劣质化对炼油常减压装置腐蚀影响及防护措施探究[J]．山东化工，2023，52(7)：174-176.

[3] 郭立静，汪心想，李志刚．延迟焦化装置回炼炼厂重污油技术的应用[J]．河南化工，2010，27(19)：54-56.

[4] 瞿滨．焦化分馏塔顶循系统存在的问题和对策[J]．炼油技术与工程，2007(2)：31-33.

[5] 刘方旭．基于 Aspen HYSYS 的常减压装置动态流程模拟研究[D]．抚顺：辽宁石油化工大学，2020.

无机膜脱固技术在焦化装置的应用研究

薛 鹏 胡伟民 刘子发

（中国石化金陵石化公司 江苏南京 210033）

摘 要 本文基于焦化重蜡油与催化油浆都有脱除固体杂质的需求，在"催化油浆特种膜净化技术"开发成果的基础上，将焦化重蜡作为无机膜脱固技术应用对象，系统分析了无机膜脱固技术在焦化蜡油净化中的应用效果。工业应用数据表明，错流式无机膜技术可脱除蜡油中95%以上的焦粉，净化后机械杂质含量稳定低于0.001%（质），跨膜压差≤100kPa，设备运行周期超过45天。经济效益显著，同时释放常减压装置30万t/a原油加工能力。

关键词 焦化重蜡；无机膜脱固技术；净化蜡油；机械杂质

1 前言

焦化重蜡因焦粉含量较高，传统加工流程常导致下游常减压装置掺炼过程电脱盐罐内焦粉大量聚集、脱盐效率下降、原油泵密封周期性泄漏。2023年，金陵Ⅲ焦化采用错流式无机膜净化技术，建成30万t/a重蜡膜过滤撬装单元，首次实现焦化重蜡高效脱固。本文基于工业标定数据及1年的运行状况，从技术原理、运行参数、经济性等方面展开分析。

2 工艺原理与技术方案

2.1 工艺原理

无机膜过滤净化技术是基于多孔陶瓷介质的筛分效应原理而进行的物质分离技术，采用动态"错流过滤"方式进行过滤。即在压力（1.0～2.0）MPa驱动下，原料液在膜管内侧膜层表面以一定的流速高速流动（流速≥2m/s），小分子物质（液体/气体）沿与之垂直方向透过微孔膜，大分子物质（或固体颗粒）膜截留，使流体达到分离浓缩和纯化的目的（见图1）。

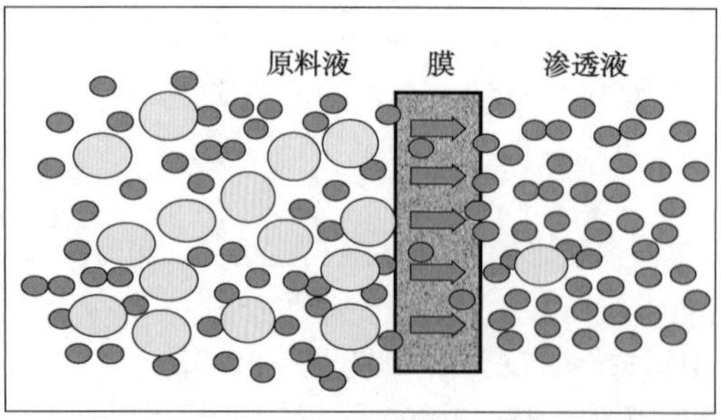

(a)

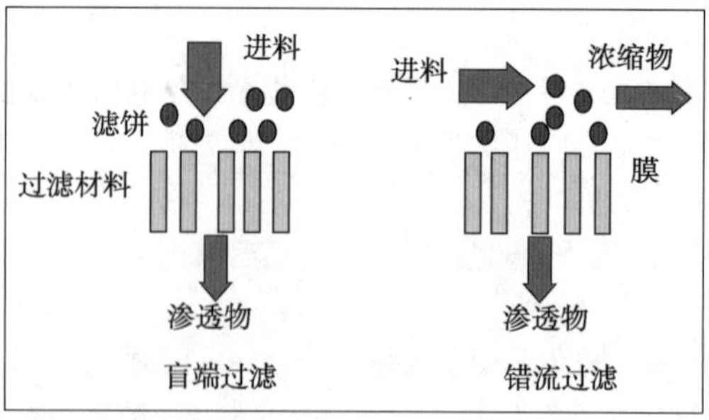

(b)

图1 无机膜过滤净化技术原理图

该技术具有以下特点：

① 耐高温：膜材料采用氧化铝陶瓷，耐受温度达 300℃；

② 抗污染：湍流设计减少膜表面结垢，跨膜压差增长速率≤1kPa/d；

③ 模块化：三组并联膜组件，具备单组切出功能。

2.2　工艺流程

焦化蜡油自重蜡-污油换热器 E3134(未投用)后进入无机膜过滤撬装设施，经过预处理过滤器后送至蜡油循环泵入口，与循环蜡油充分混合送入无机膜过滤单元的膜组件进行过滤净化；混合蜡油进入无机膜组件的管程，经过无机膜的错流过滤，从壳程排出净化蜡油，冷却后去下游装置。浓缩蜡油自管程另一出口排出至放空塔或作急冷油(见图 2)。

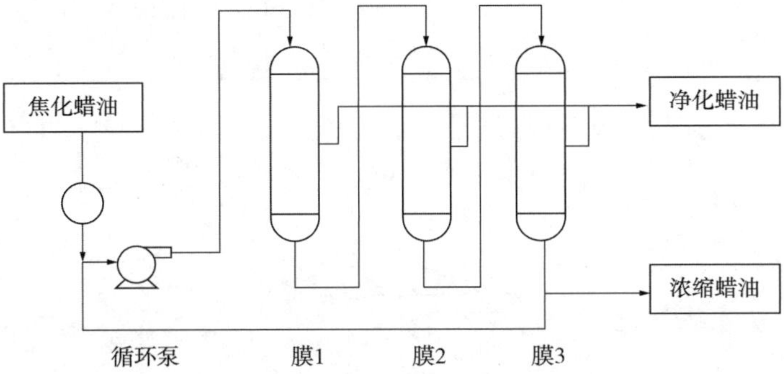

图 2　无机膜脱固工艺流程

核心设备由四个撬块组成：循环泵撬块、无机膜净化撬块、阀门及计量表撬块、柴油清洗和化学清洗设施。

3　运行过程控制

3.1　关键参数控制(见表 1)

表 1　关键参数

项　目		位号	操作范围	设计指标
重蜡膜过滤单元	循环泵入口压力/MPa(表)	PI105	≤2	≤2.2
	跨膜压差/MPa(表)	$\Delta P_1/\Delta P_2/\Delta P_3$	≤0.5	≤0.5
	净化蜡油机械杂质/%	—	<0.01	<0.01
	循环泵出口压力/MPa(表)	PT102	≤2	≤2.2

3.2　膜过滤单元过程控制

3.2.1　流量控制与系统压力稳定

进料调节阀(FV101)进行流量调节，进料调节阀(FV101)与进料流量计(FICQ101)形成单回路控制；进料调节阀(FV101)流量设定值的 80%~90%作为渗透调节阀(FV102)的控制值，来控制渗透测流量计(FIQC102)的值。系统压力稳定通过调节渗透侧流量和浓缩侧管线流量来控制无机膜过滤系统压力，保持系统压力。

3.2.2　跨膜差压的控制(见图 3)

跨膜差压是指作为膜组件重要的运行指标，当跨膜差压大于等于 0.4MPa，说明该膜组件内部积累杂质达到极限，脱固效果下降。结合图 3 显示膜组件各压力测点，参考表 2，可以得出跨膜差压的计算方法，三个压差(ΔP_1、ΔP_2、ΔP_3)任意一个大于0.4MPa时，会有膜清洗提示，此时可以将膜过滤单元切出进行柴油清洗或化学清洗。

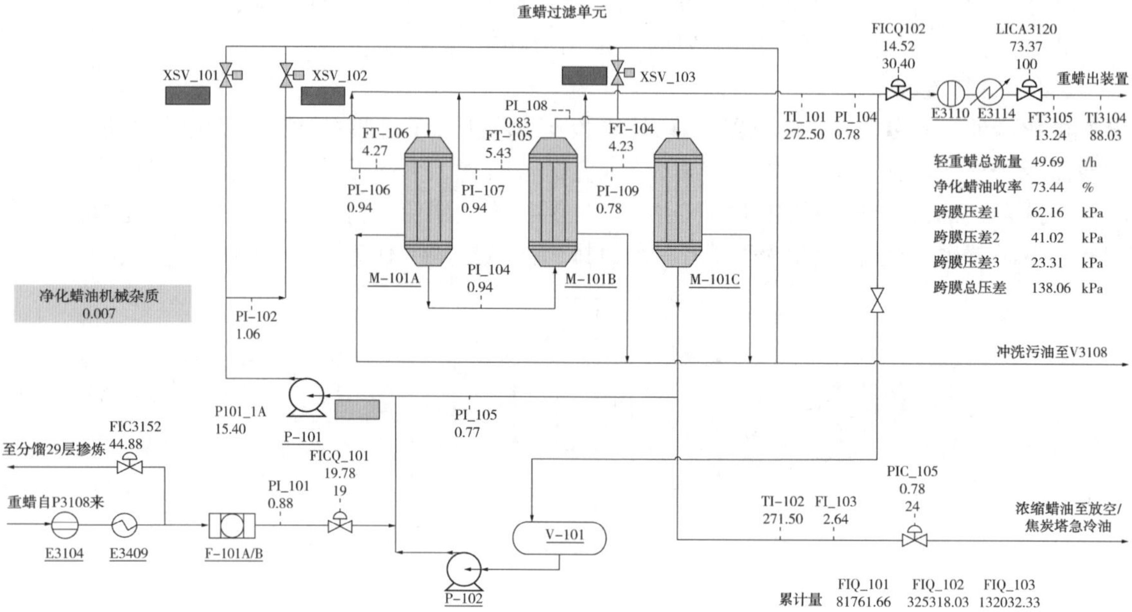

图3 跨膜差压控制

表2 跨膜差压计算方法

序号	名称	运算公式	备注
1	跨膜压差(ΔP_1)	$\Delta P_1 A=(Pl102+Pl103)/2-Pl106$	
2	跨膜压差(ΔP_2)	$\Delta P_2 A=(Pl103+Pl108)/2-Pl107$	
3	跨膜压差(ΔP_3)	$\Delta P_3 A=(Pl108+Pl105)/2-Pl109$	
4	总跨膜压差(ΔP)	$\Delta P_A=(Pl102+Pl105)/2-Pl104$	

4 运行效果分析

4.1 考察效果

经过10个月的运行考察及72h的性能标定，净化蜡油收率维持在80%~90%，跨膜压差未有上升(低于清洗指标400kPa)，基本确定重蜡膜过滤设施能够满足现有焦化重蜡脱固需求，净化蜡油各项指标均符合设计及生产要求，相关设备也能满足生产需求。净化蜡油中的机械杂质从原料的0.061%~0.184%下降至0.008%~0.009%，达到设计指标<0.01%。下游加氢装置运行平稳，未出现过滤器差压异常上升或者反应器温升异常等问题。

4.2 化学清洗效果

截至2024年7月，Ⅲ焦化重蜡膜过滤单元已连续运行11个月，远超技术协议要求(45天)，重蜡膜过滤单元跨膜压差接近400kPa，已触发清洗条件。为解决跨膜压差高的问题，Ⅲ焦化装置在7月采用厂家研发的无机膜清洗剂完成了化学清洗。

重蜡膜过滤单元经化学清洗，2024年7月30日投入运行，该单元运行平稳后，其膜过滤单元跨膜差压由停工前的360kPa降至100kPa以下，净化蜡油收率由停工前的45%提高至

70%，清洗效果显著。

膜过滤单元连续运行超过 3 个月，其重蜡油处理量能保证在 35t/h 以上，最高可达 40t/h，净化蜡油产量达到技术协议要求的 31t/h 以上。截至 10 月底，重蜡膜过滤单元跨膜差压平均值稳定在 100kPa 以下，最高值为 150kPa。

Ⅲ焦化重蜡膜过滤单元 7 月 30 日投运后，首次采样分析，其净化蜡油机械杂质即达到控制指标<0.01%。重蜡膜过滤单元自化学清洗后，连续运行 3 个月，其净化蜡油机械杂质分析成绩合格率为 100%，平均机械杂质含量为 0.008%。

5 存在问题与优化方向

问题一：由于Ⅲ焦化重蜡焦粉携带量较多，重蜡膜过滤单元预过滤器(20 目，设计最大压差 0.4MPa)较容易堵塞，运行 10d，预过滤器前后压差就达到了 0.4MPa(预过滤前压力约 1.65MPa)，这时就必须对其进行拆卸清理。解决措施：在该预过滤器前增加一组篮式过滤器，增加总预过滤面积，延长膜过滤切换周期。

问题二：当重蜡段温度控制较高(380℃以上)，重蜡油残炭值升高，预过滤器堵塞严重，频繁拆卸清焦工作，导致膜过滤设施发生明显挤压变形[图 4(a)]，对该单元的长周期运行造成了影响。解决措施：对过滤设施进行改进，增加机械强度防止挤压变形。增加预过滤器滤网的机械强度后，运行约 3d，其前后压差达到 0.8MPa，对其进行拆检，滤网未有变形，效果明显[图 4(b)]。

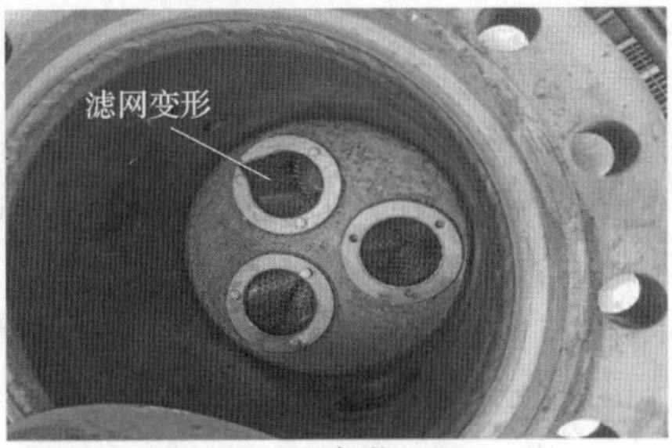

(a)变形

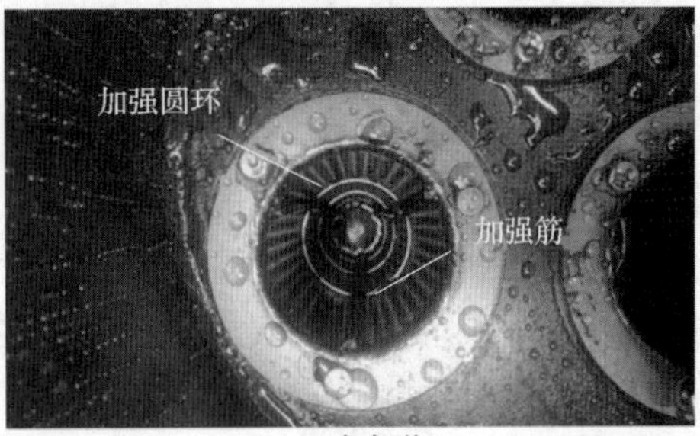

(b)未变形

图 4 膜过滤设施

6 效益评估

30 万 t/a 常减压原油加工能力释放，按吨油利税 450 元计算，年增效益 1.35 亿元；降低电脱盐罐清渣频率，年节约维护费用 360 万元。延迟焦化蜡油质量明显提高，焦化重蜡油净化后机械杂质分析均低于 0.001%(m)，焦化蜡油作蜡油加氢或渣油加氢原料，不影响蜡油加氢或渣油加氢原有的开工周期。

由于焦化蜡油中的焦粉被有效去除，电脱盐罐内的焦粉聚集问题得到解决，从而减少排渣次数和除渣工作量，降低了操作难度和成本，减少了废渣处理过程中的环境污染。

7 结论

无机膜脱固技术在金陵石化Ⅲ焦化装置的成功应用表明：该技术可稳定实现焦化蜡油深度净化，满足加氢装置长周期运行需求；经济效益显著，投资回收期短，具备行业推广价值；后续需重点优化预处理系统，提高阀门法兰密封性能以提升运行可靠性。

$2^{\#}$延迟焦化装置油浆脱固技术应用

刘山虎　王连超　高体坡　牛　勇

（中国石化天津石化公司　天津 300270）

摘　要　催化裂化作为重质油轻质化加工的重要手段，在产生轻质油的同时也产生了大量的催化裂化油浆。催化油浆用途广泛，如可用来生产针状焦、船用燃料调和油，作为炭黑原料等，但由于油浆中含有大量固体颗粒、短链芳烃和金属杂质，严重制约着油浆的进一步加工和利用，严重限制炼厂利益最大化。天津石化2#延迟焦化装置采用无机膜分离技术对催化裂化产生的油浆进行处理，此技术适用于黏度较大、金属含量较高、固含量较高的性质恶劣油浆，处理后的催化裂化油浆固体颗粒物含量低于50mg/L，固含量脱除率高于99%，灰分脱除率高于98%。同时能够实现无机膜在线清洗，清洗周期长，"三废"产生少、经济效益高，工业化技术较为成熟。

关键词　油浆脱固；过滤技术；膜分离技术

1　前言

随着原油重质化趋势日益增加，对现有工艺的改进和转型成为炼厂规划不可或缺的方向。催化裂化工艺是重质油轻质化的重要手段，催化裂化装置的重要副产物之一就是催化裂化外甩油浆(也可简称油浆)，其来源于催化裂化分馏塔塔底，油浆热值高、多环芳烃含量高，而且夹杂大量催化剂颗粒，无法直接用于后续生产针状焦、制备炭黑原料和生产船用燃料调和油等[1]。调合低硫船燃时要求油浆中固含量不高于100mg/L，生产针状焦时要求油浆中固含量不高于50mg/L，为提高油浆自身价值，生产碳纤维时要求油浆中固含量不高于10mg/L，因此为提高油浆利用率，脱除其中的固体颗粒物是必不可少的一环。

2　天津石化油浆流程介绍

未增上油浆脱固系统前，天津石化2套催化产生的油浆，约20万t/a，经管输送至2#焦化渣油原料管线，作为2#焦化原料进入装置进行后续反应，不能有效利用油浆的经济价值。为充分发掘油浆经济利用价值，天津石化于2023年开始筹划增上一套20万t/a油浆脱固系统，由天津石化设计院设计，采用赛瑞迈科无机膜分离技术，于2024年3月完成建设投产。两套催化装置外送油浆，油浆经2#焦化边界油浆线引入油浆脱固系统，经过膜循环泵吸入，与浓缩循环油浆混合后进入无机膜过滤组件，浓缩循环油浆在无机膜管两侧压差的作用下，净化油浆从膜管内侧渗透至膜管外侧，最终汇总至渗透液总管，经管道输送至罐区或渣油加氢装置(见图1)。

固体杂质和胶质物等大分子或大粒径组分被拦截在膜管内，形成浓缩油浆，富集固含量的浓缩油浆经浓缩油浆管线返回至焦化装置。净化油浆外送至油品罐区或渣油加氢回炼。

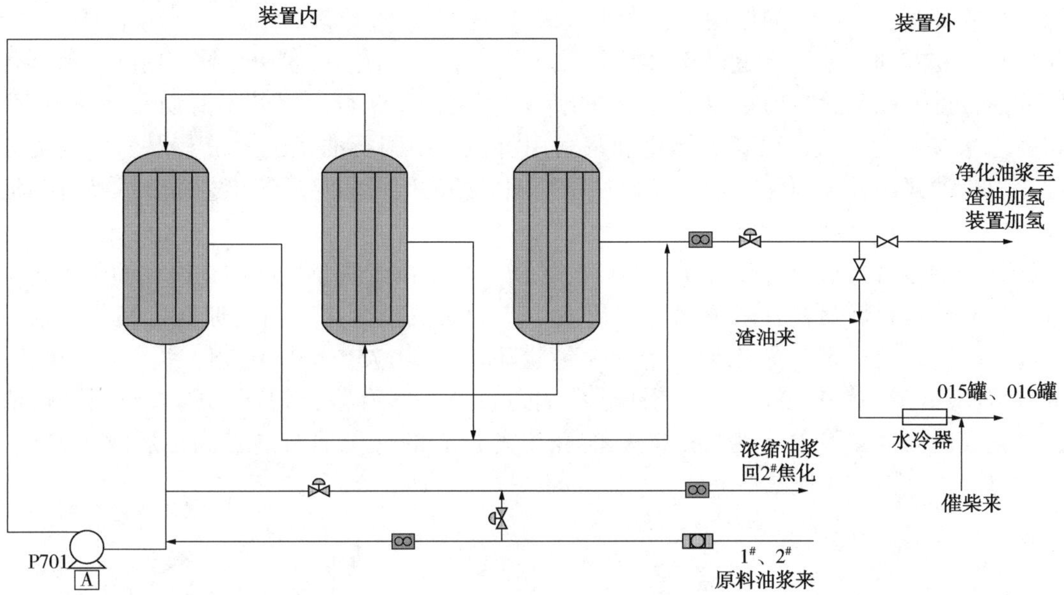

图 1　油浆脱固原则流程图

3　催化油浆性质

油浆一般呈黑棕色或黑色，密度大于水的，含有大量短链芳烃和部分镍、钒、硫等元素，碳氢比较高，黏度高、表现出非牛顿流体性质。天津石化 2 套催化裂化油浆性质见表 1。

表 1　催化油浆性质

项目		1#催化油浆（设计）	1#催化油浆（实际）	2#催化油浆（设计）	2#催化油浆（实际）
密度(20℃)/(kg/m^3)		1080	1138.70	1120	1080
黏度/(mm^2/s)	46(80℃)	—	138(80℃)	—	
	25(100℃)	23.07(100℃)	41(100℃)	10.9(100℃)	
馏程(ASTM D86)/℃					
初馏点		270	—	302	—
10%		378	—	422	—
30%		409	—	461	—
50%		433	—	484	—
70%		465	—	523	—
90%		—		—	
终馏点		—		—	
硫(质量分数)/%		0.96	1.1~1.56	1.7900	1.5%
氮/(mg/kg)		2200	—	1900	—
凝点/℃		4	—	—	
固含量/(mg/kg)		<5000	2000~4370	<5000	8200

4　油浆脱固膜分离技术介绍

膜分离技术作为 21 世纪新型分离技术，利用膜的筛分原理，根据物料性质不同，选用不同孔径的膜管，在压力的作用下，实现液固分离，其分离原理如图2所示。中国石化抚顺石油化工研究院和江苏赛瑞迈科新材料有限公司联合开发的无机膜净化技术脱除催化裂化油浆中的固含量，该装置目前稳定运行，净化后的催化油浆灰分、甲苯不溶物和(Si+Al)脱除率均高达95%以上，大大提高了催化油浆利用价值。中国石油化工股份有限公司金陵分公司催化裂化油浆特种膜净化装置，经特种膜处理后的油浆可满足后续工艺条件，特种膜清洗效果较好，具有长周期运转条件。

江苏赛瑞迈科新材料有限公司根据膜的性质，开发出无机膜过滤催化裂化油浆工艺，等通过江苏赛瑞迈科新材料有限公司自主研发生产的无机膜净化工艺处理催化裂化油浆后发现，经无机膜过滤后催化裂化油浆中固含量脱除率为99.75%，灰分脱除率为98.79%，催化剂颗粒脱除率高达99.96%，且经江苏赛瑞迈科新材料有限公司研发的清洗剂进行清洗后，陶瓷膜的膜通量恢复率为86.8%，陶瓷膜处理后的催化油浆能够满足后续工艺要求，无机膜过滤工艺流程见图3。

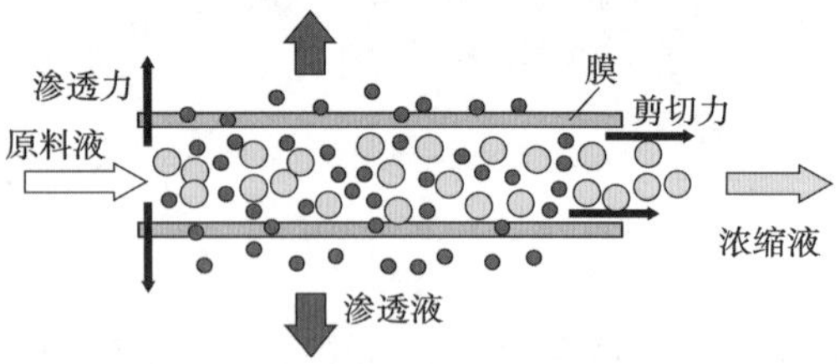

图2 无机膜过滤原理图

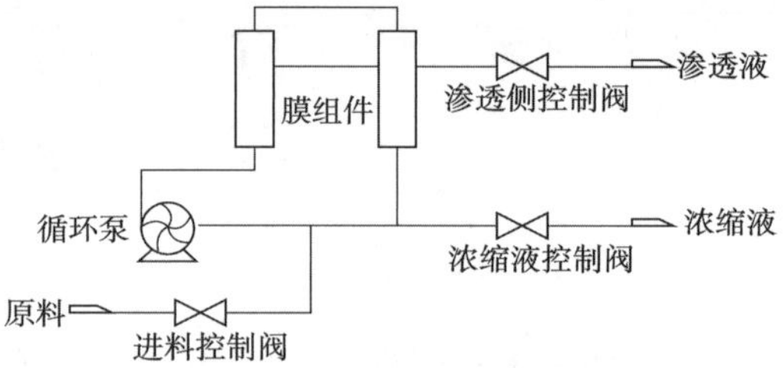

图3 无机膜过滤工艺流程

2024年3月，天津石化公司采用江苏赛瑞迈科新材料有限公司无机膜油浆净化装置一次开车成功，该装置处理量为20万t/a，净化油浆收率大于90%，天津石化首次应用油浆脱固技术试产炭黑原料油，成功将低价值的催化油浆转化为炭黑原料油，实现了催化油浆多元化应用，满足市场需求。通过调整延迟焦化装置运行工况，优化炭黑原料油质量参数，降低了延迟焦化装置的负荷和二次加工成本，截至2024年5月底，已有超1200t产品顺利出厂。

5 产品质量

净化油浆设计固含量≤50mg/L(碳化灼烧法)；实际净化油浆产品分析：固含量40μg/g(外委)、灰分100μg/g(外委)、硅+铝<15mg/kg(外委)；硅+铝<15mg/kg(化验)、硫含量1.1%~1.4%(化验)、灰分300μg/g(化验)(见表2)。

表2 产品质量

样品名称	采样时间	硫含量(质量分数)/%	硅/(mg/kg)	铝/(mg/kg)	灰分(质量分数)/%
净化油浆	4月1日		<10.0	<5.0	0.0354
净化油浆	4月3日		<10.0	<5.0	0.0433
净化油浆	4月5日		<10.0	<5.0	0.0379
净化油浆	4月7日		<10.0	<5.0	0.0398
净化油浆	4月9日		<10.0	<5.0	0.0410
净化油浆	4月10日	1.35			
净化油浆	4月11日		<10.0	<5.0	0.0392

续表

样品名称	采样时间	硫含量(质量分数)/%	硅/(mg/kg)	铝/(mg/kg)	灰分(质量分数)/%
净化油浆	4月11日	1.37			
净化油浆	4月12日	1.444			
净化油浆	4月13日		<10.0	<5.0	0.0428
净化油浆	4月13日	1.40			
净化油浆	4月15日		<10.0	<5.0	0.0433
净化油浆	4月15日	1.54			
净化油浆	4月17日		<10.0	<5.0	0.0365
净化油浆	4月17日	1.20			
净化油浆	4月18日	1.12			
净化油浆	4月19日				0.0366
净化油浆	4月19日	1.08			

6 结语

油浆作船燃效益测算：目前为50万t/a船燃调和设施，初步按照前期项目中船燃配方，油浆占比约10%，净化油浆需求量为5万t/a，加氢渣油按90%占比，加氢渣油去催化裂化加工产品效益为4615元/t，船燃价格为4176元/t，效益为：5万t/a×4176元/t-[45万t/a×(4615-4176)元/t]=1125万元/a。

脱除催化裂化油浆中的固体颗粒物是油浆后续加工的前提，是高值化必不可少的一步，是降低环境污染的重要环节。针对油浆脱固的各种技术手段，其优缺点较为鲜明，综合科研成果和工业化应用，采用无机膜过滤技术处理催化裂化油浆具有分离效果好、“三废”产生少、经济效益高、适用范围广以及工业技术较为成熟等优点，是催化裂化油浆脱固的最优选择。

参考文献

[1] 李鹏，任晔，陈学峰．中国石化催化裂化装置运行状况分析[J]．石油炼制与化工，2022，53(1)：53-59.

[2] 龚朝兵，孔令健，曹小伟．催化油浆净化技术进展述评[J]．石油化工技术与经济，2021，37(4)：54-57.

[3] 董群，善世文，张国甲，等．催化裂化外甩油浆的净化与综合利用[J]．化工进展，2010，29(S2)：28-32.

[4] 张永新．FCC油浆的分离与综合利用[J]．石化技术与应用，2003(2)：92-95+87.

[5] 林存辉，吴逸凡，范生皓，等．催化裂化油浆脱固研究进展[J]．炼油与化工，2023，34(4)：1-6.

[6] 孙启洪．电分离法催化油浆脱固技术的工业应用[J]．齐鲁石油化工，2023，51(3)：197-201.

[7] 曹炳铖．催化油浆净化技术及其化工利用的研究进展[J]．石油化工，2012，41(3)：364-369.

[8] 邱洪卫，任万忠，曾涛．催化裂化油浆液固体系分离技术探讨[J]．山东化工，2015，44(23)：48-51.

[9] 王鑫，王怀，刘纾言．催化裂化装置油浆脱固技术应用研究进展[J]．炼油技术与工程，2024，54(1)：14-17+26.

[10] 唐应彪，崔新安．催化裂化油浆动态静电分离试验研究[J]．炼油技术与工程，2020，50(12)：14-17.

石油焦市场价格调研及四蒸馏原油硫含量推算

王立森　张　未　杨文昊　陈延达　王　元

（中国石化燕山石化公司　北京 102500）

摘　要　本文基于石油焦国家标准与企业生产实践，系统分析原油硫含量对石油焦等级、性能及经济效益的影响。通过建立硫含量传递模型，量化四蒸馏装置脱前原油硫含量(0.7%)与焦化原料、石油焦硫含量的关联规律，证实其可稳定生产3A焦(硫含量≤1.76%)，年增效3.67亿元；硫含量降至0.587%时可制备2B焦(价差3506元/t)，但需平衡低硫原油成本与市场风险。研究进一步表明，3B焦(硫含量≤2.5%)满足锂电负极焦A类标准(硫含量≤2.5%)，而B类负极焦(硫含量≤1.5%)需通过2B焦或更低硫等级实现。此外，灰分(≤0.4%)、挥发分(7.5%～12%)等指标需通过优化焦化温度、压力及原料预处理工艺调控。并建议分阶段实施：短期以3A焦、阳极焦稳产为核心，拓展负极焦参数优化；中长期开发2B焦原料适配性方案，并构建硫含量—工艺—效益动态模型，为同类装置向高附加值新能源材料转型提供理论支撑。

关键词　石油焦；硫含量；蒸馏装置；经济效益；生产优化

1　石油焦分类和标准

根据国家能源局发布的石油焦国家行业标准可知，石油焦主要分为普通石油焦(生焦)和石油针状焦(生焦)[1]。普通石油焦(生焦)适用于制作普通功率石墨电极、铝用炭素原料以及燃料等；石油针状焦(生焦)适用于制作超高功率、高功率石墨电极以及锂离子电池负极原料等。

普通石油焦(生焦)按灰分和硫含量的大小及用途分为1号、2A、2B、2C、3A、3B、3C等。普通石油焦1号主要适用于炼钢工业中制作普通功率石墨电极，也适用于炼铝工业中制作铝用炭素；2A、2B、2C主要适用于炼铝工业中制作铝用炭素；3A、3B、3C主要适用于制作碳化硅、工业硅、炼铝工业中制作铝用炭素等。普通石油焦的技术要求和试验方法(见表1)。

表1　普通石油焦(生焦)的技术要求和试验方法

项　目		质量指标							试验方法
		1号	2A	2B	2C	3A	3B	3C	
硫含量(质量分数)/%	不大于	0.5	1.0	1.5	1.5	2.0	2.5	3.0	GB/T 214—2007 中第4章
挥发分(质量分数)/%	不大于	12.0	12.0	12.0	12.0	12.0	12.0	12.0	SH/T 0026
灰分(质量分数)/%	不大于	0.30	0.35	0.40	0.45	0.50	0.50	0.50	SH/T 0029

续表

项目	质量指标							试验方法
	1号	2A	2B	2C	3A	3B	3C	
总水分(质量分数)/%	报告							SH/T 0032、GB/T 211
真密度(煅烧1300℃，5h)/(g/m^3) 不小于	2.05	—	—	—	—	—	—	SH/T 0033
粉焦量(质量分数)/% 不大于	35	报告	报告	报告	—	—	—	附录A
微量元素含量/(μg/g) 不大于								YS/T 63.16
硅	300	300	报告	—	—	—	—	
钒	150	300	报告	—	—	—	—	
铁	250	300	报告	—	—	—	—	
钙	200	300	报告	—	—	—	—	
镍	150	250	报告	—	—	—	—	
钠	100	200	报告	—	—	—	—	
氮含量(质量分数)/%	报告	—	—	—	—	—	—	NB/SH/T 0656

石油针状焦(生焦)按热膨胀系数和硫含量的大小分为1号、2号和3号。1号石油针状焦主要适用于制作超高、高功率石墨电极；1号、2号石油针状焦也可作为锂离子电池负极材料；2号和3号石油针状焦主要适用于制作高功率石墨电极。针状石油焦的技术要求和试验方法见表2。

表2 石油针状焦(生焦)的技术要求和试验方法

项目	质量指标			试验方法
	1号	2号	3号	
硫含量(质量分数)/% 不大于	0.4	0.5	0.5	GB/T 214—2007中第4章
挥发分(质量分数)/% 不大于	6.00	8.00	10.0	SH/T 0026
灰分(质量分数)/% 不大于	0.10	0.25	0.30	SH/T 0029
总水分(质量分数)/% 不大于	报告	报告	报告	SH/T 0032、GB/T 211
真密度(煅烧1300℃，5h)/(g/m^3) 不小于	2.12	2.11	2.10	SH/T 0033
粉焦量(质量分数)/% 不大于	35	报告	报告	附录A
热膨胀系数(CTE)(室温~600℃)/(10^{-6}/℃) 不大于	1.3	1.5	1.7	GB/T 3074.4
微量元素含量/(μg/g) 不大于				YS/T 63.16
硅	100	报告	报告	
钒	80	报告	报告	
铁	150	报告	报告	
钙	100	报告	报告	
镍	100	报告	报告	
钠	100	报告	报告	
氮含量(质量分数)/% 不大于	0.5	0.6	报告	NB/SH/T 0656

截至2025年2月，燕山石化执行4号石油焦标准，具体标准见表3。

表 3　4 号普通石油焦(生焦)的技术要求和试验方法

序号	项目	质量指标		试验方法
		4A	4B	
1	硫含量(质量分数)/%　不大于	5.0	7.0	GB/T 214—2007 中第 4 章
2	挥发分(质量分数)/%　不大于	12.0		SH/T 0026
3	灰分(质量分数)/%　不大于	0.50		SH/T 0029
4	总水分(质量分数)/%	报告		SH/T 0032、GB/T 211

2　石油焦销售价格

根据公司计划经营部通报石油焦实时价格，各个地区 2025 年 1 月石油焦价格差距较大，但总体呈上涨趋势，除去石油焦类大宗产品 13%税后，参考华北地区沧州炼化、济南炼化价格。

济南炼化目前只生产 2A、2B 类型石油焦，目前报价分别为 5060 元/t、5120 元/t(此报价上 2B 类型石油焦价格比 2A 类型石油焦更高，一般 A 级焦价格高于 B 级焦)；沧州炼化目前生产 3A 石油焦价格为 2433 元/t，3B 石油焦价格为 2300 元/t。

1 月燕山 4 号石油焦价格为 1614 元/t，2024 年全年生产石油焦 447913t。若全年生产 3A 石油焦，每年可增加销售额为：

$$447913\text{t}\times(2433-1614)\text{元/t}=3.668\text{ 亿元}$$

2B 石油焦价格与燕山 4 号石油焦价格相差更大，达到 3506 元/t，增效潜力巨大，需要进一步对市场需求进行调研，以确定具体需求量。另外需要指出的是，2B 类型石油焦价格为济南炼化市场报价，实际情况随市场波动较大，且 2B 石油焦需要的蒸馏原油(脱前)硫含量最高，为 0.587%(按生产经验计算)，生产 2B 石油焦要结合石油焦市场需求情况和原油成本增加情况综合考虑。在原油合适的情况下可以生产部分 2B 牌号石油焦，拓宽产品渠道，提升效益。

3　石油焦生产可行性分析

3.1　硫含量匹配与负极焦等级适配性分析

由实际生产经验可知，燕山石化脱前原油硫含量、焦化装置原料总硫含量、石油焦硫含量之间关系为：

$$\text{石油焦硫含量}=\text{焦化装置原料总硫含量}\times1.3 \tag{1}$$

$$\text{四蒸馏装置渣油硫含量}=\text{四蒸馏装置脱前原油硫含量}\times2 \tag{2}$$

$$\text{焦化装置原料总硫含量}=(\text{脱前原油硫含量}\times2\times150/170+\text{油浆硫含量}\times20/170) \tag{3}$$

油浆硫含量数据，可见图 1。

但上述关系建立在默认焦化原料中冷渣罐区来的渣油已被四蒸馏来的低硫渣油充分置换，油浆硫含量根据实际生产经验按照 1.0%控制。且式(3)中“170”指 1 月燕山石化焦化小时加工量为 170t/h，“150”指除去油浆后的小时吨量，若生焦周期、日加工量发生变化应及时更改此公式。

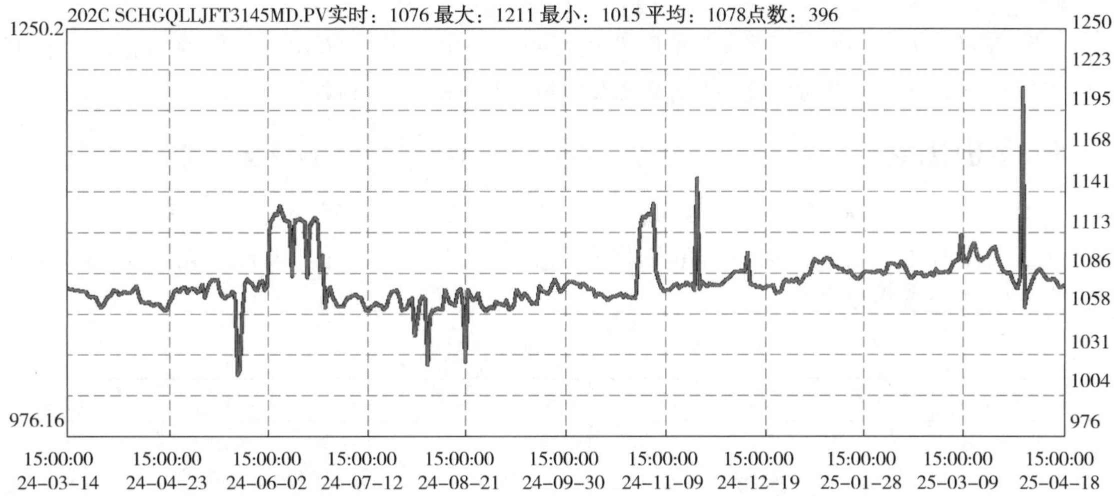

图 1　油浆硫含量

基于上述分析论证反算，可见表 4。

表 4　石油焦硫含量和原油硫含量对照

项　目		1 号	2A	2B	2C	3A	3B	3C
石油焦硫含量(质量分数)/%	不大于	0.5	1.0	1.5	1.5	2.0	2.5	3.0
焦化装置原油硫含量(质量分数)/%	不大于	0.385	0.769	1.154	1.154	1.539	1.923	2.308
脱前原油硫含量(质量分数)/%	不大于	0.151	0.369	0.587	0.587	0.805	1.023	1.241

因此若四蒸馏装置原油硫含量降低至 0.7%左右，可以稳定生产出 3B 石油焦，3A 石油焦生产成功可能性也比较大。

石油焦硫含量是决定其能否应用于锂电负极材料的关键指标。根据负极焦行业标准[4]，A 类负极焦要求硫含量≤2.5%，而 3B 石油焦(硫含量≤2.5%)可完全满足该标准，直接适配中低端锂离子电池负极材料市场。然而，B 类负极焦对硫含量的限制更为严格(硫含量≤1.5%)，需通过生产硫含量更低的 2B 焦(硫含量≤1.5%)或优化焦化原料硫分布实现。根据硫传递模型(石油焦硫含量=焦化原料硫×1.3)，若需稳定生产 2B 焦，需控制焦化原料硫含量≤1.15%，对应四蒸馏装置脱前原油硫含量需≤0.587%。此过程需综合评估低硫原油采购成本、渣油置换效率及油浆硫含量(经验值 1.0%)的协同影响，必要时可引入加氢脱硫预处理工艺以突破硫含量瓶颈。

3.2　多指标协同优化与负极焦等级适配性分析

除硫含量外，负极焦对灰分、挥发分等指标也具有严苛要求：

灰分控制(≤0.4%)：需降低原料中金属杂质(如 Fe≤200μg/g、Cu≤5μg/g)，可通过优化焦化装置进料组成(降低催化油浆掺炼比例)、强化原料脱金属处理(如静电分离、添加剂吸附)实现[3]。

挥发分调控(7.5%～12%)：依赖焦化反应深度控制，需精准调节加热炉出口温度(480～520℃)、反应压力(0.15～0.25MPa)及生焦周期，以平衡挥发分脱除与焦体结构完整性。

真密度与 HGI 优化：通过延迟焦化工艺参数(如循环比、急冷速率)调整，改善焦炭微观结构，使其真密度≥1.3g/cm³、硬度指数(HGI)适配粉碎工艺。

实践表明，采用“高温短停留”操作模式可同步降低灰分与挥发分，而原料预加氢处理能有效脱除硫、氮及金属杂质，为高端负极焦量产提供技术可行性[2]。

4 负极焦生产

根据集团公司安排，2025 年全部碳材料争取产量 300 万 t，负极焦 150 万 t 左右。负极焦目前在安庆石化、湖南石化、济南炼化实现了量产，中韩石化、九江石化已实现批量试产，其主要生产指标见表 5。

表 5 负极焦主要生产指标

牌号	灰分/%	水分/%	挥发分/%	硫/%	真密度/(g/cm³)	*HGI*	Fe/(μg/g)	Cu/(μg/g)
A	≤0.4	≤10	7.5~10	≤2.5	≥1.3	80~110	≤200	≤5
B	≤0.4	≤10	9~12	≤1.5	≥1.3	100~160	≤200	≤5

加工低硫原油生产出 3B 以下牌号的石油焦，其硫含量可以满足负极焦的生产指标，其他指标需要根据生产情况对操作参数进行优化调整，装置需要摸索出生产负极焦的操作条件。

5 结论

通过硫传递模型与生产工艺优化，燕山石化可通过四蒸馏装置脱前原油硫含量调控，实现高附加值石油焦(如 3A、2B)的稳定生产。燕山石化延迟焦化装置在四蒸馏装置加工低硫原油(0.7%左右)之后，在重油罐区原料和焦池存储料仓充分置换之后预计可以生产 3 类石油焦，在原油品种、价格合适同时市场需求满足条件的情况下试生产 2 类石油焦，提升效益。在满足 3 类石油焦稳定生产条件下，对负极焦生产可以进一步开展优化工作。结合市场需求与政策导向，分阶段推进产品升级，可显著提升经济效益，并为新能源材料转型提供技术支撑。

参 考 文 献

[1] 国家能源局. 石油焦(生焦)：NB/SH/T 0527—2019[S]. 北京：中国石化出版社，2019.

[2] 杨志和，胡锦原，翁敦机，等. 高硫原油炼厂生产低硫石油焦的探索及实践[J]. 石油与天然气化工，2025，54(1)：18-23.

[3] 蔡烈奎，斐晓光，杨文中，等. 环烷基减压渣油组合工艺[J]. 石油与天然气化工，2024，53(3)：14-18+25.

降本增效及长周期运行

深拔减渣焦化多维度优化技术开发与应用

简建超[1]　陈　刚[1]　张苡源[1]　王　宾[1]　朱天福[1]　杨军卫[2]

(1. 中国石化青岛炼化公司　山东青岛 266500;
2. 中国石油大学(华东)重质油国家重点实验室　山东青岛 266500)

摘　要　针对延迟焦化装置在加工深拔减渣过程中面临的石油焦收率与长周期运行之间的矛盾，通过开发基于弹丸焦判别、炉管结焦诊断与优化操作指导的多维度优化操作指导系统，形成了涵盖原料适应性评价、过程状态诊断、动态优化决策的完整技术链条，以实现装置在降低焦炭收率的同时确保长周期稳定运行的目标。长周期工业应用表明：优化后装置石油焦收率降低 1.61%，焦炭产率系数下降 0.07，年增效益 4670 万元，为解决劣质重油加工过程中的多目标优化难题提供了系统化解决方案。

关键词　深拔减渣；延迟焦化；弹丸焦；炉管结焦；操作指导系统

1　前言

随着重质化原油的增加及减压深拔技术的发展，延迟焦化装置加工劣质减渣的比例持续增长，劣质减渣原料具有高残炭(>20%)、高金属(Ni+V>300μg/g)、高沥青质(>10%)的“三高”特性。在加工深拔劣质减渣过程中，存在延迟焦化装置炉管结焦加剧、焦炭产率增加、运行周期缩短等问题[1-3]。提高延迟焦化反应苛刻度可提高装置轻油收率，但也会造成炉管结焦速率加快以及产生弹丸焦的风险[4,5]。由于缺乏科学的定量化指导依据，延迟焦化装置加工劣质原料时，通常采用较低的反应苛刻度，来确保运行周期和避免弹丸焦产生，这种“牺牲液收保运行”的保守操作模式已难以满足炼油厂效益最大化的需求。因此，如何克服装置挖潜增效与安全运行的矛盾，实现多维度卡边操作，是延迟焦化装置精细化管理的重要课题。

本文以某企业延迟焦化装置为例，针对其加工深拔减渣过程中存在的问题，开展了深拔减渣焦化多维度卡边优化技术的开发与应用实践，旨在解决焦炭收率与炉管结焦、避免弹丸焦之间矛盾的难题，通过操作优化提高装置运行效益。

2　企业生产现状与挑战分析

2.1　装置运行现状

某企业 2.9Mt/a 延迟焦化装置长期承担着减压深拔渣油的加工任务，装置在运行过程中，面临着原料性质多变、炉管结焦严重、弹丸焦产生概率高等问题，为确保长周期运行，采用了保守的低苛刻度操作方案，导致装置焦炭收率偏高，影响了企业的经济效益，典型原料性质见表 1。

表 1　典型原料性质

项目	范围	测试方法
密度(20℃)/(kg/m³)	1020~1060	GB/T 1884
残炭值/%	22~30	SH/T 0170
沥青质含量/%	10~20	IP 143
Ni+V/(μg/g)	200~350	ASTM D5708

焦化装置原料评价结果表明，目前结焦倾向为10%~11%，对比收集到的国内外焦化原料结焦倾向评价数据库[6,7]，本装置具有在确保长周期运行前提下提高装置操作苛刻度的条件。同时对目前操作工况进行了模拟分析，对比结果显示，该装置现操作工况，炉出口转化率和反应停留时间两项指标均处于较低水平，仍存在一定的优化提升空间。

2.2　面临的主要挑战

① 原料性质复杂：深拔减渣具有高硫、高残炭、高金属含量等特点，这些特点使装置在加工过程中容易出现炉管结焦、产生弹丸焦等问题。

② 炉管结焦严重：炉管结焦不仅会影响装置的传热效率，还会导致炉管局部过热，缩短炉管使用寿命，增加装置的运行成本。

③ 弹丸焦产生概率高：为避免产生弹丸焦，装置降低反应温度并提高循环比，导致焦炭收率增加，降低液体产品收率，同时弹丸焦还会影响焦炭的质量和市场价值。

2.3　优化思路

优化操作需解决降低炉管结焦速率与提高装置轻油收率之间的矛盾，要二者兼顾，实现效益最大化。现有研究主要集中在单一目标优化：王明文[8]、岑友良等[9]等通过改进注汽策略降低结焦速率；刘福洲等[10]、刘玲等[11]等研究了原料结焦倾向评价方法；张成等[12]建立弹丸焦产生临界条件预测模型。然而，多目标协同优化仍存在三大瓶颈：①原料结焦倾向与操作条件耦合作用机制不明；②结焦状态在线诊断精度不足；③动态操作窗口量化方法缺失。

针对减渣深拔程度高，原料油种多样化和加工负荷多变的现状，通过开发基于原料评价和炉管结焦监控的优化操作指导系统，兼顾装置长周期运行与提高轻收，实现装置大操作弹性和多维度的“卡边”操作。图1展示“保守操作点”与“卡边操作点”对应的装置反应苛刻度、装置液收以及运行周期之间的关系。

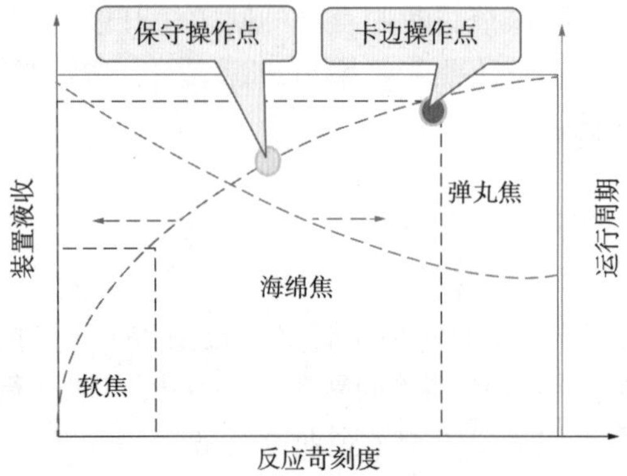

图1　装置操作点示意图

3　技术开发与实践

3.1　弹丸焦指数

在重油微反装置上完成特定条件的热反应过程，得到用于偏光显微观测分析的焦炭试片。采用正交偏光反射显微镜采集图像样本，利用计算机图像处理技术将图像数字化并对图像进行处理，提取出中间相的形态和尺寸等信息。

根据中间相的数量和形状参数计算焦炭试样中的中间相和粒径分布，提出区分弹丸焦与海绵焦的评价指数——*SCI*(Shot Coke Index)。

SCI 的计算公式见式(1)：

$$SCI=\frac{F_w}{A_0R_A}\times10^6 \tag{1}$$

式中 A_0——中间相平均面积，μm^2；

F_w——中间相区域加权球形度，无量纲；

R_A——中间相含量，无量纲。

弹丸焦指数结合弹丸焦与普通焦中间相的三大差异，利用比值的形式将差异扩大，达到量化两种焦样区别的效果。通过对比不同油样的 SCI 指数，可以判断其生焦倾向和产生弹丸焦的概率。一般来说，SCI 指数越大，产生弹丸焦的概率越高，本项目研究过程中评价的典型油样弹丸焦指数 SCI 数据见图 2，其中弹丸焦油样 SCI 值均超过 800，而海绵焦油样的 SCI 值均低于 600。

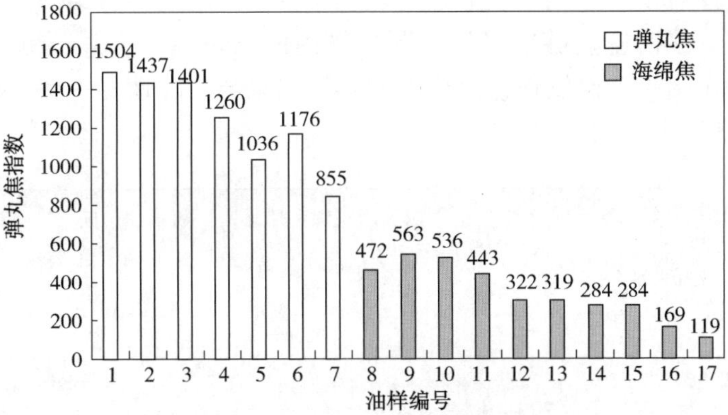

图 2 典型油样弹丸焦指数对比

装置因素和操作条件也是影响弹丸焦产生的重要外部因素，因此要提高装置弹丸焦判别准确率，必须考虑操作条件的影响。鉴于此，本研究首次提出同时考虑原料性质和操作条件影响的综合判别法。综合判别法需要提供现场油样和实际操作条件，可计入原料中掺炼油浆和装置主要反应条件(温度、压力、循环比)对弹丸焦概率的影响。该方法的判别准确性最高，需要的参数多，适用于日常生产需要准确判别的场合。

3.2 炉管结焦诊断模型

传统的炉管内结焦状况诊断主要依据炉管壁温、炉膛温度、炉管压降等参数，其中，炉管壁温是最主要的判断依据。然而，实际生产过程中炉管壁温的影响因素众多，除与管内结焦状况有关外，还受到加工负荷波动、仪表误差、管内对流传热系数等因素干扰。单纯依靠炉管壁温不利于准确判断炉管结焦状况，容易因个别监测点的“假超温”造成误判，从而导致不必要的装置停工。此外，剩余操作周期的准确预测对合理安排生产计划，指导优化操作方案的制定也具有重要意义。因此，亟须研究可以表征管内实际结焦状况的评价指标，准确诊断炉管内的实际结焦状况。

根据传热过程模型可知，炉管壁温、进出口油温、介质处理量是影响炉管结焦的主要操作参数，通过传热理论关系，推导出结焦厚度准数作为表征管内实际结焦状况的评价指标。管焦厚度准数：定义管焦厚度准数为焦层导热热阻与介质对流传热热阻的比值。通过校正壁温和对流传热系数，消除处理量对壁温的影响，判断结焦的变化。管焦厚度准数 R_{ck} 的计算公式见式(2)：

$$R_{ck} \equiv \frac{\alpha\delta_{ck}}{\lambda_{ck}} \tag{2}$$

式中 α——对流传热系数，W/(m^2·℃)；

δ_{ck}——管内焦层厚度，m；

λ_{ck}——管焦导热系数，W/(m·℃)。

管焦厚度准数的含义：焦层导热热阻与介质对流传热热阻的比值。开工状态，炉管未结焦时δ_{ck}为0；运行状态，由于焦层处内膜温度基本不变，则管焦导热系数几乎不变，对流传热系数受处理量影响，管焦厚度准数与管外壁温度不同，根据炉管结焦特点，假定处理量不变，对流传热系数不变，δ_{ck}值越大代表炉管结焦越严重。

建立结焦诊断所需数据的判断、筛选、校正等前处理规则，确保核心算法运算结果的有效性。将炉管结焦诊断模型应用于企业延迟焦化装置上，对其炉管结焦状况进行了实时监测和诊断。结果表明，该模型能够准确地判断炉管内的结焦情况，并预测出结焦层的发展趋势。通过与实际清焦结果对比发现，该模型的预测结果与实际情况一致，验证了模型的准确性和可靠性(见图3)。

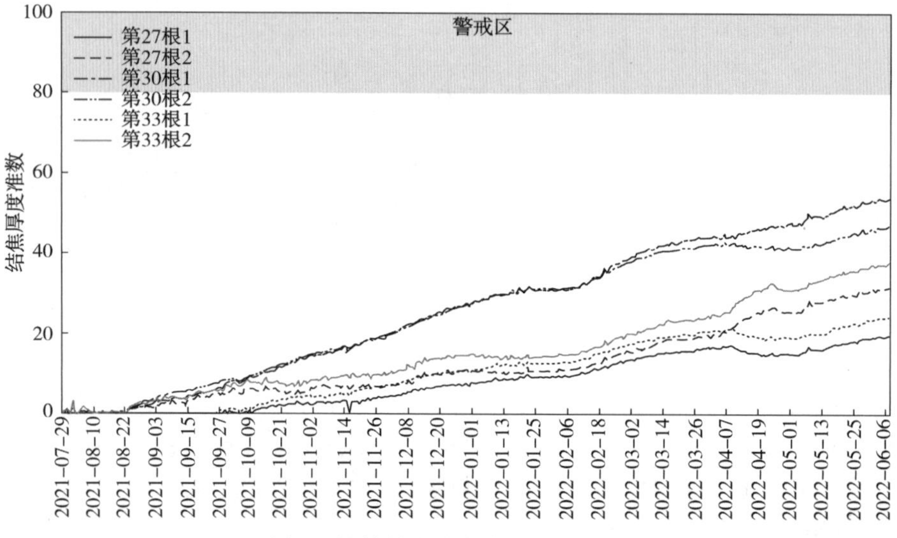

图3 炉管结焦诊断模型结果实例

3.3 操作优化指导系统

为了提高装置的操作水平和运行效率，实现装置的智能化管理，基于弹丸焦指数、炉管结焦诊断等研究，开发了多维度卡边操作优化指导系统。主要功能包括：炉管结焦状况诊断、弹丸焦判别、加热炉模型等功能模块。

① 炉管结焦状况诊断：基于历史数据和当前操作数据，采用管焦厚度准数，诊断炉管内的实际结焦状况。通过实时监测和分析炉管壁温、进出口油温等参数，可以及时发现并处理炉管结焦问题。

② 弹丸焦判别：基于弹丸焦指数判别弹丸焦产生概率。根据原料性质和操作条件等因素，综合判断装置产生弹丸焦的风险程度，为操作优化提供依据。

③ 加热炉模型：可计算炉管内汽化分率、油膜温度、表面热强度等无法测量的关键工

艺参数。

采用该系统可在尽量避免弹丸焦前提下，兼顾装置长周期运行与提高轻收，为实现装置多维度“卡边”优化操作提供指导依据。将操作优化指导系统应用于企业延迟焦化装置上，通过获取装置的实际操作参数和原料性质等信息，系统能够计算出操作状态下的弹丸焦概率、炉管结焦状况并预测剩余操作周期，为操作过程进行实时指导和优化。

4 工业应用效果与效益分析

企业延迟焦化装置应用开发的多维度卡边操作优化指导系统，根据生产情况动态优化调整加热炉出口温度、循环比、炉管三点注汽量等操作参数，优化前后炉管清焦周期均按 10 个月控制。经过两年的长周期运行验证，对优化前和优化后装置数据进行统计对比，结果见表 2。

表 2 装置优化前后数据对比

项目	优化前	优化后	优化后与优化前差值
焦化原料残炭值/%	23.31	23.17	-0.14
焦化原料硫含量/%	4.79	4.72	-0.07
焦化原料密度/(kg/m^3)	1042.32	1043.88	1.56
石油焦收率/残炭值	1.50	1.43	-0.07
平均石油焦收率/%	35.03	33.20	-1.83

优化前后的焦化原料残炭值相近情况下，石油焦平均收率降低了 1.83%；焦炭产率系数(石油焦/残炭值)降低了 0.07。按照优化前的基准原料残炭值 23.3%折算，石油焦收率降低 23.3%×0.07=1.61%。对于 290 万 t/a 的延迟焦化装置，每年可减少石油焦产量约 4.67 万吨。延迟焦化装置所生产的各项产品中，高硫石油焦的价格最低，按每吨石油焦与其他液体和气体产品价差 1000 元计算，每年可增加利润约 4670 万元。

5 结语

本文从企业生产实际需求出发，通过建立弹丸焦指数，炉管结焦诊断模型，开发卡边操作指导系统，形成了基于弹丸焦判别、炉管结焦诊断与优化操作指导的多维度“卡边”操作技术。长周期工业应用验证表明，该技术实现了延迟焦化装置降低焦炭收率与确保长周期稳定运行的双重目标，显著提高了装置的经济效益和重油资源利用率，具有较好的推广应用价值。

参 考 文 献

[1] 张力，张政伟．延迟焦化加热炉炉管结焦原因分析及对策[J]．石油炼制与化工，2010，41(1)：21-25.

[2] 杨跃武，孙明星，王乐毅．原料劣质化对延迟焦化装置的影响分析及对策[J]．石化技术与应用，2023，41(1)：59-61+72.

[3] 严宇翔．原料劣质化对延迟焦化装置生产的影响[J]．炼油技术与工程，2016，46(4)：22-26.

[4] SAWARKAR A N，PANDIT A B，SAMANT S D，et al. Petroleum residue upgrading via delayed coking：a review[J]. The Canadian Journal of Chemical Engineering，2007，85(1)：1-24.

[5] MUÑOZ J A D，AGUILAR R，CASTAÑEDA L C，et al. Comparison of correlations for estimating product

yields from delayed coking[J]. Energy & Fuels，2013，27(11)：7179-7190.

[6] 杨军卫，刘丽颖，王朔，等．延迟焦化加热炉炉管焦组成与分析[J]. 中国石油大学学报(自然科学版)，2020，44(1)：180-184.

[7] 李娜，杨军卫．焦化原料加工性能评价与装置优化[J]. 石化技术与应用，2021，39(6)：419-423.

[8] 王明文．延迟焦化加热炉结焦分析与注汽量优化[J]. 石油化工技术与经济，2024，40(6)：27-31.

[9] 岑友良，杜翔，李娜，等．炉管注入介质对延迟焦化过程的影响[J]. 石油炼制与化工，2021，52(2)：17-21.

[10] 刘福洲，汪文强，张静如，等．热加工过程中渣油结焦倾向的评价方法[J]. 石油炼制与化工，2006(12)：53-56.

[11] 刘玲，田松柏，李敬岩，等．基于分子组成的减压渣油聚类分析[J]. 石油炼制与化工，2018，49(8)：43-48.

[12] 张成，束长好．延迟焦化工艺弹丸焦形成原因和对策[J]. 石油炼制与化工，2009，40(12)：8-12.

回炼轻烃组分和解吸气对延迟焦化装置的影响及对策

王乐毅

（中国石化河南炼化公司　河南洛阳 471012）

摘　要　在延迟焦化装置低加工量工况下，某炼油厂延迟焦化装置通过回炼轻烃组分、解吸气有效提升了装置的液化气收率，经济效益显著，但是回炼过程对其核心设备气压机组的平稳运行影响较大。分析发现，影响气压机组平稳运行的主要因素是回炼组分变化和入口压力波动所引发的气压机转速波动。通过稳定回炼量、控制入口压力、合理控制机组转速等手段，可以消除气体回炼对气压机组的影响，实现解吸气和轻烃组分稳定的回炼。

关键词　回炼；气压机组；延迟焦化；优化措施

1　前言

某公司 140 万 t/a 延迟焦化装置，采用“一炉两塔”工艺流程及可灵活调节循环比的生产工艺[1]，设计生焦周期 20h，由反应、分馏、吸收稳定、干气脱硫、冷焦水密闭处理、水力除焦及石油焦输送单元组成。目前，焦化装置处于低加工量模式下，只有一个炉室正常运行，另一炉室热备，为了解决全厂瓦斯平衡问题，同时回收多余高压瓦斯中的液化气组分，通过流程优化，将公司内瓦斯管网富余的轻烃组分、解吸气等输送到延迟焦化装置进行回炼，回收其中的液化气组分，增加了公司经济效益[1]。但是回炼上述两种气体组分后，操作参数和技术指标等与正常生产相比存在较大差异，尤其是对关键设备气压机组的入口压力和气压机转速影响较大。通过不断优化，实现了机组的平稳运行，各项操作参数和经济技术指标均处于较好的水平。

2　回炼气组成及工艺流程

2.1　解吸气和轻烃组分的组成

2.1.1　解吸气

延迟焦化装置回炼的解吸气主要来自制氢装置的 PSA 解吸气，其组成如表 1 所示。

表 1　解吸气组成分析　　%

日期	9月28日	9月29日	9月30日	10月1日	10月2日	10月3日	10月4日	10月5日	10月6日	10月7日	10月8日	10月9日	平均值
氢气	37.03	49.19	34.57	26.47	33.84	33	58.54	33	32.12	30.13	33.27	23.15	35.36
氮气	3.61	2.16	3.06	1.44	2.57	2.62	1.38	2.41	3.5	3.18	2.13	1.43	2.46

续表

日期	9月28日	9月29日	9月30日	10月1日	10月2日	10月3日	10月4日	10月5日	10月6日	10月7日	10月8日	10月9日	平均值
甲烷	16.86	13.68	24.55	25.73	22.12	22.15	11.47	26.38	23.87	25.83	19.67	26.87	21.60
乙烷	22.64	19.5	20.89	24.06	20.99	22.73	14.69	18.67	20.93	21.1	23.66	26.69	21.38
丙烷	10.07	7.94	8.86	11.69	10.41	9.88	6.78	9.01	10.05	9.96	11.46	11.09	9.77
异丁烷	2.46	1.87	2.31	3.03	2.71	2.45	1.75	2.54	2.66	2.57	2.8	2.89	2.50
C_5 以上	2.44	1.68	2.07	2.78	2.81	2.45	1.85	2.76	2.36	2.44	1.95	2.4	2.33

2.1.2 轻烃组分

延迟焦化装置回炼的轻烃组分主要来自直柴加氢分馏塔顶气和航煤加氢装置柴油汽提塔顶的含硫气，其组成如表2所示。

表2 轻烃组分组成分析 %

日期	9月28日	9月29日	9月30日	10月1日	10月2日	10月3日	10月4日	10月5日	10月6日	10月7日	10月8日	10月9日	平均值
甲烷	0.22	0.26	0.25	0.18	0.1	0.18	0.25	0.14	0.11	0.16	0.12	0.14	0.18
乙烷	1.69	2.58	2.08	1.58	1.8	2.1	2.34	2.28	1.24	2.14	1.77	1.92	1.96
丙烷	29.04	31.24	27.78	22.59	29.1	29.12	31.99	30.43	21.75	30.91	27.87	29.98	28.48
异丁烯	17.84	17.27	16.25	15.97	17.9	16.7	16.99	17.74	16.68	17.52	16.64	17.23	17.06
正丁烷	48.48	46.01	52.18	57.01	50.44	49.87	45.45	46.19	55.99	48.33	52.46	49.19	50.13
C_5 成分	2.5	1.08	0.59	2.19	0.2	1.66	0.47	2.57	3.38	3.89	0.14	1.99	1.72

2.2 回炼工艺流程

为了防止加热炉出口人字形集合管处结焦，降低装置能耗，解吸气至焦化装置回收液化气的具体实施方法是：将PSA装置的解吸气经压缩机升压至0.55MPa后，送进焦化装置作为加热炉备用炉室的保护气，替代备用炉室的原保护气3.5MPa蒸汽。作为炉管保护气的解吸气和焦炭塔中减渣裂解的富气经压缩机升压至1.2MPa后进入吸收稳定系统，回收液化气组分，流程如图1所示。轻烃组分至焦化装置回收液化气的具体实施方法是：将直柴加氢装置分馏塔顶部含硫气送至焦化装置气压机入口，经压缩机升压至1.2MPa后进入吸收稳定系统，回收液化气组分，流程如图2所示。焦化装置正常单炉室生产时备用炉室保护气解吸气的流量控制在4600~5500m³/h；回炼轻烃组分的流量控制在1700~2200m³/h，回炼轻烃组分和解吸气不仅解决了装置低负荷运行过程中气压机入口流量不足的问题，而且焦化装置液化气的产量可增加2~3t/h，有效提升了经济效益。

3 回炼解吸气和轻烃组分对焦化装置生产的影响分析

为了充分说明回炼解吸气和轻烃组分对焦化装置关键设备气压机的影响，对焦化装置不同生产节点气压机关键参数进行收集，如表3所示。

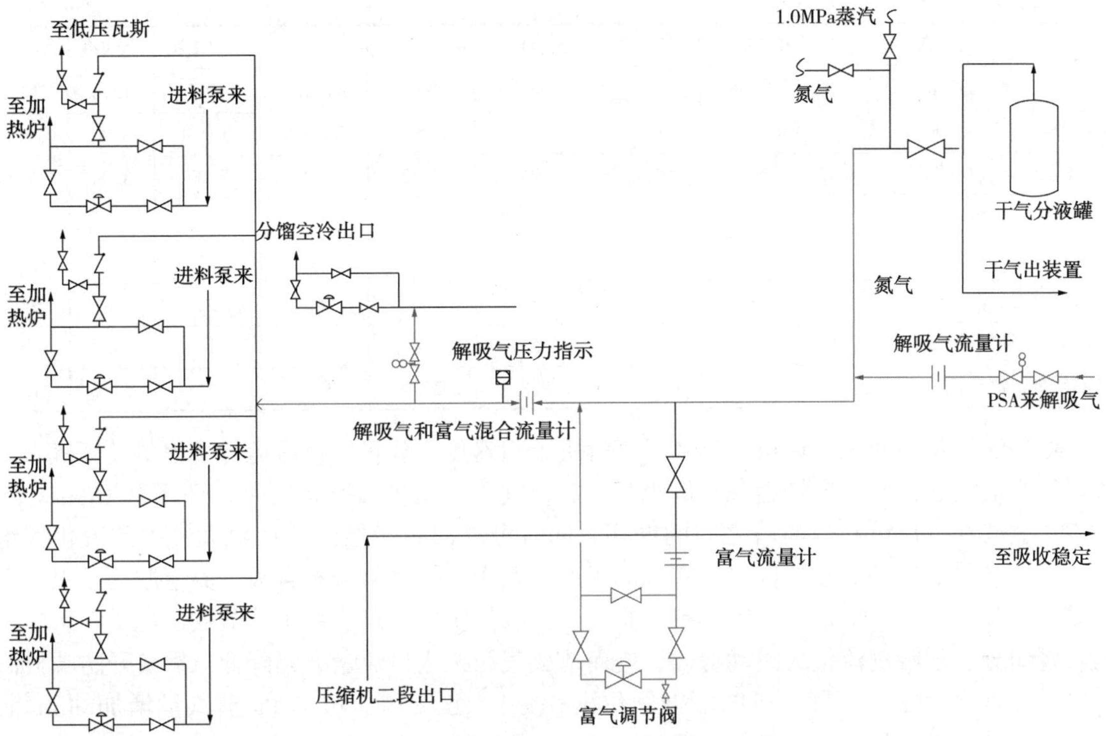

图 1　解吸气至焦化装置回收液化气流程图

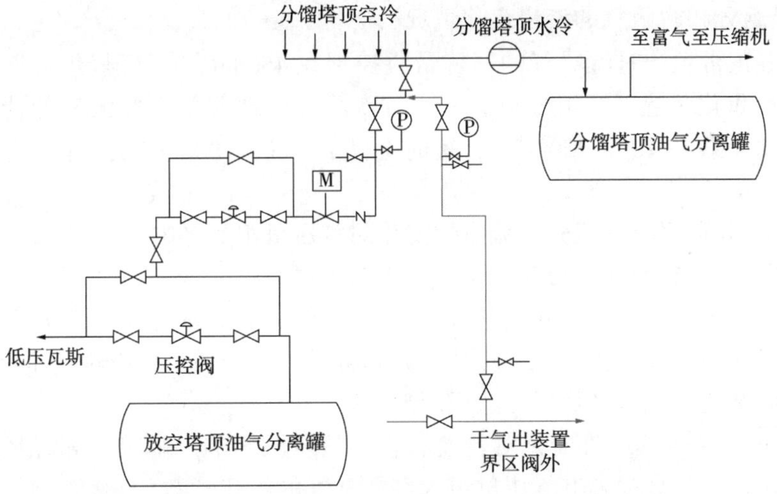

图 2　轻烃组分至焦化装置回炼流程图(灰色部分为轻烃组分回炼流程)

表 3　焦化装置不同生产节点气压机关键参数收集表

关键参数	正常工况	正常工况	预热、切塔	小吹汽	大吹汽	正常工况	小吹汽	大吹汽
处理量/(t/h)	72	72	72	72	72	72	72	72
轻烃组分回炼量/(m^3/h)	0	1200	1200	1200	1200	800	800	800
解吸气回炼量/(m^3/h)	0	4500	4500	4500	4500	3200	3300	3500
气压机入口流量/(m^3/h)	12658	15649	17057	15800	17053	13949	15156	15076

续表

关键参数	正常工况	正常工况	预热、切塔	小吹汽	大吹汽	正常工况	小吹汽	大吹汽
防喘振流量/(m^3/h)	2758	300	1557	300	1853	1557	1556	2103
气压机入口压力/MPa	0.0926	0.0937	0.092	0.0931	0.0918	0.919	0.92	0.921
气压机转速/(r/min)	8548	9008	10600	9782	8300	9200	8500	8300
气压机入口温度/℃	35.6	35.6	35.3	35.4	35.2	35.2	35.2	35.2
防喘振阀开度/%	30	5	15	5	15	15	15	20
调速气门的开度/%	51	51	56	60	62	52	58	58
气轮机的轴振动/μm	13	25	35	38	45	44	45	47
3.5MPa 蒸汽消耗/(t/h)	28	29.5	29.8	29.9	30.4	30.5	30.2	31.2

如表3所示，回炼轻烃组分和解吸气解决了延迟焦化装置低负荷运行过程中气压机入口流量不足的问题，回炼轻烃组分和解吸气以后，气压机的防喘振阀位由30%降至15%以下，减少了富气在气压机和分馏塔之间的循环，同时可以回收轻烃组分和解吸气中的液化气组分，提高装置的经济效益。但是，在实际生产过程中，轻烃组分和解吸气流量波动较大而且频繁，尤其是在焦炭塔切塔、预热及小吹汽、大吹汽阶段，焦炭塔生产节点造成富气量减少与轻烃组分、解吸气流量的波动叠加，进而造成气压机入口流量大幅降低，需要开防喘振阀位来补充这部分富气。气压机防喘振阀位由5%开大至20%，3.5MPa 蒸汽量增加约3t/h，汽轮机振动增加，超过汽轮机的报警值45μm，有达到联锁值66μm 联锁停机的风险，回炼气体量波动对压缩机组的平稳运行带来了严重的影响。

3.1 轻烃组分和解吸气的流量变化情况

该焦化装置正常生产时解吸气的回炼量应控制在4500m^3/h、轻烃组分回炼量应控制在1200m^3/h。然而焦化装置轻烃组分和解吸气回炼经常出现流量大幅波动的情况，其中轻烃组分回炼量波动一般在100~400m^3/h，短时会达到800~1000m^3/h；解吸气回炼量波动在600~1000m^3/h。

3.2 轻烃组分和解吸气组分和流量的变化对气压机组的影响

3.2.1 轻烃组分和解吸气的组分变化对气压机组的影响

如表1、表2所示，轻烃组分和解吸气的组分变化主要体现在轻组分增多，重组分减少，尤其是解吸气中氢气变化明显。轻烃组分和解吸气组分的变化影响气压机组入口富气组分的变化，从而对气压机组平稳运行造成影响。

① 轻烃组分和解吸气组分变化对转速和入口流量的影响。解吸气和轻烃组分中轻组分增多、重组分减少，会直接影响气压机组入口处富气的绝热指数(直接影响气压机的压缩和膨胀过程)和气体密度。轻组分增多，同等条件下压缩机的气缸温度会降低，气体的绝热指数变小，进而使压缩机的出口排气量增加；反之亦然[2]。压缩机出口富气增加相对应的入口流量就增加，进而导致气压机的转速也增加。

② 轻烃组分和解吸气组分变化对调速气门开度的影响。焦化装置气压机组正常运行时，气压机组入口流量控制在12000~15000m^3/h，转速控制在8000~10600r/min，调速气门的开度在52%~85%(包括切塔、预热、大小吹汽)。当解吸气和轻烃组分中轻组分增多，尤其是氢气含量增多时，压缩机入口富气的氢含量也相应增加。由于氢气在压缩机中受到的阻力较小，进入气压机组的速度较快，会携带着富气中的大部分轻组分快速通过气压机组，使气压

机出口流量增加；此时为了维持气压机稳定，其入口流量和转速也相应增加；而气压机压缩氢气所需的能量较低，不需要更多的驱动蒸汽来维持，因此，气压机的节气门动作幅度较小(如表3所示)，出现与转速和流量调节不匹配的情况。

3.2.2 轻烃组分和解吸气流量变化对气压机组的影响

轻烃组分和解吸气回炼量波动直接影响气压机组入口流量，而入口流量的变化直接影响着气压机组的转速和调速气门的开度。当轻烃组分和解吸气流量大幅下降，气压机组入口流量降低，会造成气压机转速快速降低，严重时造成气压机喘振；当轻烃组分和解吸气流量突然升高，气压机入口流量升高，会造成气压机转速快速升高，严重时会造成气压机连锁停机[3]。

4 措施及建议

4.1 稳定入口流量

气压机入口设计的正常流量为14906m^3/h、额定流量17887m^3/h。在焦炭塔的预热、切塔、大小吹汽期间平稳控制，调节好入口流量。控制富气流量不得超过17500Nm^3/h，避免机组工况大幅波动。

4.2 控制入口压力

焦化富气压缩机入口压力的设计值为0.04MPa。在生产操作中因控制分馏塔顶压力，相应会提高压缩机入口压力，造成机组工作条件明显偏离设计值，运行工况变差，因此，需要控制压缩机入口压力不高于0.075MPa。另外，由于管道存在杂质和气相带液导致来气储罐顶部气相出口除沫网堵塞，必须保持来气储罐顶压力与压缩机入口压力的压差不大于0.015MPa。

4.3 避免机组超速

焦化气压机组设计的正常转速为10632r/min、最大连续转速为11164r/min，电子跳闸转速12057r/min。机组正常运转期间，转速大部分控制在(8000~10500)r/min，在日常操作中，提速幅度每次≤10r/min，且控制最大转速保持在10632r/min以内。

4.4 控制调速气门的开度

在提转速过程中要严密监控好汽轮机主气门开度，不得超过85%的开度，留有一定的富裕度，做好安全生产。

4.5 动态化控制轻烃组分回炼量

根据焦化生产节点控制轻烃组分回炼量，无节点操作时控制轻烃组分回炼量在1200~2000m^3/h，在小吹汽期间控制在1600~1700m^3/h，在大吹汽期间控制在2100~2200m^3/h。

4.6 适当降低空冷出口温度

控制分馏空冷A1115出口温度TI1179在38~41℃，减少液态烃的析出，从而降低气压机入口富气来降低气压机的负荷。

5 实施效果

为了验证上述措施的效果，焦化装置对不同生产节点的气压机关键操作参数进行了收集，如表4所示。

表 4　焦化装置不同生产节点气压机关键参数收集表

关键参数	正常工况	正常工况	预热、切塔	小吹汽	大吹汽	正常工况
处理量/(t/h)	72	72	72	72	72	72
轻烃组分回炼量/(m^3/h)	0	1200	2000	2100	2000	800
解吸气回炼量/(m^3/h)	0	4500	3500	3400	3600	4900
气压机入口流量/(m^3/h)	12658	15649	15638	15800	15832	15906
防喘振流量/(m^3/h)	2758	300	1557	300	1557	1557
气压机入口压力/MPa	0.0926	0.0937	0.092	0.0931	0.0918	0.919
气压机转速/(r/min)	8548	9008	9200	9382	9300	9300
气压机入口温度/℃	38.6	38.6	38.3	38.4	38.2	38.2
防喘振阀开度/%	30	5	10	5	10	10
调速气门的开度/%	52	53	53	54	53	53
气轮机的轴振动/μm	13	15	15	15	15	16
3.5MPa 蒸汽消耗/(t/h)	28	29.5	29.8	29.5	29.6	29.3

如表 4 所示，通过动态调整气压机入口的富气量，及时地用轻烃组分、解吸气、防喘振阀互补，同时将气压机入口温度提高约 3℃，维持气压机入口流量在 15000m^3/h 左右，气压机的调速气门随着蒸汽用量的增加平稳地变化，汽轮机的振动也明显降低，恢复正常的振动（约 16μm），保证了轻烃组分、解吸气的平稳回炼。

6　结语

① 为了提高装置的经济效益，焦化装置将轻烃组分和解吸气引入装置进行回炼，但是由于其组分和流量的变化，造成了关键设备气压机的波动，通过采取动态调整气压机入口流量、提高气压机入口温度等相关的优化措施，使气压机组运行安全平稳，保证了轻烃组分和解吸气的回炼量。

② 由于轻烃组分和解吸气回炼，增加了气压机组及吸收稳定的运行负荷，同样加工负荷下汽轮机组增加 3.5MPa 蒸汽约 1.3t/h，相应装置能耗增加约 0.206kgEO/t；吸收稳定的负荷增加约 16.2%，解吸塔底及稳定塔底热源需相应增加，影响中段的换热终温约 4℃、重蜡油热出料约 13℃，造成装置燃料气能耗增加 0.576kgEO/t，热出料能耗增加 0.096kgEO/t。在轻烃组分回炼期间，装置的总能耗增加：0.206+0.576+0.096=0.878kgEO/t。

综上得知，焦化装置回炼轻烃组分和解吸气，能将其中约 1.5t/h 的液化气进行回收，减少了高附加值产品直接作为低价值干气进行使用，按 2022 年 7 月液化气价格 3202 元/t（不含税），燃料干气价格为 932 元/t，液化气与干气的差价为 2270 元/t 计算，焦化装置回炼轻烃组分后，每月可多创造的经济效益为：2270×1.5×720=245.16(万元)。

参　考　文　献

[1] 瞿国华. 延迟焦化工艺与工程[M]. 北京：中国石化出版社，2018.

[2]杨晓航，郭明钢，代岩，等. 净化瓦斯气中氢气和轻烃组分回收工艺模拟与优化[J]. 现代化工，2021，41(2)：235-240.

[3] 周晓强，许丹，张宏利. 膜回收及吸收组合工艺回收干气中液化气组分[J]. 当代化工，2020，49(8)：1728-1732.

石油焦质量的影响因素及控制措施

赵海伟

（中国石化沧州炼化公司　河北沧州 061000）

摘　要　延迟焦化装置唯一可直接作为产品出厂的是石油焦，因此石油焦的质量直接影响延迟焦化装置的创效能力和公司整体效益。本文通过分析石油焦质量的影响因素，提出了控制石油焦产品质量的一系列控制措施，为同类装置提高石油焦质量提供了参考。

关键词　延迟焦化；石油焦；质量

1　前言

在炼油企业里，轻油的价值较高，因此重油轻质化一直是发展方向，而对于劣质重质油的轻质化，延迟焦化是技术成熟的工艺。近年来中国石油焦消费量逐年增长，石油焦消费量由 2019 年的 3520 万 t 增长至 2024 年的 4631 万 t，尤其是负极材料的产能的提高，石油焦用量更是明显增加，石油焦价格也是一路上涨。随着 2025 年 5 月 1 日《预焙阳极用石油焦原料技术要求》（YS/T 843—2024）的实施，对石油焦质量提出了更高的要求，因此为了提高企业效益，适应市场环境变化，在延迟焦化实际生产中提高石油焦产品的质量意义重大。

2　现状

根据硫含量、挥发分、灰分和金属含量的不同，《预焙阳极用石油焦原料技术要求》（YS/T 843—2024）将预焙阳极用石油焦分为 YBJJ-1 和 YBJJ-2 两个牌号，具体质量指标见表 1。

表 1　预焙阳极用石油焦的质量指标

牌号	硫含量/%	挥发分/%	灰分/%	粉焦量（<8mm）/%	固定碳/%	Na/(μg/g)	Si/(μg/g)	Ca/(μg/g)	V/(μg/g)	Fe/(μg/g)	Ni/(μg/g)
	≤	≤	≤	≤	≥	≤	≤	≤	≤	≤	≤
YBJJ-1	2.00	10.00	0.30	30.00	85.00	100	200	200	150	200	150
YBJJ-2	3.00	12.00	0.50	40.00	85.00	200	300	300	300	300	250

3　影响石油焦质量的因素及改进措施

3.1　影响石油焦硫含量的因素及改进措施

硫含量是石油焦的重要指标之一，适宜的硫含量可以提高沥青的结焦率，降低石油焦的孔隙率，硫还可以与金属杂质结合，钝化金属杂质的催化作用，从而间接降低石油焦的 CO_2 反应性，进而减小阳极的消耗。若石油焦中硫含量过高，反而增加空气、CO_2 反应性，同时将腐蚀煅烧设备，增大碳阳极的热脆性，影响阳极产品质量，污染环境，加大企业的环保压力。

石油焦的硫含量主要受原料影响，原料硫含量高，生产出来的石油焦硫含量也高，用高硫原油的渣油生产低硫焦十分困难，石油焦与延迟焦化原料油的硫传递系数为1.15~1.26，因此生产低硫石油焦需要从原油调和开始控制减压渣油硫含量。此外，适当回炼低硫油浆也是降低石油焦硫含量的有效途径，但需注意催化剂对石油焦灰分和金属含量的影响。

3.2 影响石油焦挥发分的因素及改进措施

石油焦挥发分高意味着焦炭塔内存在未完全反应的焦炭，挥发分的高低与原料性质、操作条件、大吹汽量和小吹汽量等因素相关[1]。综合装置实际生产情况，主要通过提高加热炉出口温度、提高焦炭塔大吹汽量、延长生焦周期等措施来降低石油焦的挥发分。

3.2.1 提高加热炉出口温度(反应温度)

当操作压力和循环比固定不变后，提高反应温度则油品带入焦炭塔的热量增加，焦化反应更彻底，使石油焦中的挥发分含量下降，加热炉出口温度每提高1℃，可降低1%左右的挥发分。但是焦化反应的温度必须综合考虑原料特性和焦炭性质等多方面因素。温度过高会导致反应过度，促进弹丸焦生成，同时，石油焦哈氏可磨指数降低，造成除焦困难。此外，温度过高还会使加热炉炉管和转油线的结焦倾向增大，不利于装置的长周期运行。如果反应温度过低，则反应深度不够，焦炭挥发分含量高，还可能产生软焦。挥发分含量是石油焦的重要质量指标，在操作中通常用加热炉出口温度来控制焦炭塔的入口温度。最佳反应温度是原料刚开始结焦时的温度，同时原料达到最大可裂化度的温度，它取决于原料性质，受制于焦炭硬度、炉管结焦、焦炭质量和开工周期等。

3.2.2 提高焦炭塔大吹汽量

在反应压力、反应温度和循环比一定的前提下，将焦炭塔中大吹汽量由16t/塔增大至20t/塔，石油焦挥发分由10.54%下降至9.62%。大吹汽量的增加有利于汽提效果，减少了石油焦中的重质油分，也就降低了挥发分。如果大吹汽时放空塔气相进压缩机入口而不是进入低压瓦斯系统的传统流程时，要充分考虑焦炭塔压力对石油焦挥发分的影响，可通过进一步提高大吹汽量降低焦炭塔内的油气分压，以及缩短放空塔气相进压缩机入口的时间，来降低石油焦挥发分。

3.2.3 延长生焦周期

延长生焦周期，实质上就是焦炭塔内的生焦过程时间加长，反应进一步深化，焦层处于高温状态下的时间加长，焦层中未反应的重油会进一步参与反应，挥发分进一步降低。对比发现24h生焦周期和20h生焦周期，石油焦挥发分可由9.26%降至7.62%，降低了1.64%，黏结指数同时降低。

3.3 影响石油焦灰分的因素及改进措施

影响石油焦灰分的因素主要是原料中的盐含量，原料中的盐类少部分沉积在炉管、换热器等设备里，绝大部分都会到焦炭塔，留到焦层里；冷焦和切浇水中的盐类也会随着冷焦和除焦过程导入焦层。此外，大吹汽或给水初期回炼污泥，也会增加石油焦灰分。因此优化电脱盐运行，降低渣油中的盐含量，减少钠、钙等灰分来源；适当降低油浆回炼量，降低催化剂对石油焦灰分的影响；若装置回炼脱固浓缩后的油浆，需要进一步严格控制回炼量，降低石油焦灰分。控制污泥回炼量，污泥来源于炼油污水处理厂的浮渣和活性污泥，在大吹汽期间或者给水初期，将其送入焦炭塔内部蒸出其中的水和油，同时残留在焦炭塔内一部分重油和固体杂质[2]，因此降低污泥回炼量可有效降低石油焦灰分。

3.4 影响石油焦粉焦量的因素及改进措施

石油焦粉焦量(即细粉含量)是衡量石油焦物理质量的重要指标，直接影响其在电解铝等领域的应用性能，控制石油焦粉焦量对提高产品质量和市场竞争力至关重要。石油焦粉焦量主要和石油焦本身和除焦操作有关。改进措施：优化原料组成，提高原料油中芳香分含量，降低沥青质含量，减渣中芳香分不足时可增加脱固油浆回炼量，实现改善石油焦性质的目的。适当提高反应温度和延长生焦周期也是提高石油焦硬度的有效措施，可减少粉焦的产生。优化除焦操作，控制除焦水压力，过高的除焦水压力会增加粉焦的产生。此外，采用远程自动除焦时，提升下钻速度与顶驱旋转速度匹配度，也是降低除焦过程产生粉焦的有力措施。

3.5 影响石油焦微量元素的因素及控制措施

微量元素的高低直接影响预焙阳极的使用周期和电解铝产品质量和品级。镍(Ni)、钒(V)、钙(Ca)、钠(Na)、硅(Si)、铁(Fe)、磷(P)等元素，对阳极有强催化作用，使阳极掉渣掉块，增加其异常消耗。V 的氧化物是极强的催化剂，可加速预焙阳极氧化，降低其导电性，降低铝电解槽的电流效应。Ca 影响煅后焦的二氧化碳反应性。Si、Fe 主要影响原铝品质，Si 含量过高将导致铝硬度升高，导电性能下降，Fe 增加对铝合金的塑性和抗腐蚀性影响较大。P 主要影响电解槽的电流效率。

石油焦微量元素主要来源于原料油中，通过对比分析不同减渣对石油焦微量元素的影响，发现 Na 传递系数为 18~22，Ni 传递系数为 2~4，V 传递系数为 3~4，因此，控制原料油中的微量元素是生产优质预焙阳极用石油焦的关键。除此之外，回炼污泥、冷切焦水品质和油浆中催化剂含量也是影响石油微量元素的因素，生产预焙阳极用石油焦时，降低污泥回炼量、置换冷切焦水、控制油浆催化剂含量也是非常重要的。

4 结语

石油焦品质受多种因素的影响，改善原料性质是提升石油焦品质的主要措施和根本途径，优化反应温度、生焦周期等工艺参数是提高石油焦技术指标的重要措施，生产高品质预焙阳极用石油焦必须减少炼油厂废物进入延迟焦化装置回炼。

参考文献

[1] 施昌智，李家栋，龙军．改变操作方式降低延迟焦化石油焦的挥发分[J]．石油炼制与化工，2004，35(4)：31-33.

[2] 王旭．微波处理炼油污泥的实验研究[D]．西安：西安石油大学，2012.

原料劣质化对延迟焦化装置的影响分析及应对措施

王乐毅

(中国石化河南炼化公司　河南洛阳 471012)

摘　要　按照炼油厂重油加工流程安排，某炼油厂延迟焦化装置需要实施低负荷运行。随着加工原油的调整以及进料掺炼催化油浆和脱油沥青，导致焦化装置混合原料性质劣质化严重。原料劣质化导致加热炉炉管结焦表面温度上升、加热炉出口“人”字形管线结焦、焦炭塔底部进料压力上升及产品液体收率降低等问题，通过优化操作参数、备用炉室注入蒸汽热备和实现回炼废润滑油等措施，有效解决了相关问题。问题的有效解决也为其他炼油厂解决类似问题提供了一定的借鉴意义。

关键词　延迟焦化；残炭；沥青质；劣质化

1　前言

为了实现加工效益最大化，某炼油厂对重油加工流程进行了优化调整，按照“催化装置高负荷、焦化装置低负荷、溶剂脱沥青装置变负荷、加工效益最大化”的原则进行生产[1,2]。根据装置运行需要，延迟焦化装置实行单炉室低负荷生产[3]，以减压渣油为主要加工原料，同时掺炼催化油浆和脱油沥青。

随着催化油浆和脱油沥青掺炼比例的提高，以及受到炼油厂加工原油种类变化的影响，延迟焦化装置混合进料性质劣质化程度不断提高，原料残炭值以及四组分中胶质、沥青质含量也突破了历史最高值。由于原料劣质化将成为焦化装置常态的生产模式，因此，在原料性质不断变重条件下，考虑如何确保装置的安全、平稳运行的同时实现效益最大化是一个亟须解决的问题。

2　焦化装置原料性质

由于原油加工种类的调整以及炼油厂掺炼催化油浆和脱油沥青，焦化装置混合原料性质劣质化严重，如表 1 所示，原料密度、残炭值、硫含量以及原料中胶质+沥青质含量均超出设计值，其中以原料残炭值和胶质+沥青质含量变化最为明显。

表 1　延迟焦化装置原料性质

序号	项目	设计值	实际值	差值
1	含硫(质量分数)/%	2.78	2.98	0.2
2	残炭值(质量分数)/%	20.5	27.85	7.35
3	胶质+沥青质(质量分数)/%	25.30	42.7	17.4
4	密度/(kg/m^3)	949.6	1035	55

2.1 残炭值变化情况

自2020年9月开始，随着炼油厂加工塔河原油比例的提高，焦化原料残炭值出现升高。2020年10月，原料残炭值达到32.32%，为炼油厂延迟焦化装置生产历史上最高值，也是中石化系统焦化装置的最高值。随后对进料进行了调整，但由于炼油厂加工重油平衡及效益需要，焦化装置原料残炭值持续维持在较高的范围，2020年9月至今，焦化原料残炭平均值27.85%，超过装置设计值7.35个单位。

2.2 胶质和沥青质含量变化情况

2020年9月开始，原料四组分中沥青质含量开始缓慢升高，至2021年1月，焦化原料中沥青质含量最高达到26.6%。2020年9月至今，原料中胶质+沥青质含量平均值达42.7%，超过装置设计值14.7个单位，为中石化系统所有延迟焦化装置中最高值。

3 原料劣质化对焦化装置生产的影响

3.1 原料劣质化对加热炉系统的影响

3.1.1 加热炉炉管结焦速率加快

当焦化原料残炭值及原料四组分中胶质+沥青质含量过高时，经过炉管加热时，管壁结焦速率大于脱落速度，加热炉炉管结焦速率加快[4]，造成炉管短时间内结焦加剧。结焦速率加快主要体现在炉管表面温度上升，由图1可知，在原料劣质化前，炉管表面温度温升保持在0.09℃/d；原料劣质化后，炉管表面温度温升保持在0.17℃/d，提高了0.06个单位。

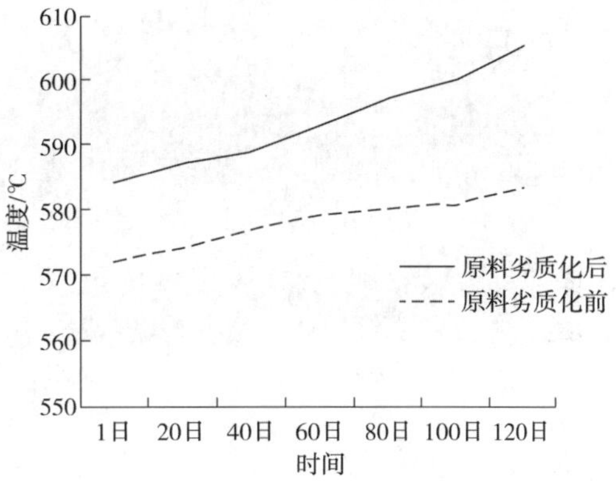

图1 加热炉炉管表面温度

3.1.2 加热炉出口处结焦加剧

焦化装置加热炉设计采用一炉两室模式，采取单炉室运行后，一炉正常运行，一炉切除备用。每个炉室出口处各有两道旋塞阀，但是自旋塞阀后至汇合段，如图2中红色段管线所示，原料滞留于此段，并且温度已达到生焦缩合反应的值，易造成加热炉出口“人”字形交叉处结焦，进而造成管道堵塞，压降增加，缩短加热炉运行周期，引起装置停工。

3.2 原料劣质化对焦炭塔系统的影响

3.2.1 焦炭塔内石油焦硬度增加，存在除焦困难和生成弹丸焦的风险

原料劣质化后，在同样的生产条件下，焦炭塔内石油焦硬度增加，除焦时存在顶钻、卡钻以及下钻困难的问题。为了保证除焦操作的安全，在石油焦硬度增加的情况下，对除焦操作进行了调整，降低除焦钻孔的速度，下钻频率由正常的15~16Hz调整为最小频率11Hz下钻，除焦时间由正常的2.5~3h延长为3.5~4h，除焦时间平均延长1h左右。

焦化装置原料性质趋于恶劣后，焦炭塔内易产生弹丸焦。如图3所示，弹丸焦与普通焦相比，呈球状，硬度较大，生成时会出现焦炭塔剧烈晃动现象，顶部管线位移达10~15cm，带动整个塔体和建筑框架晃动，易撕裂管线法兰，造成火灾事故；除焦时易塌方埋钻，导致无法除焦。

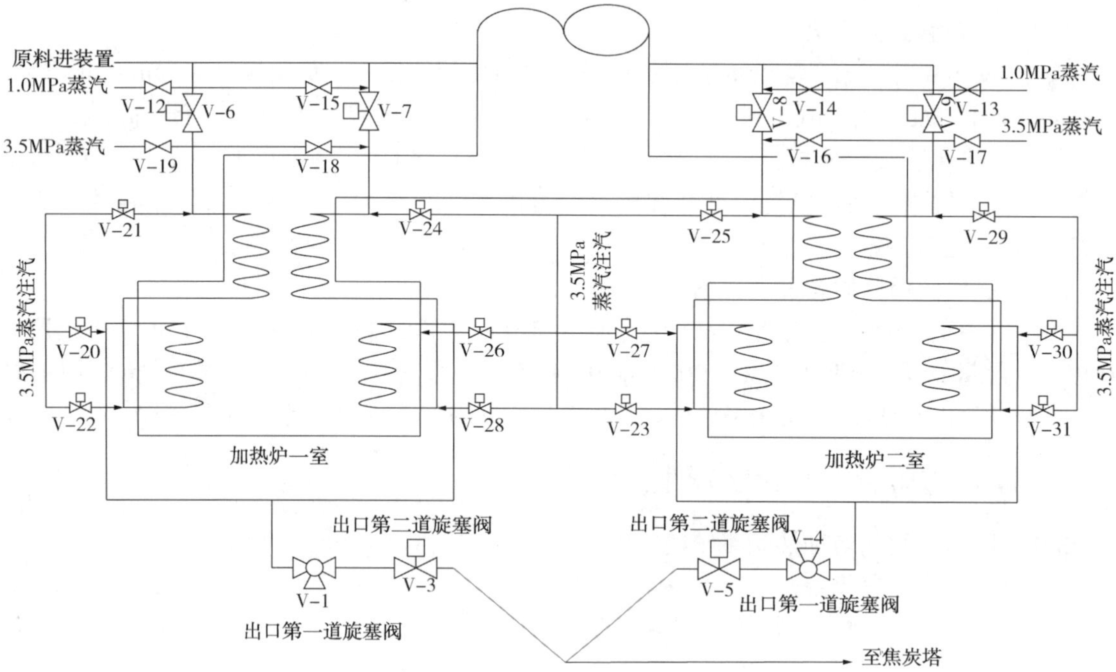

图 2　焦化装置加热炉生产流程

图 3　普通焦(左)和弹丸焦(右)对比

3.2.2　焦炭塔进料线压力升高，存在加热炉停工风险

随着原料四组分中沥青质含量升高，经加热炉加热进入焦炭塔后，会在塔内生焦孔中提前成焦，并粘在生焦孔内壁，造成塔内生焦孔径变小，导致焦炭塔底进料线压力升高，如表 2 所示，原料沥青质含量升高约 7 个单位后，焦炭塔底部进料线压力平均升高约 0.2MPa，加热炉出口压力同时升高约 0.19MPa。炉出口压力升高，会造成原料在炉管内的停留时间延长，加速炉管结焦；同时由于加热炉出口压力设置有联锁，一旦压力超过联锁值，将引发联锁，加热炉停止进料，装置停工。

表 2　原料劣质化前后加热炉出口和焦炭塔底部压力

序号	项目	原料劣质化前			原料劣质化后		
		取样点 1	取样点 2	取样点 3	取样点 1	取样点 2	取样点 3
1	加热炉出口压力/MPa	0.28	0.28	0.29	0.48	0.46	0.45
2	焦炭塔底部压力/MPa	0.25	0.26	0.22	0.46	0.43	0.44
3	沥青质含量/%(质)	12	11	16	17	18	20

3.3 原料劣质化对装置产品分布的影响

随着焦化原料劣质化不断加剧，对装置液体收率影响较大。原料不同残炭值下装置反应参数及产品分布如表3所示。

表3 不同原料残炭值下装置反应参数及产品分布情况

序号	名称	取样点1	取样点2	取样点3	取样点4	对比差值
1	残炭值/%	20	22	25	27	7
2	循环比	0.2	0.2	0.23	0.25	0.05
3	干气收率/%	8.29	8.97	8.25	8.2	-0.09
4	液化气收率/%	4.81	5.1	5.44	5.23	0.42
5	汽油收率/%	13.91	14.2	14.52	14.81	0.9
6	柴油收率/%	21.51	18.08	20.42	20.25	-1.26
7	蜡油收率/%	23.85	24.06	19.63	16.49	-7.36
8	石油焦收率/%	27.63	29.58	31.74	35.02	7.39

由表2可知，随着焦化原料残炭值的升高，在焦化装置适当提高循环比0.05个单位情况下，随着原料残炭值由20%逐渐升高至27%，焦化石油焦收率由27.63%升高至35.02%，增加了7.39个单位；装置液体收率下降明显，其中蜡油收率下降了7.36个单位，柴油收率降低了1.26个单位，受到循环比提高影响，汽油和液化气收率略有增加；干气收率略有降低。总体液体收率降低7.72%，极大影响了经济效益。

4 原料劣质化下焦化装置应对措施及效果

4.1 优化操作参数

原料劣质化将成为焦化装置常态化模式，依据实际生产状况，需要不断优化循环比、加热炉出口温度及生焦周期等参数，保证劣质化进料条件下的高反应苛刻度运行。

调整循环比是改善进料性质的有效方法之一，加热炉温度是控制结焦速率的直接因素，及时调整生焦周期是控制焦炭塔安全空高的主要手段。综合考虑各方面影响因素，制定了劣质化进料条件下，单炉室生产的最优反应参数控制。如表4所示，随着残炭值和沥青质含量的不断增加，循环比上调约0.1个单位，炉出口温度下调约3℃，生焦周期减少约2h。

表4 不同原料性质下装置反应参数控制一览表

序号	原料残炭值/%	沥青质含量/%	循环比	加热炉出口温度/℃	生焦周期/h
1	<20	<14	0.15~0.2	490±2	36
2	20~23	14~16	0.2~0.22	489±2	36
3	23~27	16~23	0.22~0.25	488±2	34~36
4	27~28.5	23~25	0.25~0.26	487±2	34
5	>28.5	>25	0.3	486±2	32

依据进料性质变化，实时调整操作参数，可以减缓加热炉生焦速率，降低炉管表面温升，同时可以避免石油焦硬度过大和生成弹丸焦。

4.2 备用炉室注入蒸汽吹扫

延迟焦化低负荷单炉室生产时，将备用室由之前的冷备用改为热备用，采用备用炉入口

3.5MPa 及三点注汽处通入 3.5MPa 蒸汽方案，如表 5 所示，备用炉室每路注入 3.5MPa 蒸汽 0.35t/h，两路共注入 3.5MPa 蒸汽约 0.7t/h。同时炉室内点燃 10~12 个长明灯，维持备用加热炉出口温度 505±3℃。备用炉室的出口蒸汽的流量和压力均大于生产炉室，可以保证生产炉室的高温原料不进入备用炉室。

表 5　单炉室生产期间加热炉注气

序号	名称	位号	蒸汽注入量/(kg/h)
1	生产炉室注入蒸汽点	FIC1111/1-2	250
2		FIC1113/1-2	250
3		FIC1112/1-2	300
4	备用炉室注入蒸汽点	FIC1111/3-4	100
5		FIC1113/3-4	100
6		FIC1112/3-4	150

备用炉室出口的大量蒸汽和生产炉室的原料混合后，经过转油线进入焦炭塔，实施热备方案后，一方面可以有效解决备用炉室出口段至两室汇合处“人”字形管线结焦问题；一方面焦炭塔底部增加了额外蒸汽，提高了焦炭塔内介质流动速度，可以有效缓解焦炭塔内生焦孔堵塞问题，降低焦炭塔底部压力约 0.05 个单位，避免了加热炉停工风险。

4.3　实现“多功能”焦化作用

在延迟焦化进料劣质化难以改变的前提下，充分利用焦化工艺深度裂解功能，用焦炭塔 480~500℃的裂化反应场所，回炼废油废剂，发挥出延迟焦化“多功能”生产的作用。

回炼废润滑油流程如图 4 所示，将破乳剂吸入泵出口连接丝扣断开，连接管线至重污油泵出口循环线的吹扫蒸汽排凝线上。废润滑油经破乳剂吸入泵送入重污油罐进行混合，再经重污油泵送至焦炭塔顶作为急冷油进行回炼。废润滑油在焦炭塔 490℃的高温下进行裂解，油气进入分馏塔重新切割分离，微量固体杂质滞留在石油焦内，提高装置液体收率的同时，不会影响石油焦质量。

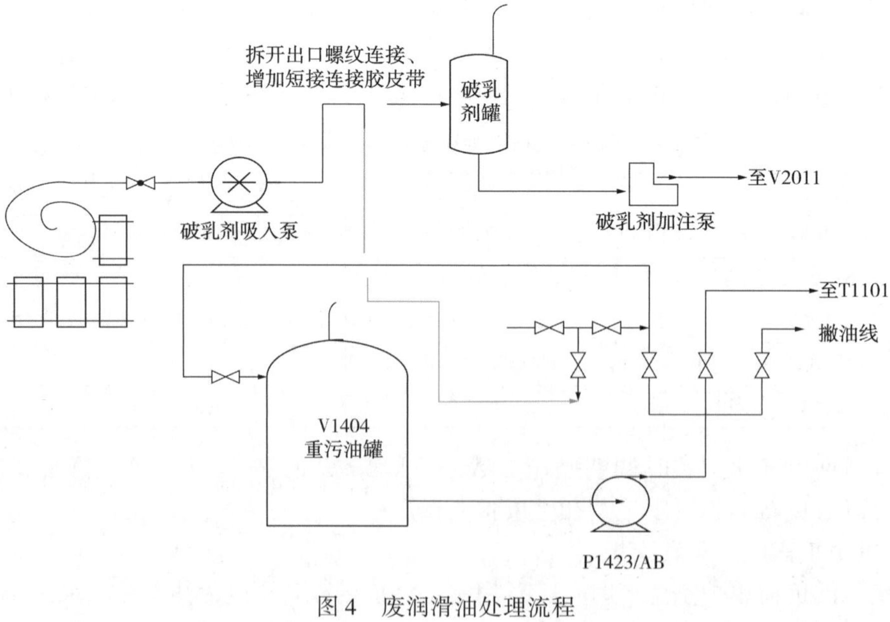

图 4　废润滑油处理流程

通过不断的技术优化，焦化逐渐实现了全厂污油、环丁砜废液、废润滑油等物质的在线回炼利用，在降低废物资源对环境污染的同时，弥补了液体收率降低的不足，为企业每年带来经济效益3500万元。

5 结论

① 随着催化油浆和脱油沥青掺炼比例的提高，以及受到炼油厂加工原油种类变化的影响，延迟焦化原料残炭值以及原料四组分中沥青质含量不断升高，原料劣质化严重，为装置的加热炉、焦炭塔等运行带来了较大安全隐患；同时装置石油生焦率增加了7.39个单位，液收降低了7.72个单位。

② 通过优化装置操作参数，在劣质化进料的条件下，降低了炉管结焦速率，避免了生产弹丸焦；通过实施备用炉室蒸汽热备，解决了加热炉出口“人”字形管线结焦和焦炭塔底部压力高的问题；技改后，延迟焦化实现回炼污油、环丁砜废液、废润滑油等物质的多功能作用，弥补了液体收率下降的不足，每年约增加经济效益3500万元。

③ 延迟焦化装置原料劣质化将成为常态，除文中分析的问题外，对分馏塔系统、压缩机、吸收稳定系统等其他方面也有不同程度的影响。下一步，在保证装置安全、平稳运行的同时，要持续不断对装置进行整体优化，实现经济效益最大。

参 考 文 献

[1] 王培超．脱油沥青进焦化装置的重油加工工艺探讨[J]．炼油技术与工程，2016，46(8)：11-15.

[2] 朱自新，杨军．延迟焦化装置掺炼催化油浆裂化和脱油沥青的应用[J]．炼油技术与工程，2020，50(1)：24-27.

[3] 侯继承，刘健．延迟焦化装置超低负荷生产运行分析[J]．中外能源，2015，20(10)：78-81.

[4] 周晓龙，陈绍洲，张一，等．减压渣油族组分热转化反应动力学研究[J]．石油学报(石油加工)，1999(1)：11-19.

延迟焦化装置焦粉携带分析及抑制措施

薛　鹏

（中国石化金陵石化公司　江苏南京 210033）

摘　要　基于延迟焦化装置反应器正常工况，对焦炭塔内焦粉颗粒的沉降进行了计算，并对焦炭塔内实际油气线速、适宜气速和允许气速等方面进行计算分析，总结了焦炭塔油气携带焦粉至焦炭塔出口的油气管线和分馏塔的原因。根据实际，从降低泡沫层高度、控制焦炭塔顶温度和压力以及减少分馏塔底焦粉沉积等方面降低焦炭塔油气线速，提出相应的抑制措施，从而减少延迟焦化装置焦炭塔内焦粉的携带。

关键词　焦炭塔；油气线速；焦粉携带；抑制措施

1　前言

中国石油化工股份有限公司金陵分公司延迟焦化装置2004年底建成投产，装置原设计规模为1.6Mt/a，循环比0.20。2008年12月进行扩容改造，扩容改造后装置规模为1.85Mt/a，生焦周期20.5h。装置加工负荷提升后，由于焦炭塔尺寸未发生变化，装置原料性质变化以及焦炭塔操作条件的变化等，均可能导致焦炭塔生产工况发生较大变化。

延迟焦化装置焦炭塔生产期间，塔内伴随着石油焦、泡沫层、气相层三种相态，分布在塔内三个主要区域。随着原料性质变化以及操作条件的变化，会导致焦炭塔中泡沫层增厚及焦层增高，严重时可造成焦炭塔"冲塔"，泡沫焦携带至大油气管线和分馏塔内，严重时导致分馏塔底结焦，进一步导致加热炉结焦速率加快，装置被迫停工。因此，为了尽可能降低焦炭塔内焦粉携带的危害，焦炭塔设计及操作一般采取焦炭塔预留安全空高，调整工艺操作参数，及时注入消泡剂等方法。

2　焦炭塔内焦粉携带分析

重质油的热转化也遵循自由基链反应历程，沿着裂解和缩合两个方向进行反应。反应物分子断键生成自由基，自由基发生夺氢、裂解和加成反应，最终裂化生成小分子气态有机物，小分子气态有机物相互结合形成大分子稠环烃[1]。小分子气态有机物再和蒸汽、油气不断进入液相泡沫层中形成小气泡，小气泡在上升过程中不断变大，直至破裂，这个过程就形成了具有一定厚度的泡沫层[2,3]。泡沫层经过生焦周期反应，生成的大分子稠环烃继续反应生成焦化反应中间相，中间相继续反应出现细小焦粉颗粒，直到形成焦炭固体，堆积在焦炭塔中。

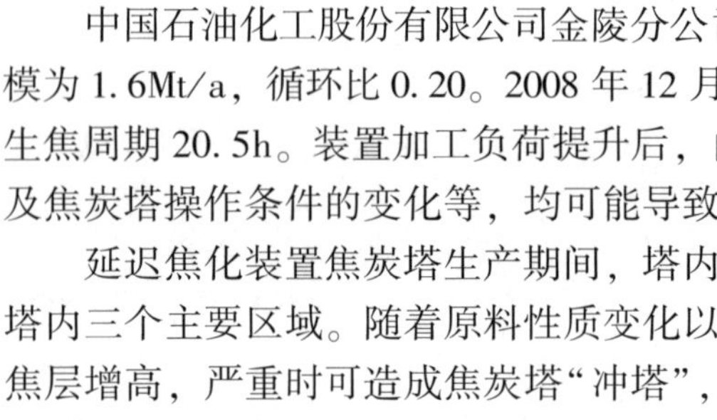

图1　塔内反应过程示意图

当焦炭塔内固体焦层高至一定程度时（如图1

所示)，焦层上方的反应区泡沫层越来越高，会持续造成焦炭塔空高越来越低，到达焦炭塔设计安全空高后，油气可能将从塔顶携带焦粉甚至携带反应区的泡沫层进入分馏系统。而要达到此情况，必须是焦炭塔内油气线速达到一定数值。因此，焦炭塔内油气线速度越高，焦炭塔内携带焦粉粒径越大。当油气线速度高到一定数值时，即会造成泡沫层携带至分馏系统。所以，焦粉携带的重要原因就是塔内线速度过高。

3 焦炭塔内焦粉沉降计算

3.1 焦炭塔内物料平衡

为计算焦炭塔内焦粉沉降及塔内气速，需进行相关核算。基于装置标定数据，焦炭塔内物料平衡如表 1 所示。

表 1 焦炭塔物料平衡一览表

物料平衡	物料	质量流量/(t/h)	物料平衡	物料	质量流量/(t/h)
进方	热渣油	144.4	出方	干气	16.6
	冷渣油	35.5		液态烃	2.8
	循环油	53.4		稳定汽油	26
	油浆	18.6		柴油	49.5
	急冷油	17.8		轻蜡油	25.3
	水蒸气	11		重蜡油	41.5
				循环油	53.4
				焦炭+损失	54.6
				水蒸气	11
	合计	280.7		合计	280.7

以上为焦炭塔正常生焦时间的物料平衡，原料计量均为质量流量计，产品均为出装置质量流量测定，焦炭及损失部分无法准确计量，表中进行物料衡算得出。

3.2 焦炭塔油气线速

3.2.1 焦炭塔物料平衡

焦炭塔油气线速基于装置标定物料平衡数据，焦炭塔正常生产期间物料出方(气相)如表 2 所示。

表 2 焦炭塔正常生产物料输出一览表

焦炭塔物料	物料	质量流量/(t/h)	摩尔流量/(kmol/h)
出方	干气	16.6	823.7
	液态烃	2.8	58.0
	稳定汽油	26	243.0
	柴油	49.5	239.4
	轻蜡油	25.3	83.1
	重蜡油	28.3	80.7
	循环油	53.4	142.3
	水蒸气	11	611.1
	合计	212.9	2281.3

根据克拉伯龙方程，焦炭塔气体体积流量：

$$v = 22.4 \times n \times \frac{273+T}{273 \times p} = \left(\frac{633.7\text{mol/s} \cdot 103.3\text{kPa} \cdot 22.4\text{L/mol}}{273\text{K}} \cdot \frac{713\text{K}}{291.3\text{kPa}}\right) / (1000\text{L/m}^3) = 12.78\text{m}^3/\text{s}$$

式中　p——绝对压强，kPa；

v——气体体积，m^3/s；

n——物质的量，mol/s；

T——绝对温度，K。

焦炭塔油气线速：

$$u=\frac{V}{s}=0.18\text{m/s}$$

3.2.2　可沉降焦粉粒径

等速阶段颗粒相对流体的运动速度称为颗粒的沉降速度或终端速度，忽略其加速度(只有加速度为0时，颗粒的阻力、浮力与重力达到平衡，即合力为零)，此时$u_0=u_t$，颗粒静止地悬浮于流体中。通过重力沉降雷诺数公式[4]计算获得沉降速度。

$$u_t=\left[\frac{4gd(\rho_1-\rho_v)}{3\rho_v\xi}\right]^{0.5} \tag{1}$$

式中　u_t——沉降速度，m/s；

d——颗粒直径，m；

ρ_1——颗粒密度，kg/m^3；

ρ_v——气体密度，kg/m^3；

g——重力加速度，$9.81m/s^2$；

ξ——阻力因子，雷诺数的函数。

其中，雷诺数 Re 的公式为：

$$Re=d\cdot u_0\cdot\rho_V/\mu_V \tag{2}$$

μ 为气体黏度，Pa·s。

根据《石油化工设计手册》计算焦炭塔内油气黏度[4]，焦炭塔内油气气体黏度计算为0.0134cP。

$$\mu=-0.0092696+(0.00138323-5.97124\times10^{-5}M^{0.5})T^{0.5}+1.1249\times10^{-5}M=0.0134\text{cP}$$

式中　μ——黏度，cP；

T——温度，K；

M——相对分子质量。

根据 $\xi-Re$ 曲线，分别代入沉降雷诺数公式[4]，得出球形颗粒在各区的沉降速度公式分别为：

层流区或斯托克斯定律区($Re=10^{-4}\sim1$)：

$$u_0=\left(\frac{gd^2(\rho_1-\rho_v)}{18\mu}\right) \tag{3}$$

过渡区或艾伦定律区($Re=1\sim10^3$)：

$$u_0=0.27\left(\frac{gd(\rho_1-\rho_v)Re^{0.6}}{\rho_v}\right)^{0.5} \tag{4}$$

湍流区或牛顿定律区($Re=10^3\sim2\times10^5$)：

$$u_0=1.74\left(\frac{gd(\rho_1-\rho_v)}{\rho_v}\right)^{0.5} \tag{5}$$

首先，假设流体流动类型在过渡区($Re=1\sim10^3$)，通过试差法进行焦炭塔内沉降计算。

假设焦粉颗粒为球形焦粒，且焦粉颗粒沉降时，彼此之间的距离较远，互不干扰(焦炭塔塔壁对沉降的阻滞作用是可以忽略的)。

因此，当焦炭塔气速为0.18m/s时，联立式(2)和式(4)求得，颗粒直径为58μm。

$$Re=d\cdot u_0\cdot\frac{\rho_V}{\mu_V}=3.6$$

因此，$Re=3.6$，流体流动在过渡区域，符合假设，即标定正常生产工况下，可沉降的焦粉颗粒直径为58μm。

3.3 焦炭塔允许气速

由于焦炭塔内"鼓泡"和"破泡"的过程形成的泡沫层为焦化过程的反应区，泡沫层中的物质主要是未反应的新鲜高温渣油物料、反应过程生成的稠环烃和富气产物以及细小焦粉颗粒[5]。一般不希望正在反应的泡沫被油气夹带到焦炭塔顶口的大油气管线和分馏塔，导致该管线结焦和分馏塔内结焦。基于标定工况，焦炭塔塔内的允许气速计算如下：

根据焦炭塔内气体质量流量和体积流量，得焦炭塔内气体密度：

$$\rho_V=\frac{m_V}{V_V}=4.7\text{kg/m}^3$$

$$u_c=0.048\times\sqrt{\frac{\rho_L-\rho_V}{\rho_V}}=0.22\text{m/s}$$

式中 m_V——气相质量流量，kg/h；

V_V——气相体积流量，m^3/h；

ρ_L——泡沫层密度，kg/m^3，取30~300kg/m^3；

ρ_V——气体密度，kg/m^3。

计算得出标定生产工况下，为防止正在反应的泡沫被油气夹带到焦炭塔顶口，焦炭塔内允许气速计算得0.22m/s。

3.4 焦炭塔适宜气速

由于延迟焦化装置的关键设备，如辐射进料泵、压缩机等，要求操作介质中焦粉颗粒直径小于50μm，且焦粉颗粒直径越小对设备的长周期运行越有利[6]。因此，对50μm焦粉颗粒直径进行计算研究，同时可以考察标定生产工况下线速度适宜情况。

根据2.2.2节，继续通过试差法进行焦炭塔内沉降计算，颗粒的沉降速度或终端速度u_t，忽略其加速度，当$u_0=u_t$时，颗粒静止地悬浮于流体中。联立方程求得，颗粒直径为50μm时，焦炭塔气速为0.15m/s。

验证流体流动：

$$Re=d\cdot u_0\cdot\frac{\rho_V}{\mu_V}=2.7$$

式中 d——颗粒直径，m；

ρ_V——气体密度，kg/m^3；

u_0——焦炭塔内气速，m/s；

μ_V——气体黏度，Pa·s。

因此，$Re=2.7$，流体流动在过渡区域，符合假设，即颗粒直径为50μm时，焦炭塔气速应为0.15m/s。符合国内焦炭塔设计为减少泡沫夹带适宜的油气速度一般低于0.15m/s[1,7]要求，但标定生产工况下，0.18m/s 的线速度必然导致 50~58μm 同等颗粒直径的焦粉携带。

4　焦粉携带的影响因素及抑制措施

4.1　油气线速和安全空高

通过上述计算分析，焦炭塔内相应的气相负荷越大，焦炭塔内油气线速越高，焦粉携带量就会随之增加。另外，焦炭塔内发生高温裂解和缩合反应时，裂解出的富气组分、缩合反应形成的中间相产物和细小焦粉在焦炭塔内同时形成一定高度的泡沫层。当焦炭塔安全空高在 3m 以下时，当油气线速超过一定值时，泡沫层也会随之携带至焦炭塔顶，当细小焦粉颗粒和高温泡沫层被携带进入油气管线或分馏系统，高温泡沫层中的细小焦粉颗粒易沉积在管壁或分馏塔底形成"焦核"[8]，造成结焦问题。因此，油气线速是焦化反应的关键操作参数，这也要求控制好焦化反应的泡沫层高度和焦炭塔的安全空高，进而有效避免焦粉和高温泡沫层携带。

安全空高指塔顶切线离泡沫层顶部的距离。空高值越大，焦炭塔的利用率越低，但油气在塔内的停留时间延长，对减少油气线和分馏塔内结焦有利，焦炭塔设备简图见图 2。

泡沫层监视高度为 5m 时，计算如下：

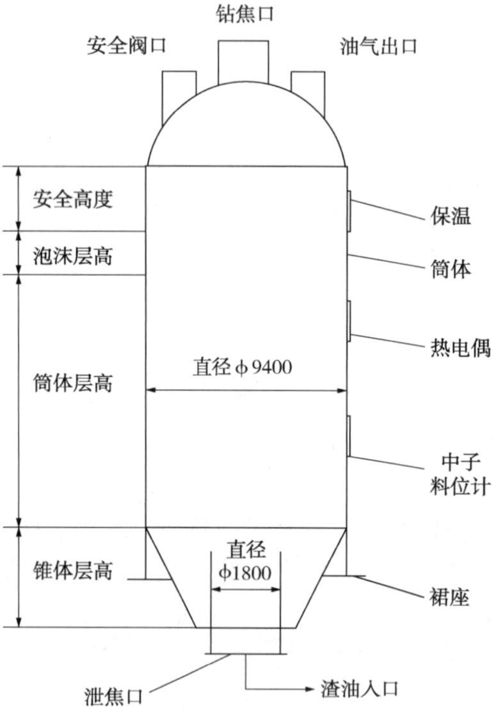

图 2　焦炭塔设备简图

$$H_{空高}=H_{切}-\frac{\left(\dfrac{G_{焦}\times\tau_{焦}}{\rho_{焦}}-V_{锥}\right)}{0.785D_{塔}^{2}}-H_{泡沫}=3.8\text{m}$$

式中　$H_{切}$——焦炭塔切线高度，m；

$G_{焦}$——焦炭生焦量，kg/h；

$\tau_{焦}$——生焦时间，h；

$\rho_{焦}$——塔内焦炭堆密度，kg/m³，800~900kg/m³；

$V_{锥}$——焦炭塔锥体体积：m³；

$D_{塔}$——焦炭塔直径，m；

$H_{泡沫}$——泡沫层高度，m。

标定生产工况下，安全空高计算为 3.8m，焦炭塔一般安全空高为 3~5m。因此，在日常生产期间，为防止焦粉携带，必须严格控制焦炭塔进料量，焦炭塔尺寸一定时，过高的处理量会造成塔内气速过高。另外，严格控制焦炭塔安全空高，尽量降低泡沫层高度。当焦炭塔生焦到一定高度后，延迟焦化装置常规采用塔内注入消泡剂，也可通过调整操作参数，有效降低泡沫层高度。

4.2　操作条件控制

4.2.1　*反应温度控制*

当延迟焦化的原料性质一定时，根据生产经验以及理论研究，延迟焦化反应温度与焦炭塔内的泡沫层高度有着对应关系。延迟焦化反应温度越高，焦化的反应深度越深，泡沫层的高度会随之降低；相反，泡沫层的高度随之增加[9]。王玮[10]等根据气泡成核计算公式，反应温度升高不利于焦炭塔内气泡成核。其次，反应温度越高，塔内气泡半径随时间变化的速率变大，又将不利于气泡的稳定，导致气泡“破泡”。根据实际生产经验，提升焦化反应温度对泡沫层的抑制作用较为明显，常规操作是换塔前将焦化反应温度提高 2℃左右，焦化的泡沫层高度可明显降低。因此，焦化装置常规采用换塔前提温操作，来降低细小焦粉和泡沫层携带。

4.2.2　*反应压力控制*

反应压力的变化，对塔内气速的影响体现在几个方面。一是焦炭塔塔顶反应压力升高时，塔内介质汽化速率降低，焦化反应中汽化产物减少。二是 2.2.1 节油气线速度计算公式显示，压力升高，焦炭塔内气相物料气速也随之降低。三是反应压力升高，泡沫层厚度降低，泡沫层内反应深度加大，焦炭产量增加，液体产品收率降低，塔内气速随之降低。研究显示，焦炭塔的反应压力若在 2min 内下降 6.7kPa，就会导致泡沫焦携带[2]。根据 2.2.1 节克拉伯龙公式计算，压力波动会使气速在 2min 后升至 0.30m/s，导致泡沫焦严重携带。

因此，日常生产和操作过程中，尤其要严格避免焦炭塔反应压力突然降低，造成焦炭塔内油气相体积突然膨胀，塔内的泡沫层高度也随之变高，便极易引起焦炭塔冲塔和泡沫层携带。另外，受延迟焦化装置原始设计条件和工艺流程所限，焦化装置反应压力控制手段有限。可参照同类装置，具体流程图对比见图 3。

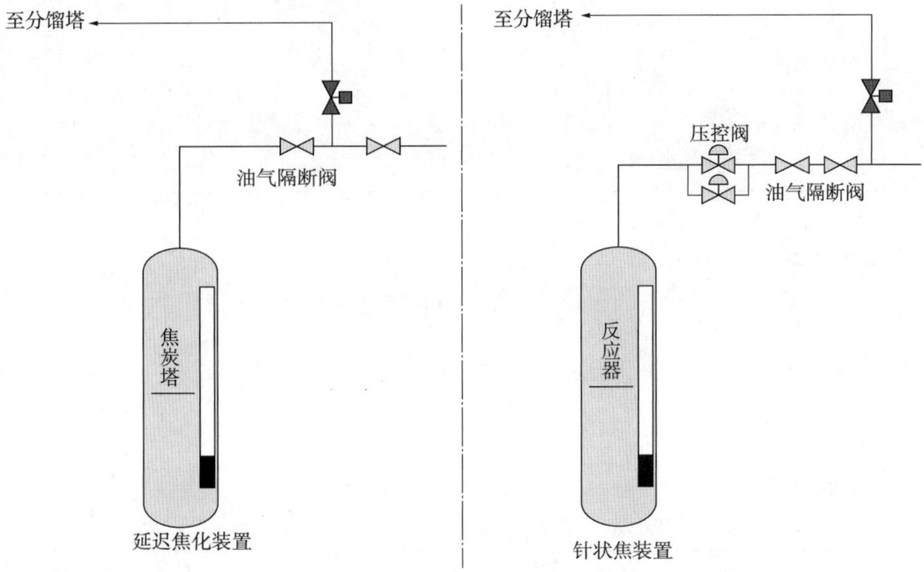

图 3　焦炭塔顶压控制流程图对比

4.3　注消泡剂

从某一方面讲泡沫可以被定义为分散在液体中的气体，在泡沫中占有大部分体积的是气体。泡沫在热动力学上是不稳定的而且会逐步衰减。而衰减的时间范围变化很大。泡沫的稳定性和衰减一般由多种机理决定，Gibbs-Marangoni 机理认为泡沫稳定性的直接影响因素有表面张力、自我修复能力、液相黏度和表面黏度等，这些因素之间不是独立存在的，一种因素的改变会使其他的一些因素也改变。但是，影响泡沫的稳定性最主要的因素是液膜的弹性和排液速率(即表面张力和自我修复能力)。

因此，焦化装置日常生产中均使用消泡剂来消泡、破泡，保障安全生产。主要是由于消泡剂可以破坏膜的黏弹性，降低膜的表面张力，达到破坏泡沫稳定性的效果；另外，消泡剂一般具备疏液性，它不会形成定向排列，而是不规则地附着在泡沫液膜上，使气液两界面张力局部下降，进而达到消泡的目的。常用的焦化装置消泡剂主要成分为聚硅氧烷、改性聚硅氧烷等。

在实际生产过程中，消泡剂的类型选择、注入方式和注入时间均有不同。其中，注入时间依据焦炭塔内泡沫层高度决定，一般在焦炭塔第二点中子料位计 20%时注入消泡剂。另经实际验证，消泡剂的类型选择和注入方式对实际生产消泡效果影响较大。

4.3.1　消泡剂选择

在焦炭塔第二点中子料位计 20%~25%时，注入消泡剂，注入量为 25L/h，处理原料均为Ⅱ常减压渣油，消泡效果对比见图 4。装置试用高效消泡剂期间，第二点中子料位计维持 2h 不上升(图 4)，对比普通消泡剂第二点中子料位计维持 0.5h 不上升(图 5)。

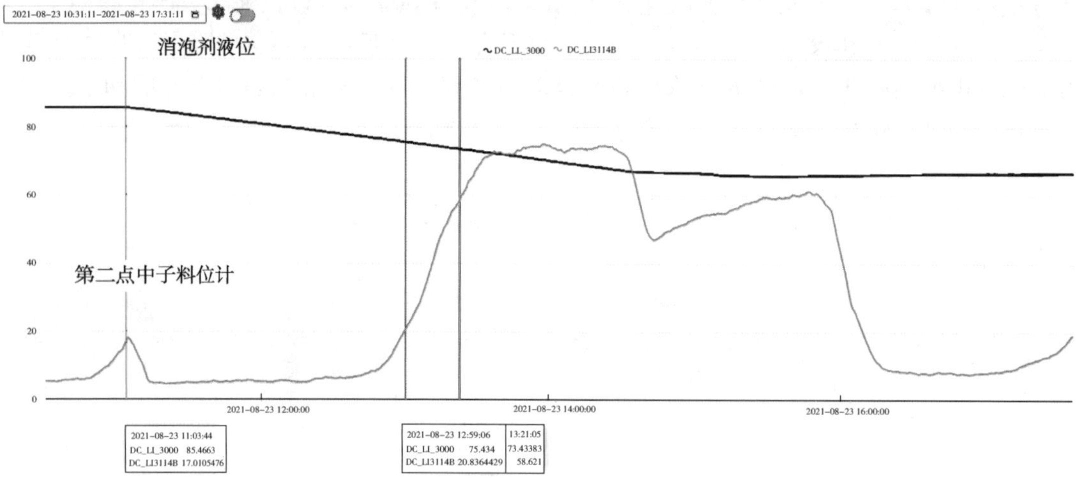

图 4　高效消泡剂使用效果图

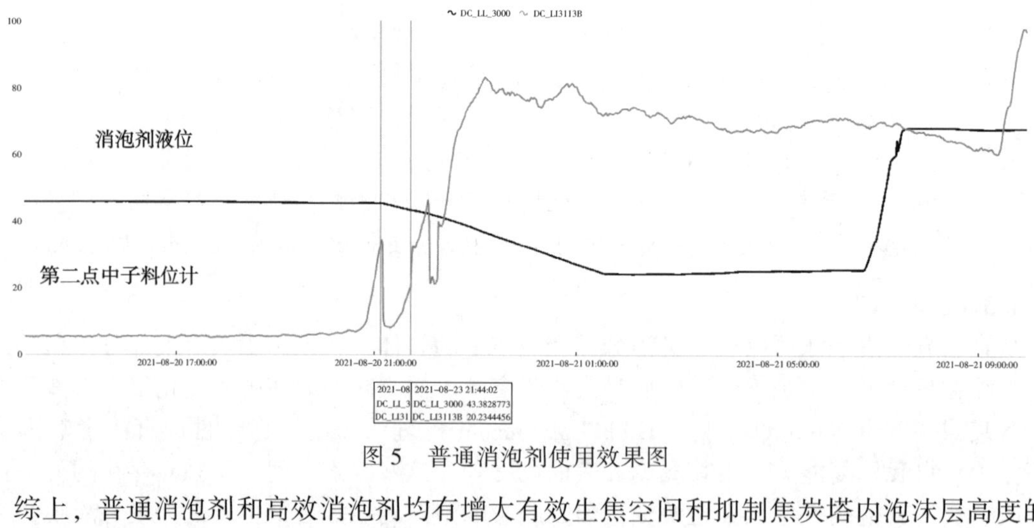

图 5　普通消泡剂使用效果图

综上，普通消泡剂和高效消泡剂均有增大有效生焦空间和抑制焦炭塔内泡沫层高度的作用，但高效消泡剂对泡沫层的抑制效果更好。

4.3.2 注入方式

通常，消泡剂注入焦炭塔的位置有两个：一是在加热炉出口和四通阀前随进料线注入塔底，二是在焦炭塔塔顶部侧面注入，直接喷入泡沫层上方。具体流程见图6。

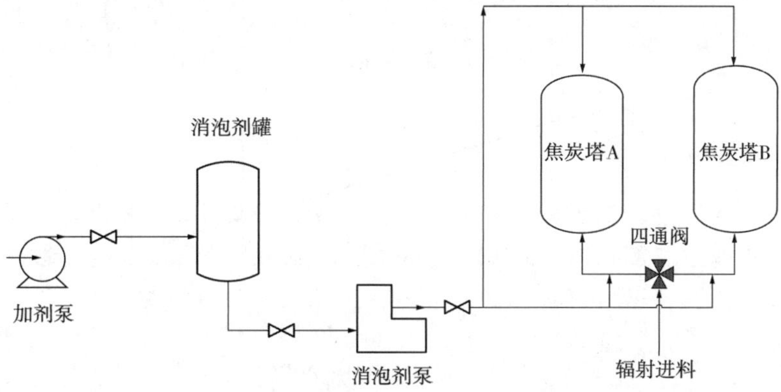

图6 消泡剂注入流程(顶部注入和底部注入)

为考察不同消泡剂注入点注入效果，以低硫焦生产阶段为考察对象，设定装置处理原料均为Ⅱ常减压渣油，消泡剂顶部注入和底部注入时反应温度均为496℃，压力为0.2MPa。在焦炭塔第二点中子料位计20%~25%时，注入消泡剂，注入量为25L/h，消泡效果对比见图7、图8。顶部注入使用低效消泡剂时，第二点中子料位计维持4.5h不上升(图7)；底部注入使用高效消泡剂时，第二点中子料位计维持3h不上升(图8)。

综上，由于部分消泡剂有效组分在高温下分解，后者随进料线注入消泡剂分散效果较差；塔顶注入消泡剂，在一定的喷射速度下，消泡剂直接喷向泡沫层，消泡效果较好。因此，在原料、加工量相近情况下，选择消泡剂注入方式对泡沫层抑制起关键作用，顶部注入的消泡效果明显优于底部注入。

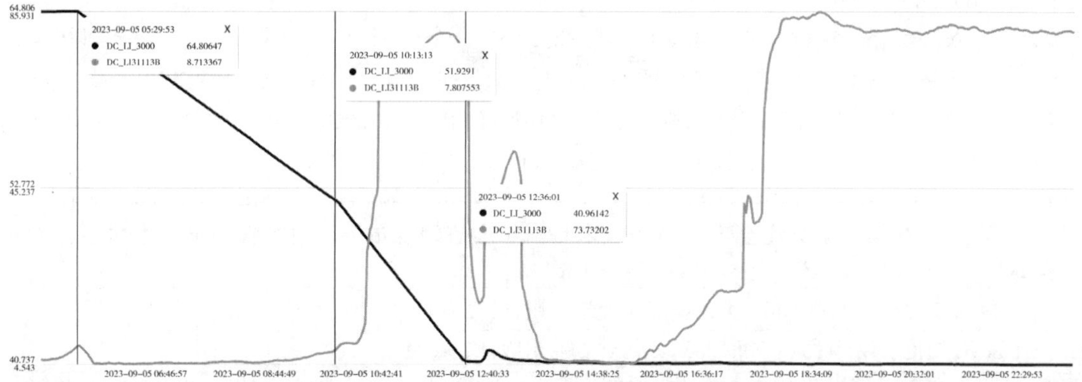

颜色	虚实	线宽	标签名	标签描述	绘图最大值	绘图最小值	报警线
	实线	4px	DC_LI_3000	消泡剂罐液位指示	64.80648	40.73656	未配置
	实线	3px	DC_LI3113B	焦炭塔A塔25米料位计指示	85.93136	4.543488	未配置

图7 消泡剂顶部注入消泡效果

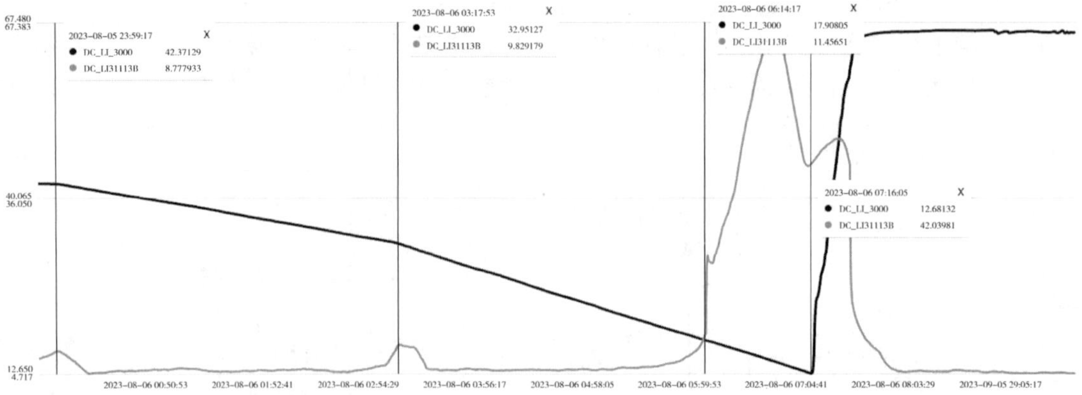

颜色	虚实	线宽	标签名	标签描述	绘图最大值	绘图最小值	报警线
	实线	4px	DC_LI_3000	消泡剂罐液位指示	67.48028	12.65	未配置
	实线	3px	DC_LI3113B	焦炭塔A塔25米料位计指示	67.38255	4.717128	未配置

图 8　消泡剂底部注入消泡效果

5　结语

通过分析发现，标定工况下焦炭塔内实际气速为 0. 18m/s，虽未超过允许气速，正常情况下泡沫层不会大量携带。但实际气速已超过适宜气速 0. 15m/s，即可沉降颗粒直径 58μm 相当的焦粉颗粒。由于焦粉颗粒越小，焦粉越容易达到悬浮状态。因此，当前气速下油气仍易携带细小焦粉进入分馏塔及后续系统，这就解释了焦化装置液体和气体产品中含有较多特别细小的焦粉，影响下游装置运行。因此，焦粉携带问题在延迟焦化装置生产运行过程中不可避免地会出现，只有根据抑制焦粉携带的措施实施，并积极探索其他技术措施，才会保证装置长周期的运行。

参　考　文　献

[1] 瞿国华. 延迟焦化工艺与工程[M]. 2 版. 北京：中国石化出版社，2018.

[2] 胡尧良. 焦炭塔油气携带泡沫焦的分析及抑制措施[J]. 炼油技术与工程，2010，40(3)：1-5.

[3] 杨军卫，王兰娟，肖家治，等. 焦化原料起泡性能评价[C]//山东石油学会炼制委员会. 山东石油学会炼制委员会 2009 年技术交流会论文集. 山东石油学会炼制委员会：山东省科学技术协会，2009：41-45.

[4] 夏清，陈常贵. 化工原理[M]. 天津：天津大学出版社，2019.

[5] 王松汉. 石油化工设计手册[M]. 北京：化学工业出版社，2024.

[6] 郭永博，李和杰. 延迟焦化装置焦炭塔适宜设计气速探讨[J]. 炼油技术与工程，2010，40(8)：15-17.

[7] 李出和. 焦炭塔工艺设计应考虑的几个问题[J]. SEI 第二届延迟焦化年会论文，2002(5)：1.

[8] 金玉琴. 焦化加热炉结焦原因分析[J]. 石油化工设备技术，2005(3)：27-29+68.

[9] 王伟. 延迟焦化焦炭塔软测量系统软件开发[D]. 青岛：中国石油大学(华东)，2007.

[10] 王玮，申海平，范启明，等. 影响焦炭塔内泡沫层形成的因素及抑制方法[J]. 石油炼制与化工，2021，52(3)：110-116.

延迟焦化石油焦产灰分异常原因分析及应对措施

王乐毅　奕　龙

（中国石化河南炼化公司　河南洛阳 471012）

摘　要　延迟焦化装置是平衡重油的主要装置，产物石油焦一般作为燃料进行外卖或者锅炉燃烧使用，其中灰分是石油焦的一个重要指标。在发生异常后，对原料性质、回炼脱油沥青和油浆、掺炼三泥以及进入系统的双脱水等进行了排查，结果发现，双脱水富集盐等物质是造成超标的主要原因，经过将双脱水进入污水汽提装置处理后，不仅解决了石油焦灰分高的问题，同时还解决了炼油厂污水外排超指标的问题，为其他公司处理类似问题提供了借鉴。

关键词　延迟焦化；石油焦；灰分

1　前言

延迟焦化工艺是减压和常压混合渣油在加热炉中吸收热量，到焦炭塔内发生深度裂解和缩合反应，最后转化为干气、液化气、汽油、柴油、（轻、重）蜡油和石油焦的热加工过程。即渣油经加热到一定反应温度（490~500℃）后，迅速进入焦炭塔内进行反应[1]。中石化洛阳分公司延迟焦化装置设计规模 1.4Mt/a，采用中国石化集团广州/洛阳石油化工工程公司大型化“一炉两塔”流程、灵活可调循环比工艺。延迟焦化的产品石油焦主要有两条后路，一条是外卖到附近部分企业做燃料；另一条是输送到企业内热电部的 CFB 锅炉单元，燃烧后提供热量发电和产生蒸汽。

2　石油焦产品异常情况介绍

洛阳石化延迟焦化装置自 2008 年投产后，石油焦产品一直满足生产要求，没有出现过质量问题。在 2018 年 7 月，化验结果中灰分的指标为 0.9%，焦化装置随即对石油焦进行加样，分析结果灰分仍然高达 0.92%，正常要求出厂的 4A 等级石油焦质量控制中灰分不大于 0.7%，这是生产中首次出现了不合格现象，且根据现有的石油焦质量等级标准无法对此部分石油焦进行等级确定，导致无法使用，影响到正常生产。

石油焦性质具体分析数据如表 1 所示，在调查 4 月和 5 月随机两天的指标，发现均值在 0.33%左右，较低；7 月，其灰分逐渐升高，到 23 日的化验结果达到了 0.9%，超过了指标 0.7%的要求，被迫降低处理量以减少不合格石油焦的外送。

表 1　石油焦灰分数据

序号	生焦时间	除焦时间	采样时间、地点	石油焦灰分/%
1	4 月 4 日 21:00—6 日 9:00	4 月 6 日 20:30	4 月 7 日 15:00，焦厂采样	0.33
2	5 月 15 日 9:00—17 日 21:00	5 月 17 日 8:30	5 月 17 日 15:00，焦厂采样	0.34

续表

序号	生焦时间	除焦时间	采样时间、地点	石油焦灰分/%
3	7月15日9:00—17日21:00	18日8:30	18日14:00，焦池采样	0.42
4	7月17日21:00—19日9:00	19日20:30	20日15:00，焦场采样	0.51
5	7月19日9:00—21日21:00	22日8:30	22日14:00，焦池采样	0.62
6	21日21:00—23日9:00	23日20:30	24日15:00，焦场采样	0.90(加样:0.92)
7	23日9:00—24日21:00	25日8:30	25日14:00，焦池采样	0.94
8	24日21:00—26日9:00	26日20:30	27日8:30，焦池采样	0.7

3 影响石油焦灰分因素分析

影响石油焦灰分大小的因素首先是原油的含盐量和脱盐程度，原油中的盐分经过蒸馏或裂解加工后大部分富集在渣油里，一小部分沉积在炉管、容器中，而渣油中的盐分大部分残留在石油焦中。石油焦灰分中主要元素为铁、硅、钙铝、钠和镁，还有少量的钒、钛和铬等，主要以它们的氧化物形式存在。

依据焦化装置的实际生产情况，分别从装置原料、回炼的沥青质和油浆、冷焦时期进焦炭塔的三泥、给水时期冷焦使用的电站双脱水等几方面逐一排查。

3.1 原料对石油焦灰分的影响

从产生石油焦质量事故的前半个月开始，比对发生质量事故期间原料的残炭和灰分变化，其变化趋势如图1所示，残炭平均值是21.47%，灰分的平均值是0.095%，按照此数据，依据(灰分×进料量×生焦周期/石油焦总量)公式对石油焦灰分进行计算，石油焦的灰分平均值0.32%，所以，原料不是引起石油焦灰分异常的因素。

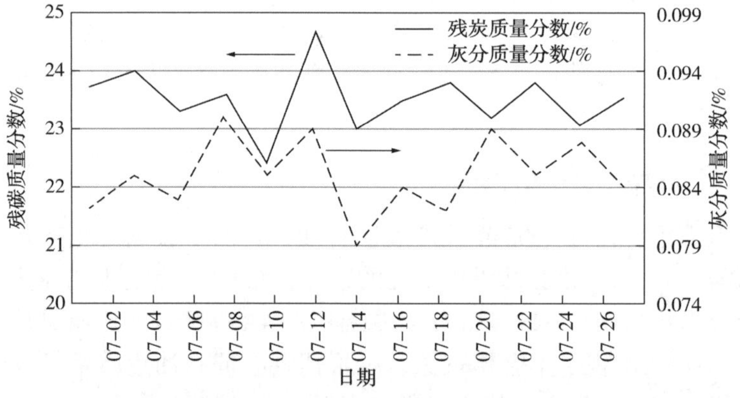

图1 焦化装置原料性质变化

3.2 回炼沥青质和油浆对石油焦灰分的影响

洛阳石化的重油处理有两条途径，一是进入溶剂脱沥青(下文简称溶脱)装置处理，将其产品脱油沥青加工后外卖或者输送到焦化回炼，二是直接进入焦化装置，依据经济效益进行调整。

近期由于脱油沥青加工后的产品道路沥青受市场价格影响，为提升重油加工效益，故选择将脱油沥青到焦化装置回炼流程。考虑脱油沥青黏度较大，将脱油沥青和轻油浆按1∶1混合后从原料系统进入焦化。

选取不同采样点，取油浆和沥青质混合物进行化验分析，其结果如表2所示，按照生焦周期36h，掺炼比例15.6%，换算成产品石油焦中灰分可知，最大贡献值在0.21%，最小贡献值在0.13%，均值在0.16%。

表2　沥青质油浆化验分析

编号	样品名称	采样点	灰分(质量分数)/%	对石油焦灰分的贡献/%
1	调和沥青油浆	沥青机泵出口	0.26	0.14
2	在线沥青	E208出口	0.23	0.13
3	调和沥青油浆	沥青机泵出口	0.38	0.21
4	在线沥青	E208出口	0.35	0.19
5	调和沥青油浆	沥青机泵出口	0.25	0.14
6	在线沥青	E208出口	0.34	0.18
7	均值	—	0.30	0.16

停止回炼焦化装置的油浆和脱油沥青混合物，这期间产品中石油焦的灰分如表3所示，通过对比可知，掺炼沥青质和油浆后，对产品灰分影响在0.1%~0.2%，此生产结果与表2计算结果基本符合，说明按照目前方式回炼脱油沥青和油浆，不是造成石油焦灰分不合格的主要原因。

表3　停止回炼脱油沥青和油浆后石油焦灰分化验分析

序号	样品	采样点	灰分/%
1	石油焦	焦厂	0.68
2	石油焦	焦厂	0.60
3	石油焦	焦厂	0.73
4	石油焦	焦厂	0.55
均值	—	—	0.64

3.3　回炼三泥对石油焦灰分的影响

三泥来源于炼油污水处理厂的池底泥、浮渣、活性污泥，以及油气单元三相分离后的油泥等，俗称三泥。这些污泥含有苯系物、酚类、蒽、芘、重金属等有恶臭味及毒性的物质，而且污油中所含物质具有致癌、致畸、致突变作用，因此，石油系统“三泥”已被国家列为危险固体废弃物(HW08)，纳入危险废物进行管理[2]。

依据焦化装置生产特点，在大吹汽后期，将三泥通过给水线送入焦炭塔，把三泥中水和油分蒸出，部分重油降解，油气进入放空系统回收，三泥中部分重油分和固体杂质留在焦炭塔中，除焦时随焦炭一起进入焦池。每个生焦周期回炼三泥10~15t，其中约15%的重质油，这其中三泥基本不参加反应，对焦炭指标中的灰分有一定的影响[3]。三泥的组成如表4所示。

表4　三泥组成分析

名称	含油率/%	含固率/%	含水率/%
浮渣	9.41	27.88	62.71
活性污泥	1.56	11.75	86.69
油泥	4.34	16.12	79.54
平均值	5.10	18.58	76.31

三泥的含油率和含水率共占到 80%，其中固含量成分比较复杂，无法进行灰分测量。所以采用最直接的方式，即停止三泥的回炼，然后对石油焦灰分进行化验分析。

停止回炼后，抽取 4 个生焦周期采样，具体数值如表 5 所示，分析灰分结果仍然均高于 0.7%，所以可以排除三泥回炼对石油焦产品性质的影响。

表 5　三泥灰分分析

序号	样品	采样点	灰分/%
1	石油焦	焦池	0.84
2	石油焦	焦池	0.76
3	石油焦	焦池	0.86
4	石油焦	焦池	0.72
均值	—	—	0.80

3.4　双脱水作为冷焦水对石油焦灰分的影响

热电部锅炉单元的脱硝装置，受锅炉烟气 NO_x 排放标准提升因素影响，为了满足 NO_x 浓度≤50mg/Nm^3 的超低排放要求，不断增加喷氨量，导致系统内此部分水送至污水处理厂后，外排的污水中总氮含量超过指标(不大于 40mg/L)，影响正常生产。经过讨论，2018 年 6 月初，将此股双脱水改至焦化装置，作为焦炭塔的冷焦水使用。

具体流程如图 2 所示，含硫污水经过重污油泵出口管线进入焦池中，经过沉降和降温后进入冷焦水罐，在给水冷焦节点，由冷焦水储罐经过给水泵进入焦炭塔，在放水结束后，进入冷焦水储罐进行循环利用。

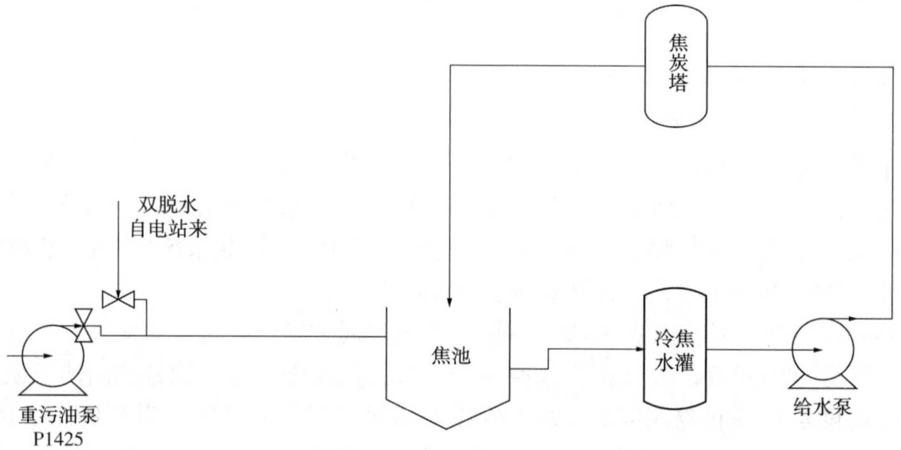

图 2　双脱水流程

依据流程可以判断，此部分污水属于循环使用，随着水分的自然蒸发，其盐含量会不断增加，然后富集在石油焦表面，造成石油焦灰分增加。停止进入此股污水以后，使用净化水置换，具体参数见表 6。由表可知，石油焦灰分缓慢恢复到正常值，证明此污水是导致出现异常的主要因素。

表 6　停止污水后石油焦灰分

序号	样品	采样点	灰分/%
1	石油焦	焦厂	0.72
2	石油焦	焦厂	0.68
3	石油焦	焦厂	0.51
4	石油焦	焦厂	0.43
5	石油焦	焦厂	0.39
均值	—	—	0.546

4　应对措施

针对污水进焦化装置存在的问题，考虑将此股污水改进污水汽提装置进行处理，具体流程见图 3，污水和原料在进原料缓冲罐前进行汇合(图 3 灰线处)，经过混合后利用机泵打进污水汽提塔，在汽提塔前向塔的中下部注入 15%纯碱溶液进行中和，将污水中的氨氮组分转化后，利用塔中部侧向抽出，输送到氨精制单元进行处理，经过化验塔底部的净化水，其质量均满足外排要求。

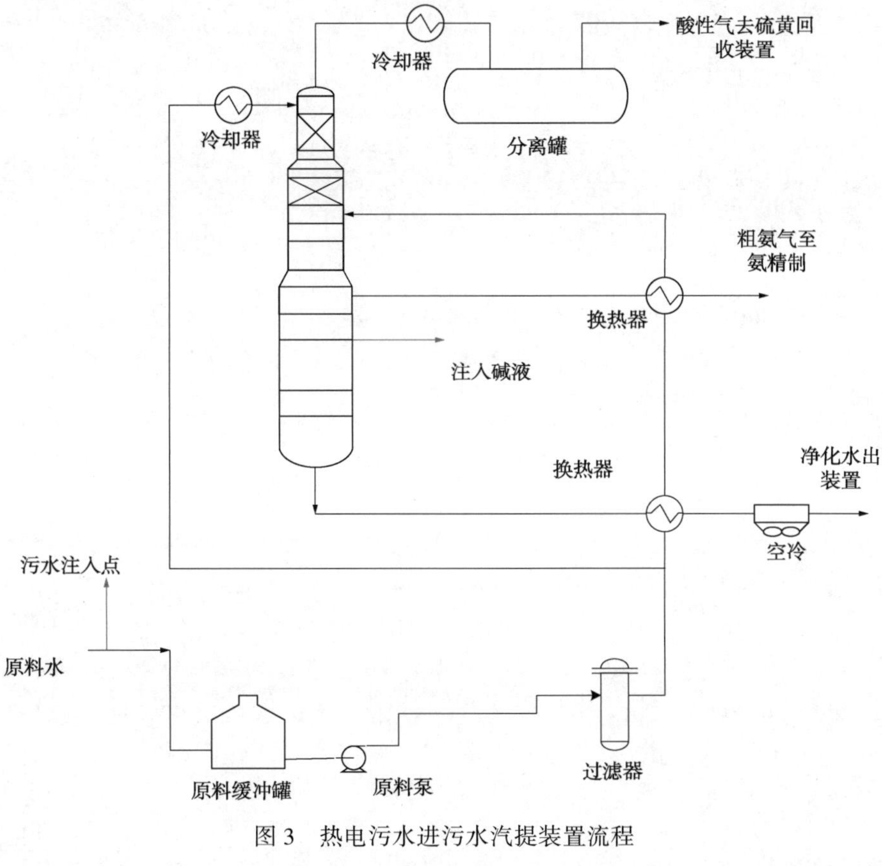

图 3　热电污水进污水汽提装置流程

5　结语

① 焦化装置进料残炭平均值是 21.47%时，按照(灰分×进料量×生焦周期/石油焦总量)

公式对石油焦灰分进行计算，石油焦的灰分平均值为0.32%，不是造成超标的主要原因。

② 按照掺炼脱油沥青15.6%的比例，将脱油沥青和轻油浆按1∶1混合后从原料系统送入焦化，对石油焦灰分贡献值在0.16%，不是造成石油焦灰分超标的主要原因。

③ 在生焦周期36h，回炼三泥10~15t的前提下，停止回炼三泥后，对石油焦灰分基本没有影响，不是造成超标的主要原因。

④ 停止回炼热电部的双脱污水后，使用净化水逐渐置换，焦化装置的石油焦灰分逐渐降低，最后恢复到之前的水平，说明此股污水是造成石油焦灰分异常的主要原因。

⑤ 采取将双脱水改进污水汽提装置后，使用碱液中和的处理方法，可以有效降低外排净化水中的氨氮含量，满足外排要求，不仅解决了石油焦灰分高的问题，同时也解决了污水外排总氮超标的问题。

参 考 文 献

[1] 瞿国华．延迟焦化工艺与工程[M]．北京：中国石化出版社，2007.
[2] 邹大宁．炼油厂“三泥”处理技术与应用研究[D]．大庆：东北石油大学，2011.
[3] 王旭．微波处理炼油污泥的实验研究[D]．西安：西安石油大学，2012.

胺液净化中钠离子对胺液系统运行的影响

于建宇　吴逸轩　马　达　王　浩

（中国石化扬子石化公司　江苏南京 210048）

摘　要　本文初步探讨了钠离子对焦化装置胺液系统的影响。通过对焦化装置胺液系统中钠离子(Na^+)浓度的监测与分析，结合实验数据和现场实际运行情况，分析了钠离子对胺液性能、系统稳定性及运行效率的影响。结果表明，钠离子浓度的变化会显著影响胺液的吸收和解吸能力，进而影响焦化装置的脱硫效果。同时，钠离子还可能引发胺液系统的腐蚀和结垢问题，降低系统的稳定性和运行效率。因此，合理控制钠离子浓度是保障焦化装置胺液系统稳定运行的因素之一。本文对于优化焦化装置胺液系统操作条件、提高系统性能和延长设备使用寿命具有一定参考意义。

关键词　钠离子；胺液；净化；焦化；运行

1　前言

焦化装置是化工生产中重要的设备之一，其胺液系统在脱硫过程中起着至关重要的作用。然而，在实际运行过程中，焦化装置胺液系统往往受到各种因素的影响，脱硫系统在长周期运行过程中胺液会发生热降解、氧化降解以及与二氧化碳反应引起化学降解，其降解产物称为热稳定盐(HSS)。高含量热稳定盐会造成胺液系统运行不稳定，增强胺液起泡性及稳定性发生发泡现象，导致脱硫效果减弱、脱后干气质量变差(图 1)。

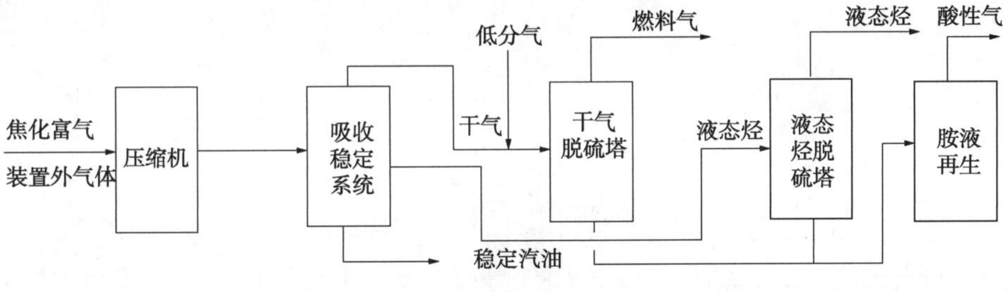

图 1　装置流程方块图

焦化装置脱硫系统原料性质多变，本文中焦化装置改常减压减顶气及部分回收火炬气进入脱硫系统，两种含氧气相进入胺液系统中导致部分胺液发生氧化降解，热稳定盐生成速度超正常水平，胺液系统波动较大发泡次数明显增多。为降低胺液热稳定盐含量，采用胺液净化对变质胺液进行热稳定盐脱除，胺液净化期间热稳定盐降低但胺液脱硫效果明显减弱同时焦化胺液中的钠离子含量逐渐增加。因此，本文旨在通过分析胺液净化及钠离子对胺液系统的影响[1]，为优化操作条件、提高系统性能和延长设备使用寿命提供理论支持和实践指导。

2　钠离子来源

胺液中热稳定盐增加经过研讨采用离子交换法进行胺液净化，离子交换法是利用离子交换树脂的选择性吸附溶剂中的阴阳离子原理从而去除热稳定盐，不需要向胺液中加碱中和，只需使用 NaOH 溶液对离子交换树脂进行再生，即可达到循环利用。由于系统中胺液藏量较大且热稳定盐含量高，受阴离子树脂床净化能力限制需频繁进行树脂再生过程，因此导致部分钠离子夹带至胺液系统中，导致胺液中钠离子含量升高。

胺液作为焦化装置脱硫的主要吸收剂，其性能直接影响到整个系统的运行效果。钠离子作为一种常见的杂质离子，其浓度的变化会显著影响胺液的吸收和解吸能力。一方面，钠离子会与胺液中的活性成分发生竞争吸附，降低胺液对硫化氢等酸性气体的吸收能力；另一方面，钠离子还可能影响胺液的化学稳定性和热稳定性，导致胺液在使用过程中出现分解、氧化等不利反应，进一步降低其性能。

钠离子浓度的异常不仅会影响胺液的性能，还可能引发系统的不稳定现象。首先，钠离子浓度的升高会加剧胺液系统的腐蚀问题[2]。钠离子作为一种活泼的金属离子，容易与系统中的水分和氧气发生化学反应，生成具有腐蚀性的物质，从而加速设备和管道的腐蚀速率。其次，钠离子还可能引发胺液系统的结垢问题。当钠离子浓度超过一定范围时，会与系统中的其他离子发生沉淀反应，生成不溶于水的固体物质，这些固体物质会逐渐在设备和管道内壁沉积，形成结垢层，严重影响系统的传热和流动性能。

钠离子对焦化装置胺液系统运行效率的影响主要体现在两个方面[3]。一方面，由于钠离子影响胺液的吸收和解吸能力，导致系统对酸性气体的脱除效率降低，从而增加了后续处理工序的负担和能耗。另一方面，钠离子引发的腐蚀和结垢问题会导致设备和管道的维护周期缩短，增加了维修和更换的成本。此外，腐蚀和结垢还可能引发系统的泄漏和堵塞等故障，影响焦化装置的正常运行。

3 胺液净化设施及流程

胺液净化设施及流程见图 2。

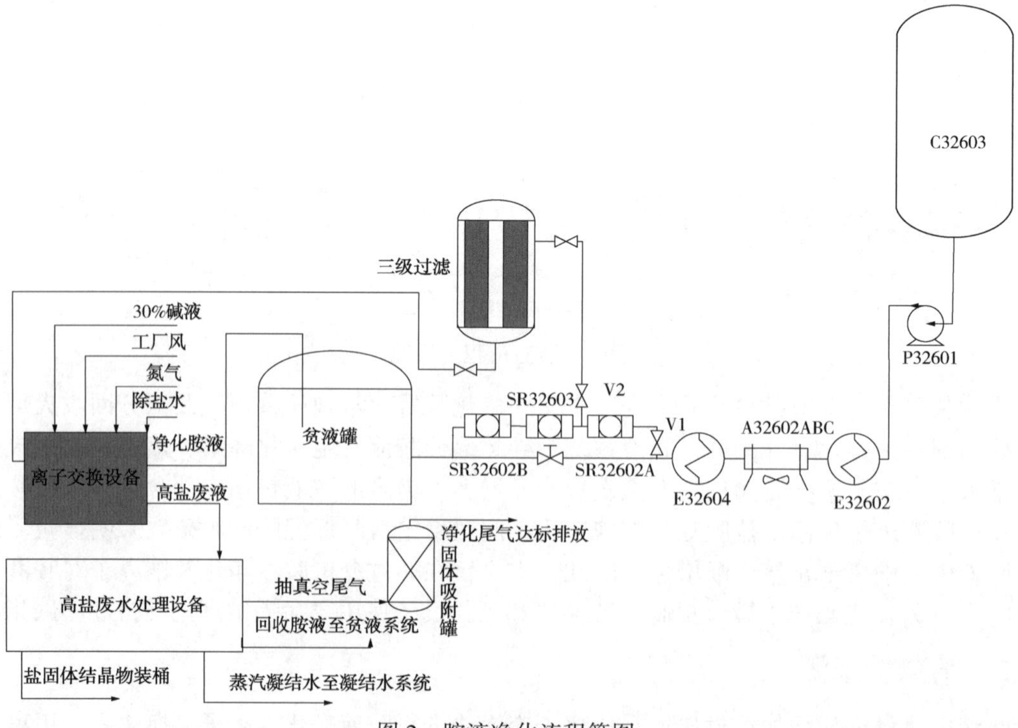

图 2　胺液净化流程简图

4 结果与分析

为验证 Na^+污染对胺液脱硫过程的影响，在实验室进行了模拟实验对钠离子污染醇胺法脱硫溶液的影响进行分析与讨论。模拟干气组成如表 1 所示。

表 1 模拟干气组成 %(体积分数)

成分	氢气	甲烷	乙烷	乙烯	丙烷	氮气	硫化氢
含量	14	55	13	2	2	2	12

待测试的胺液有三种，分别为新鲜胺液、脱 Na^+胺液、焦化贫胺液，MDEA 含量均为 30%。脱硫效果评价实验装置见图 3。实验装置主要包括计量泵、填料塔(填料高度 1.8m，内径 20mm)、气体进料调压阀、压力表、气体流量调节阀、气体流量计等部分。

实验装置操作要点：开启流量泵输入贫胺液，设定流量值，向塔内送入含硫气体，调节调压阀，使塔内达到一定压力，调节流量调节阀使气体流量达到一定值，待运行稳定后对脱硫后气体取样进行硫化氢含量分析。

经过不同钠离子含量的胺液吸收过的干气中硫化氢含量如表 2 所示。

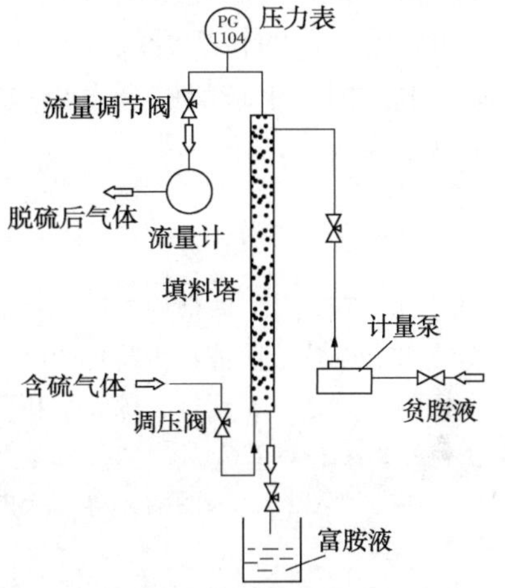

图 3 胺液脱干气中硫化氢实验装置简图

表 2 炼油厂胺液脱干气中硫化氢实验结果

胺液种类	脱硫压力/MPa	温度/℃	胺液流量/(g/min)	含硫化氢气体流量/(L/min)	脱硫后气体中硫化氢含量/(μL/L)
新鲜胺液	0.7	室温	25	3.5	未测出
新鲜胺液	0.7	室温	20	3.5	30.0
脱 Na^+胺液	0.7	室温	20	3.5	未测出
焦化贫胺液	0.7	室温	20	3.5	10.3
脱 Na^+胺液	0.7	室温	20	2.1	未测出
焦化贫胺液	0.7	室温	20	2.1	9.1

从表 2 中可以看出，随着 Na^+含量增加，胺液的脱硫效果明显减弱，说明胺液中 Na^+浓度影响了胺液对硫化氢的脱除效果，无法有效得到再生胺液。从胺液吸收硫化氢的机理来看[4]，MDEA 与硫化氢发生以下反应：

$$(C_2H_5O)2NCH_3+H_2S=\!=\!=(C_2H_5O)2N+HCH_3HS^- \qquad (可逆)$$

该反应生成$(C_2H_5O)2N+HCH_3HS^-$热稳定性差，加热条件下能够分解，逆向反应生成相应的甲基二乙醇和硫化氢，胺液再生同时释放出吸收的硫化氢气体。但是由于钠离子浓度增加，在吸收过程中 Na^+与 HS^-结合生成 NaHS(强碱盐)，在加热的条件下不易分解，所以能够稳定地在胺液中存留，因此钠离子浓度越高，结合生成的 NaHS 越多，贫胺液中硫化氢越得不到释放，硫化氢含量越高脱硫效果越差，因此导脱后干气中硫化氢超标。

5 结语

本文通过研究焦化胺液净化中钠离子的影响，探讨了钠离子对焦化胺液系统性能的负面影响。实验结果表明，通过采用合适的净化方法，可以有效降低焦化胺液中的钠离子含量，提高系统的稳定性和运行效率[5]。然而，本文的研究还存在一定的局限性，如实验条件较为理想化，未充分考虑实际生产过程中的复杂因素。未来研究可进一步关注焦化胺液净化技术的优化和创新，以提高净化效果和降低成本[6]；同时，加强对焦化胺液系统运行状态的实时监测和故障诊断技术的研究，以确保系统的稳定运行和安全生产。随着环保要求的日益严格和焦化行业的转型升级，焦化胺液净化技术将成为行业发展的重要方向。通过不断的研究和探索，相信未来能够开发出更加高效、环保的焦化胺液净化技术，为焦化的稳定运行提供有力支持。

参 考 文 献

[1] 朱卫东，董克林．胺液中 Na^+ 对脱硫过程的影响及对策[J]．石油炼制与化工，2016，47(6)：25-27.

[2] 李宪华，邹广．胺液再生装置的腐蚀与防护[J]．河南化工，2011，28(8)：5-8.

[3] 林丽梅，岑永虎，任标，等．浅析重庆天然气净化总厂胺液净化装置[J]．石油与天然气化工，2005(4)：281-284+226.

[4] 张书成，李亚萍，宋丽丽，等．天然气净化装置脱硫溶液发泡原因分析研究[J]．石油化工应用，2006(4)：29-31.

[5] 兰敏，高云峰．胺液净化技术在气体脱硫装置的应用[J]．化学工业与工程技术，2012，33(4)：53-56.

[6] 周永阳，何金龙，彭维茂，等．天然气净化厂醇胺溶液发泡原因与预防措施[J]．天然气技术，2007(4)：62-64+66+95.

重整无硫液化气进焦化装置回炼存在的问题与对策

王乐毅

（中国石化河南炼化公司　河南洛阳 471012）

摘　要　由于重整无硫液化气 C_2、C_5 含量不合格，重整无硫液化气进焦化吸收稳定系统掺炼，随着掺炼量的增加，出现干气 C_{3+}不合格和气压机出口油气分离罐液位上涨影响气压机安全运行的情况。分析认为主要原因是吸收稳定过度解吸造成液化气在吸收塔和解吸塔循环，同时对影响干气 C_{3+}的参数，如解吸塔塔底温度、油气比、吸收塔温度、吸收塔压力进行了分析和优化，成功解决了重整无硫液化气的回炼量与干气 C_{3+}超标和气压机出口油气分离罐液位上涨的问题，回炼重整无硫液化气 4.5t/h，满足分公司 C_5 平衡的要求，同时取得了一定的经济效益。

关键词　延迟焦化；重整无硫液化气；吸收稳定；优化调整

1　前言

洛阳石化延迟焦化装置设计规模为 140 万 t/a，采用“一炉两塔”大型化工艺技术方案，工艺生产部分包括反应、分馏、吹汽放空、吸收稳定和干气脱硫五个单元。在焦化装置中，吸收稳定系统的作用是以一定比例的粗汽油与稳定汽油作为吸收剂将压缩富气中重组分溶解回收，通过吸收与解吸操作，吸收塔塔顶得到基本不含 C_{3+}组分的气体，在解吸塔塔底得到基本不含 C_{2-}的脱乙烷汽油，在一定操作压力下，稳定塔通过精馏过程将液化气从稳定汽油中分馏出来，最终实现压缩富气中汽油、液化气和干气的分离。

连续重整装置主要以石脑油为原料，生产富含芳烃的重整生成油，作为芳烃原料或汽油调和组分，同时富产氢气、戊烷发泡剂和少量的液化气，重整无硫液化气中 C_2、C_5 含量不能达到液化气产品的要求，所以重整无硫液化气必须经过下游装置再处理，洛阳石化重整无硫液化气来自重整生成油稳定塔塔顶回流罐，其组成见表 1，其中干气占比 9.49%、液化气占比 79.187%、汽油组分占 11.334%，目前的处理方法主要有两种：①重整无硫液化气进烷基化装置脱轻烃塔，但是回炼量有限，回炼比例过大将导致原料 C_4 损耗，降低烷基化油的收率，重整无硫液化气中 C_5 的加入将会使烷基化油辛烷值降低，严重时可能不合格。②重整无硫液化气进入催化裂化装置的气压机级间分液罐，进吸收稳定系统进行干气、液化气、汽油的分离，但由于催化裂化装置一直满负荷运行、回炼量过大、稳定塔超负荷，稳定汽油的蒸汽压高，稳定汽油进 S-zorb 后造成精制汽油蒸汽压高，汽油产品不合格，影响分公司效益。洛阳石化延迟焦化装置一直是 60%的负荷运行，重整无硫液化气进焦化吸收稳定系统进行掺炼，既可以解决焦化吸收稳定系统负荷低的问题，又能够避免回炼重整无硫液化气对催化裂化、烷基化装置造成的不利影响。

表 1　重整无硫液化气的组成

组分	体积分数/%	组分	体积分数/%
1-丁烯	0.092	异丁烷	26.884
1,3 丁二烯	0	异戊烷	8.934
丙烯	0.153	正丁烷	20.308
丙烷	31.075	正戊烷	1.963
乙烯	0.002	甲烷	0.524
乙烷	8.951	顺丁烯	0.087
反丁烯	0.115	C_3+C_4	79.187
异丁烯	0.472	C_5 及以上	11.334

2　延迟焦化掺炼重整无硫液化气的工艺原理

洛阳石化延迟焦化装置掺炼重整无硫液化气的流程如图 1 所示：从重整装置来的 1.7MPa、35℃无硫液化气和焦化装置经除盐水水洗、循环水冷却后以 1.0MPa、38℃富气进入压缩机出口油水分离器，进行气液分离，自压缩机出口油水分离器分离出的气体进入吸收塔，与粗汽油及经稳定汽油泵打来的稳定汽油分别进入吸收塔，在塔内逆流接触，吸收气体中的 C_3 及 C_3 以上组分，回收液态烃；压缩机出口油水分离器的饱和吸收油经解吸塔进料泵抽出后升压至 2.1MPa，经解吸塔进料-稳定汽油换热器与稳定汽油换热后进入解吸塔第一层塔盘，塔底重沸器热源由分馏塔中段循环油提供，塔顶解吸气与压缩富气混和进入吸收塔进行循环吸收。

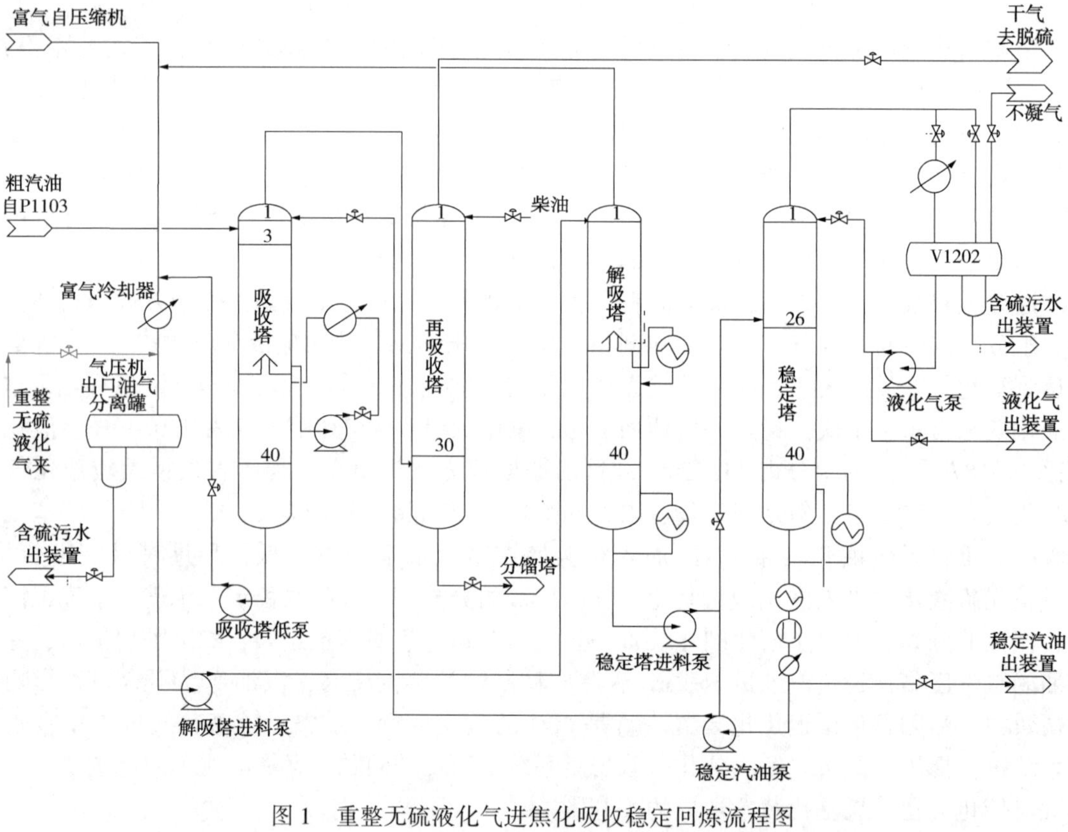

图 1　重整无硫液化气进焦化吸收稳定回炼流程图

吸收塔塔顶流出贫气进入再吸收塔，焦化柴油经柴油吸收剂泵升压至1.9MPa，再经柴油吸收剂冷却器冷却后作为再吸收剂至再吸收塔塔顶1层塔板上；贫气和柴油在塔内逆流接触，进一步吸收气体中的C_3及C_3以上组分，同时也吸收被气体携带出来的部分汽油组分，再吸收塔塔顶干气经压控阀调节压后自压去干气脱硫单元。

解吸塔塔底的脱乙烷汽油由稳定塔进料泵抽出，升压至1.98MPa进入稳定塔的18层、22层、26层塔板进行精馏。稳定塔塔顶气体经稳定塔塔顶冷却器冷却后进入稳定塔塔顶回流罐，回流罐中少量不凝气经压控阀至火炬线；液态烃由液态烃泵自回流罐抽出，一部分至稳定塔塔顶1层作循环回流，另一部分经稳定塔塔顶回流罐液控阀出装置。

稳定汽油一部分由塔底自压经稳定塔塔底重沸器(加热后重新返回稳定塔)，另一部分经解吸塔中段重沸器、解吸塔进料-稳定汽油换热器和稳定汽油冷却器冷却后部分自压出装置，部分经稳定汽油泵打入吸收塔塔顶作补充吸收剂，稳定塔塔底重沸器热源由重蜡油提供，最终完成无硫液化气中干气、液化气、汽油组分分离。

3 存在的问题

焦化装置自2024年7月10日开始逐步掺炼重整无硫液化气，为了验证掺炼重整无硫液化气对产品质量的影响，装置自7月10日至15日进行掺炼重整无硫液化气的试验，结果见表2。

表2 焦化装置掺炼无硫液化气后产品分析数据

项目/时间	7月10日	7月11日	7月12日	7月13日	7月14日	7月15日	控制指标
回炼无硫液化气量/(t/h)	0	0	2	3	4.5	4.5	—
干气中C_{3+}(摩尔分数)/%	2.52	2.58	4.73	5.56	6.98	7.23	≤5.5
液化气中C_{2-}(摩尔分数)/%	0	0	0.3	0.4	0.6	0.78	≤2
液化气中C_{5+}(摩尔分数)/%	0.83	0.87	1.56	1.59	1.83	1.87	≤3
稳定汽油的终馏点/℃	224	217	218	219	217	219	≤260

通过表2发现，7月10日开始回炼重整无硫液化气后，当回炼量大于3t/h时，干气中C_{3+}出现不合格现象，随着回炼量增加，干气中C_{3+}逐步升高，当回炼量达到4.5t/h时，干气中C_{3+}达到7.23%，液化气中C_{5+}中含量略有增加，但是满足液化气中C_{5+}≤3%的要求，重整无硫液化气4.5t/h已经是重整装置的最低负荷，回炼量降低不能满足分公司对处理重整无硫液化气的要求，无法维持C_5的平衡。

4 原因分析及对策

4.1 关键操作参数的分析

通过图2可知，7月10日11：30重整无硫液化气回炼进入焦化吸收稳定以后，气压机出口油气分离罐罐顶富气量和解吸塔塔顶的贫气量逐渐增加，14：00左右解吸塔塔顶的贫气量达到8000m^3/h，气压机出口油气分离罐液位逐步升高，21：00液位突然升高至90%，影响气压机的运行。经分析认为，出现该种情况的原因是重整无硫液化气进入吸收稳定后，产生过度解吸，造成液化气和部分干气在吸收塔、解吸塔之间循环，进而造成解吸塔塔顶贫气量逐渐增加，气压机出口油气分离罐液位升高，吸收、解吸单元气相负荷增加，干气C_{3+}含量超标。

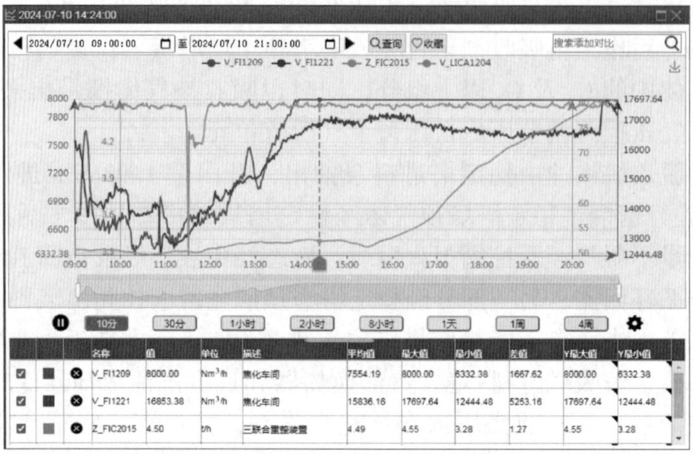

图 2　回炼重整无硫液化气后吸收稳定关键参数

4.2　影响干气 C_{3+} 的原因分析及对策

干气中 C_{3+} 含量偏高容易引起干气带油，不利于加热炉的燃烧，同时会造成部分可利用 C_{3+} 组分损失，影响干气中 C_{3+} 因素主要有油气比、吸收塔温度、吸收塔压力、解吸塔塔底温度。

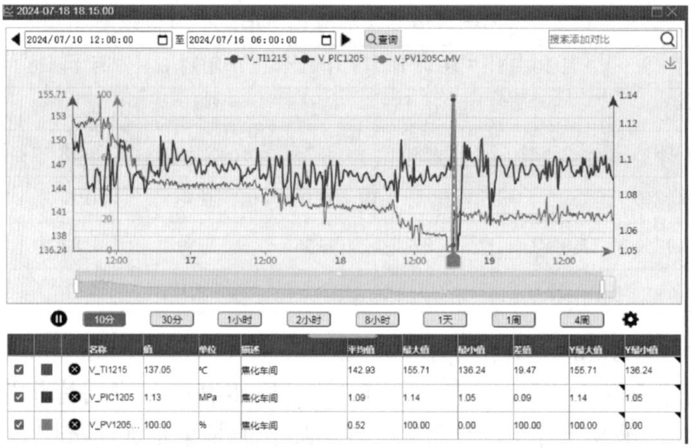

图 3　解吸塔、稳定塔关键参数调整情况

由图 3 可知，解吸塔塔底温度对干气 C_{3+} 含量有显著影响。在其他条件不变的情况下，提高解吸塔塔底温度，会增强解吸效果，然而，温度过高可能会导致解吸过度。具体来说，温度过高会使大量的 C_3、C_4 等重组分被解吸出来并返回吸收塔，增加吸收塔负荷，吸收塔在其他条件不变时，可能无法有效地完全吸收这些组分，从而导致干气中 C_{3+} 含量超标。相反，如果解吸塔塔底温度过低，则直接影响解吸程度，导致解吸不充分，部分 C_2 进入稳定塔，导致液化气 C_2 指标不合格。因此，需要根据具体的工艺条件和要求，合理控制解吸塔塔底温度，以确保干气中 C_{3+} 含量和液化气中 C_2 含量在合适范围内。降低解吸塔塔底温度可避免过度解吸现象，防止液化气、部分干气在吸收塔、解吸塔之间循环，但是解吸塔塔底温度过低会造成液化气携带部分 C_2 进入稳定塔，造成稳定塔压力波动。为了探索回炼重整无硫液化气后，解吸塔塔底温度控制极限，焦化装置逐步降低解吸塔温度，在解吸塔温度由

153℃降至136℃时，稳定塔塔顶压力突然由1.09MPa上升至1.3MPa，说明液化气带C_2进入稳定塔，及时打开稳定塔塔顶放不凝气阀PV1205C维持稳定塔顶的压力，同时解吸塔塔底温度按照140℃控制，避免液化气带C_2造成稳定塔压力升高。

油气比是指在气体吸收过程中，吸收剂用量与进入吸收塔原料气体量之比；是指吸收油量(粗汽油与稳定汽油)与进入吸收塔压缩富气量之比，增加吸收油用量，可增加吸收推动力，从而提高吸收速率，即加大油气比，利于吸收完全。但油气比过大，会降低富吸收油中溶质浓度，不利于解吸；会使解吸塔和稳定塔的液体负荷增加，塔底重沸器热负荷加大，循环输送吸收油的动力消耗也要加大[1]；同时，补充吸收油用量越大，被吸收塔塔顶贫气带出的汽油量也越多，因而再吸收塔吸收柴油用量也要增加，又加大了再吸收塔与分馏塔的负荷，从而导致操作费用增加；油气比减小时，吸收油用量减小，吸收推动力下降，富吸收油浓度增加。当吸收油用量减小到使富吸收油操作浓度等于平衡浓度时，吸收推动力为零，是吸收油用量的极限状况，称为最小吸收油用量，其对应的油气比即为最小油气比，实际操作中采用油气比应为最小油气比的1.1~2.0倍，反应温度确定后，粗气油量提高有限，因此将补充吸收剂的量由25t/h提高至36t/h，以满足油气比的要求。

吸收塔内温度升高对干气C_{3+}吸收效果不利[2]。吸收塔的作用是利用吸收剂吸收气体中的某些组分，温度较高时，气体分子的热运动加剧，不利于吸收剂对干气中C_{3+}成分的吸收，会导致吸收效果下降，干气中可能会带有较多的C_{3+}成分。相反，较低的温度有利于吸收过程的进行，可以提高吸收剂对C_{3+}的吸收率，从而减少干气中C_{3+}的含量。为了降低吸收塔内的温度，通常可以采取以下措施：①降低补充吸收剂和粗汽油入塔温度；②增大吸收塔中段回流量，降低中段回流返塔温度；③适当降低压缩富气入塔温度。上述三项措施都需要调整水冷器来实现，受限于循环水冷却器的负荷和夏季天气，吸收塔内的温度已经没有再降低空间。

提高吸收塔压力有利于吸收过程的进行，在一定范围内增加吸收塔压力，会使气体在吸收剂中溶解度增加，从而提高吸收效果，减少干气中C_{3+}含量，提高了C_{3+}回收率[3]。然而，吸收压力也不能无限制地提高，在实际操作中，吸收塔压力是通过调节气压机转速来实现的，提高的空间有限。压力提高，气压机3.5MPa蒸汽消耗增加，装置的能耗增加，根据装置的实际运行情况和压缩机的负荷，将吸收塔的压力由1.05MPa调整至1.2MPa。优化前后吸收稳定系统的操作参数见表3。

表3　优化前后吸收稳定系统的操作参数

操作参数	优化前	优化后
吸收塔塔顶压力/MPa	1.05	1.2
吸收塔塔顶温度/℃	44	44
吸收塔塔底温度/℃	42	42
解吸塔塔顶压力/MPa	1.07	1.23
解吸塔塔顶温度/℃	68	76
解吸塔塔底温度/℃	167	140
再吸收塔塔顶压力/MPa	1.05	1.2
再吸收塔塔顶温度/℃	29	29
再吸收塔塔底温度/℃	43	43

续表

操作参数	优化前	优化后
压缩机出口富气量/(m^3/h)	13590	13590
解吸塔塔顶贫气量/(m^3/h)	7900	3000
补充吸收剂量/(t/h)	25	36
粗气油的量/(t/h)	11	11

4.3 优化效果

通过分析重整无硫液化气进焦化吸收稳定系统后对关键操作参数的影响，按照表3优化后的数据对吸收稳定系统进行了调整，运行一段时间后，对关键产品的数据进行分析，见表4：通过增加补充吸收剂流量、提高再吸收塔的压力、降低解吸塔塔底的温度，干气中C_{3+}含量由7.23%降至2.75%，液化气的流量增加约3.4t/h，年增收效益1175万元。

表4 关键操作参数调整后吸收稳定产品流量及性质

项目	优化调整前	优化调整后
干气流量/(t/h)	7.52	5.73
液化气流量/(t/h)	2.12	5.52
稳定汽油流量/(t/h)	14.54	15.1
干气中C_{3+}(摩尔分数)/%	7.23	2.75
液化气中C_{2-}(摩尔分数)/%	0.02	0.02
液化气中C_{5+}(摩尔分数)/%	1.08	0.05
稳定汽油的终馏点/℃	223	249

5 结语

① 为了解决重整无硫液化气对烷基化、催化裂化的影响，重整无硫液化气进焦化吸收稳定系统进行掺炼，掺炼重整无硫液化气，使装置干气中C_{3+}超标、气压机出口油气分离罐液位上涨，不仅造成物料的浪费，还影响装置的安全运行。

② 通过对重整无硫液化气进焦化吸收稳定后的关键操作参数进行分析，认为造成干气中C_{3+}超标和气压机出口油气分离罐液位上涨的主要原因是解吸塔温度过低，造成了过度解吸，同时对影响干气中C_{3+}因素，如油气比、吸收塔温度、吸收塔压力、解吸塔塔底温度进行分析和调整，通过将解吸塔塔底温度低控13℃，吸收塔压力由1.05MPa提高至1.2MPa，补充吸收剂流量由25t/h提高至36t/h，干气中C_{3+}含量由7.23%降至2.75%，气压机出口油气分离罐液位维持平稳，液化气的流量增加约3.4t/h，不仅解决了重整无硫液化气处理的难题，而且年增收效益约1175万元。

参 考 文 献

[1] 方向晨，张龙，张英，等．延迟焦化油气稳定吸收技术研究及应用[J]．化工进展，2019，38(7)：3465-3472.

[2] 胡海荣．催化裂化装置吸收稳定系统的技术改造与操作优化[J]．炼油设计，1999(9)：38-41.

[3] 段丹．催化裂化装置吸收塔粗汽油进料分析[J]．石油化工设计，2019，36(3)：5，10-13.

[4] 林世雄．石油炼制工程[M]. 3版．北京：石油工业出版社，2000.

延迟焦化装置安全环保长周期运行关键技术研究与实践

周柱兵

（中国石化安庆石化公司　安徽安庆 246001）

摘　要　延迟焦化装置作为炼油厂重油加工的核心单元，其长周期安全运行对提升经济效益、降低环境污染至关重要。本文从装置运行现状出发，系统分析影响安全环保长周期运行的关键因素。本文结合近 3a 装置改造及生产情况，从工艺优化、设备改进、环保治理等方面系统总结，提出了一些建议及措施。

关键词　延迟焦化；安全环保；长周期运行

1　前言

延迟焦化装置通过高温裂解将重质渣油转化为轻质油品和石油焦，这是炼油厂提高原油加工深度、优化产品结构的重要手段。然而，装置在长周期运行中面临炉管结焦、设备腐蚀、污染物排放等挑战，不仅影响生产安全，还加剧了环保压力。安庆石化延迟焦化装置于 1987 年 10 月建成投产，设计加工能力为 0.4Mt/a，装置由中国石化工程建设公司(SEI)总体设计。经多次改造，在 2006 年扩总设计能力为 1.5Mt/a，目前Ⅰ套焦化已经停用，安庆石化焦化装置维持Ⅱ、Ⅲ套焦化高负荷运行。

2　延迟焦化装置运行现状与挑战

2.1　安全运行瓶颈

炉管结焦与超温风险：焦化加热炉是提供渣油发生反应所需能量的地方，渣油在炉管内不可避免地会结焦，特别是加热炉辐射管因高温、高流速介质作用易形成焦层[1]。间歇操作安全风险：焦炭塔切换、冷焦水操作等环节涉及高温高压介质切换，操作不当易引发泄漏或火灾事故。苯乙烯焦油回炼：苯乙烯焦油是苯乙烯精馏提纯后产生的残液，其主要成分是苯乙烯聚合物以及组成复杂的衍生物、低聚物、阻聚剂等，这些成分难分解对安全生产构成了一定的风险。

2.2　环保压力加剧

污染物排放：装置运行产生含硫废气、焦粉扬尘等。

2.3　长周期运行制约因素

设备腐蚀与老化：高温硫腐蚀、环烷酸腐蚀及应力腐蚀导致设备寿命缩短。

操作参数波动：原料性质变化(硫含量、残炭值)与操作参数(循环比、注汽量)调控不当，导致系统压力升高、结焦速率加快。

3　安全环保长周期关键技术体系

3.1　加热炉防结焦与优化操作

3.1.1　炉管定期检测

焦化装置自2024年9月生产至今，已经进入生产中后期。炉管结焦日益加剧，为了更好地做好管表温度管控，焦化装置定期对加热炉炉管进行检测，主要考察辐射室炉管当前的运行状态及炉管是否存在安全隐患，从而为装置工艺调整及长周期安全运行提供数据依据。以炉202为例，用红外热像仪对管道的表面进行热像扫描，可获取表面温度分布图的红外热图，并据此利用专业软件对红外热图进行分析。如图1(DCS数据)和图2(检测数据)所示。

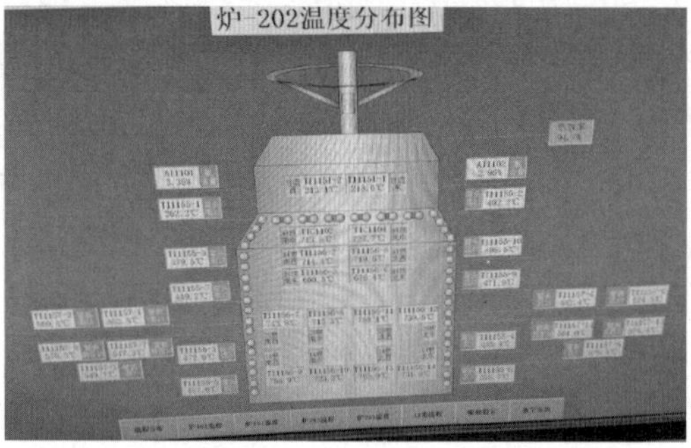

图1　DCS数据

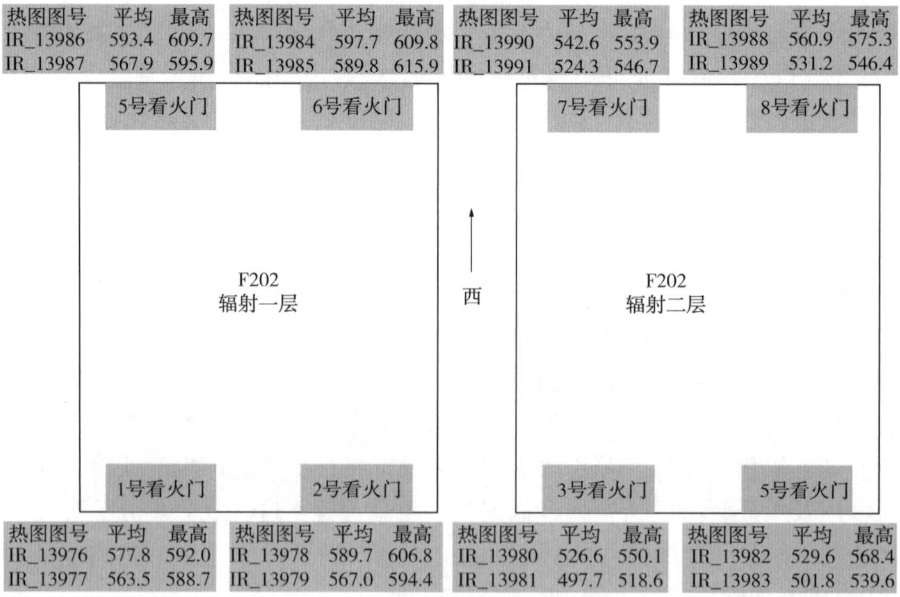

图2　检测数据

3.1.2　实时监控炉火燃烧情况

利用火焰监测器实时监控炉火燃烧情况，如图3所示。现场每个主燃料气火嘴安装了压力表，保障了主火嘴瓦斯压力，对火焰燃烧不佳的火嘴经现场多次调整无果后，组织清理。

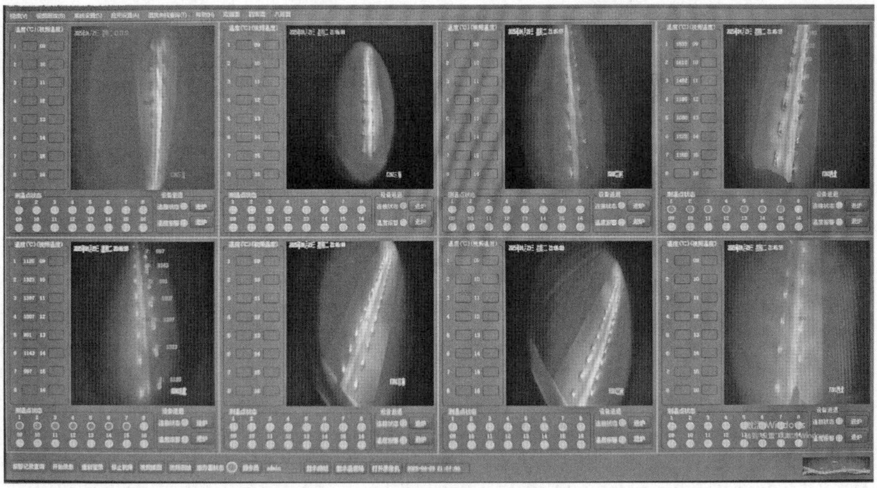

图 3　炉 202 火焰燃烧情况

3.2　环保治理

3.2.1　冷焦水 VOC 和含油污水池 VOC 治理

冷焦水罐、污油罐及污水池顶部蒸发出含硫化氢等恶臭物质的有害气体至胺洗罐 D-508 内，臭气在胺洗罐内与贫胺液进行气液两相逆流充分反应，并吸收硫化氢等有害气体，脱硫后的废气和含油污水池的废气全部进入加热炉进行燃烧。冷焦水 VOC 和含油污水池 VOC 均设置了联锁，确保了本质安全的同时也实现安全环保，如图 4 所示。

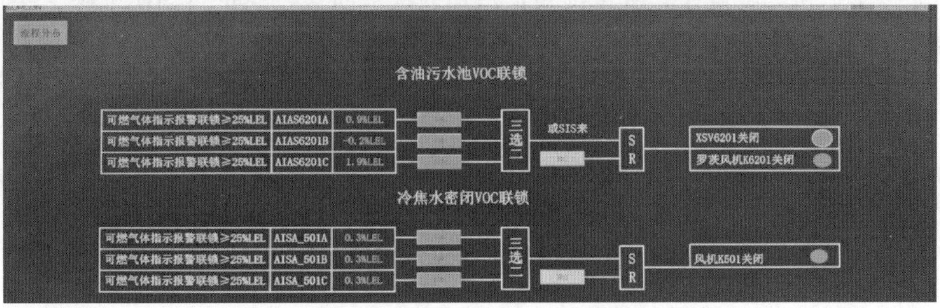

图 4　冷焦水 VOC 和含油污水池联锁逻辑图

3.2.2　加热炉 CEMS 外排表进国控平台

Ⅱ、Ⅲ套焦化整体生产平稳，对加热炉各个外排数据的监控尤为重要。焦化加热炉对各个外排数据均设置了高报和高高报，同时安排仪表人员定期对 CEMS 表进行校验，确保了数据的准确性，外排数据纳入了国控平台，极大地提高了大家对环保外排数据的重视，如图 5 所示。

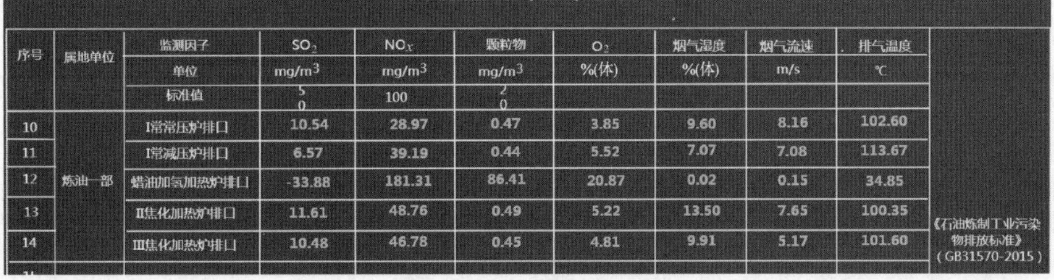

重点污染源监控（市控）-废气

序号	属地单位	监测因子	SO_2	NO_x	颗粒物	O_2	烟气湿度	烟气流速	排气温度	
		单位	mg/m^3	mg/m^3	mg/m^3	%(体)	%(体)	m/s	℃	
		标准值	50	100	20					
10	炼油一部	Ⅰ常常压炉排口	10.54	28.97	0.47	3.85	9.60	8.16	102.60	《石油炼制工业污染物排放标准》（GB31570-2015）
11		Ⅰ常减压炉排口	6.57	39.19	0.44	5.52	7.07	7.08	113.67	
12		蜡油加氢加热炉排口	-33.88	181.31	86.41	20.87	0.02	0.15	34.85	
13		Ⅱ焦化加热炉排口	11.61	48.76	0.49	5.22	13.50	7.65	100.35	
14		Ⅲ焦化加热炉排口	10.48	46.78	0.45	4.81	9.91	5.17	101.60	

图 5　装置外排数据实时监控表

3.3 智能化管理与预警系统

为实时监控机泵状态，焦化装置新增机泵健康管理平台实时监控机泵的振动值，并且通过检测的数据对机泵进行在线评估，对振动值较大的机泵，进行预防性检修，平台支持 PC 端与移动 App 双平台操作。

3.4 优化装置操作条件

在优化装置原料的同时，通过优化装置操作条件对减缓焦炭塔顶大油气管线结焦，分馏塔底部结焦以及加热炉管结焦起到了一定的作用，主要表现在以下几方面：

① 由于分馏塔塔底温度一般在 345~365℃范围内波动，属于高温易结焦的部位，温度控制不好会导致分馏塔塔底结焦严重[2]，造成底部抽出线过滤器。需严格控制分馏塔塔底温度不超过 362℃。

② 为了防止因焦层过高使焦炭塔冲塔，将焦粉带入大油气线甚至进入分馏塔底部从而导致结焦，在切塔后老塔继续注入消泡剂一段时间，同时继续注入急冷油，防止因塔顶温度过高导致塔顶大油气线结焦。

③ 控制焦炭塔小吹汽量，将其从 4t/h 减小到 2t/h。调整小吹汽量后，油气携带的焦粉量减少，分馏塔底部结焦状况及分馏系统产品质量均得到一定的改善。

4 采取措施后取得的效果

装置自措施实施以来，加热炉方面依据火焰检测系统和炉管温度定期比对，加工量实时进行调整；VOC 治理方面，自冷焦水 VOC 和含油污水池 VOC 进入加热炉进行焚烧，装置现场环境明显改善；机泵检测平台的上线对振动值较大的机泵及时进行切换维修，保障了装置本质安全。

5 结语

面对技术革新，装置要以拥抱的态度去对待。实践证明，只有技术不断地迭代更新，才能使装置更加安全平稳。对更新后的内容要加大培训力度，确保操作人员及时掌握。装置要实现安稳长满优生产，必须将安全环保有机结合。

参 考 文 献

[1] 瞿国华. 延迟焦化工艺与工程[M]. 2 版. 北京：中国石化出版社，2017：552.

[2] 石军计，王亦成. 浅析延迟焦化装置分馏塔底结焦原因及措施[J]. 化学工程师，2012，26(2)：57-58，64.

延迟焦化装置长周期运行及效能提升策略

郑　禹

（中韩（武汉）石化公司　湖北武汉 430080）

摘　要　影响焦化装置长周期运行的主要因素包括原料、重点部位结焦、设备故障及其他突发事故等。结合焦炭塔空高和空塔线速、加热炉定期清焦、分馏塔塔顶循定期水洗、分馏塔塔底焦粉外甩具体情况，对以上几个影响焦化装置长周期运行的因素进行分析，并对比采取一些措施后的变化。同时对标其他焦化装置提质增效措施，为本装置节能创效提供思路，为公司带来更多经济效益。

关键词　延迟焦化；长周期运行；分馏塔；加热炉；焦炭塔；提质增效

1　前言

中韩（武汉）石油化工有限公司炼油四部两套延迟焦化设计加工能力分别为 1.0Mt/a、1.5Mt/a。焦化装置以常减压装置的减压渣油、催化油浆和污泥为原料，进行高温热破坏深度转化，主要产品为焦炭、蜡油、柴油、汽油、液化气和干气。作为减压渣油处理的主要手段，延迟焦化装置已成为炼油厂重要的效益增长点，目前装置长周期运行可以带来安全环保可控、质量效益稳增等一系列成效，因此对装置的长周期运行提出了更高的要求[1]。经过多年的生产运行，炼油四部焦化片区在保证延迟焦化装置长周期运行方面积累了一定的经验。

2　长周期运行对策

2.1　长周期运行的瓶颈

2.1.1　加热炉炉管结焦

炉管管壁结焦引起热阻，使管壁温度上升，出现炉管压降上升、辐射泵负荷增加等问题，加剧炉管腐蚀和高温氧化，影响设备长周期运行。从加热炉实际运行过程来看，在长周期运行中明显出现了局部过热问题，并且炉管结焦加速影响了装置安全运行。针对这一情况，需要加强炉膛温度和出口辐射温度控制，温度过高造成设备承担较大热负荷，增加结焦概率；温度过低油品未能充分反应，影响产品收率，造成装置运行经济性下降。结合原料性质和装置加工量等各方面考量，需要将炉膛温度控制在 830℃ 以下、炉管管壁温度低于 650℃，辐射出口温度控制在 485～505℃，减少结焦的同时保证最终产品收率。

2.1.2　分馏塔塔盘堵塞

影响分馏塔长周期运行的因素主要是塔底循环系统携带焦粉及塔顶循环塔盘结盐。针对塔底循环系统携带焦粉情况，首先要抑制焦炭塔携带焦粉，其次保证足够的塔底循环回流量冲刷洗涤塔底人字挡板，定期清理塔底循环过滤器。由于原料渣油中含有 V、Ni、Cl、N、S 等金属和无机盐类物质，在裂解反应过程中生成的氯化物进入分馏塔生成 NH_4Cl 水溶液，在下流的过程中随着温度的升高，NH_4Cl 水溶液逐渐失水浓缩成为一种黏性很强的半流体或者析出，与铁锈、焦粉一起沉积附着在塔盘及降液管处，严重时降液管堵塞、回流中断，造成冲塔。

2.1.3　焦炭塔油气管线结焦

焦炭塔油气管线结焦会导致系统压力上升，其中炉出口温度、急冷油性质和急冷油量、吹汽时间和吹汽量等因素对油气线结焦影响较大。一般来说，提高加热炉出口温度，气液相产品收率增加，但同时焦炭塔气相负荷增大、气相线速高，夹带焦粉至分馏塔，过滤器、塔盘、调节阀被焦粉堵塞，产生分离效果变差以及焦炭挥发分低、焦炭变硬、除焦困难的风险；若加热炉出口温度偏低，原料渣油裂解缩合反应不充分，生成挥发分高、松散的软焦，焦炭塔吹汽时极易夹带焦粉；焦炭塔内上层泡沫层的高度会相应偏高，泡沫层由反应的中间产物起泡而形成，高度越高越容易导致焦粉携带；急冷油呈“品”字形往焦炭塔塔顶注入洗涤油气线，若发生偏流或流量不足油气线容易结焦，设备运行工况不稳定，装置安全操作难度提高。

2.2　采取措施

2.2.1　加热炉在线机械清焦

在线机械清焦指在装置不停工的情况下，单炉切出自然通风，炉管冷却降温后利用高压水泵产生 4MPa 的水压将清焦球带入炉管，机械清焦采用不同大小、类型的清焦球，如图 1 所示；清焦球在管道内来回运动，通过其表面附带的螺钉状金属物对管道内壁进行摩擦，将管道表面的焦炭刮除并跟随水流方向离开炉管，最终回收处理，清焦球操作示意如图 2 所示[2]。

图 1　清焦球

根据炉管壁温变化及炉管压降变化趋势，2#焦化加热炉实施在线机械清焦，C、D 路生产，A、B 路则切出吹扫干净后进行水力清焦，清焦干净后脱水升温重新引渣油入炉，生产稳定后再切出 C、D 路进行清焦。炉管清焦图片如图 3 所示、清焦前后压降见表 1、清焦前后管壁温度及瓦斯耗量见表 2。

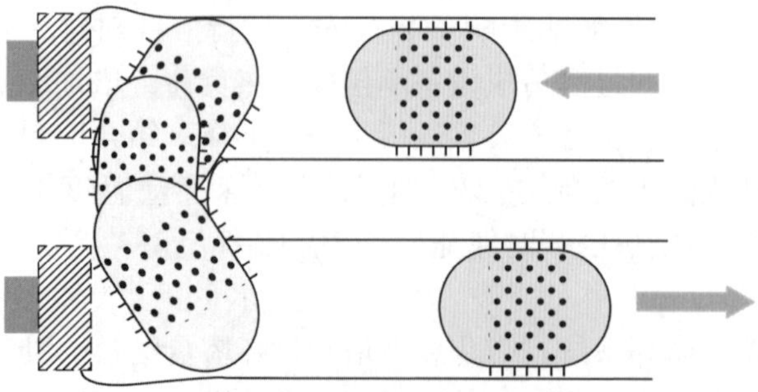

图 2　清焦球操作示意图

图 3　炉管清焦图片

表 1　清焦前后 ABCD 四路进料压降

项目		处理量/(t/h)	入炉压力/MPa	出口压力/MPa	压降/MPa
清焦前	A	42.38	1.19	0.38	0.81
	B	38.02	1.02	0.38	0.64
	C	42	1.11	0.27	0.84
	D	41.57	1.13	0.21	0.92
清焦后	A	43.07	1.02	0.39	0.63
	B	46.01	1.02	0.39	0.63
	C	43.99	0.96	0.34	0.62
	D	42.75	1.00	0.26	0.74

表 2　清焦前后管壁温度及瓦斯耗量

项目		TI2012/℃	TI2019/℃	瓦斯/m^3
清焦前	A	621.5	460.5	1320.9
	B	593.1	465.9	
	C	571.5	411	1371.8
	D	591.2	454	
清焦后	A	493.7	429.7	1129.2
	B	521.7	435.8	
	C	478.0	400.8	1320.0
	D	516.0	445.0	

从图 3 可知，本次炉管清焦的焦块厚度不一，平均结焦厚度为 5mm 左右，对加热炉传热效率造成较大影响，且焦块表面有明显的金属材质，说明焦块对炉管造成不可逆的损伤。

从表 1、表 2 可知，实施机械清焦后，A、B、C、D 四路压降均下降，分别下降了 0.18MPa、0.01MPa、0.22MPa、0.18MPa，四路的管壁温度也出现了不同程度的下降，其中最高温降达到了 127.8℃，且发现 A、C 两路结焦情况较为严重；通过清焦前后瓦斯耗量对比，机械清焦后瓦斯耗量降低，按每路分支 42t/h 处理量、时间为 6 个月计算，核增效益达到 489.377 万元，且有效地保护了加热炉炉管。

2.2.2　分馏塔塔顶循塔盘水洗

根据分馏塔塔顶循环系统运转工况判断塔盘是否结盐严重，如表 3 中参数所示，2#焦化顶循泵变频开至 65%时，顶循回流量仅为 19~20t/h，顶循集油箱基本无法保持较高液位时，无法维持基本的气液相交换，传质传热效果变差，基本可判断为塔盘结盐严重，浮阀间隙被铵盐、焦粉堵塞。

故 2#焦化分馏塔需水洗塔盘，从 P-2108/1 抽新鲜水量 20t/h 返回分馏塔塔顶，自上而下对顶循塔盘和柴油段塔盘进行洗涤，将塔盘浮阀间隙、调节阀正副线、泵入口滤净，提高分离效果，有利于优化调控汽油和柴油的馏出点，提高效率。根据水洗效果选取 2020 年 4 月 20 日顶循水洗前后参数对比，由表 3 可明显发现，实施塔盘水洗后顶循中含盐量大幅降低，效果明显，有效地改善了顶循系统的运行状况。

表 3　分馏塔塔顶水洗前后对比

时间	顶循泵变频/%	顶循流量/(t/h)	顶循氯离子含量/(mg/L)	柴油氯离子含量/(mg/L)
水洗前	65	19~20	36641	28927.2
水洗后	35	35	482.1	964.2

2.2.3　分馏塔塔底焦粉外甩

根据分馏塔塔底温度、底循泵运行情况，判断分馏塔塔底焦粉堆积情况，1#焦化分馏塔塔底温度偏低，底循泵出口压力不稳时常抽空，对 1#焦化分馏塔塔底焦粉进行外甩，图 4 为分馏塔塔底焦粉，表 4 为分馏塔塔底焦粉外甩前后相关数据对比。

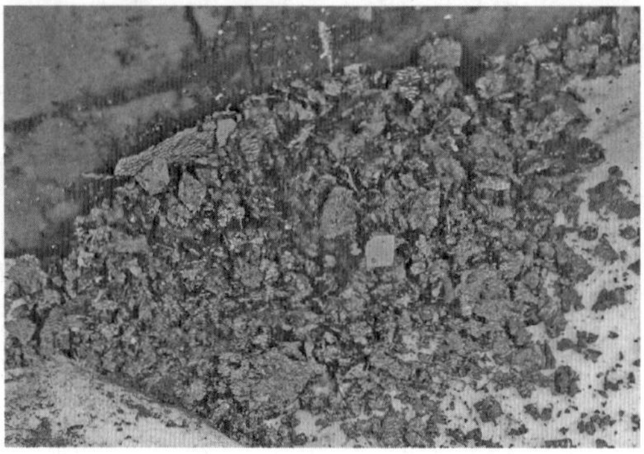

图 4　1#焦化分馏塔塔底焦粉

表 4　分馏塔塔底焦粉外甩前后相关数据

时间	分馏塔底温/℃	原料换热终温/℃	底循泵出口压力/MPa
外甩前	287.99	275.66	0.6~0.8
外甩后	309.84	281.37	0.8~1.0

图 4 为分馏塔塔底焦粉，从图中可明显看出，焦炭形态有片状焦和粉末状焦两种形态，且片状焦占主要比例。片状焦主要是油气线内壁形成的焦炭脱落进入分馏塔塔底；由于焦炭塔采用间歇操作，此过程中大油气物流温度会发生变化，大油气管线和焦炭热膨胀系数不同，导致焦层剥落，被携带至分馏塔。剥落的焦层随大油气进入分馏塔塔底。粉末状焦主要是正常生焦过程中，焦炭塔内产生的高温油气与缩合反应形成的细小焦粉会在焦炭塔内形成一定高度的泡沫层。在焦炭塔生焦后期，焦层增高，焦炭塔空高降低，容易将焦粉携带到分馏塔中，进而在分馏塔中形成粉末状焦[3-4]。

由表 4 可知，分馏塔塔底焦粉外甩后，分馏塔底温、原料换热终温、底循泵出口压力均上涨，其中分馏塔底温上涨幅度达 21.85℃，主要是因为将焦粉外甩后，循环油系统顺畅，底温上涨、泵运行情况好转。

故通过对图 4、表 4 分析可知，此次分馏塔塔底焦粉外甩起到良好效果，使循环油系统的运转更为顺畅，同时避免焦粉对分馏其他部位造成影响，为分馏塔长周期运行提供了有力的支持。

2.2.4　减少焦炭塔焦粉夹带

通过调整急冷油注入位置，采取环形喷射管，提高急冷油注入量，降低焦炭塔塔顶温度（<420℃），大量急冷油洗涤掉了油气中携带的焦粉，同时塔顶温度降低，也减少了焦炭塔

瓦斯线结焦。

同时要及时关注由处理量引起的空高变化。2#焦化焦炭塔直筒段每米约为50t焦炭，按焦炭收率30%计算，产生1m焦炭约需要渣油166.7t，目前为24h生焦，辐射分支进料量为166.7÷24÷4=1.7(t/h)。即加热炉分支流量减少(增加)1.7t/h，焦炭塔空高增加(减少)1.0m；以各分支处理量为40t/h计算，切四通延长(缩短)1h，焦炭塔空高减少(增加)0.96m。以此计算，及时改变消泡剂的注入量。

3　效能提升策略

对标其他炼厂焦化装置，总结如下较好的节能措施。

3.1　加热炉排烟温度与氧含量优化

某焦化装置使用加热炉低氧燃烧优化控制系统，投运后烟气氧含量由原来的4.4%降至平均2.5%，排烟CO含量30mg/kg，排烟温度由原来的115℃降至105℃。

某焦化装置加热炉烟道增上CO分析仪在线实时监控烟气中CO含量，烟气CO含量按照50mg/kg控制，炉膛氧含量由2%~4%降至1.5%~3.5%；同时进行加热炉余热回收改造，增上空气预热器采用两回程板式空气预热器加铸铁板空气预热器的型式，加热炉排烟温度由原来的170℃降至100℃。

3.2　保温改造

焦化高温部位的保温改造主要集中在焦炭塔和转油线。

某焦化装置焦炭塔保温结构整体更换。筒体、顶部封头及锥体保温材料采用50mm厚的硅酸铝针刺毯+1层50mm厚的憎水型复合硅酸盐板材+3层40mm厚的憎水型复合硅酸盐板材，保证总保温厚度为220mm。通过对比焦炭塔塔壁温度，最高上升约51℃，保温效果明显。

此外，还有装置炉出口至焦炭塔管线保温整改，保温材料采用7层气凝胶+2层硅酸盐板材，温降由9℃降至3.6℃，节约能量0.86MW。

3.3　大吹汽水代汽节能技术

某焦化装置采用焦炭塔大吹汽水代汽节能技术，即SS智能喷雾系统，用除氧水代替部分蒸汽进行焦炭塔大吹汽，节省大吹汽时蒸汽用量，并降低蒸汽管网压力波动。焦炭塔“水代汽”设施，每个生焦周期消耗蒸汽16t，凝结水7t，较原先的焦炭塔大吹汽(22t)节约蒸汽约6t，年节汽约2376t。

3.4　分馏塔下部人字塔盘进行改造

某焦化装置分馏塔下部人字塔盘进行改造，将原来的塔盘结构改造为两层喷淋结构，提高了分馏塔下部循环油与渣油的换热温差，使渣油换热终温较改造之前提高将近10℃，除去焦炭塔预热时间段，渣油进加热炉温度可以达到310℃以上，节约瓦斯消耗约0.5t/h。

4　结论

本文分析了影响中韩石化两套焦化装置长周期运行的因素并采取了相关措施，包括焦炭塔空高的控制、加热炉定期清焦、分馏塔塔顶循定期水洗、分馏塔塔底焦粉外甩，优化了装置整体运行工况，同时总结同类焦化装置节能提效措施，为本装置节能创效提供思路，从而为公司带来更多经济效益。

① 实施机械清焦后，加热炉四路压降、管壁温度均下降，按每路分支42t/h处理量、

时间为 6 个月计算，核增效益达到 489. 377 万元，且有效地保护了加热炉炉管。

② 通过分馏塔塔顶洗盐，在维持正常生产的状态下，顶循泵的变频由 65%降至了 35%，通过分馏塔塔底焦粉外甩，分馏塔底温由 287. 99℃升至 309. 84℃。

以上两个措施，均有效地改善了顶循及底循的运行情况。

③ 为降低焦炭塔焦粉夹带至分馏塔，除有效注入急冷油外，计算得出加热炉分支流量减少(增加)1. 7t/h，焦炭塔空高增加(减少)1. 0m；当处理量变化时，及时改变消泡剂的注入量。

④ 对标其他焦化装置提质增效措施，分别对加热炉排烟温度与氧含量优化、保温改造、大吹汽水代汽节能技术、分馏塔下部人字塔盘进行改造，为本装置节能创效提供思路。

参 考 文 献

[1] 魏文，张灵，侯勇．延迟焦化装置长周期运行瓶颈分析及对策[J]. 石化技术，2015，22(11)：6-8.

[2] 高建强．机械清焦技术在延迟焦化加热炉的应用[J]. 清洗世界，2022，38(3)：25-27.

[3] 王晓强，杨有文，张宏锋，等．焦化分馏塔下游过滤器中焦炭形态的分析及改进措施[J]. 石油炼制与化工，2017，48(10)：71-74.

[4] 周鸿．延迟焦化装置长周期运行影响因素分析[J]. 炼油与化工，2018，29(1)：20-23.

S-CCHS 密闭除焦技术长周期环保运行优化策略

龙子钊　张　欢　王　宾

（中国石化青岛炼化公司　山东青岛 266500）

摘　要　某公司于2019年大检修新上密闭除焦系统，由于该系统属于新技术、新设备，实际生产中无长周期稳定运行及维护经验，存在局部设计不合理、部分设备不适应实际工况的问题，在投用期间发生多次影响装置稳定生产的故障。通过不断摸索和积累运行维护经验，细化定时维护工作及预防性维修策略，在大检修和机械清焦期间，对破碎机、螺旋提升机、耐磨水泵、防爆小屋等方面进行全面优化改造，逐步实现了密闭除焦系统长周期运行。

关键词　延迟焦化；密闭除焦；螺旋提升机；耐磨水泵；粉焦

1　前言

随着全球原油重质化、劣质化不断加速，对轻质油的需求越来越大，延迟焦化作为重质渣油加工转化的作用日益突出[1]。传统的焦化装置采取水力除焦、敞开式焦池抓焦工艺，在除焦、抓焦过程中有一定数量的有毒有害气体及挥发有机物无组织对大气排放，难以满足国家排放标准。焦化装置作为我公司渣油处理唯一途径，对公司整体安全稳定生产起着举足轻重的作用，因此新增密闭除焦并实现该系统的长周期稳定运行迫在眉睫。

2　装置简介

某公司延迟焦化装置于2008年5月建成投产，规模为290万t/a，采用“两炉四塔”20h生焦工艺技术，是渣油唯一后续处理装置，在公司渣油平衡及全流程生产中起着至关重要的作用。2019年大检修期间焦化装置实施密闭除焦项目改造，采用中国石化S-CCHS密闭除焦技术，项目主要内容为：焦炭塔塔底盖机下部增上双齿辊结构的筛分破碎机，取消焦池一级沉淀池，改为两个隔开的密闭焦仓，将传统行车抓斗式取料设备改为螺旋提升机+带式输送机外送石油焦至管带机；流程如图1所示。整个系统包括：闸板阀式顶/底盖机、筛分破碎机、密闭石油焦脱水仓、螺旋提升机、尾气回收及处理[2]。

因该系统技术尚未成熟，稳定运行经验少，不管是设备设计制造还是工艺操作控制等方面都存在一定的不足，使系统投用后，暴露出较多问题，主要问题有仓内蒸汽较大且消散缓慢、仓内设备故障率较高、控制系统组态不完善影响操作维护等。由于密闭除焦系统设备、仪表等为单台设备无备用，任何故障均影响正常取料，自投用以来曾多次引起装置加工量调整。因两仓所有设备均在同一膜结构框架内，日常取料及检修维护均受两仓互相影响，检修可用时间较少。自2021年9月起，公司焦化装置持续满负荷生产，单塔生焦量约1300t/塔，密闭除焦系统运行压力骤增。

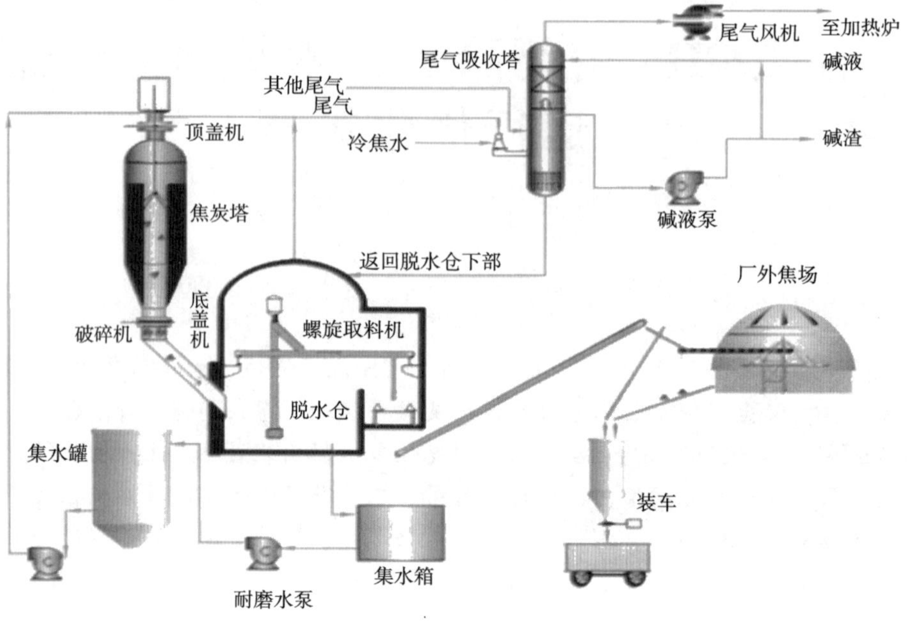

图 1 石油焦密闭除焦技术系统流程

3 日常维护管理

2021 年，密闭除焦系统运行虽不足 3 年，但仓内设备已然处于故障高发期。随着加工负荷的上涨，生焦高度增加，除焦、取料时间加长，留给系统设备故障排除及处理的时间则大大缩短。为不影响装置生产波动，迫切需要建立齐全有效的故障排查处理体系。日常维护管理方面，重视细节、精益求精，推行设备运行维护管理的“表单化、全员化、定期化、精细化”，以全面、高质、高效地落实定时性事务及预防性维修策略，稳步降低密闭除焦系统内设备故障率。

3.1 常见问题表单化，缩短异常排除时间

通过总结以往维护经验，深入分析现有问题和不足，除对每台设备制定预防性维修策略外，组织操作班组及维保单位开展同行业系统以往故障案例的分析、学习；结合公司实际资源及管理现状，建立了密闭除焦系统设备故障检查处理表单，以便更快地锁定故障根源，制定解决方案，缩短故障处理时间。目前我们梳理统计了可能引发异常的 95 种问题，并列出了每种问题的临时处理方案及时间、彻底消缺时间，帮助维保单位和除焦班员工熟悉系统常见故障，排查问题直指要害；同时针对每类设备不同问题，现场备好检修专用工器具及备件，最大限度地缩短各类问题排除时间，见表 1。

3.2 出谋划策全员化，逐项解决频繁故障

通过不断总结经验和落实表单化作业，异常问题发现和处理时间明显缩短。在故障排除时间缩短之后，如何从根源解决频发性故障成为关键。为此发动全员出谋划策，任何缺陷刨根究底，软件硬件双管齐下，逐项解决频繁故障。首先激发除焦班组、维保单位改善自身工作环境、降低操作维护工作量的欲望，发动其提出改进需求建议，同时积极与厂家、设计单位、同行业技术人员等交流各项改进措施的合理性及可行性；其次从操作控制系统、设备硬

件结构材质等方面入手，落实各项改进措施，根治频发故障。

表 1　密闭除焦系统设备故障检查处理表单(大车不动作故障处理)

故障现象	故障可能原因	如何检查确认	如何临时处理	处理经过	预计检修时间(临时处理)	预计检修时间(更换处理)
大车不动作	大车向某一个方向不动作	检查大车倒挂轮是否脱落、卡涩	找合适的垫板垫起	用合适的垫板垫起轮轴、观察运行	1h	6h 左右
		检查行走轮是否正常转动，轴承是否损害	—	—	—	从动轮 6h，驱动轮 8h(需动火切割，均需搭设脚手架)
		检查行走轮联轴器是否正常转动，是否打滑	如打滑垫铁板或螺栓、较严重时需焊接	磨损较严重时临时采用焊接	4h	6~8h
		检查抱闸是否能正常开关	调整抱闸松紧	调整抱闸电机拉紧装置	1h 内	4h
	行走电机故障、变频器故障	检查抱闸是否正常开关	调整抱闸	如抱闸不能正常开关调整抱闸张紧	1h 内	4h
		检查大车西侧放脱轨轮	调整轮轴	轮轴下沉用垫板调整	1h 内	6h、用火、搭设脚手架
		检查电机是否正常运作	更换	电机损坏需更换电机		6h 以上需吊装、脚手架、用火

3.3　维护工作定期化，见缝插针消除隐患

为确保在高负荷生产条件下，按期高质实施密闭除焦系统的预防性维修，设备专业、工艺专业配合无间、群策群力，见缝插针消除隐患。主要做法：一是利用常减压装置生产沥青、焦化装置负荷相对偏低的契机，临时调整生焦看板，延长生焦时间；吊卸顶棚，排除一仓除焦对另一仓检修的影响，在不影响装置加工负荷的情况下，最大限度地延长设备检修时间。借此机会集中消缺，开展如水平皮带更换(需连续检修 10h 左右)、更换各减速箱(需约 5h)等检修用时较长而无法在日常生产期间进行的预防性维修。二是为保障仓内关键设备的正常运行，我们还在加热炉机械清焦期间对螺旋提升机、取料头、大小车、带式输送机等仓内设备设施进行检修，以保障仓内关键设备可以在一个加热炉清焦周期(8 个月左右)内平稳运行。这样大幅降低了日常生产期间的特殊作业频次，虽然预防性维护期间特殊作业稍多，但重视程度的提高，对直接作业环节安全及检修质量的把控更加到位。

3.4　日常检查精细化，查漏补缺消死角

在解决频发故障和推动定期工作执行后，密闭除焦系统运行稳定性有所上升，但由于仓内长期处于腐蚀性水汽恶劣环境中，常规条件下根本不会出问题的设备设施也可能会损坏而影响装置生产，故此时更应注重日常检查的精细化，查漏补缺，加强对平常关注度不够的部位检查要求，消除维护死角和盲区。例如，加强仓内梯子、平台等劳动保护设施的检查；强化对水平带式输送机皮带底部支架及中间托辊的检查，及时更换腐蚀损坏托辊及支架，降低其掉落卡进提升机的概率；增加对螺旋提升机桃型减速机、安全联轴器、扭矩限制器以及大车行走电机等这些安装位置尴尬不便检查但又尤为重要的设备设施的定期维护要求。

4 重点优化改进及取得效果

4.1 筛分破碎机的优化改造

密闭除焦系统筛分破碎机安装在焦炭塔塔底，用来破碎焦块，但由于设计与实际不匹配，破碎后石油焦的粉焦比率大幅上升，造成焦仓内、皮带传输点和厂外焦场扬尘增加，还降低了石油焦产品质量。为降低石油焦产品中粉焦比例，改善石油焦输送及堆放环境，提高石油焦产品经济效益，对四台破碎机进行切齿改造。

破碎机改造后，对转运至焦场的石油焦粒径分布进行了筛分和采样分析。综合考虑实验室化验分析和采样的代表性，对比破碎机改造前后石油焦粒径分布情况发现：大于 3cm 的石油焦占比明显上升，平均上升约 12.2%；1~2cm 与 2~3cm 的石油焦占比变化较小，分别为-0.78%和 1.65%；小于 1cm 的石油焦占比明显减少，平均减少约 13.11%，小于 8mm 的石油焦粉焦占比约 11.13%，具体情况见表 2。

表 2 破碎机改造前后石油焦粒径分布对比 %

粒径	改造前质量百分比	改造后质量百分比	差值
>3cm	13.94	26.14	12.2
2~3cm	12.19	13.84	1.65
1~2cm	17.10	16.32	-0.78
<1cm	56.79	43.68	-13.11
<8mm	54.45	43.32	-11.13

综合多次采样平均情况，破碎机改造后石油焦粉焦量降低至 43.32%，较改造之前的 54.45%下降 11.13%，粉焦量下降明显，石油焦单价上涨约 100 元/t。我公司年石油焦产量约为 95 万 t，其中 60%用来外售，仅此一项改造，带来约 5700 万元/a 的长期收益。切齿改造后，改善了皮带机转输面貌，降低了厂外焦场内部粉尘，又提高了焦炭质量，焦炭价格进一步上升，创造了长期经济效益，最大限度地发挥了资源配置的效用。

4.2 耐磨水泵改造

焦化密闭除焦系统耐磨水泵 P405 为长轴液下泵，整体碳钢材质。自 2019 年 8 月投用以来，除焦水腐蚀、焦粉冲刷及泵结构设计缺陷导致其平均无故障运行时间只有 1 个月左右；且受现场空间狭窄及长轴液下泵检修工序影响，每次检修难度较大、时间较长，存在较大作业风险。而该泵主要用来将脱水仓流入集水箱内的水外送至沉降水罐，以实现除焦水循环利用，在密闭除焦系统中的工艺位置非常重要。故其存在的高故障率、长维修时间的问题，是密闭除焦系统长周期平稳运行中的较大隐患，亟待攻关解决。

前期虽多次对耐磨水泵进行攻关改造，但效果不佳，改造后耐磨水泵平均寿命仅 4 个月左右，且机泵长期振动过高，进一步影响机泵寿命。2022 年 8 月，经过多方研究，最终确定改造方案，先后对两台机泵从材质升级、降低扬程、强化支持轴承座、更改叶轮形式等方面进行整体改造。改造后电流由 94A 下降至 69A，节能效果明显；同时避免了密封漏水现象，现场面貌提升；机泵振动也由原来的 10mm/s 降低至 1.8mm/s 左右，见表 3。目前耐磨水泵运行寿命已达到 2a 以上，运行可靠性大幅提升，降低故障处理时间约 5h/次。

表3　耐磨水泵改造前后对比

机泵	电流/A	振动/(mm/s)	寿命/月	年电耗/(kW·h)	现场面貌
旧耐磨水泵	94	10.0	4.0	36.4万	填料漏水
新耐磨水泵	69	1.8	>24	27.8万	密封良好

4.3　浮动连接器改造

筛分破碎机与底盖机连接处的盘根密封式软连接在使用过程中泄漏频繁，为维护工作带来极大困扰和不便，同时非常影响现场面貌。造成此后果的原因主要有两方面：一是瞬时承压高，除焦钻孔钻透时，软连接处承受的水压约30MPa，原设计的软连接盘根密封性和承压性能差，从而导致物料从软连接盘根处喷出；二是工况变化大，焦炭塔塔底温度在生焦、除焦两个阶段的温度差异约390℃，温度变化伴随着焦炭塔的横向和垂直位移，软连接无法实现全程密封。

2022年7月，以C塔为试点，将盘根密封式软连接改为浮动连接器，浮动连接器本身给焦炭塔保留了位移空间。在生焦阶段，焦炭塔受热伸长带动护筒下降，密封圈脱离可调密封筒体，水平方向的移动也不会对密封圈造成磨损，由此实现浮动连接；在除焦阶段，焦炭塔受冷收缩带动护筒上升，此时护筒带动密封圈，与可调密封筒体的密封条压缩变形，实现密封。如图2所示。

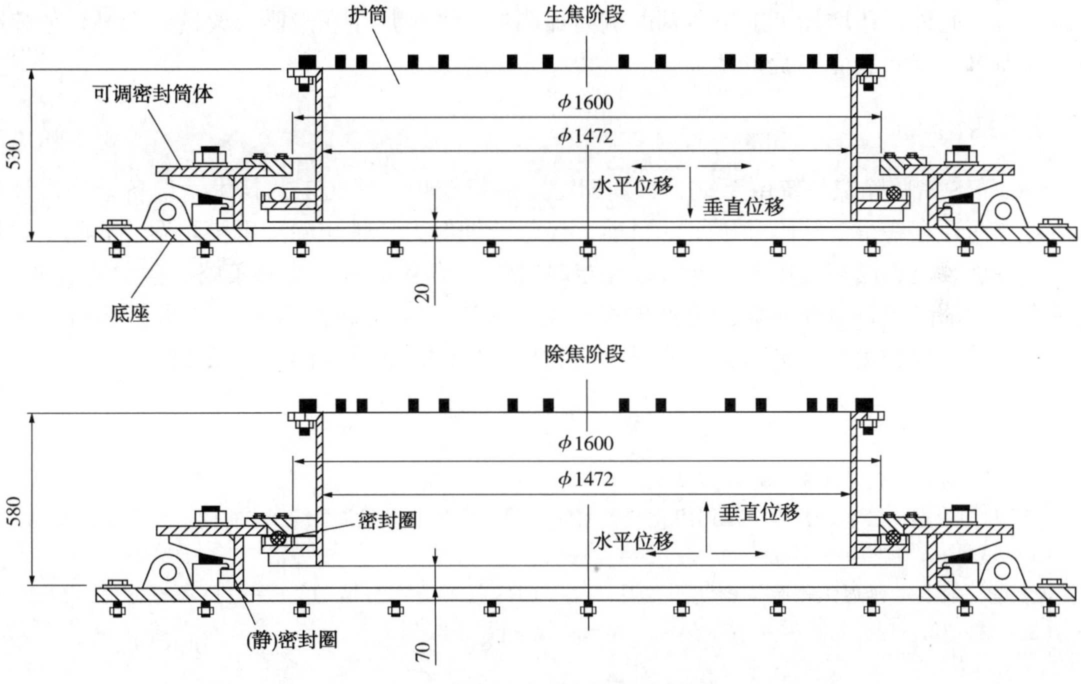

图2　破碎机浮动连接器示意图

4.4　防爆小屋移位

防爆小屋位于行车大车头部，内设电气分柜和仪表分柜，主要起到电机控制、仪表通信传输、接线中转的作用。其位于蒸汽聚集区，内部的电气元件容易受到仓内水汽、高温、油气的影响发生故障。仓内长时间存在水雾和有害气体，能见度低，不利于人员日常巡检和故障排除，潮湿环境对于电气元件质量存在一定影响。为了摆脱脱水仓上部集聚的水汽造成的潮湿环境，此次检修将防爆小屋从“大车头部”移动到“脱水仓东门外”，取得了改善环境、巡检方便、故障排查迅速等多方面兼顾的效果。

同时为解决大车拖链损坏频率较高、拖链电缆故障频发的问题，依托于防爆小屋移位，检修还对大车拖链及槽盒进行了加宽改造，将拖链材质由铝合金+工程塑料升级为304不锈钢，并对大车拖链内的电缆全部更换。通过此次改造，解决了拖链槽盒附属严重、拖链损坏故障率高、拖链侧翻等问题，改造后，拖链故障率降低为0，节约费用约18.4万元/a。

4.5 提升机主螺旋系统优化

螺旋提升机是密闭除焦核心设备，其由喂料头、输送管总成、与输送管同轴安装的螺旋总成、喂料头驱动装置、出料口、齿轮箱、驱动电机七大部件组成[3]。由于提升机长期运行在水汽环境中，石油焦物料含水含硫，导致主螺旋叶片、套筒、耐磨轴瓦磨损和腐蚀情况严重，同时，提升机工作时主螺旋内物料携带不均匀，正常取料期间提升机电流在150~200A波动，各传动部位扭矩变化大，主螺旋连接件受力变化频繁易产生疲劳导致失效。

针对以上问题，我公司对主螺旋系统进行了材质和结构升级。在提升主螺旋耐腐蚀耐磨水平方面，将螺旋叶片材质全部由Q345升级成NM360；同时将原镶嵌高硬度硬质合金结构改为衬板+堆焊低硬度耐磨层结构，以延长滑动轴承的使用寿命。在增加主螺旋连接部位强度方面，将螺旋提升机主轴连接法兰盘处由原来的直角过渡改为锥形过渡；同时优化定位芯轴结构，增大接触面积，接触高度由80mm增至140mm，芯轴配合面处加工润滑油槽，提高承载能力，此外，还增加了定位芯轴的侧向加脂口，便于加注润滑脂。改造后提升机故障频率下降50%，运行稳定性提升明显。

5 结语

S-CCHS密闭除焦系统由于缺少长周期稳定运行经验，其在工艺技术、设备结构设计及制造等方面还存在很多缺陷和不足。目前，经过长期努力，密闭除焦系统频发性故障已逐步消除，各项改进也已初显成效。通过细化定时维护工作和预防性维修策略，强管理促落实，及时发现并消除设备潜在缺陷，积极攻关和优化改造，实现2023年全年无故障运行，无故障运行时长较以往提升5倍以上，装置长期满负荷生产，加工量同比增长14%。

参考文献

[1] 于亚飞．延迟焦化密闭除焦技术发展现状及展望[J]．辽宁化工，2023，52(1)：135-137.

[2] 杨成炯，魏鑫，朱华兴，等．延迟焦化装置密闭除焦技术现状及发展[J]．炼油技术与工程，2018，48(1)：33-36.

[3] 温传忠，杜亮．延迟焦化装置密闭除焦系统S-CCHS技术应用总结[J]．炼油技术与工程，2023，53(8)：28-32.

装置改造、设备防腐及故障分析

延迟焦化装置分馏塔技术改造及运行效果

孙大宽

（中国石化齐鲁石化公司　山东淄博 255400）

摘　要　针对某炼油厂延迟焦化装置存在的问题，实施相应技术改造，达到预期效果。改造后装置处理负荷提高，渣油残炭值由16.920%增至18.43%，在原料变重的前提下，液体高附收率由67.93%提高到68.58%，石油焦收率由26.7%降到26.32%，蜡油收率由15.15%提高到16.5%。

关键词　循环比；分馏塔；产品分布

1　前言

某炼油厂延迟焦化装置于2007年建成投产，生产能力为1.40Mt/a。随着原油性质劣质化、渣油残炭值逐步升高、重油加氢装置扩能等，该装置处理能力降低，液体收率降低，影响装置效益和经济技术指标。因此，于2012年，通过对分馏塔内部结构及流程进行改造，降低了装置循环比，从而增加了装置处理量（扩建为1.70Mt/a），合理调整焦化产品分布及产品质量。

2　改造前存在的问题

① 某炼油厂原油加工能力从10.00Mt/a扩至13.00Mt/a、原油性质劣质化、渣油量增加，需要延迟焦化装置处理量由1.40Mt/a扩能至1.70Mt/a。而延迟焦化装置在不更换分馏塔及焦炭塔设备的情况下，分馏塔是不能够满足扩能后的处理负荷的。

② 分馏塔有中段回流系统，没有循环油系统，装置的循环比主要通过蜡油下回流来调节。改造前分馏塔的装置循环比为0.15～0.25，装置的处理量为1.40Mt/a。这种型式的分馏塔轻油收率较高、液体收率较低、液体高附收率下降0.2～0.3个百分点，不能满足现阶段的延迟焦化发展形势。

③ 分馏塔蜡油系统的蜡油是通过汽液接触从而得到产品，产品之间的重叠性较大，蜡油下回流量较大，最大量达120t/h，蜡油干点比同类其他焦化装置的分馏塔干点低40～50℃，蜡油产量低。

④ 改造前，分馏塔塔盘为37层，装置系统压力较高，液体收率较低，焦炭产量较大，高附加值产品较少。经核算，焦化装置扩能后，分馏塔部分塔盘负荷较增大，而开孔率偏小，需更换高效塔盘。

3　分馏塔改造项目

3.1　设备改造

① 取消分馏塔的中段回流系统；改变蜡油下回流的注入方式，在分馏塔下部（蜡油系统下部）建立一个循环油系统，使蜡油下回流；增加过滤器过滤蜡油中的焦粉，再分为上下两

路进料，入塔后为环形管，环形管上有喷嘴，蜡油下回流由一段喷嘴改为两段喷嘴，目的是使蜡油雾化，保证与焦炭塔来的油气充分接触，避免对大油气线形成汽阻，降低蜡油下回流量，从而降低装置循环比，增加装置处理量。改造前后分馏塔流程示意如图1、图2所示。

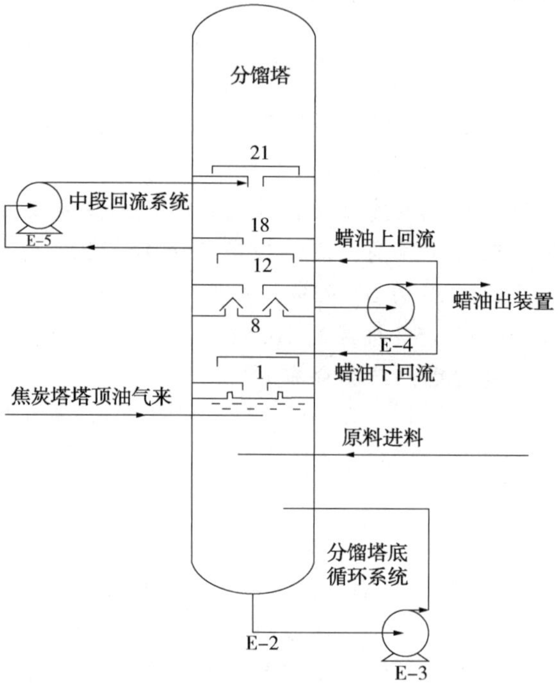

图1　改造前分馏塔流程示意图

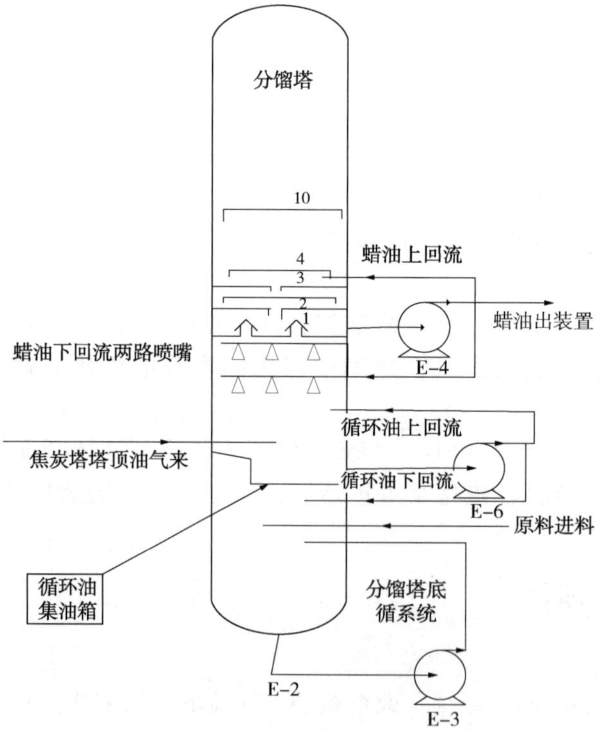

图2　改造后分馏塔流程示意图

下回流的普通开孔线改造为蜡油湍旋微分布器，可有效降低洗涤油的使用量，提高油气洗涤换热效果，且能有效控制分馏塔的内结焦，喷淋的液滴粒径可通过压力降控制，喷淋的洗涤油量可通过洗涤后油气的温度进行控制。

② 为降低装置的系统压力、提高液体收率、降低焦炭产量，将分馏塔的塔盘数从37层减少至29层。同时将分馏塔1~3、17~19共6层塔盘更换为BJ高性能浮阀塔盘，塔盘直径为ϕ4200mm/ϕ4600mm。其余塔板支撑利旧，具体塔盘结构参数见表1。

表1 塔盘主要结构参数

塔板层号	溢流形式	塔径/mm	基本板间距/mm	降液管面积/塔截面积/%	开孔率/%	出口堰高(侧/中)/mm	底隙(侧/中)/mm
1~3层（原9~11层）	双	4600	800	10	16.23（更换）	50/50	80/60
4~8层（原12~16层）	双	4600	800	10	14.88（不变）	50/50	50/50
9~16层（原17~24层）	双	4200	600	10	16.04（不变）	50/50	50/50
17~19层（原25~27层）	双	4200	600	10	16.04（更换）	50/50	50/50
20~25层（原28~33层）	双	4200	600	10	13.05（不变）	50/50	50/50
26~29层（原34~37层）	双	4200	600	10	13.05（不变）	50/50	50/50

3.2 工艺操作优化

① 在控制好分馏塔蒸发段温度前提下，降低蜡油下回流量，从改造前120t/h降至40~50t/h，降低了装置循环比，增加了装置处理量。

② 在保证分馏塔安全生产的前提下，通过控制分馏塔侧线回流量，汽油的干点按照不大于235℃控制、柴油的95%点按照不大于365℃控制，减少了汽油、柴油、蜡油产品的重叠，增加产品收率。

③ 调整焦炭塔生焦周期，从24h改为20h，使装置处理量增加。

4 改造后装置运行效果

通过分馏塔改造前后原料性质、装置操作条件、液体产品性质、产品收率、实际加工能力及能耗数据5个方面的实际运行数据的对比(表2~表6)，可以发现，改造后装置各项经济技术指标均优于改造前。改造前数据为2008年至2012年8月的分析数据，改造后数据为2014年1月至2015年6月的标定数据。

表2 原料性质

项目	改造前	改造后	项目	改造前	改造后
密度(20℃)/(kg/m^3)	1010.08	1013.85	538℃馏出量/%(体)	9.61	9.30
馏程/℃			凝点/℃	43.83	36.67
初馏点	453.43	455.68	硫含量/%(质)	2.76	2.76
10%	536.56	540.02	总氮含量/%(质)	1.67	1.50
500℃馏出量/%(体)	3.16	3.11	残炭含量/%(质)	16.92	18.43

表 3　装置操作条件

项目	改造前	改造后	项目	改造前	改造后
焦炭塔塔顶压力/MPa	0. 13~0. 16	0. 13~0. 16	循环比	0. 15~0. 25	0. 05~0. 10
加热炉出口温度/℃	492~493	492~493			

由表 3 可以看出，分馏塔内部流程改造后，装置的处理量比之前增加，但是装置系统压力变化不大，加热炉出口温度基本不变，装置的循环比变化较大，改造后循环比降低 0. 1~0. 15，循环比的变化主要是因为分馏塔改造后，蜡油下回流增加喷嘴雾化，蜡油下回流量减少了 77t/h，使加热炉进料中循环油量减少，装置处理量增大。

表 4　液体产品性质

项目		改造前			改造后		
		汽油	柴油	蜡油	汽油	柴油	蜡油
密度(20℃)/(kg/m^3)		741. 67	868. 82	929. 48	748. 29	866. 93	934. 62
馏程/℃	初馏点	38. 99	190. 38	232. 86	35. 59	199. 95	246. 39
	10%	65. 32	241. 73	370. 18	64. 91	255. 59	364. 07
	50%	133. 94	292. 34	404. 94	143. 63	296. 72	413. 00
	90%	191. 69	348. 99	428. 93	209. 14	346. 55	465. 93
	95%		360. 48			356. 77	
	干点	211. 91		450. 49	225. 53		503. 88
硫含量/%(质)		1. 09	1. 67	1. 99	1. 26	1. 60	1. 72
硫醇硫/%(质)		0. 24			0. 27		
总氯含量/(mg/kg)		1. 50		0. 62	1. 02		
氯盐含量(mgNaCl/L)			2. 09	2. 31		2. 25	2. 12
十六烷值			41. 13			42. 69	
闪点/℃			50. 54			56. 25	
凝固点/℃			-3. 38	28. 11		-0. 82	32. 82
溴值(gBr/100g)		82. 05	43. 61		75. 74	28. 05	
酸度(mgKOH/100mL)		0. 45	8. 15	0. 13	0. 21	1. 21	0. 14
碱氮含量/(mg/kg)			1167. 85			1347. 21	
残炭含量/%(质)				0. 47			0. 52

由表 4 可以看出，焦化装置分馏塔改造前后，汽油的干点、柴油的 95%点、蜡油的干点变化较大，主要是分馏塔内部塔盘分布的改变及分馏塔内部流程变化，汽油及柴油的馏程重叠减少，蜡油干点增加。改造后比改造前蜡油的干点增加 53. 39℃，说明分馏塔改造后，装置的蜡油产量增加、装置的液收增加。

表5　产品分布　　%(质)

项目	改造前	改造后	项目	改造前	改造后
一、进料	100	100	汽油	21.57	22.17
渣油	98.68	97.82	柴油	27.29	26.9
开工柴油			蜡油	15.15	16.5
开工蜡油	0.02	0.07	液化气	3.92	3.01
污油			石油焦	26.7	26.32
催化油浆		1.02	轻回收油		0.23
二、三常瓦斯	1.3	1.09	重回收油	0.06	0.01
产品			损失	0.05	0.05
干气	3.36	3.64	轻油收率	48.86	49.07
酸性气	1.4	1.17	液体收率	67.93	68.58

注：轻油收率为汽油及柴油收率之和，液体收率为汽油、柴油、蜡油及液化气收率之和。

通过表5可以看出，分馏塔改造后，装置的轻收有所增加，主要与装置改造后对汽油的干点及柴油的95%点控制有关系。改造后原料的残炭比改造前原料的残炭增加1.509个百分点，相对于改造前装置的液收67.93%，改造后增加0.65个百分点，明显提高了装置的经济效益。

表6　实际加工能力及能耗

项目	改造前	改造后	项目	改造前	改造后
设计加工能力/(kt/月)	119.52	145.44	蒸汽单耗/(kg/t)	5.2	4.9
实际加工能力/(kt/月)	132.40	145.54	瓦斯单耗/(kg/t)	14.5	14.2
能耗/(kg/t)	20.46	20.14			

由表6可以看出，焦化装置分馏塔改造后，在分馏塔体积未改变的前提下，装置的处理量明显增加，改造后设计加工能力增加25.92kt/月，改造后实际加工能力增加13.14kt/月，装置的整体能耗降低0.32kg/t，装置的蒸汽单耗降低0.3kg/t，加热炉的瓦斯单耗下降0.3kg/t。

5　结语

通过对某炼油厂延迟焦化装置分馏塔进行技术改造，优化蜡油下回流分布，更换高效塔盘和蜡油湍旋微分布器，以适应齐鲁炼油厂整体装置扩能需求，增大了焦化装置处理能力，增加了装置蜡油产量，提高了液体高附收率。目前装置运行良好，经济技术指标得到有效提升。

参　考　文　献

[1] 褚雅志，甄新平，向小凤，等．延迟焦化装置分馏系统改造[J]．炼油技术与工程，2007(5)：1-3.

[2] 谢长宇，范海英．提高延迟焦化装置原料适应性及轻质油收率的措施[J]．中外能源，2011，16(1)：94-97.

[3] 简建超，郭守学，白连峰．不同循环比对延迟焦化装置运行的影响分析[J]．炼油与化工，2010，21(3)：16-18，63.

焦化装置复合板管式空气预热器投用总结

宁志确　廖树茁　谢颖桑

（中国石化茂名石化公司　广东茂名 525100）

摘　要　根据中国石化 2022 年设备节能标准，对热效率>10MW 的加热炉，热效率至少达到 94%以上。对当前根据标定数据，1# 延迟焦化装置目前热效率仅为 92.4%，与中石化设备节能标准有较大差距，因此需对空气预热器进行综合节能改造。本文主要讲述投用新管式空气预热器后，对装置节能、加热炉热效率进行总结介绍。

关键词　复合板管式空气预热器；热效率；节能

1　装置概述

中国石油化工股份有限公司茂名分公司（简称“茂名石化”）的 1# 延迟焦化装置于 2004 年开工建设，2005 年投产，加工能力 100 万 t/a，由中国石化工程建设有限公司（SEI）设计，其预热回收系统于 2010 年改造，更换了炉子衬里及将空气预热器更换为扰流子—热管组合式空气预热器，2025 年 3 月 14 日后将其空气预热器更换为组合管板式空气预热器并投用正常。

2　存在问题

2.1　预热器管束腐蚀穿孔

1# 延迟焦化装置的余热回收系统，其空气预热器在运行 13a 后，内部换热管束已腐蚀穿孔，空气预热器性能大幅下降，鼓风空气与高温烟气互窜，在极大地影响加热炉热效率的同时，导致加热炉负荷无法增大，影响装置负荷调整。

2.2　加热炉热效率低效

2022 年 11 月对加热炉进行了标定，实测排烟温度 105.2℃，预热器出口氧含量 6.67%，散热损失 3.33%，若按该排烟温度计算，热效率仅 92.4%。而由于存在管束穿孔鼓风空气与高温烟气互窜的情况，高温烟气实际已被低温的鼓风空气冷却很大部分，所以实际热效率则远比 92.4%要低得多[1]。根据中国石化 2022 年设备节能标准，对热效率>10MW 的加热炉，热效率应≥94%，而装置目前加热炉热效率远达不到上述标准。

2.3　烟气直排

为满足装置增大负荷等问题，旧余热回收于 2023 年 6 月停下，加热炉烟气长期走直排挡板直排大气，对装置节能有很大的影响。

3　复合板式空气预热器的改造

3.1　设计参数

新空气预热器采用复合板管式空气预热器，根据表 1 所示，设计热负荷 5.85MW，空气预热器分两段，内部高温段换热件材质采用碳钢，牌号 Q235B；低温段换热件材质为防止露点腐蚀，采用耐热玻璃材质。

表 1　预热器热负荷设计值

类型	热负荷	备注
复合板管式空气预热器	5. 85MW	高温段换热件材质：碳钢 Q235B 低温段换热件材质：耐热玻璃

低温段换热件由 720 根玻璃管形成，玻璃管单片换热面积为 1. 92m^2，厚度为 3. 2cm，换热总面积为 1382. 4m^3。如表 2 显示，玻璃换热管的热强度、热震性及耐水压性均符合生产要求。且根据抗腐性对比表得知，合金>玻璃>铸铁>不锈钢>碳钢[2]，特别在低温段玻璃材质在抗腐蚀性试验中更显优越性。

表 2　玻璃换热管实验数据

序号	检查项目	标准数据或要求	结论
1	单根换热管尺寸	2440mm×400mm×14. 4mm	符合要求
2	板材厚度	壁板 3. 2mm±0. 1mm 间隔条 8mm±0. 2mm	符合要求
3	侧端面封边胶的涂抹均匀度	均匀，平滑，无气泡	符合要求
4	玻璃管板单组件的热强度试验	加热 200℃，保温 30min，无剥离	符合要求
5	玻璃管板单组件的热震性试验	加热 200℃，放置室温水中，浸泡后拿出，玻璃表面无裂纹	符合要求
6	玻璃管板单组件的耐水压性试验	管内打压 10kPa，保压 30min 无泄漏	符合要求
7	传热系数	1. 2W/(m·℃)	符合要求

复合板管式空气预热器分为两段，高温段采用碳钢板管，低温段采用玻璃板管，如表 3 所示，烟气分段温度为 160℃，高温段将 340℃的高温烟气降到 160℃，将 117℃的鼓风空气加热到 322℃；低温段将 160℃的烟气降到 80℃，将 25℃的鼓风空气加热到 117℃，从而加大加热炉的热量回收，大大提高了加热炉热效率。

表 3　复合板管式空气预热器参数

<table>
<tr><th colspan="2"></th><th>设计工况</th><th colspan="2"></th><th>设计工况</th></tr>
<tr><td rowspan="12">空气侧</td><td rowspan="3">入口流量/(kg/h)</td><td rowspan="3">57600</td><td rowspan="12">烟气侧</td><td rowspan="2">入口流量/(kg/h)</td><td rowspan="2">61200</td></tr>
<tr></tr>
<tr><td rowspan="2">入口温度/℃</td><td rowspan="2">380</td></tr>
<tr><td rowspan="3">入口温度/℃</td><td rowspan="3">20</td></tr>
<tr><td rowspan="2">出口温度/℃</td><td rowspan="2">80</td></tr>
<tr></tr>
<tr><td rowspan="3">出口温度/℃</td><td rowspan="3">365</td><td rowspan="2">压力降(允许)/Pa</td><td rowspan="2"><1150</td></tr>
<tr></tr>
<tr><td rowspan="2">热负荷/MW</td><td rowspan="2">5. 849</td></tr>
<tr><td rowspan="3">压力降(允许)/Pa</td><td rowspan="3"><1150</td></tr>
<tr><td rowspan="2">设计使用寿命</td><td rowspan="2">10a</td></tr>
<tr></tr>
</table>

3. 2　改造内容

本项目改造内容为新空气预热器的安装，更换引风机、预热器出口烟道、引风机出口烟道、冷烟道下段，调整与新预热器连接的风道，预热器结构形式改变导致基础荷载的改变，故需对基础进行加固，涉及的专业有设备、仪表和土建。

4 投用情况及数据对比

新复合板管式空气预热器投用后，由图 1 所示，加热炉排烟温度由原 318. 20℃下降至 115. 51℃(投用后一个月内平均值)，而引风机出口温度则为 77. 10℃(投用后一个月内平均值)，远小于排烟温度。经现场判断，主要原因为主烟道挡板(旁路挡板)关不严，排烟温度未接近设计值(80℃)。

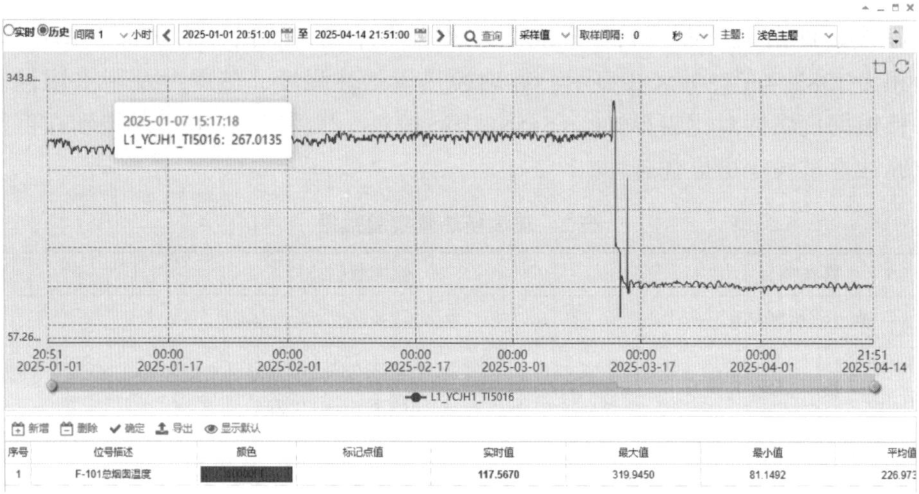

图 1　排烟温度变化图(投用前后)

装置的新复合板管式空气预热器投用前后对比，鼓风空气经预热器出口温度由 20℃(常温)提高至 276. 2℃(投用后一个月内平均值)，排烟温度由原来的 318. 20℃降低至 115. 2℃，烟气下降温度 203℃，如表 4 所示，烟气流量约为 28099Nm^3/h，烟气密度经查询为 1. 24kg/Nm^3，烟气比热容约为 1. 045kJ/(℃ · kg)，加热炉炉用瓦斯热值约为 44683kJ/kg，通过计算得出节约瓦斯量为 165. 42kg/h，则 1a 能节省 1449. 10t 炉用瓦斯。若按当前瓦斯市场价格 2630t/元计算，1a 能节省 381. 11 万元，节能降本效果十分明显。

表 4　烟气数据(排烟温度计算)

烟气热量计算(可以用来计算烟气升温所需瓦斯量，从而得出增加预热器所节约瓦斯量)	烟气流量/(Nm^3/h)	28099
	烟气密度/(kg/Nm^3)	1. 24
	烟气比热容/[kJ/(℃ · kg)]	1. 045
	烟气温度变化/℃	203
	烟气热量计算/kJ	7391369
	瓦斯热值/(kJ/kg)	44683
	折合节约瓦斯量/(kg/h)	165. 42

若将新空气预热器与旧空气预热器正常投用对比，鼓风空气经预热器温度由 233. 78℃(2023 年 1—3 月旧空气预热器正常投用阶段)提升至 276. 2℃，排烟温度由 135. 74℃(2021 年排烟温度平均值)降低至 115. 2℃(不考虑预热器内漏情况)，烟气温度下降 20. 54℃，在负荷不变的情况下，如表 5 所示，通过计算得出节约瓦斯为 16. 74kg/h，则 1a 能节省 146. 64t 炉用瓦斯，1a 能节省 38. 57 万元，同样节能降本效果明显。

表 5　烟气数据表(新旧预热器对比)

烟气热量计算(可以用来计算烟气升温所需瓦斯量，从而得出增加预热器所节约瓦斯量)	烟气流量/(Nm^3/h)	28099
	烟气密度/(kg/Nm^3)	1. 24
	烟气比热容/[kJ/(℃·kg)]	1. 045
	烟气温度变化/℃	20. 54
	烟气热量计算/kJ	747875
	瓦斯热值/(kJ/kg)	44683
	折合节约瓦斯量/(kg/h)	16. 74

加热炉热效率由于直排挡板(旁路挡板)关不严，排烟温度未能达到设计值 94%。如表 6 所示，氧含量按目前装置控制目标值 2. 0%计算，CO 平均值约 20mg/kg，鼓风空气经预热器换热后，出口温度为 116. 70℃，过剩空气系数经查询为 1. 10，排烟热损失设为 3. 52%，则目前加热炉热效率为 93. 54%。

表 6　新预热器投用热效率计算表

加热炉热效率计算(瓦斯加热炉)	排烟温度/℃	115. 2
	氧含量/%	2
	CO 含量/(mg/kg)	20
	热风温度/℃	276. 2
	过剩空气系数	1. 10
	排烟热损失/%(包括不完全燃烧损失)	3. 52
	加热炉热效率/%	93. 54

不过，若解决直排挡板关不严内漏的问题，排烟温度进一步降低，接近 80℃，热风温度预计能接近 280℃，如表 7 所示，加热炉热效率则能达到 94. 86%，达到设计>94%的要求，这将是我们接下来攻关的任务之一。

表 7　新预热器热效率设计计算表

加热炉热效率计算(瓦斯加热炉)	排烟温度/℃	80
	氧含量/%	2
	CO 含量/(mg/kg)	20
	热风温度/℃	276. 2
	过剩空气系数	1. 10
	排烟热损失/%(包括不完全燃烧损失)	3. 46
	加热炉热效率/%	94. 86

5　存在问题及未来展望

由上文介绍可知，新复合板管式空气预热器的投用，可大幅改善装置的节能降本。但新技术的投用也带来新的问题。第一，上文提到的直排挡板(旁路挡板)关不严问题。由于装置目前在正常运行中，无法对其进行修复，这一部分的热源未能回收，经计算将浪费约 0. 0287t/h 的炉用瓦斯。该问题将在下一次装置检修中解决，届时装置的热效率也会进一步提高。第二，由于排烟温度的降低，新预热器底部及鼓风机出口存在积水的情况。由于设计未考虑预热器排凝问题，预热器未设计排凝线。目前检测凝液 pH 值 6~7，不会造成其余次生问题。目前已加快联系设计出图纸，将新增施工排凝线。

新复合板管式空气预热器具有传热效率高、体积小压降低、易拆卸、维护成本低、抗积灰性好、抗腐蚀性好等优点，相信在往后越来越多的炼油化工装置中将引用该技术，为加热炉热效率提升新高度。

参 考 文 献

[1] 王瑞星，宋力，田瑞．空气预热器漏风对其烟气出口温度的影响[J]．石油化工设备，2021，50(4)：77-82.

[2] 孙海龙．玻璃板式空气预热器在苯乙烯装置上的应用[J]．当代化工研究，2019(13)：116-118.

延迟焦化装置放空塔系统改造总结

胡建凯

（中国石化镇海炼化公司　浙江宁波 315207）

摘　要　延迟焦化装置放空塔顶产生的含硫污水油含量高、乳化严重、携带焦粉多、油水不易沉降分离，传统的高含油污水处理技术已经不能满足国家的环保要求，延迟焦化装置放空塔顶高油污水高效环保处理问题亟待解决。结合中国石化某延迟焦化装置放空塔系统的技术和运行特点，通过流程优化、设备改进，提高放空塔焦粉洗涤能力，改善油水分离效果，确保放空塔顶污水达标排放。技术改造结果表明，在不注入化学药剂的情况下，放空塔顶外排污水油质量浓度降低至 179mg/L，实现连续回炼全厂重污油 37.8kt/a、回收不凝气 5.0kt/a，达到了环保及经济效益的要求。

关键词　延迟焦化装置；放空塔系统；改造；含硫污水；低温热利用；经济效益

1　前言

延迟焦化装置放空塔系统使用的典型技术为闭式塔内接触冷却技术，其主要作用是处理焦炭塔冷焦期间大吹汽、给水操作阶段产生的高温蒸汽，并回收高温蒸汽所携带的部分油气。放空塔底产生的污油管输至污油罐，经过静止重力沉降后作为焦炭塔顶急冷油回炼，放空塔顶产生的不凝气直接排放至低压燃料气系统[1]。

随着国内原油加工不断向重质化、劣质化、高含硫方向发展，素有“黄金垃圾桶”之称的延迟焦化装置加工的原料更加劣质，放空塔系统产生的含硫污水中油含量和焦粉携带量大幅提高，导致含硫污水乳化严重，塔顶冷却系统易堵塞、冻凝，轻重污油分离效果差及含硫污水排放不达标。虽然近期国内研发了各类污水除油技术，但大部分技术脱焦粉、除油性能不能兼顾，或效果一般，且存在一定的运行成本[2]。

2　存在问题及分析

典型的延迟焦化装置放空塔系统流程比较简单，焦炭塔在冷焦过程中产生的大量油气仅在放空塔内起到接触冷却的作用，冷却后塔顶产生的尾气进低压燃料气系统，塔底产生的污油和污水合并一起进入装置内 1000m^{3}污油罐进行自然沉降分离，污油罐分离后的污水进污水汽提装置，污油作为焦炭塔急冷油进行回炼。放空塔系统原则流程如图 1 所示。

传统的放空塔系统为间歇性操作，在焦炭塔冷焦过程中运行，其他时间则停用。停用后放空塔内物料慢慢冷却，水蒸气冷凝并在放空塔底积聚，当放空塔系统再次运行时，因塔底无持续热源，随着高温物料的进入，塔底冷凝水突沸，引起塔底泵抽空，塔顶回流中断。高温油气携带大量污油、焦粉冲出塔顶，造成塔顶空冷器易堵塞、冷却效果差，以及塔顶回流

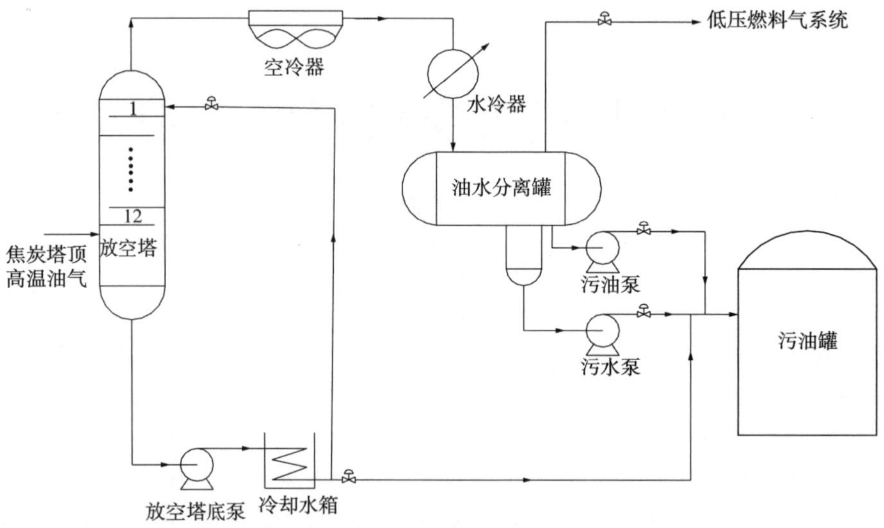

图 1　放空塔系统原则流程

罐污水含油率高、污水携带焦粉、乳化严重等问题，油水分离效果变差[3]。化验分析放空塔顶污水硫质量浓度一般在400~2000mg/L[4]，污水性质见表1。

表1　含硫污水性质

名称	数据	名称	数据
密度(20℃)/(kg/m^3)	1093	ρ(NH_3-N)/(mg/L)	25.4
ρ(油)/(g/L)	36.4	ρ(焦粉)/(mg/L)	28
COD/(g/L)	18.5	pH 值	6.52
ρ(S^{2-})/(mg/L)	10.7		

3　技术改造

对延迟焦化装置放空塔流程、存在问题和污水带油原因进行详细分析。一方面，采用高效气液接触喷淋技术，提高对油气中焦粉的洗涤作用，保证塔顶气相清洁、不携带重油，避免焦粉堵塞塔顶空冷器；另一方面，增加放空塔底重沸器，塔顶增加喷淋设施，油水分离罐增设强化分离内件，进料线增加温度控制等。设备的增加与流程的优化，实现了放空塔的平稳连续操作，彻底解决了放空塔系统含硫污水分离难、带焦粉、含油率高等问题，确保放空塔系统的问题得到根本性解决。改造流程如图2所示。

3.1　塔底增加重沸器

放空塔底增加重沸器，以延迟焦化装置出装置蜡油(200℃左右)为热源，维持放空塔底温度不低于150℃。不仅实现了低温热的利用，而且使塔底不再积聚冷凝水，最大限度降低了操作波动，有利于装置的安全生产，同时为连续回炼装置外重污油提供了保障。

3.2　进料增加热蜡

在放空塔进料线上增加250℃左右的热蜡流程，其作用：①给放空塔系统提供热量，避免放空塔底产生冷凝水；②提供连续操作所需物料，避免焦炭塔急冷油频繁切换；③置换物料，确保焦炭塔顶急冷油性质相对稳定，改善放空塔顶回流的质量。在放空塔系统无污油产生的情况下，根据放空塔底液位及温度情况，放空塔适当补充250℃的热蜡油。这样，放空塔系统可以实现连续运行，避免频繁切换焦炭塔急冷油，减轻操作工的劳动强度。

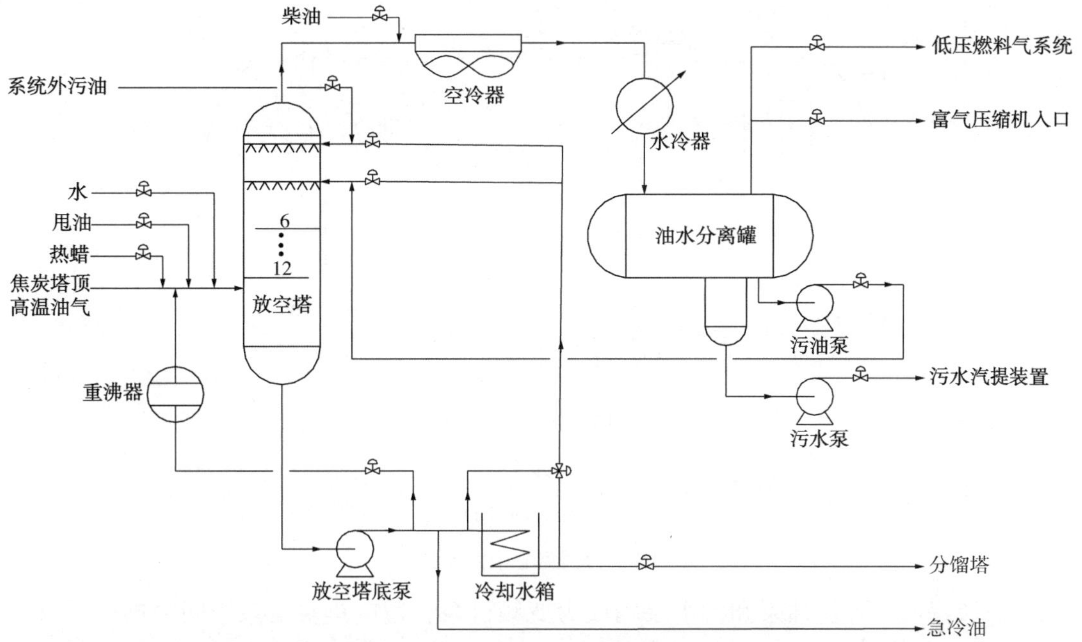

图 2　放空塔系统改造流程

3.3　塔顶增加喷淋

延迟焦化装置担负全厂轻重污油的回炼任务，但装置外的重污油有“油包水”“水包油”问题，难以直接进入放空塔进行回炼，可能会出现塔底泵抽空现象。根据重污油特性，某焦化装置放空塔将 12 层筛板塔盘拆除上面 6 层，放空塔顶改为两层喷淋系统，喷淋雾化粒径 100～800μm，并实现 200%的塔面积覆盖率。重污油通过喷淋系统的雾化作用，在放空塔内通过与高温油气的传质传热，较容易实现油水分离。分离出的水相进入塔顶油水分离罐，分离出的油相进入塔底，作为焦炭塔急冷油使用。喷淋的冷却除尘效果较好，去除焦粉能力强。喷淋技术的运用，较好地解决了放空塔顶含硫污水含油高、带焦粉等难题。

3.4　分液罐增加内件

回流罐中增加强化油水分离内件，主要是预分离设施、整流聚结设施、隔板、电容式界位仪等。通过扩大水相区容积，提高污水的沉降时间，并进行有效、准确的检测，改造后取得了较好的油水分离效果，且界位控制稳定。分液罐内件如图 3 所示。

3.5　增加柴油流程

在放空塔顶油气进空冷器前增加柴油进空冷器流程，辅助控制放空塔顶温度，同时利用柴油溶解性强、密度相对较小等特点，溶解空冷管束中的重油，避免空冷器管束堵塞；柴油进入油水分离罐后，由于与水存在密度差，分离相对容易。

3.6　自动控制

延迟焦化装置的生产特性为焦炭塔系统间隙操作，放空塔主要作用是处理焦炭塔来的油气，放空塔系统随焦炭塔特性变化操作波动较大，且机泵、阀门均为现场手动控制，导致操作上存在一定的难度和劳动强度，常常因操作不及时，出现塔底泵抽空、冲塔、空冷器堵塞等生产异常情况。为达到精准稳定控制效果，既能适应焦炭塔系统的间隙操作，也能适应连续操作，对放空系统进行自动控制改造[5]，主要内容如下。

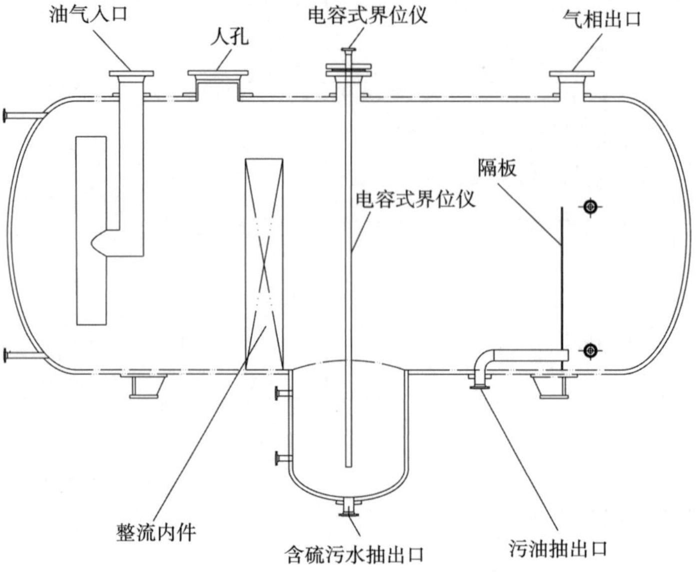

图 3　分液罐内部结构

① 回流罐底一台污油泵和污水泵均改为变频机泵，适应焦炭塔系统间隙操作，避免频繁启停操作；高温油气进放空塔前控制温度，避免放空塔顶温度控制不住而超温。

② 空冷器改为变频控制，控制空冷器冷后温度不低于 80℃，一方面，确保空冷器管束不产生凝堵现象；另一方面，控制油气进塔顶回流罐温度在合适的区间，降低油品的黏度，提高油污水的沉降分离速度。

③ 回流罐新增电容式界位仪，界位控制平稳。

放空塔系统经以上自动控制改造后，回流罐顶压力控制较改造前平稳，从未发生过冲塔现象。将回流罐顶燃料气进压缩机入口进行回收，约回收燃料气 5kt/a。

4　改造效果

4.1　含硫污水排放合格

放空塔系统经过改造后，放空塔顶含硫污水带油情况明显好转，符合公司的污水外排指标要求，数据见表 2。

表 2　改造后含硫污水性质

名称	数据	名称	数据
密度(20℃)/(kg/m^3)	1026	ρ(NH_3-N)/(mg/L)	
ρ(油)/(mg/L)	179	ρ(焦粉)/(mg/L)	26
COD/(mg/L)	825	pH 值	

4.2　低温热利用

一般情况下，延迟焦化装置产蜡油 45t/h，进空冷器温度约为 230℃，日常控制出装置温度不高于 160℃，浪费了部分热量。本次改造对出装置蜡油进行低温热利用，将全部出装置蜡油给放空塔系统提供热量，经设计核算，全年可降低装置能耗约为 8400MJ。

4.3　节能降耗

经过改造，延迟焦化装置停用污油罐，减少了污油罐顶尾气对周边环境的污染，同时停用了 2 台 30kW 污油泵和 2 台 22kW 污水泵。另外，将 3 台空冷器改为变频空冷器，2 台污水泵和 1 台污油泵均改为变频泵，经设计核算，改造后全年可降低装置能耗约 700MJ。

4.4 经济效益

延迟焦化装置在改造后，实现连续回炼全厂重污油约 4.5t/h，经过核算年效益近 756 万元；同时年回收的不凝气成本效益近 250 万元，实现全年多产效益约 1006 万元。

5 总结

对延迟焦化装置放空塔系统的运行情况和高含油污水产生的原因进行分析，全方位进行技术改造，完善自动化控制、设备改进，有效提高放空塔焦粉洗涤效果，改善油水分离效果，使放空塔顶污水油水分离不佳问题得到根本解决，保证放空塔系统平稳、长周期、安全运行。在不注入化学药剂的情况下，放空塔顶出装置含硫污水中油质量浓度 179mg/L，实现达标排放。同时，实现连续回炼系统外重污油，获得较好的经济效益，每年可增加效益约 1006 万元。

参 考 文 献

[1] 杨光. 延迟焦化新型放空系统在装置污油处理中的地位和作用[J]. 石化技术，2020，27(3)：294-295.

[2] 范海玲，卢慧杰，颜峰，等. 延迟焦化装置放空系统的设计优化探讨[J]. 中外能源，2015，20(4)：92-95.

[3] 杨军，王乐毅. 延迟焦化装置接触冷却系统存在的问题及优化[J]. 石油炼制与化工，2018，49(1)：99-102.

[4] 党争光，马楠，杨磊. 石油化工企业含硫污水处理技术[J]. 环境保护与循环经济，2014，34(7)：40-43.

[5] 傅钢强. 延迟焦化装置接触冷却系统存在的问题及改进[J]. 石油炼制与化工，2011，42(2)：19-21.

延迟焦化装置分馏塔塔顶结盐问题及解决措施

苏广训　魏会卿　方桥松　赵瑞峰　张友仁

（中国石化石家庄炼化公司　河北石家庄 050099）

摘　要　随着原油的重质化、劣质化及含盐量(特别是含氯、氮)与加工负荷的增加，导致分馏塔顶循结盐严重问题，引起顶循分馏塔顶温度、压力升高，工艺参数波动较大、产品质量差等系列问题，严重影响装置长周期安全稳定运行。本文介绍了某炼化延迟焦化装置分馏塔塔顶结盐情况，对结盐的现象及原因进行了分析和研究，提出了结盐处理的方法。通过增上在线除盐设施，彻底解决了分馏塔塔顶结盐的问题，取得了良好的效果。

关键词　分馏塔；结盐；在线除盐设施

1　前言

延迟焦化是炼油厂渣油深加工及油浆处理的一种重要手段，随着世界原油价格不断攀升，各炼油企业原油成本不断增加，为提高利润，各企业对于原油劣质化、重质化需求大增，作为加工劣质油及重质油最有效的一种加工工艺，延迟焦化在各炼化企业中的地位越来越重要。延迟焦化装置具有原料适应性强、技术成熟、投资少、转化率高等优点，通过热裂化手段从渣油及油浆中提炼出干气、液化气、汽油、柴油、蜡油、石油焦等产品，是各炼油企业创效的重点。市场的不断变化，要求焦化装置在安排生产方案时从增大处理量和提高轻质油收率两方面来综合考虑，以达到效益最佳的目标，但焦化原料中含有较多的氮化物和氯盐，再加上受采油过程中添加的采油助剂以及常减压装置脱盐效果不稳定等因素影响，分馏塔顶部易出现结盐现象，给分馏塔安全平稳操作及装置长周期运行带来较大的困难。

某炼化公司近几年来不断提高进口劣质原油比例，原料的性质越来越恶劣，盐含量也明显提高。焦化装置渣油原料的分析数据见表 1。焦化装置分馏塔出现明显的结盐现象，顶循泵经常抽空，汽油干点质量无法控制，甚至出现多次分馏塔冲塔事件，成为影响装置“安、稳、长、满、优”生产的一大难题。焦化装置在 2018 年增加了分馏塔顶在线除盐设施，彻底解决了这一难题，取得了很好的效果。焦化装置分馏塔塔顶循环的流程为：（32 层塔盘抽出）→顶循空冷→顶循泵→（返回 35 层塔盘）。

表 1　焦化装置原料分析数据

名称	硫含量/%(质)	残炭/%	酸值/(mg/g)	铁含量/(mg/kg)	氮含量/(mg/kg)
原料	2.8	20	0.37	23.4	4917

2 结盐原因分析

结盐机理分析：当焦化原料油中有较高含量的氮、磷、硫、氯等非金属元素时，这些物质在高温情况下在焦炭塔内与氢发生反应，生成 NH_3、H_2S、HCl 等无机物，并进一步与氢反应生成 NH_4Cl、NH_4HS、$(NH_4)_2S$ 等无机盐。通常情况下，这些盐会随着含硫污水排出装置。如果分馏塔顶循返塔温度过低或者是顶循回流带水，汇聚在分馏塔顶部的水蒸气由于温度降低而冷凝成液态水，溶解大量无机盐后，随顶循回流过程冷凝水预热汽化，盐就会在塔盘或顶循集液槽中析出，形成塔顶结盐现象。

其反应方程式如下：

$$2RN \xlongequal{} R+2NH_3$$

$$Cl^-+H_2O \xlongequal{} OH^-+HCl$$

当有水存在时：

$$NH_3(\text{气})+HCl(\text{气}) \rightleftharpoons NH_4Cl(\text{气})$$

$$NH_4Cl(\text{气})+H_2O(\text{液}) \rightleftharpoons NH_4Cl(\text{水溶液})$$

$$NH_4Cl(\text{水溶液}) \rightleftharpoons H_2O(\text{气})+NH_4Cl(\text{固体})$$

上述反应为可逆反应。

操作原因分析：焦化装置正常操作过程中，焦炭塔小吹汽、炉管注汽、球阀注汽等水蒸气会随正常生产流程进入分馏塔，由于焦化装置正常需要进行切塔操作，进入焦炭塔及分馏塔气速波动，进入分馏塔的水蒸汽量增加，水蒸气露点温度升高，水蒸气在该环境下易凝结成水，结盐的概率增加。溶解了大量盐类的水随着顶回流在塔内不断下降，温度逐渐上升，盐溶液中的水分不断汽化散失，盐溶液不断浓缩变成一种高浓度的半流体，这种半流体与焦炭粉末、铁锈等固体杂质混合在一起会沉淀于塔盘等分馏塔顶部内构件上以及顶循系统设备管线内部。

3 结盐现象判断

通过文献研究、日常操作及质量跟踪，总结出与分馏塔塔顶结盐相关的一些现象：

① 汽油的干点较正常值高 5~30℃，柴油初馏点高出正常值 15℃。

② 分馏塔塔顶温度波动大，顶回流流量大幅调整时，顶温变化不大，顶回流量增大，塔顶分液罐液位上涨，柴油抽出塔 D26 液位控制不稳。

③ 塔顶塔盘压降增大。

4 结盐影响

① 分馏塔塔顶的塔盘堵塞，塔盘效率降低影响分馏效果，塔顶压降增加，能耗增加。分馏塔内部结盐近半塔盘已被盖住，塔盘帽无法自由活动，部分塔盘浮阀由于气速过高脱落。

② 顶循机泵叶轮磨损，泵入口过滤器堵的概率大大增加，顶循机泵抽空。

③ 分馏塔上部温度呈锯齿形波动，温度倒挂，顶温难以控制，汽油干点质量超标。

④ 引起装置波动，影响安全生产。

5 预防及处理措施

① 顶循冷却器各入口后设扫线汽，发现顶循量降低后，将顶循冷却器切除吹扫，待扫

通后再投用。此法劳动量大，操作的不确定因素太多，通常吹扫多次效果不理想，不能从根本上解决结盐问题。

② 在线水洗。软化水自塔顶循环返塔线或顶循泵打至塔顶，控制适当塔温，使塔顶冷凝水与注入的软化水形成内回流冲洗塔盘，自塔的适当位置排出。

③ 按照工艺指标控制加热炉炉管注汽、球阀注汽量，降低进入分馏塔的蒸汽量；不采用汽油冷回流控制分馏塔塔顶温度，在汽油干点指标范围内塔顶温度控制在130~140℃较为适宜；顶循返塔温度≥105℃控制，防止顶循回流温度过低进入分馏塔后产生液态水造成结盐加剧；打冷回流时汽油罐液位尽可能控制在20%~40%，水包及时脱水，以免使顶循带水；尽量降低分馏塔的控制压力，提高液体收率。

④ 增设在线除盐设施。

除盐原理：利用氯化铵在油水两相中的溶解度差异，将油中的氯化铵转移到水相当中，再利用液液旋分器将油水分离，从而达到脱除氯离子的目的。

主要工艺流程如图1所示，除盐系统从顶循环的最后一组换热器出口后抽出，与除盐水(或是净化水)在预萃取器内进行混合，除盐水将循环油中的大部分氯离子转移到水相当中；然后采用液液萃取—旋分聚结器对循环油和水相进行一次和二次分离；经脱除氯离子后的顶循环油返回分馏塔，除盐水进入分馏塔塔顶冷凝系统进一步洗涤系统中的氯离子，之后经分馏塔顶污油泵循环使用或外排。

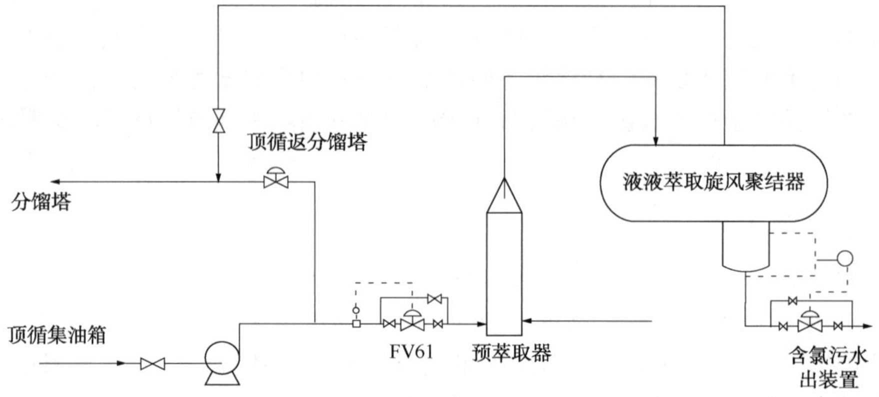

图1 在线除盐设施主要工艺流程图

6 在线除盐设施效果

在线除盐设施有压降低(小于200kPa)、能耗低(充分利用顶循泵和除盐水的压力)、维护操作简单、运行成本低等特点，石家庄炼化延迟焦化装置从2018年投用该设备后，顶循泵发生抽空的次数明显降低，操作的平稳率得以提高。其操作条件见表2，在线除盐后水的效果对比见表3。

表2 在线除盐设施操作条件

参数名称	除盐设备压力/MPa	除盐温度/℃	除盐水流量/(kg/h)	顶循油流量/(kg/h)
操作参数	0.36	104	631	9025

表 3　在线除盐设施前后水中杂质对比

采样日期	第一天		第二天		第三天	
采样点	除盐水进	除盐废水出	除盐水进	含盐废水出	除盐水进	除盐废水出
氨氮/(mg/L)	0.7	30.9	1.1	92.9	0.6	97.6
石油类/(mg/L)	1.8	148.0	7.0	1540.0	2.0	2520.0
氯离子/(mg/L)	1.8	12.8	0.6	17.5	1.8	41.1

从表 3 中可以看出，增上除盐设施后，含盐废水相较于除盐水，各组分均有较大变化，除盐废水中的氨氮及氯离子均有明显上升，除个别排水数据超标外，整体排水满足环保指标。在线除盐设施前后油中杂质对比情况见表 4，可以看出除盐后顶循油中盐含量明显下降、总氮含量略有下降。

表 4　在线除盐设施前后油中杂质对比

采样点	除盐前顶循油	除盐后顶循油	采样点	除盐前顶循油	除盐后顶循油
水分/(mg/kg)	858.3	712.2	水分总量/(kg/d)	185.9	154.2
盐含量/(mgNaCl/L)	5.8	3.3	盐总量 NaCl/(kg/d)	1.2	0.7
总氮/(mg/kg)	244.5	235.5	总氮/(kg/d)	52.9	51.0

但其中也存在一些问题，比如在冬季时，由于环境温度低，顶循除盐水的量小，脱盐洗涤效果变差；从新塔循环后直到大吹汽的这段时间，效果也不好。装置负荷较低状态运行时，除盐效果变差。

7　结论

① 由于原油中存在氮化物、硫化物和氯化物，焦化装置分馏塔顶及管线结盐严重，影响装置的长周期运行，需加强对分馏塔顶循管线结盐问题的重视。

② 通过增加在线除盐设施，有效减轻分馏塔塔顶结盐对分馏塔操作的影响。基本上消除分馏塔顶结盐的现象，解决焦化分馏塔顶部负荷分布不均衡问题，减少顶循泵抽空的发生，实现分馏塔的安全、平稳运行。

参　考　文　献

[1] 吴振华．延迟焦化分馏塔应用顶循除盐技术降低装置安全风险[J]．石油化工安全环保技术，2020，36(6)：6，29-31.

[2] 高才渊．浅析焦化分馏塔顶循结盐导致塔壁泄漏原因及应对措施[J]．清洗世界，2022，38(4)：16-18.

[3] 罗言奇．延迟焦化分馏塔塔顶结盐问题及解决措施[J]．广东石油化工学院学报，2014，24(6)：18-21.

[4] 王连超，曹喜升，宋振宇，等．常减压蒸馏装置顶循系统在线除盐防腐技术[J]．石油化工腐蚀与防护，2020，37(3)：43-48.

[5] 王宾，付强，郭守学．延迟焦化装置顶循结盐原因分析及处理[J]．广州化工，2013，41(1)：159-160.

延迟焦化装置分馏塔顶循系统腐蚀原因分析及应对措施

肖建雄　苏丽虹

（中国石化广州石化公司　广东广州 510000）

摘　要　本文针对焦化装置分馏塔顶循系统腐蚀的案例，从运行工况、腐蚀类型、分析数据等多方面进行综合分析，明确了盐酸露点腐蚀、$H_2S+HCl+H_2O$ 腐蚀和铵盐垢下腐蚀是焦化装置分馏塔顶循系统腐蚀严重的主要原因，并提出了材质升级、优化生产工况、定期检测、定期水洗等应对措施，避免分馏塔顶循系统发生泄漏，确保焦化装置的安全稳定运行。

关键词　延迟焦化；顶循系统；腐蚀；露点腐蚀；铵盐垢下腐蚀

1　前言

某大型炼油厂焦化装置操作人员在巡检时发现顶循空冷出现腐蚀泄漏，2023 年 8 月焦化装置按计划进行消缺，对分馏塔检修时发现柴油至顶循段塔盘腐蚀严重。

柴油至顶循段塔盘基本失效，塔盘失去分离效果。在装置运行期间多次发现顶循系统阀门腐蚀，内漏严重，无法对顶循检修设备切出检修。2023 年利用大修期间对塔盘及顶循系统管线进行更换后，对顶循系统进行密切监控，在 2024 年对该装置顶循系统扫查共计发现 7 处减薄率超 30%的部位，严重威胁装置的安全稳定运行。因此，本文主要对延迟焦化分馏塔顶循系统腐蚀原因进行分析，并研究制定预防和整改措施，以期提高装置运行可靠性，确保装置安全稳定运行，避免同装置出现类似问题。

2　运行工况

某大型炼油厂焦化装置为提高装置的生产负荷，将生焦周期由 24h 缩短至 18h，装置生产负荷由 100%提高至 110%，装置焦炭塔甚至分馏塔的空塔气速大幅上升，出现焦粉携带，对设备及管线造成冲刷腐蚀。此外，焦粉易在管线盲端和空冷入口等流体流速慢处沉积聚集，长时间累积会导致管线及设备出现堵塞，影响系统的正常运行。在此期间，因生产调整需求，装置汽油指标由 200~220℃调整为 165~175℃，分馏塔塔顶控制温度由 110~115℃下降至 95~103℃，为确保装置产品质量合格，装置长期通过补顶循控制分馏塔顶温，以确保汽油质量。

3　腐蚀类型

3.1　盐酸露点腐蚀

饱和水蒸气在塔顶应该以气相存在，若温度低于饱和水蒸气的露点温度，则水会以液态形式析出，形成高浓度 HCl 溶液，进而对金属材料造成腐蚀[1]。

因汽油指标由 200~220℃改控至 165~175℃，分馏塔顶控制温度由 110~115℃下降至 95~103℃，对分馏塔顶水的露点温度进行计算。计算过程如下：

汽油馏程及密度的分析数据，见表 1，由表 1 计算汽油的相对分子质量。

表 1　汽油的分析数据

分析项目	初馏点/℃	10%馏出体积/℃	50%馏出体积/℃	90%馏出体积/℃	终馏点/℃	密度(20℃)/(kg/m³)
汽油	40	78.5	122	160	174	727.7
	39	74	117.5	157.5	171.5	
	39	73.5	117.5	157.5	171	
	38	74	119	159.5	174.5	
	38	72.5	116.5	156.5	169.5	
	40.5	78.5	122.5	160	174.5	
均值	39	75	119	158	172	727.7

由内插法得到汽油馏出 30%的温度及馏出 70%的温度分别为 100.5℃和 138.5℃。

通过汽油的馏程分析数据，求出汽油组分的体积平均沸点 *VABP*，跟斜率 *SL*。

$$VABP=\frac{T_{V10}+T_{V30}+T_{V50}+T_{V70}+T_{V90}}{5}=\frac{75+100.5+119+138.5+158}{5}=118.2℃$$

$$SL=\frac{T_{V90}-T_{V10}}{90-10}=\frac{158-75}{90-10}=1.04$$

进一步可计算得出汽油组分的中平均沸点t_{Me}。

$$t_{Me}=t_v-\Delta_4$$

$$\ln\Delta_4=-0.94402-0.00865(t_v-32)^{0.6667}+2.99791SL^{0.333}$$

由上面计算的体积平均沸点 *VABP* 和斜率 *SL*，求得中平均沸点$t_{Me}=110.2℃$。

根据汽油的密度求出其相对密度 $d_{15.6}^{15.6}$：

$$d_{15.6}^{15.6}=d_4^{20}+\frac{1.598-d_4^{20}}{176.1-d_4^{20}}=0.7277+\frac{1.598-0.7277}{176.1-0.7277}=0.7327$$

由汽油的中平均沸点及相对密度可计算出汽油的相对分子质量：

$$M=20.486T_{Me}^{1.26007}d_{15.6}^{15.6\ 4.98308}\exp(1.165\times10^{-4}T_{Me}-7.78712d_{15.6}^{15.6}+1.1582\times10^{-3}T_{Me}d_{15.6}^{15.6})$$

$$\begin{aligned}M=20.486\times(1.8\times110.2+492)^{1.26007}\times0.7327^{4.98308}\exp(&1.165\times10^{-4}\times\\(1.8\times110.2+492)-7.78712\times0.7327+&1.1582\times10^{-3}\times\\(1.8\times110.2+492)\times0.7327)=106.5&\end{aligned}$$

根据干气及液化气的分析数据，见表 2，求出干气及液化气的相对分子质量。

表 2　干气、液化气分析数据

干　气			液化气		
组分	体积分数/%	相对分子质量	组分	体积分数/%	相对分子质量
氢气	10.64	2	乙烷	0.04	30
甲烷	55.43	16	丙烷	43.46	44
乙烷	16.86	30	丙烯	16.64	42

续表

干气			液化气		
组分	体积分数/%	相对分子质量	组分	体积分数/%	相对分子质量
乙烯	1.75	28	丁烷	17.04	58
丙烷	0.91	44	丁烯	13.08	56
丙烯	0.59	42	C_5 及以上	0.1	72
丁烷	0.28	58	硫化氢	9.64	34
丁烯	0.09	56			
C_5 及以上	0.05	72			
硫化氢	7.17	34			
一氧化碳	0.4	28			
氧气	0.82	32			
氮气	4.87	28			
二氧化碳	0.14	44			
合计	100		合计	100	

干气的相对分子质量计算：

$$M=\sum n_i \times M_i = 19.76$$

液化气的相对分子质量计算：

$$M=\sum n_i \times M_i = 46.68$$

根据物料流量，计算各组分在分馏塔塔顶的分压，见表3。

表3　各组分的分压计算

组分	流量/(kg/h)	相对分子质量	摩尔流量/(kmol/h)	摩尔分率/%
汽油	16068	106.5	150.87	14.23
干气	7765	19.76	392.97	37.07
液化气	4645	46.68	99.51	9.39
水	7500	18	416.67	39.31
合计	35978	—	1060.02	100

根据分馏塔的压力(表压：120kPa)及所求出的水的摩尔分率，可求出水蒸气在分馏塔的分压。

$$P_{水}=P\times n_{水}=(120+101.3)\times 0.3931=86.99\text{kPa}$$

由安托因方程 $\lg P=A-B/(T+C)$，其中 $A=5.11$，$B=1687.5$，$C=230$，可得在此水蒸气分压下的水蒸气饱和温度约为96℃。分馏塔塔顶温度控制在101℃，回流温度控制在78℃。分馏塔顶存在初凝区，液态水析出，导致分馏塔塔顶出现盐酸露点腐蚀。

3.2　H_2S+HCl+H_2O 腐蚀

由上面的分析可得，分馏塔塔顶在运行期间有液态水析出。当顶循系统含水运行时，介质中的盐组分如无机氯盐(NaCl、$MgCl_2$ 和 $CaCl_2$ 等)、有机氯盐会溶于水发生水解，形成弱酸条件，从而产生 HCl 等物质对设备造成腐蚀加剧。

无机盐腐蚀机理如下：

$$MgCl_2+2H_2O \longrightarrow Mg(OH)_2+2HCl$$

$$CaCl_2+2H_2O \longrightarrow Ca(OH)_2+2HCl$$

$$NaCl+H_2O \longrightarrow NaOH+HCl$$

有机氯化物腐蚀机理如下：

$$R-Cl+H_2O \longrightarrow R-OH+HCl$$

因 HCl 在液态水中的溶解度非常大，通过上面露点温度的计算可知，在当时 95～103℃的控制温度下，有少量液态水产生且存在于分馏塔塔顶，便导致 HCl 溶液浓度较高，pH 值低至 3.2，对设备腐蚀非常严重。此外，顶循油介质中的 H_2S 也将溶解于水，形成湿硫化氢环境，造成碳钢设备的均匀腐蚀及应力开裂腐蚀。湿硫化氢腐蚀受 H_2S 的浓度影响，H_2S 浓度上升后会降低溶液的 pH 值，最低可下降至 3.2，形成强酸环境，湿硫化氢腐蚀就越严重，对设备腐蚀加剧。

3.3 铵盐垢下腐蚀

因加工原料劣质化严重，在原料中的氮元素含量逐步升高。在炼油最末端焦化装置的原料中氮元素含量相应上升。在焦化反应中，氮元素会反应生成 NH_3，而 NH_3 和 HCl 结合生成 NH_4Cl。在物流温度下降至 NH_4Cl 的沉积点时，便有 NH_4Cl 固体析出，常见于空冷及水冷器部位析出，造成空冷、水冷器管束及管线堵塞[2-3]。NH_4Cl 具有较强的吸湿性，甚至可以从气体中吸收水分，导致出现 NH_4Cl 盐垢下腐蚀。NH_4Cl 的腐蚀机理如下：

$$2NH_4Cl+H_2O \longrightarrow 2H^+ +2Cl^- +NH_4OH$$

$$2H^+ +Fe \longrightarrow Fe^{2+} +H_2$$

由于顶循油介质中仍有 H_2S 存在，此时腐蚀会相互促进，NH_4Cl 水解生成的 HCl 会破坏腐蚀产物 FeS 所形成的保护膜，两者发生反应生成 $FeCl_2$。$FeCl_2$ 又会与顶循油介质的 H_2S 发生反应生成 FeS 和 HCl[4]。两者不断进行联锁反应，进而加剧设备腐蚀。

综上分析，焦化装置分馏塔顶循系统腐蚀类型主要有盐酸露点腐蚀、$H_2S+HCl+H_2O$ 腐蚀和铵盐垢下腐蚀。而腐蚀严重的主要原因在于汽油指标低控导致分馏塔塔顶温度控制接近水的露点温度。有液态水在分馏塔塔顶生成，导致液态水存在分馏塔塔顶及顶循系统中，加剧各类腐蚀介质的对设备及管线的腐蚀速率。这些因素导致设备腐蚀减薄，进而造成设备腐蚀严重，最后引起装置发生泄漏。

4 改进措施

4.1 定期水洗

定期组织对分馏塔进行水洗操作，减少铵盐在分馏塔塔顶段的塔盘及顶循水冷器处聚焦，减少铵盐垢下腐蚀的产生。顶循系统在线水洗可以在短时间内有效防止分馏塔结盐引发的腐蚀及塔盘堵塞，但在顶循在线水洗时会将顶循的铵盐带至柴油段，甚至带至流体不流动区域，如顶循泵备用机泵出口或入口处、顶循水冷器的备用组出口或入口处、柴油泵备用机泵的出口或入口处等，从而导致备用机泵达不到备用条件，给生产安全稳定运行带来一定的风险。为有效避免分馏塔顶循的铵盐垢下腐蚀，减少分馏塔的结盐频次，应该针对性地对顶循系统增设在线除盐设施，减少分馏塔顶循的铵盐聚集。

4.2 提高分馏塔顶温度

根据分馏塔塔顶水的露点温度进行计算，严格控制分馏塔塔顶温度不低于控制指标（控制指标：水的露点温度+14℃）。避免分馏塔塔顶温度低于水的露点温度，出现水的初凝区温度，导致水以液态的形式析出，形成高浓度的 HCl 溶液，进而引起分馏塔塔顶各类腐蚀加剧。

4.3 定期检测

针对顶循系统腐蚀严重，应对该系统的水平管段进行抽检，对管线弯头、备用泵出口管线、流体流速明显下降区域等腐蚀严重区域进行涡流扫查，及时对腐蚀减薄严重部位进行处理。避免出现管线及设备腐蚀严重，管线减薄严重发生泄漏。

4.4 设备升级

对分馏塔顶部的设备材质进行升级，采用耐腐蚀性能更好的材质，如不锈钢等，以提高设备的抗腐蚀能力。

5 结语

对顶循系统的腐蚀严重情况进行分析，对顶循系统存在的腐蚀机理进行分析，明确了焦化装置在分馏塔塔顶顶温控制期间，分馏塔塔顶温度存在水的初凝区温度，导致水以液态的形式析出，进而导致循系统各类腐蚀加剧。深入分析顶循系统结盐的原因和危害，并针对上述原因提出了一系列的整改措施，这些措施的实施将有助于延长顶循系统管线及设备的使用寿命，确保装置的安全稳定运行。然而，腐蚀是不可避免的、持续发生的，腐蚀防护也应是一个持续改进的过程，应不间断地进行监测、评估及改进。只有加强腐蚀管理，确保防护措施的有效执行，保证有效的腐蚀防护，才能维持装置的安全平稳运行。

参 考 文 献

[1] 杨洪彬，王强．焦炭塔顶安全阀入口管线泄漏原因分析与对策[J]．石油化工腐蚀与防护，2024，41(6)：55-59.

[2] 杨涛，孙艳朋，翟志清，等．延迟焦化装置分馏塔腐蚀原因分析及改进措施[J]．石油炼制与化工，2013，44(3)：75-78.

[3] 吴振华．延迟焦化分馏塔应用顶循除盐技术降低装置安全风险[J]．石油化工安全环保技术，2020，36(6)：6，29-31.

[4] 翟志清．延迟焦化分馏塔塔盘腐蚀原因分析及防护措施[J]．石油化工腐蚀与防护，2015，32(4)：49-53.

延迟焦化装置焦炭塔特阀故障原因及应对措施

郭立春

(中国石化齐鲁石化公司　山东淄博 255000)

摘　要　延迟焦化装置是应用最广泛的重油加工技术之一，是炼油厂重要的二次加工装置。特阀作为延迟焦化装置的关键阀门，对延迟焦化长周期安全平稳运行起着至关重要的作用。本文简要阐述了延迟焦化装置用 Velan 金属阀座球阀结构原理，对长周期运行条件下特阀常见故障进行了原因分析，并提出了相应的应对措施。

关键词　延迟焦化；焦炭塔；特阀；Velan；结焦；长周期

1　前言

延迟焦化装置由于其间歇性生产的特性，现场应用较多特殊类型的阀门。在实际生产中，特别是每个生产周期的末期，经常会遇到特阀内部结焦、切换过程不顺畅或无法切换、阀门存在内漏、执行机构手动或电动失效、电动头频繁损坏、涡轮蜗杆箱频繁损坏等各类故障，其中特阀内部结焦是各炼油厂通病，且阀门内部结焦后，可导致一系列故障的频繁出现。因特阀在延迟焦化的关键作用，对各类故障进行细致分析并找出应对措施，对于延迟焦化装置的安全平稳长周期运行具有重要的意义。

2　特阀简介及结构原理

2.1　特阀简介

加拿大 Velan 公司生产的延迟焦化装置专用球阀目前在各个炼油厂应用广泛，某企业 2# 延迟焦化装置目前在用 8 只 Velan 特阀，其中焦炭塔区域 6 只，分别为四通阀(SV)、焦炭塔进料隔断阀(BV1、BV2)、油气隔断阀(VV1、VV2)、背压环阀(VV3)，规格型号表 1，特阀位置分布见图 1。

表 1　特阀规格型号表

序号	型号	压力等级	位号	数量	动作形式	备注
1	12″T18-21F09-CA2R	CL600	SV	1 台	电动手动	四通阀
2	12″T18-21K09-CA2R	CL600	BV1、BV2	2 台	电动手动	焦炭塔进料隔断阀
3	24″A24-11K09-CA2R	CL300	VV1、VV2	2 台	电动手动	油气隔断阀
4	24″A24-11E09-CA2R	CL300	VV3	1 台	电动手动	大油气阀(背压环阀)

焦炭塔 C601/1 与 C601/2 间歇生产，以 C601/1 正在生产为例，加热炉来高温(495℃左右)渣油经四通阀至 BV1 进入焦炭塔 C601/1，高温(420℃左右)油气经 VV1、VV3 至分馏塔。两个焦炭塔间隙生产，每 24h 或 20h 切换一次。

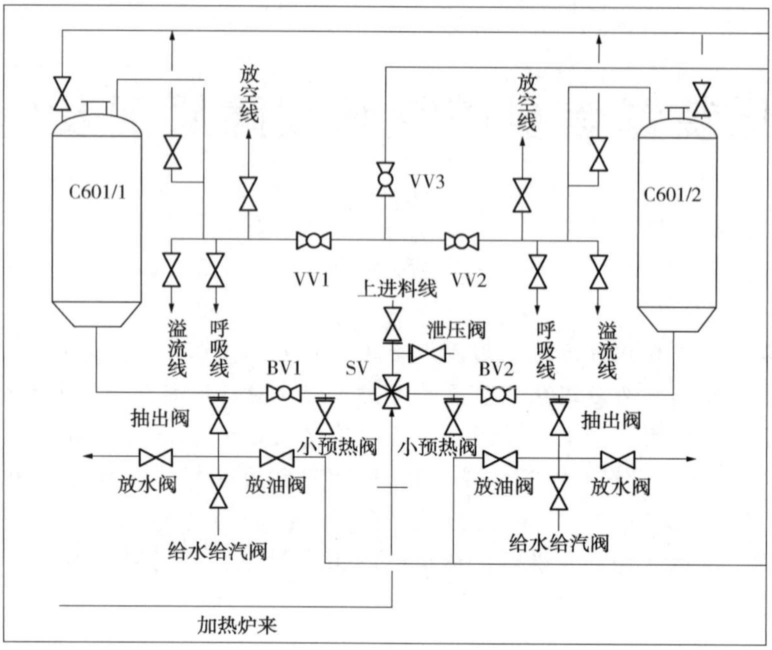

图 1　特阀位置示意图

2.2　结构原理

延迟焦化装置特阀工艺特点为高温(495℃左右)、易结焦、操作频繁、泄漏危险(某些工况下一端连通介质，另一端通大气)等，因此焦化特阀有其专属的特点，其外观及内部结构见图 2、图 3。

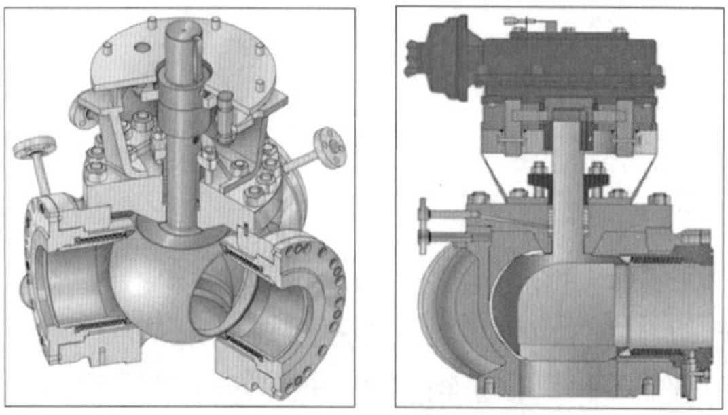

图 2　四通阀结构图

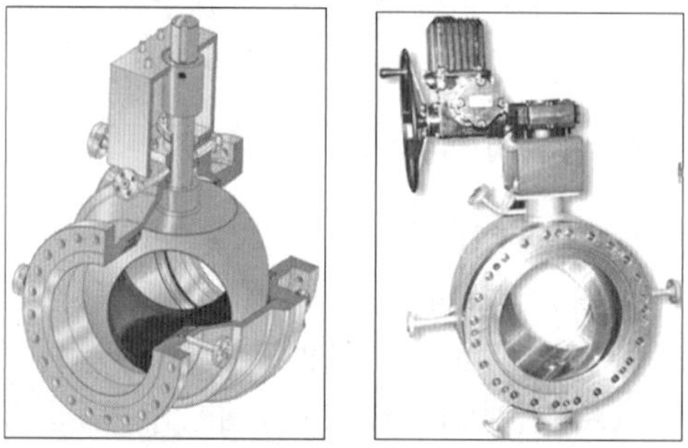

图 3　两通阀(BV1、BV2、VV1、VV2)、背压环阀(VV3)结构

内部关键组件如波纹管、阀座、球体、填料见图 4、表 2。

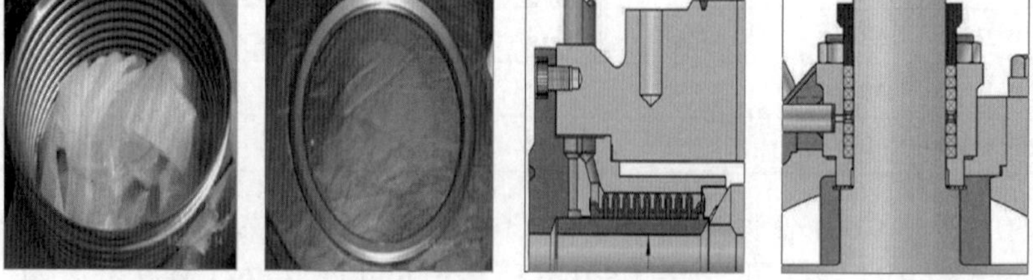

(a)波纹管　(b)阀座　(c)球体　(d)填料

图 4　特阀内部关键组件

表 2　特阀关键组件说明

组件	波纹管	阀座	球体	盘根
说明	(1)材质 inconel625，强度高； (2)波纹管内表面(ID)、外表面(OD)设有蒸汽吹扫； (3)保证阀座与阀体紧密接触，获得主动密封	(1)材质 P9，阀座表面硬化 Stellited； (2)阀座带刮刀，动作阀门时，刮刀可将球体表面结焦刮除	(1)材质 CA6NM，球体表面硬化铬； (2)本体材料抗腐蚀，外表低摩擦系数	(1)深盘根腔； (2)灯笼环外带蒸汽吹扫

特阀特点可总结为：

① 浮球式结构。利用波纹管将动阀座压在球面上并与静阀座配合实现球体的定位，通过波纹管作为弹性元件为阀座密封提供压紧力，同时也可以起到补偿密封面磨损和热补偿作用。

② 金属硬密封。阀门的使用温度为500℃左右，故其密封形式只能采用金属硬密封。为了能够在高温状态下起到有效的密封效果又不至于因为热膨胀而使球体卡塞，所以其中的一个阀座是由波纹管支撑并提供压紧力用以密封。

③ 蒸汽吹扫。为了防止渣油和油气进入波纹管的波纹内，防止在波纹管内外腔结焦，造成波纹管失去弹性，同时也是为了防止波纹管失稳，造成对阀座的压紧力不均而引起泄漏，故在波纹管的内外腔注入蒸汽用以吹扫[1]。

当油气隔断阀全开时，球体/阀体内腔是一个闭塞端腔，两个阀座相对球体围绕球体两个开启密封装置转动，给阀体内腔制造一个密封式的空间。此时注入的蒸汽单纯起到阻挡层的作用，因蒸汽比流经球体的介质压力高，可以确保油气或介质不进入阀体与球体之间内腔。应该注意的是，波纹管外表面吹扫蒸汽和球体吹扫蒸汽一样，它逐步引导到波纹管外表面尺寸，经过阀座外表面尺寸并进入球体、阀体腔，因此，当阀门全开时，其蒸汽也不发生流动。

特阀由全开至全关需要 20~30s，此时蒸汽流经阀体和波纹管外表面，同时对球体刮落的焦粉进行吹扫。此时，需要有足够的蒸汽携带渣油或蒸汽流入介质管道，阻止其渗入内腔。因球体与阀体之间空腔较大，需要足够的蒸汽方可起到较好的吹扫效果。一般情况下，阀体清扫管口最小直径是 3/8in；波纹管外表面与阀体之间空腔较小，一般情况下波纹管外表面蒸汽吹扫管口直径大约是 3/16in。

波纹管内表面与外表面注入蒸汽是有差异的，存在两种情形：

① 当阀门开启时，蒸汽流向波纹管内表面，并且进入气流而流入阀门。限制蒸汽流量的孔板，通常约 3/16in，流速取决于蒸汽压力和管口直径。

② 当阀门关闭时，阀体内相关密封腔处于封闭状态，因此当隔断阀关闭时，在任何一个连接管，如阀体、波纹管外表面或波纹管内表面中没有清扫蒸汽流动。

3　常见故障及原因分析

3.1　特阀内部结焦故障及原因分析

特阀内部结焦是各炼油厂延迟焦化装置普遍存在的故障，特阀结焦后，可导致特阀开关卡涩，其他延迟焦化装置也出现过因结焦严重阀门无法开关装置被迫停工的事件，结焦可出现于特阀内部多个部位(图 5~图 7)。

图 5　BV 阀门内部结焦照片

图 6　VV 阀球与阀体空腔内结焦

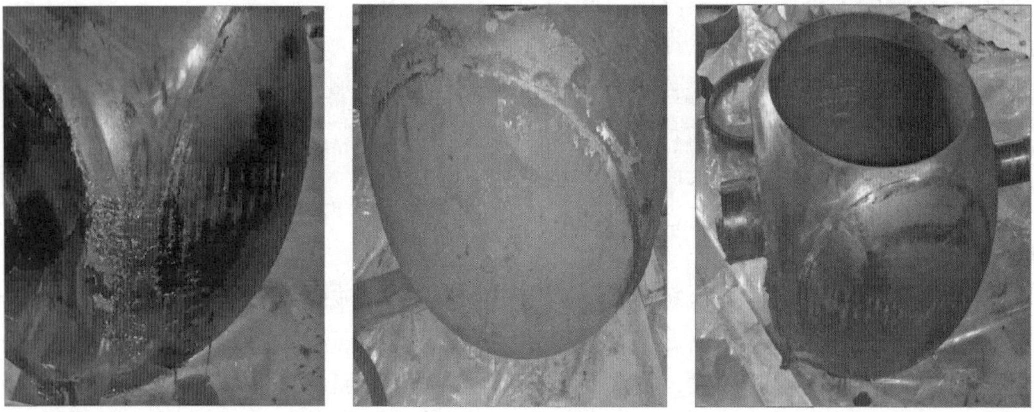

图 7　VV 阀球表面结焦

图 5 中，BV 阀阀体内结焦严重几乎将球体抱死，结焦厚度接近 20mm。波纹管结焦严重时，波纹管与阀套难以分离。

图 6、图 7 中，VV 阀阀体与球体空腔内焦粉较多，结焦集中在阀门球体表面、球体密封腔内，靠近固定阀座处密封腔内有结焦物堆积，这些结焦物的存在，会导致以下故障表现：①阀体表面结焦，且因结焦物硬度较大，导致阀门开关过程中球体表面与阀座摩擦力增大；②固定阀座处有结焦物堆积，阀门开关过程中，结焦物挤入球体表面与阀座贴合面，致使开阀所需力矩增大。

结焦原因分析：因焦粉有“种子”效应[2]，油气中焦粉携带会加剧特阀结焦。为提高渣油处理量，部分延迟焦化装置生焦周期由原来 24h 改为 20h 甚至 18h，焦炭塔负荷较大，焦炭塔油气线速升高，使油气中携带焦粉量增大，如果油气线速超出装置的设计限定值(一般为 0.15m/s)，焦粉携带量就会增加[3]；生焦高度过高、泡沫层过高均可导致油气中携带焦粉量增大，进而导致特阀结焦加剧；焦炭塔出口油气入分馏塔温度应设置合理(延迟焦化装置该温度设置≤416℃)，若设置温度过高，可导致结焦加剧。

特阀在波纹管内外表面及球体分别注有防焦蒸汽(见图2、图3)，设计使用1.0MPa蒸汽作为防焦蒸汽，由于球阀的结构特点，部分介质和焦粉可进入阀体与球体之间的空腔和波纹管的内外空腔内。虽然阀门设计时考虑了蒸汽吹扫口，但由于吹扫口位置设置等，介质及焦粉无法被彻底吹扫干净，会在阀体空腔及波纹管内、外壁发生沉积，产生结焦。一旦结焦开始，这些部位又将成为不利因素，导致结焦速度加快，最终使球体被迫抬升，波纹管变形甚至损坏，阀座变形，阀门开关力矩增大直至无法开关，阀门内漏直至无法使用。[4]

因阀门在全开或全关状态下，球体密封腔内蒸汽不流动，防焦蒸汽管线内因蒸汽不流动易产生冷凝水，阀门开关时，阀体密封腔与介质联通后，首先进入密封腔的防焦蒸汽会携带冷凝水，致使其防焦效果下降，不能及时将进入密封腔内的结焦物清扫干净，进而导致结焦进一步加剧。

原料性质对特阀结焦也有较大的影响，原油变差，比重、黏度增大，杂质、重金属含量升高，水和盐的含量增加，另外延迟焦化装置掺炼催化油浆(催化油浆含油催化剂颗粒可诱发结焦)、组分较杂的重污油等，各种因素累积，均可导致焦化装置结焦趋向严重。

3.2　涡轮蜗杆箱故障及原因分析

涡轮蜗杆箱常见故障有涡轮蜗杆箱内扇形齿轮损坏、蜗杆损坏、连接螺栓损坏等，见图8、图9。

图8　涡轮蜗杆箱轮齿损坏、扇形齿轮断裂情况

图9　电动头与涡轮蜗杆箱连接螺栓脱丝损坏

原因分析：因特阀操作频繁，涡轮蜗杆箱内部齿轮、电动头内部齿轮等力矩传递部位，易发生疲劳损坏；当阀体内部结焦时，开关阀门所需力矩较未结焦升高，涡轮蜗杆传递力矩部分受力加大，也会导致轮齿、连接螺栓等部件损坏；配件质量也是影响其实际使用可靠性的重要因素。

3.3 阀门内漏故障及原因分析

延迟焦化装置焦炭塔两塔间歇操作，特阀位置较为关键，一旦出现内漏且未及时发现，极易引发着火等较严重事故。

原因分析：球面出现较大腐蚀坑、密封座与波纹管接触面腐蚀、波纹管对球面密封座的压紧力不平衡，波纹管开裂、球面严重划伤等均可导致阀门内漏故障出现。

当阀门适当地关闭时，阀门泄漏指标是高压管线一边的压力损失。若阀门已经关闭到位，但仍然存在内漏，泄漏点由于介质的冲刷作用，会使球体或阀座密封面产生凹槽。表面硬化的材料(例如斯太立6)是耐腐蚀和耐磨损的，但是凹槽、凹痕标记和其他表面不规则性仍然可能在配合的表面上形成。泄漏的阀门应尽可能快地修复，防止高速度介质冲刷引起更严重的损伤。

4 采取的措施及建议

① 控制焦炭塔塔顶油气线速，防止线速过高可有效减少油气中的焦粉携带量；建议控制焦炭塔出口油气入分馏塔温度≤414℃，温度越高，油气线中介质越容易发生二次反应结焦，进而导致特阀结焦加剧；控制好泡沫层高度，及时注入消泡剂，焦炭塔小吹汽期间急冷油、消泡剂暂不停，保持焦炭塔安全空高在3m以上，减少焦粉和泡沫焦携带入油气线[5]。

② 改变急冷油注入方式，采用急冷油洗涤焦粉效果好的新技术，根据正常生产时急冷油操作参数、塔口位置参数及易结焦位置选出合适的喷嘴，确定喷嘴数量、特定参数，可有效地降低油气中的焦粉含量，延缓油气线结焦速度。[6]

③ 保持特阀注汽连续且来量及压力稳定，加强对特阀的检查，确保汽封投用并保持畅通等。注汽线可选用纳米陶瓷纤维等新型保温材料，提高注汽线保温效果。可根据装置蒸汽来源是否稳定、压力是否满足特阀注汽设计要求进行决策，必要时可以考虑将限流孔板扩孔，建议委托设计根据目前蒸汽的实际压力，计算扩孔规格。

④ 特阀注汽线盲端加疏水阀，确保注入特阀蒸汽品质稳定，避免阀门开关时，蒸汽带水。

⑤ VV阀出现结焦现象时，因正常生产期间无法拆检，可在焦炭塔预热后期，VV阀全关全开活动两次，利用其刮刀型阀座，将球体及阀座结焦尽量清除。

⑥ 阀门所需电动头、涡轮蜗杆箱等做好备品备件，其涡轮、蜗杆、弹簧等易损件做好备用，必要时可及时更换。

⑦ 波纹管、阀座等易损件长时间使用性能下降明显，特别是波纹管，长时间使用弹性下降，且易产生裂纹等缺陷，检修时应详细检查，视使用周期及时更换，尽量降低其在一个正常生产周期内的故障概率。

⑧ 及时排查阀门卡涩情况，正常情况下，电动执行机构输出扭矩够用即可，避免设置过大导致传动机构齿轮损坏。对于焦化特阀易结焦等特点，可以将检查发现的易卡涩阀门开关力矩适当调大并且重新设置关限位，通过力矩关模式将阀门关死后，将手轮回摇半圈，设置关限位，并将关阀模式改至限位关，防止关过位置导致阀门卡涩和漏量，避免生产中因阀

门卡死不能动作而发生事故。

5 结语

Velan 特阀作为延迟焦化装置特有关键设备，其使用情况的好坏与多项工艺参数及操作相关，与设备检修质量和深度及日常维护保养也息息相关。通过各种有效技术措施及管理措施，可有效避免或减少特阀及其附属机构故障，特阀保持良好的使用状态，对延迟焦化装置的安全平稳长周期运行具有重要的意义。

参 考 文 献

[1] 李萌阳，姜伟，焦华民．延迟焦化用高温球阀的使用与检修[J]．阀门，2011(2)：41-43.

[2] 肖家治，王兰娟，蔡升，等．焦化炉工艺校核方法的研究[J]．炼油设计，2001(10)：18-22.

[3] 郑宗孝．焦炭塔顶大油气管线出口接管结焦原因及措施[J]．齐鲁石油化工，2005(4)：8，60-63.

[4] 单素颖，刘宝，李美群．延迟焦化装置高温防结焦球阀故障分析[J]．炼油与化工，2015，26(2)：40-42.

[5] 金玉琴．焦化加热炉结焦原因分析[J]．石油化工设备技术，2005(3)：27-29，68.

[6] 吕俊辉．焦炭塔急冷油洗涤焦粉技术的应用分析[J]．炼油与化工，2019，30(1)：35-37.

延迟焦化装置接触冷却系统存在的问题及优化

王乐毅

（中国石化河南炼化公司　河南洛阳 471000）

摘　要　作为延迟焦化装置生产部分之一，接触冷却系统的主要作用是冷却焦炭塔处理塔在大吹汽、给水以及油气预热过程中产生的高温蒸汽及油气。中国石化某延迟焦化装置接触冷却系统在运行中存在接触冷却塔塔底油冷却水箱腐蚀、塔底介质带水以及塔底泵气蚀等问题。通过对接触冷却系统采取停用接触冷却系统冷却水箱、投用接触冷却塔跨线流程、接触冷却塔入口增设雾化喷淋系统、增加接触冷却塔塔底换热器等一系列优化和改造措施，有效地解决了接触冷却系统存在的问题，在节省设备检维修费用的同时全年可节省加工成本 7.5 万元。

关键词　延迟焦化；接触冷却系统；冷却水箱；雾化喷淋系统；换热器

1　前言

延迟焦化是渣油深度热裂化工艺，其特点是对原料的适应性强、工艺成熟、投资低、操作费用少[1-5]。中国石化某分公司 1.40Mt/a 延迟焦化装置由中石化洛阳工程有限公司(LPEC)设计，采用目前国内先进的“可灵活调节循环比”工艺流程。焦化装置由工艺生产和石油焦处理两大部分组成，其中，工艺生产部分包括反应、分馏、吹汽放空、吸收稳定和干气脱硫 5 个单元；石油焦处理部分包括水力除焦、冷焦水密闭处理及石油焦输送 3 个单元。

吹汽放空系统的主要作用是冷却焦炭塔处理塔在大吹汽、给水以及油气预热过程中产生的高温蒸汽及油气。从焦化装置开工运行至今，吹汽放空系统一直存在塔底油冷却水箱腐蚀、接触冷却塔塔底带水、塔底泵气蚀等问题，长期影响接触冷却系统的平稳运行，通过对同类装置的调研发现，其他装置也存在类似的问题。因此对接触冷却系统进行优化，能缩短接触冷却系统空气冷却器和水冷却器的运行时间，进一步降低装置生产成本，确保装置安全平稳运行。本文主要介绍接触冷却系统存在的问题及其优化。

2　延迟焦化装置接触冷却系统流程

延迟焦化装置接触冷却系统原则流程如图 1 所示。焦炭塔处理塔大吹汽、给水冷焦时产生的大量蒸汽及少量油气进入接触冷却塔下部，从塔顶第一层塔盘注入以蜡油馏分为主的接触冷却塔塔底油，洗涤油气中夹带的重质油和焦粉。接触冷却塔塔底油用泵从塔底抽出，经接触冷却塔塔底油及甩油冷却水箱冷却后一部分经上回流返回塔顶，另一部分经液控阀出装置或进入装置污油罐。塔顶蒸汽及轻质瓦斯油气经塔顶空气冷却器、塔顶水冷却器冷却后进入接触冷却塔塔顶气液分离罐，分离出的污油由接触冷却塔污油泵送出装置或进入装置污油罐，含硫污水由接触冷却塔污油泵送入含硫污水缓冲罐或酸性水汽提装置，不凝气经压控阀后进入全厂低压瓦斯系统管网，最终排放至火炬燃烧装置处理。

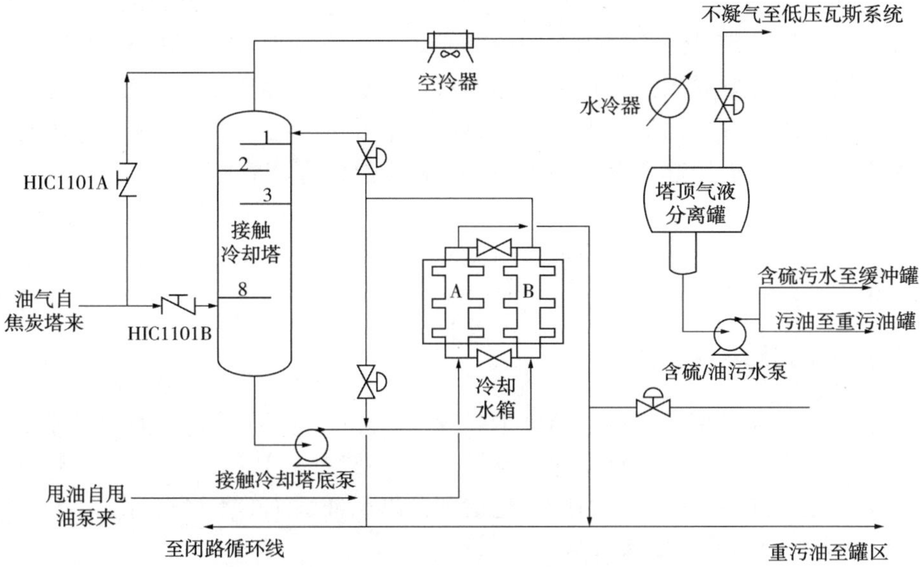

图 1　延迟焦化装置接触冷却系统原则流程

3　接触冷却系统运行中存在的问题及原因分析

3.1　接触冷却塔塔底泵出口流量不足

实际操作中，接触冷却系统经常出现的问题为塔底泵抽空以及气蚀，最终引起泵出口流量不足，不能满足正常生产需要。塔底泵出现气蚀的频次较高，每个生焦周期平均出现 3~4 次。这两个问题都会造成接触冷却塔上回流流量中断，影响焦炭塔在大吹汽和给水阶段接触冷却系统的正常冷却，如果此时空气冷却器和水冷却器投用不及时，接触冷却系统会超温超压运行，造成严重的设备事故；同时塔底泵长时间的抽空和气蚀，振动过大，易造成泵的机械密封泄漏，发生环境污染事件，严重时会引发火灾事故。

3.1.1　塔底泵抽空原因分析

接触冷却塔底泵抽空的主要原因，是在处理塔大吹汽和给水期间，大量的蒸汽携带焦炭塔内的焦粉进入接触冷却塔，最终沉积在塔底部，进入塔底抽出管线，造成塔底过滤器堵塞，进而导致塔底泵出现抽空。

塔底过滤器堵塞造成泵抽空的问题通过清理塔底过滤器就能解决，可以短时间恢复正常生产，不会对操作产生大的影响。

3.1.2　塔底泵气蚀原因分析

接触冷却塔塔底泵出现气蚀的主要原因，是在焦炭塔处理塔大吹汽以及给水阶段，大量蒸汽进入接触冷却塔并冷凝，造成塔底介质中有水。在焦炭塔处理塔大吹汽后期以及给水初期阶段，接触冷却塔入口油气温度会逐渐升高至 350℃左右，同时塔底抽出温度也会随之升高，当塔底抽出温度升至 130~150℃时，塔底介质中的水会逐渐气化，并生成气泡。当含有大量气泡的介质进入泵体叶轮高压区后，会发生气泡急剧凝结或破裂引起泵气蚀现象[6]。

塔底泵出现气蚀时，主要的处理方法是通过关小压控阀对系统进行升压，并反复到现场调整，进行切泵或停泵处理，但是仍不能消除泵气蚀的问题。

3.2　接触冷却塔塔底油冷却水箱管束腐蚀

在焦化装置接触冷却系统的运行中发现，接触冷却塔塔底水箱管束腐蚀情况严重，从

2008 年 6 月装置建成开工至 2017 年 7 月，已经出现 3 次管束腐蚀泄漏情况。即使将水箱管束材质由以前的碳钢全部升级为铬钼钢(1Cr5Mo)材质，仍有较严重的腐蚀情况。

水箱管束腐蚀的主要原因：焦化装置冷却水箱管程为接触冷却塔塔底油，温度在 130℃左右，管外为循环水，管内污油温度较高，致使管束外侧的循环水快速蒸发，循环水中的盐分在管束表面结垢，进而引起严重的垢下腐蚀，甚至腐蚀穿孔[7]。

水箱外壁是一个整体，进行管束更换作业时，需要将水箱侧面钢板切割成小块，管束更换后需要重新焊接，工作量大，更换耗费时间长；同时，由于水箱管束为 1Cr5Mo 材质，造价和检修费用十分昂贵。

4 接触冷却系统运行优化

针对以上问题，经过多次调研，结合本装置的实际生产情况，对接触冷却系统采取停用接触冷却系统冷却水箱、投用接触冷却塔跨线流程、接触冷却塔入口增设雾化喷淋系统、增加接触冷却塔塔底油换热器等一系列的优化措施，以保证系统的平稳运行。

4.1 停用接触冷却系统冷却水箱

在焦化装置接触冷却系统的设计流程中，正常生产时接触冷却塔底部冷却水箱的主要作用是将从塔底泵抽出的塔底油冷却，然后作为接触冷却塔上回流返回塔顶。在实际操作中，由于水箱的冷却作用，接触冷却塔上回流温度一般在 80~100℃，进入塔内对整个系统起到了冷却作用，从而降低了接触冷却系统的温度，但也使塔内的水无法及时蒸出，最终塔底泵出现气蚀，泵出口流量不足，甚至出现机械密封损坏的情况。

为了避免塔底泵出现气蚀，减少设备损坏，需要提高接触冷却系统的温度，将塔内的水尽可能地蒸出。结合焦化装置的实际生产情况，将接触冷却塔冷却水箱流程改走跨线，停用冷却水箱，能够将接触冷却系统的温度提高至 160~180℃，有效地解决了塔底泵气蚀的问题，同时也降低了装置循环水的用量。

停用接触冷却塔塔底油冷却水箱(只在装置开停工期间投用)能够消除在正常生产期间水箱的腐蚀问题，整体上减缓水箱的腐蚀情况，延长水箱的使用寿命，降低设备的检维修费用。

4.2 投用接触冷却塔跨线流程

随着焦炭塔处理塔给水操作的进行，焦炭塔内部热量逐渐减少，进入接触冷却塔的油气温度也随之降低。在实际生产操作中，接触冷却塔入口油气温度和塔顶温度的变化趋势如图 2 所示。

从图 2 可以看出，随着给水操作的进行，接触冷却系统会出现入口油气温度低于塔顶温度的情况。在操作中，当塔入口油气温度低于塔顶温度时，进入塔内的油气会对整个接触冷却系统起到冷却作用，会出现接触冷却系统温度迅速下降的情况，造成塔内水无法蒸出，影响系统正常运行。

鉴于此种情况，在操作中可以根据情况投用接触冷却塔跨线流程。具体操作：在焦炭塔给水后期，当塔入口温度降至 150~160℃时，打开接触冷却塔跨线阀 HIC1101A，关闭塔底进料阀，将油气改至塔顶气相线后，进入后续流程处理。此操作能够减少在给水后期接触冷却系统出现温度迅速降低的情况，延长塔内温度大于 150℃的时间 1.5h，有助于整个系统的脱水，减少塔底油中带水的情况；同时，将接触冷却塔改至跨线流程，能够降低系统空气冷却器和水冷却器的热负荷，缩短其运行时间 1.5~2h，每个生焦周期可节约循环水用量 800t，节电 176kW·h，能够进一步降低装置运行成本。

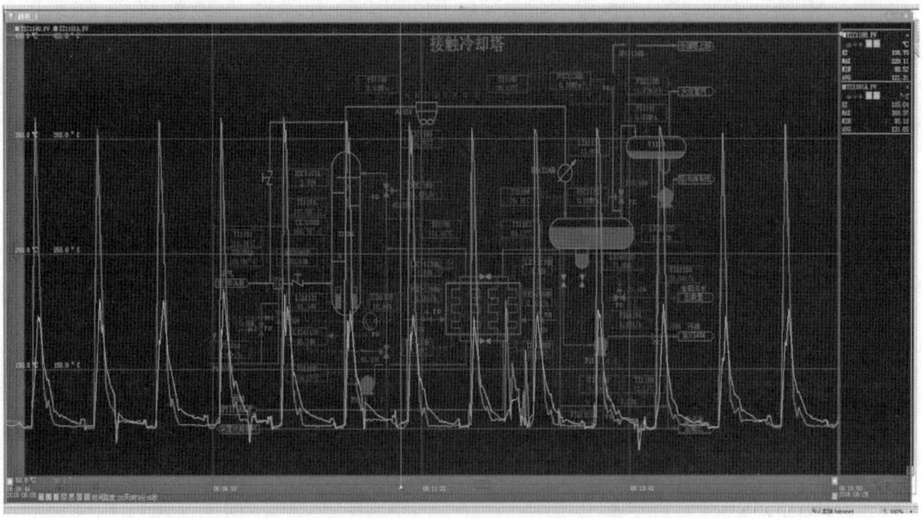

图 2　接触冷却塔入口和塔顶温度的变化趋势

——接触冷却塔入口温度；——塔顶温度

4.3　接触冷却塔入口增设雾化喷淋系统

为了保证接触冷却系统在焦炭塔处理塔大吹汽及给水期间不超温，降低接触冷却系统的热量，缩短系统空气冷却器、水冷却器的运行时间，进一步降低装置运行成本，在 2015 年装置大检修期间，对接触冷却塔入口进行了技术改造，增设了雾化喷淋系统。主要改造内容是在接触冷却塔入口油气管线上增加雾化喷头，并将含硫污水泵出口含硫污水引入喷嘴。改造后的流程如图 3 所示。

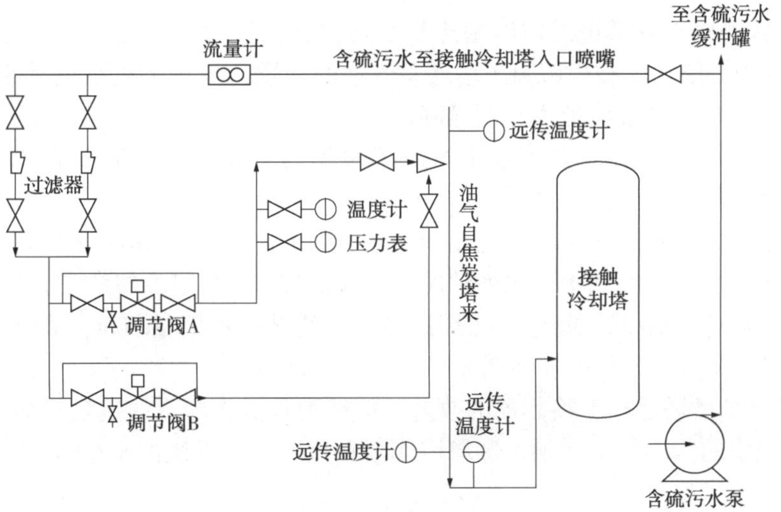

图 3　接触冷却塔入口喷淋系统新增流程示意图

在焦炭塔处理塔大吹汽后期以及给水初期阶段投用塔入口喷淋系统，能够将接触冷却塔入口油气温度从 350℃降至 200℃左右，有效地降低了大吹汽后期以及给水初期阶段进入接触冷却系统的热量，降低了系统空气冷却器和水冷却器的热负荷。

4.4 接触冷却塔塔底增上换热器

在操作中，接触冷却塔入口喷淋系统的投用情况是由操作人员根据生产实际情况控制的，常常出现投用时间过长和停用不及时的情况，造成喷入接触冷却塔塔底的水过多；同时，在焦炭塔处理塔给水后期，进入接触冷却塔的热量减少，接触冷却系统温度下降，接触冷却塔内的水无法完全脱除。因此，要实现接触冷却系统的完全脱水、从根本上消除塔内带水对塔底泵的影响，需要对接触冷却系统进一步技术改造，增上塔底油换热器(见图4)，对塔底介质进行加热，从而实现系统完全脱水的操作。

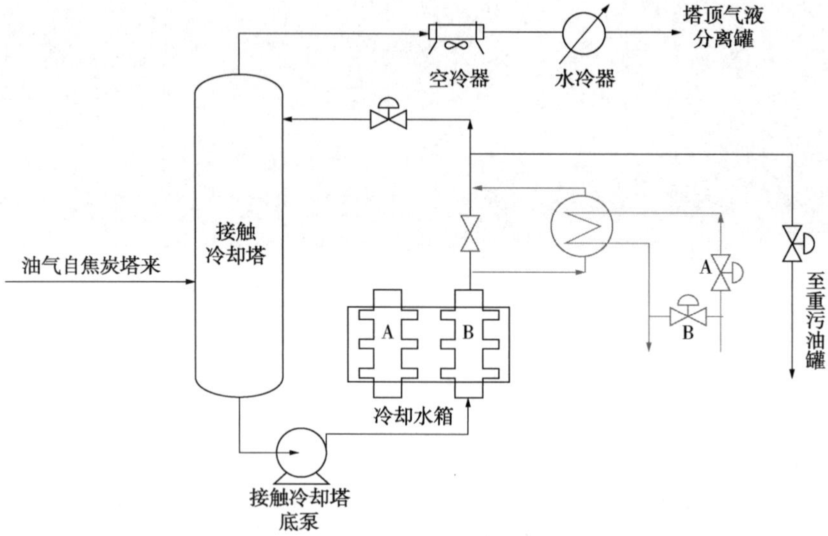

图4 接触冷却塔塔底增上换热器流程示意图

4.5 优化效果

① 通过对接触冷却塔系统采取停用冷却水箱以及入口增加雾化喷淋系统的优化，将塔底温度提高至180℃以上，有效解决了塔底泵气蚀的问题，延长了机泵机封的使用寿命。优化过后，塔底泵出现气蚀现象的次数明显降低。

② 停用冷却水箱后，在一定程度上解决了水箱的腐蚀问题，延长了水箱的使用寿命，每减少一次检修，能够节约检修费用20余万元。

③ 通过投用接触冷却塔跨线流程，能够延长塔内温度大于150℃的时间1.5h，有助于整个系统的脱水，减少塔底油中带水的情况，同时能够降低接触冷却系统水冷却器的热负荷，预计缩短其运行时间1.5~2h，每个生焦周期能够节约循环水用量800t，节电176kW·h，以36h一个生焦周期计算，全年能够降低加工成本7.5万元。

④ 对接触冷却塔塔底增上换热器的改造，能够消除操作导致的接触冷却系统带水问题，进一步脱除系统中的水，保证接触冷却塔塔底泵和接触冷却系统的平稳运行。

5 结论

焦化装置接触冷却系统塔底油冷却水箱管束腐蚀、接触冷却塔塔底带水、塔底泵气蚀等问题长期影响着装置的平稳运行，通过对接触冷却系统进行技术改造和生产操作优化，有效解决了系统运行中存在的问题，确保了装置的安全平稳运行。

参 考 文 献

[1] 颜峰，谢崇亮，王松涛，等．延迟焦化装置放空冷却系统存在问题及对策[J]．炼油技术与工程，2015，45(3)：60-64.

[2] 李林，刘彬，孙丽琳．延迟焦化装置运行问题分析及技术改造[J]．石油炼制与化工，2017，48(4)：61-64.

[3] 陈震，王宸宸，易玉峰，等．延迟焦化抑焦增液剂的研究[J]．石油炼制与化工，2016，47(10)：61-65.

[4] 钟英竹，靳爱民．渣油加工技术现状及发展趋势分析[J]．石油学报(石油加工)，2015，31(2)：436-443.

[5] 王洪彬，韩海波，江莉，等．循环比对塔河常压渣油延迟焦化工艺过程的影响[J]．石油炼制与化工，2016，47(1)：58-61.

[6]崔禹东，宋晓峰，李向国．延迟焦化装置接触冷却塔底泵气蚀原因及改进措施[J]．洛阳石化科技，2016(1)：31-32.

[7]王航空，张梅，阿毕提江．延迟焦化冷却水箱管束腐蚀原因及对策[J]．石油化工安全环保技术，2009，25(4)：20-22，68.

延迟焦化装置蜡油反冲洗过滤器存在的问题及对策

王乐毅　杨　军　侯继承

（中国石化河南炼化公司　河南洛阳 471000）

摘　要　为了减少焦化蜡油中焦粉对渣油加氢装置的冲击，焦化装置增上了ZFG-Ⅱ型蜡油自动反冲洗过滤器，2022 年 1 月，蜡油反冲洗过滤器出现了频繁的反冲，通过分析认为是焦化分馏塔洗涤过热段的洗涤作用发挥得不好，并通过改变分馏塔蒸发段温度、循环比、重蜡下回流等关键参数解决了这一难题；同时通过优化改造，将过滤器污油罐的污油和气相改至接触冷却塔，解决了污油对分馏塔的冲击和重污油罐顶 VOCs 排放不合格的难题。

关键词　延迟焦化；蜡油反冲洗过滤器；分馏塔；优化

1　前言

焦化蜡油与直馏蜡油相比，具有密度、残炭值高，以及杂质、硫、氮、金属、芳烃和胶质含量高的特点，炼油厂一般将其用作催化裂化(FCC)原料或加氢裂化原料[1]。洛阳石化 140 万 t/a 延迟焦化装置的混合蜡油直接去渣油加氢装置，由于焦化蜡油中焦粉含量高，直接进入加氢处理反应器后，会在加氢催化剂表面沉积，致使催化剂床层压力降升高，发生架桥、偏流等现象，甚至导致催化剂失活，严重影响装置的安全运行[2]。为了优化运行结构，减少对渣油加氢装置的冲击，洛阳石化 140 万 t/a 延迟焦化装置应用了温州海米特集团有限公司制造的 ZFG-Ⅱ型蜡油自动反冲洗过滤器(以下简称过滤器)，并针对应用过程中存在的问题采取了相应的改造措施和优化，取得了令人满意的效果，可为同类装置提供借鉴。

2　蜡油反冲洗过滤器系统的简介

如图 1 所示，焦化装置从分馏塔来的 0.6MPa、145℃的混合蜡油通过气动切换阀进入过滤器，蜡油从下而上通过过滤元件，由上部出口管输出，经金属楔形缠绕丝网型滤芯将蜡油中的焦粉颗粒截获，将其阻隔在过滤元件外表面并产生堆积，过滤系统的进、出口压差逐步增大，当压差增大到设定值 0.2MPa，或当过滤器达到设定运行时间时 12h，PLC 工作并驱动执行机构动作，对受堵塞的过滤元件进行冲洗，在冲洗的过程中保证系统始终处在过滤状态。反冲洗状态时，冲洗氮气由上而下反吹过滤元件，将过滤元件外表面上的堆积物冲掉并排入污油罐中，含焦粉的污油送至重污油罐。当过滤系统经氮气冲洗后的压差不理想时，PLC 自动进入浸泡油浸泡状态，根据蜡油反冲洗过滤器反冲的时间来判断过滤器的浸泡、过滤效果，根据浸泡、过滤的效果来调整浸泡时间，然后两台过滤器 A 和 B 并联切换使用。正常过滤操作时，A 全流量运行，B 备机待用。当系统运行压差(总进、出口压降)达到设定值(0.2MPa)或系统运行时间达到设定值(12h)时，过滤系统自动投用B，将A切出过滤操作。此时对A进行辅助液体(柴油)浸泡油反向冲洗，反冲洗后备用。污油排至污油储罐，借助氮气压力将污液储罐中的污油排向重污油罐，然后进入焦炭塔回炼。

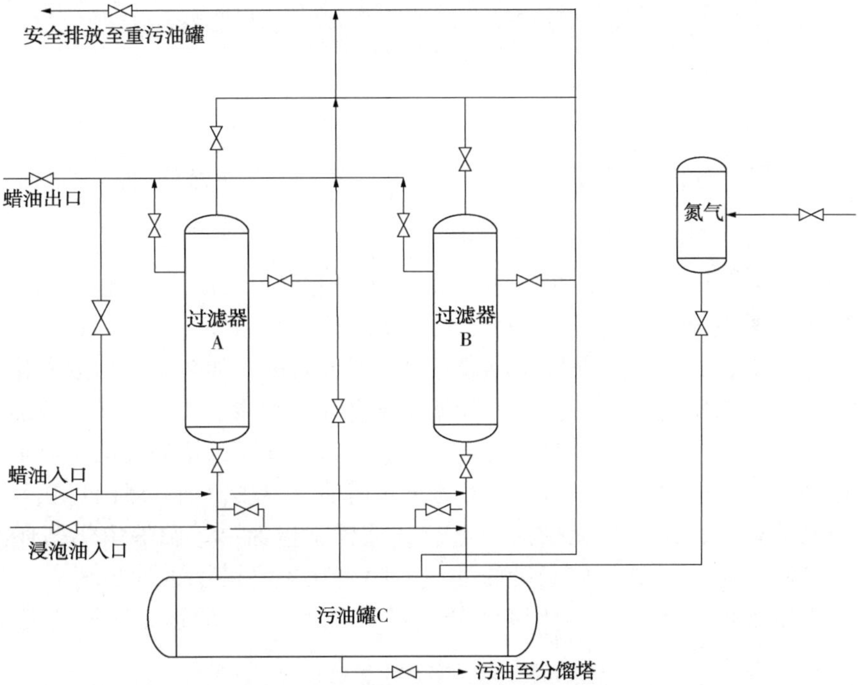

图1　蜡油反冲洗过滤器流程图

3　蜡油反冲洗过滤器运行过程中存在的问题

① 蜡油反冲洗过滤器频繁反冲，造成氮气消耗量增加。焦化装置自2021年9月开工以后，蜡油反冲洗过滤器正常运行时，A、B过滤器约10h切换一次。从2022年1月3日开始，蜡油反冲洗过滤器出现频繁的切换，A、B过滤器的切换时间逐步减少至3h切换一次。蜡油反冲洗过滤器切换一次需要约18min，消耗氮气约130m^3，蜡油过滤器频繁的切换不仅造成装置的氮气消耗量增加、能耗增加，还会因反冲洗效果差使蜡油焦粉含量增加，对下游装置造成冲击，造成渣油加氢过滤器的频繁反冲，甚至影响渣油加氢装置的安全生产。

② 蜡油反冲洗过滤器污油罐的气相与重污油罐相连，造成重污油罐排放的VOCs排放超标，每次蜡油反冲洗过滤器换都会造成分馏塔塔底液位和蒸发段温度波动，尤其是在蜡油反冲洗过滤器频繁切换时，对分馏塔冲击较大，影响分馏塔的平稳操作和装置的安全运行。如图2所示，随着污油罐C污油量的增加，分馏塔增发段温度出现约20℃的波动。

4　原因分析及对策

通过现场比对和化验分析，排除了仪表失灵及蜡油黏度增加造成过滤器频繁反冲，其主要原因是：蜡油中焦粉含量增加，过滤器的压差达到了切换条件0.2MPa，造成过滤器频繁切换。焦化蜡油携带的焦粉主要来自于焦炭塔过热油气携带的焦粉，洛阳石化延迟焦化装置焦炭塔来的0.1MPa、420℃的反应油气首先从分馏塔洗涤过热段下部进入分馏塔，在洗涤过

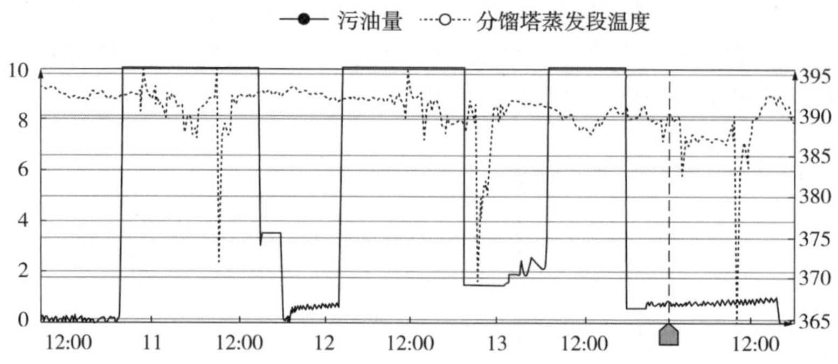

图 2　分馏塔蒸发段温度随污油罐污油流量变化图

热段与装置 300℃的循环油接触。在与循环油接触的过程中，反应油气夹带的焦粉得到洗涤，反应油气中的重组分得到冷凝，冷凝下来的重组分作为循环油，与原料混合后一起进入塔底，经塔底泵抽出送到加热炉进料缓冲罐与原料混合后进入加热炉。延迟焦化分馏系统的作用是将从焦炭塔来的反应油气经脱过热后分馏成富气、汽油、柴油、蜡油等馏分，工程上将焦化分馏塔分为上、下两部分，蜡油集油箱以上称为分馏段，蜡油集油箱以下称为洗涤过热段。分馏塔洗涤换热段的工艺作用是：①与焦炭塔油气换热，油气脱出过热；②根据下游加工装置对原料的要求，控制焦化蜡油干点及其他控制指标；③调整焦化循环油组成和流量，优化焦化产品分布；④洗涤焦炭塔的油气，脱出从焦炭塔携带的焦粉[3]。为了找出焦化蜡油焦粉含量增加的原因，对焦化装置分馏塔 1 月 4—9 日的运行参数进行了分析，见表 1。

表 1　焦化装置 1 月 4—9 日分馏塔关键参数对比分析

关键参数	1 月 4 日	1 月 5 日	1 月 6 日	1 月 7 日	1 月 8 日	1 月 9 日
进料量/(t/h)	72	72	72	72	72	72
回炼油浆+沥青质量/(t/h)	45	45	45	45	45	45
循环比	0. 18	0. 18	0. 18	0. 18	0. 18	0. 18
反应温度/℃	495	495	495	495	495	495
蒸发段温度/℃	406	404	405	398	397	395
重蜡下回流/(t/h)	12	12	12	14	16	18
循环油上回流/(t/h)	10	12	13	15	12	14
反冲洗过滤器切换时间/h	3	5	5	6	7	8

通过表 1 可以看出，在焦化装置进料量、反应温度、循环比、回炼油浆+沥青质量不变的情况下，随着焦化装置蒸发段温度降低、重蜡油下回流量及循环油上回流量的增加，分馏塔的热量在分馏塔下部，蜡油的干点升高，对装置的能耗影响不大，对物料平衡没有影响。装置的设计循环比为 0. 3，循环比越低，装置的能耗越低，但是大的循环比有助于改善原料性质，减少炉管结焦的速率，同时大的循环比也可以间接提高分馏塔的洗涤效果。蜡油反冲洗过滤器的切换时间逐步延长，蜡油反冲洗过滤器频繁反冲的主要原因是：分馏塔洗涤过热段的洗涤作用发挥不好，造成焦粉在蜡油中集聚，由于焦化装置回炼油浆+沥青质量含量增加，分馏塔蒸发段温度控制过高，再加上循环比小，具有洗涤作用的重蜡下回流和循环油上

回流量过小，造成分馏塔洗涤换热段运行不好，焦粉在蜡油段聚集，蜡油中焦粉含量增加，造成蜡油反冲洗过滤器频繁反冲。

根据上述结论，焦化装置在1月10—15日将分馏塔蒸发段温度由408℃降至398℃，循环比由0.18提高至0.25，对分馏塔关键参数进行了收集，见表2。

表2 焦化装置1月10—15日分馏塔关键参数对比分析

关键参数	1月10日	1月11日	1月12日	1月13日	1月14日	1月15日
进料量/(t/h)	72	72	72	72	72	72
回炼油浆+沥青质量/(t/h)	45	45	45	45	45	45
循环比	0.2	0.2	0.22	0.23	0.24	0.25
反应温度/℃	495	495	495	495	495	495
蒸发段温度/℃	408	405	403	400	398	398
重蜡下回流/(t/h)	20	22	25	26	28	23
循环油上回流/(t/h)	15	14	15	15	17	19
反冲洗过滤器切换时间/h	6	7	10	11	11	11

通过表2可以看出，在焦化装置进料量、反应温度、回炼油浆+沥青质量不变的情况下，随着重蜡油下回流量+循环油上回流量的增加，蜡油反冲洗过滤器的反冲时间逐步延长，并且当重蜡油下回流量大于25t/h时，洗涤效果最为明显。

蜡油反冲洗过滤器污油进入分馏塔35层，每次蜡油反冲洗过滤器反冲将产生约2.72t的蜡油，蜡油返回到分馏塔35层，造成分馏塔塔底液位和塔底温度波动。蜡油反冲洗过滤器的气相送至重污油罐，重污油罐直通大气，造成重污油罐顶部的气相VOCs超标，不符合环保排放标准。延迟焦化装置接触冷却系统的主要作用是：①将焦炭塔大吹汽吹出的蒸汽、油气混合物进行冷却分离，回收其中的油组分，将不凝气送至低压瓦斯系统；②焦炭塔或者加热炉事故状态需要紧急放空时，将这部分物料回收；③回收装置密闭吹扫及机泵检修时产生的污油并进行回炼。通过对接触冷却塔的作用进行分析认为：接触冷却塔可以回收污油，同时放空系统又是一个空间非常大的密闭系统，将蜡油反冲洗过滤器的污油和气相改至接触冷却塔，既可以避免过滤器产生的污油对分馏产生冲击，又可以避免重污油罐顶部VOCs超标，如图3所示。

焦化装置在2021年停工期间对蜡油反冲洗过滤器气相和污油的后路进行了改造，将两者后路分别由分馏塔和重污油罐改至了接触冷却塔，既避免了污油对分馏的冲击，又解决了重污油罐VOCs超标的问题。

5 总结

本文通过对焦化装置分馏塔关键参数进行分析，发现了蜡油反冲洗过滤器频繁反冲的主要原因是分馏塔洗涤过热段的洗涤作用发挥不好，造成焦粉在蜡油段集聚，同时对装置蒸发段温度、分馏塔的重蜡下回流和循环油上回流参数进行了调整，解决了蜡油反冲洗过滤器频繁反冲的问题；同时通过优化改造，将蜡油反冲洗过滤器的污油和污油罐顶的气相改至接触冷却塔，解决了污油对分馏塔的冲击和重污油罐顶VOCs排放不合格的难题，保证了蜡油反冲洗过滤器的平稳运行及下游装置的安全。

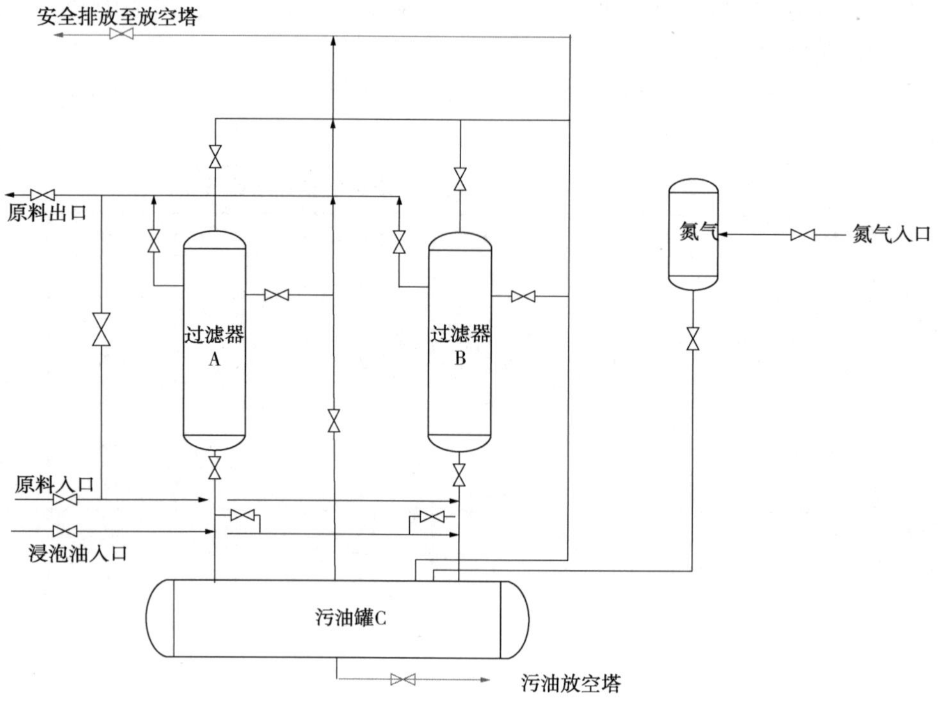

图 3　蜡油反冲洗改造后流程图

参 考 文 献

[1] 潘志爽，肖寒，张爱萍，等．掺炼焦化蜡油对催化裂化反应性能的影响[J]．石化技术与应用，2020，38(1)：13-15.

[2] 韩龙年，陈禹霏，陈松，等．加氢装置催化剂床层压降增加原因分析及对策[J]．石化技术与应用，2020，38(2)：129-132.

[3] 黄孟旗，李出和．延迟焦化全蜡油下回流脱过热及循环比的定量控制[J]．石油化工设计，2012，29(3)：6，29-30，32.

延迟焦化装置加热炉开停工中氮氧化物(NO_x)高的原因及优化措施

苏丽虹　肖建雄

(中国石化广州石化公司　广东广州 510000)

摘　要　本文对加热炉烟气氮氧化物(NO_x)排放量的影响因素进行了分析，并提出了相应的改进措施。结果表明：通过采取控制加热炉内剩氧含量、炉膛温度，调整优化各主火嘴火焰高度及配风量后，将停炉时烟气氮氧化物(NO_x)排放量由优化前的 86.52mg/m^3 降至 47.33mg/m^3(折算值)，开炉时由 56.43mg/m^3 降至 52.70mg/m^3(折算值)，保证了延迟焦化装置的安全环保生产。

关键词　NO_x；加热炉；开停工；剩氧

1　前言

近年来，我国就石化企业污染物排放管控相继出台了大量国家、地方相关的法规、标准及政策举措，石化行业的污染物管控体系已逐步走向成熟，尤其在大气污染物管控方面取得了显著成效。在装置正常生产下，二氧化硫(SO_2)、颗粒物、氮氧化物(NO_x)等均能满足排放标准。然而，炼油厂装置在开停工过程中操作难度和复杂程度相比正常工况成倍增加，大气污染物控制难度升高，因此在开停工中如何管控大气污染物逐渐成为炼化企业的关注重点。

2　生产装置简介

某大型炼厂焦化装置始建于 2010 年 12 月，反应加热炉为对流-辐射卧管方箱炉，分南北炉膛，一个炉膛有两路进料，每路进料有两排共计 32 只主火嘴燃烧提供热量。在开停工操作过程中，操作人员需要对 192 个阀门(表 1)进行有序操作。阀门的数量、位置的差异、工况的复杂度等，在一定程度上加大了操作难度，这已成为影响装置管控氮氧化物(NO_x)排放量的主要因素。

表 1　加热炉开停工调整阀门的数量　　个

阀门所在位置	主火嘴阀门	长明灯阀门	尾气阀门	主火嘴风门阀门
加热炉二层	2	1	1	0
加热炉炉底	0	1	1	1
南/北炉调整阀门数量	64	64	32	32

3 氮氧化物(NO_x)的生成机理及危害

3.1 氮氧化物(NO_x)的生成机理

氮氧化物(NO_x)产生的途径主要有以下三种:

① 热力型 T-氮氧化物(NO_x):在火焰面下游空气中的 N_2 和 O_2 在温度达到 1400℃条件下反应生成氮氧化物(NO_x)(NO、NO_2),并且当燃烧温度超过 1500℃时,NO 的生成速度随着温度每增加 100℃而增大 6~7 倍[1],总反应式为:

$$N_2+O_2 \longrightarrow 2NO$$

$$NO+0.5O_2 \longrightarrow NO_2$$

② 快速型 P-氮氧化物(NO_x):在燃烧时,空气中的 N_2 与富烃类燃料气产生的碳氢离子团反应,生成氰化氢和氮离子团,氮离子团快速与氧气反应生成 NO,其反应速度只需 60ms[2]。

③ 燃料型 F-氮氧化物(NO_x):燃料中的化合氮(HCN、NH_3)在燃烧过程中发生热分解后再氧化生成氮氧化物(NO_x),该方式主要与燃料中化合氮的占比有关,与温度关系不大[3]。

3.2 加热炉开停工烟气氮氧化物(NO_x)超标的危害

在延迟焦化装置加热炉开停工过程中,烟气中氮氧化物(NO_x)的超标排放会对环境、人体健康以及生态平衡产生严重的危害。

① 环境污染:氮氧化物(NO_x)在大气中与水蒸气、氧气等发生化学反应,生成硝酸等酸性物质。这些酸性物质随着降水过程降落到地面,形成酸雨。酸雨的 pH 值通常低于 5.6,对自然环境和人类社会的许多方面造成破坏。譬如,对土壤而言,酸雨会打破土壤的酸碱平衡,导致土壤酸化;对水体来说,酸雨进入河流、湖泊等后,会降低水体的 pH 值,破坏水生态系统的平衡;对建筑物和文物古迹也有侵蚀作用。酸雨中的酸性物质会与建筑材料中的碳酸钙等成分发生化学反应,使建筑物表面的石灰石、大理石等材料逐渐溶解、剥落。同时会造成光化学烟雾的形成,氮氧化物(NO_x)是光化学烟雾的关键前体物之一。在阳光照射下,氮氧化物(NO_x)与挥发性有机物(VOCs)发生复杂的光化学反应,生成臭氧(O_3)、醛类、酮类等二次污染物,形成光化学烟雾。其会降低大气能见度,在影响交通和航空安全的同时也对植物的光合作用和呼吸作用有抑制作用。

② 对人体健康的影响:当人体吸入过量的氮氧化物(NO_x)时,会刺激呼吸道黏膜,引起呼吸道炎症,长期暴露在高浓度氮氧化物(NO_x)环境中,会导致呼吸道疾病的发生率增加,如支气管炎、哮喘等。研究表明,氮氧化物(NO_x)还可以通过影响人体的血液循环系统,对心血管健康产生危害,虽然氮氧化物(NO_x)本身不是强致癌物,但它是光化学反应的前体物,在光化学反应过程中可能会生成一些具有致癌性的二次污染物,如醛类化合物等,这些都会大大增加患癌症的风险。

加热炉开停工过程中烟气氮氧化物(NO_x)的超标排放对环境、人体健康和生态平衡构成了多方面的严重危害。因此,必须采取有效的措施来控制氮氧化物(NO_x)的排放,减少其对环境和人类社会的负面影响。

4 加热炉烟气氮氧化物(NO_x)排放量高原因分析

通过对比氮氧化物(NO_x)的三种生成机理,可以得知影响氮氧化物(NO_x)产生量的主要因素为燃烧温度、炉膛的氧含量、烟气在高温区的停留时间、燃料气的组成等。根据 GB 31571—2015《石油化学工业污染物排放标准》的要求，大气排放物基准排放浓度计算公式如下[2]：

$$\rho_{基}=\frac{21-O_{基}}{21-O_{实}}\times\rho_{实}$$

式中 $\rho_{基}$——大气污染物基准排放浓度，mg/m^3；

$O_{基}$——干烟气基准含氧量,%；

$O_{实}$——实测的干烟气含氧量,%；

$\rho_{实}$——实测大气污染物排放浓度，mg/m^3。

该焦化装置加热炉氧含量在开停工期间控制在 3%左右。综合对比，环保实时监测的加热炉烟气中氮氧化物(NO_x)(折算值)主要与燃料气在主火嘴中燃烧实际产生的氮氧化物(NO_x)和烟气中氧含量有关。

查询加热炉开停工相关资料[3]，发现：在开工过程中氧含量和火嘴温度处于不稳定状态，可能造成局部高温，如果氧含量控制不当，燃料富氧燃烧，热力型氮氧化物生成，易超出标准限值；同理，停工过程中火嘴熄灭可能导致局部高温，造成氮氧化物浓度出现波动。因此，加热炉开停工过程中对于工艺控制要求较高，存在较多不确定性因素，企业在开炉升温后期要精细操作，把控炉膛温度与氧含量之间的联系；在停炉降温初期，精准掌握强制通风改自然通风工况时间，调整炉膛氧含量，减少自动监测系统报警次数。

5 加热炉开停工优化调整操作

5.1 剩氧含量调节

低氮燃烧方式中氮氧化物(NO_x)对 O_2 的控制有很高的敏感度，氮氧化物(NO_x)的生成会随着烟气中过量氧的减少而得到抑制。但烟气的氧含量与 CO 的含量成反比关系，如果没有依据持续降低氧含量，可能会造成燃料气不完全燃烧，造成烟气中 CO、SO_2 含量急剧增加，同时可能造成飞灰含碳量增加，燃烧效率下降。

因此，为控制加热炉整体降温均衡性，科学合理降低炉膛氧含量，在 2024 年 12 月 26 日加热炉停炉期间，采取了以下措施：①外操分多次逐个关闭每排火嘴和长明灯，同时关闭主火嘴和长明灯的风门，前期控制停炉剩氧在 1%~2%。②内操通过总风道挡板控制在运炉室的剩氧在 1%~3%。③当停工炉室的最后一个主火嘴燃烧熄灭后切断瓦斯系统，剩氧逐步上升，这时确保不能有大量空气进入高温炉室。④当停工炉室剩氧上升>15%，停工炉室改自然通风。⑤当加热炉氮氧化物(NO_x)生成持续下降直至氮氧化物(NO_x)的实测值下降至单炉生产的正常水平后，外操先打开加热炉的看火孔进行通风冷却，待炉温下降后再打开炉底的主火嘴风门进行冷却降温。图 1 为清焦停炉过程中内操对剩氧含量做出调整后的变化趋势。

2024 年 12 月 28 日加热炉开炉期间，采取了以下措施：①开工炉前期升温过程中，炉膛温度较低，开工炉室氮氧化物(NO_x)的生产较少，加热炉氮氧化物(NO_x)主要是在运炉室生成的。因此，外操可以对开工炉逐步点燃长明灯直至全部点燃。②当炉膛温度达到 200~220℃时进行恒温脱水后，外操关闭所有主火嘴风门及炉底快开风门，加热炉改强制通风。③根据方案开工炉点主火嘴逐步升温，要求每点一只主火嘴，再相应打开风门进行调整。④升温过程中，内操通过风道挡板控制开工炉室的剩氧维持在 4%~5%，在运炉室的剩氧维持在 1%~3%，炉膛负压控制在-35~-20Pa。图 2 为清焦开炉过程中内操对剩氧含量做出调整后的变化趋势。

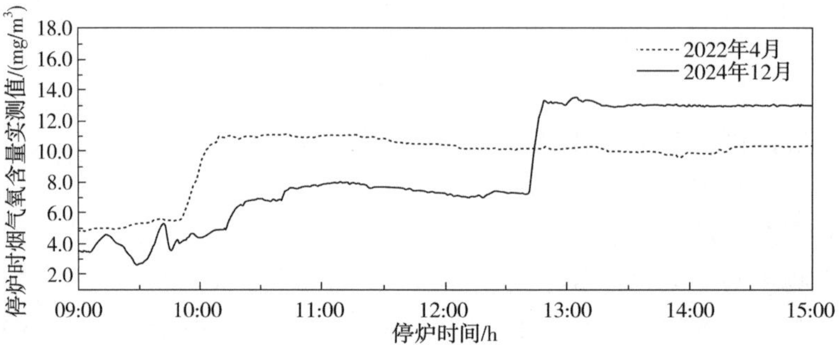

图 1　停炉时烟气中的剩氧含量变化趋势图

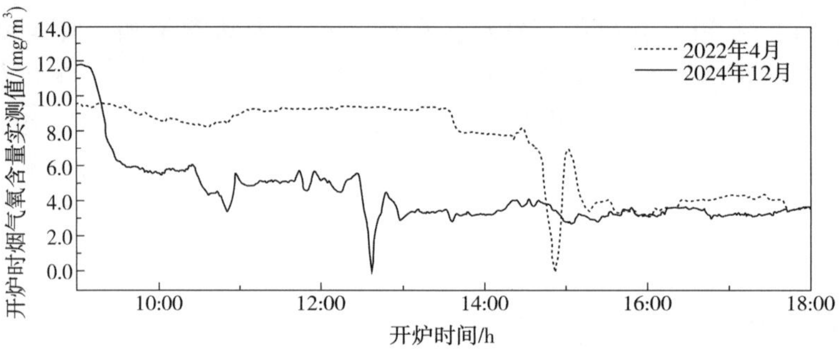

图 2　开炉时烟气中的剩氧含量变化趋势图

5.2　调整炉火

单台燃烧器火焰过高时，对应炉墙发红度较高，说明该燃烧器燃料气流量偏大，火嘴燃烧过程中释放热量增多，热力型氮氧化物(NO_x)的生成量随着火焰中心温度同步升高。因此，在点燃主火嘴后要及时调整燃料气与风量的配比，确保主火嘴火焰淡蓝通透、不明亮、不发飘，并且通过对比微调各个主火嘴手阀，各主火嘴火焰高度及炉墙发红高度保持一致，确保各火嘴均匀、充分燃烧。此外，在点燃主火嘴前，及时清理现场火嘴积碳，防止枪头结焦影响燃烧效果。

5.3　操作调整后的效果检查

5.3.1　停炉期间

图 3 和图 4 分别为 2022 年 4 月与 2024 年 12 月停工炉室烟气氮氧化物(NO_x)实测值、折算值变化趋势对比图。

由图 3 和图 4 可以看出，2024 年 12 月加热炉停工经过调整优化操作后，烟气中的氮氧化物(NO_x)含量明显降低。2022 年 4 月加热炉停炉时烟气氮氧化物(NO_x)质量浓度实测值最高为 47.48mg/m^3，折算值最高为 86.52mg/m^3；2024 年 12 月实测值最高为 44.75mg/m^3，折算值最高为 47.33mg/m^3；实测值降低了 2.73mg/m^3，折算值降低了 39.19mg/m^3，停炉全过程加热炉烟气氮氧化物(NO_x)排放符合环保管控指标，取得了较好效果。

5.3.2　开炉期间

图 5 和图 6 分别为 2022 年 4 月与 2024 年 12 月开工炉室烟气氮氧化物(NO_x)实测值、折算值变化趋势对比图。

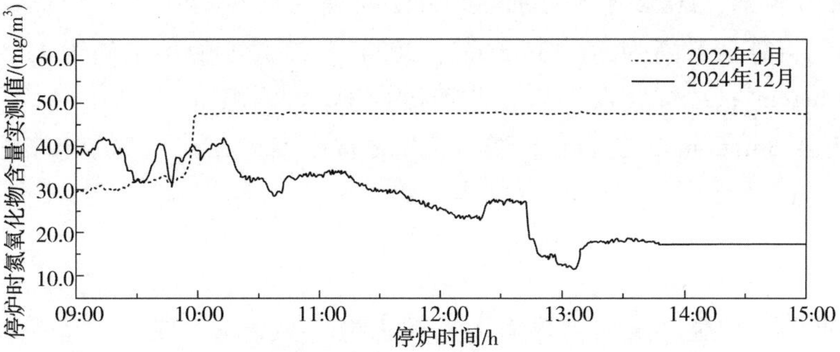

图 3　停工炉室烟气氮氧化物(NO_x)实测值变化趋势图

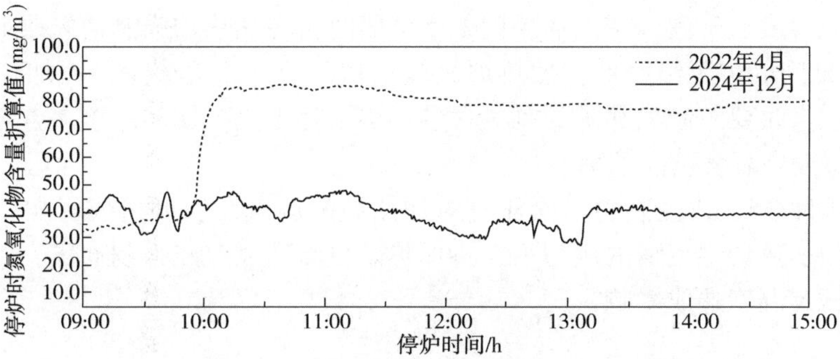

图 4　停工炉室烟气氮氧化物(NO_x)折算值变化趋势图

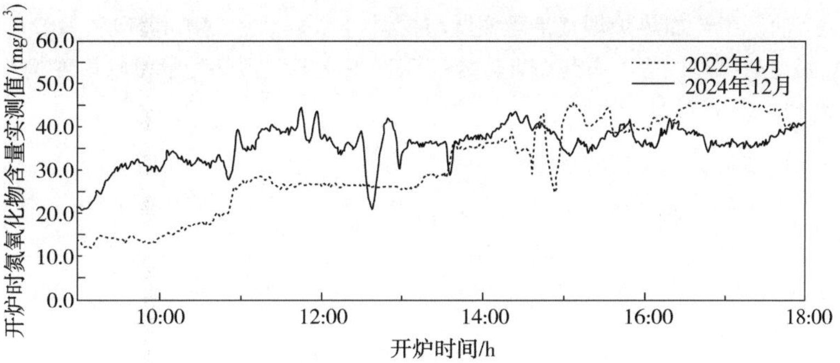

图 5　开工炉室烟气氮氧化物(NO_x)实测值变化趋势图

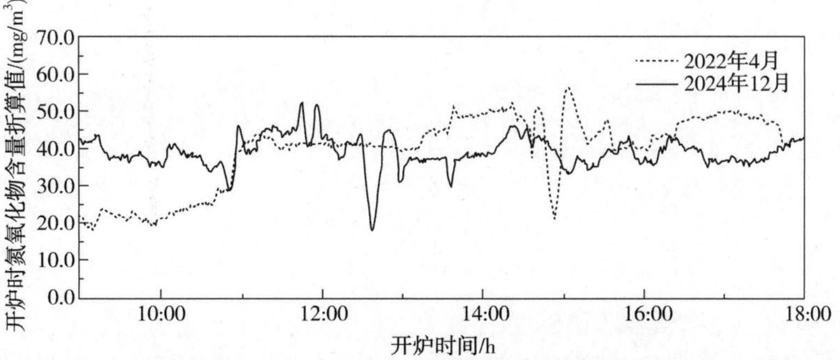

图 6　开工炉室烟气氮氧化物(NO_x)折算值变化趋势图

由图 5 和图 6 可知，2022 年 4 月加热炉开炉时烟气氮氧化物(NO_x)质量浓度实测值最高为 46.26mg/m^3，折算值最高为 56.43mg/m^3；2024 年 12 月实测值最高为 41.90mg/m^3，折算值最高为 52.70mg/m^3；经优化调整后，开炉过程中，烟气中的氮氧化物(NO_x)含量有所降低，实测值降低 4.36mg/m^3，折算值降低 3.73mg/m^3，加热炉烟气氮氧化物(NO_x)排放符合环保管控指标。

6 结论

① 在停炉期间因炉膛温度高，热力型氮氧化物(NO_x)易生成，应待炉膛温度下降后再对加热炉进行通风冷却，以此通过控制剩氧含量来抑制氮氧化物(NO_x)的生产。

② 停炉期间为避免改强制通风操作时对加热炉的剩氧及温度造成影响，在加热炉炉火燃烧结束、剩氧含量上升后，主火嘴风门处于关闭时再将加热炉强制通风改成自然通风。

③ 在开炉期间因炉膛温度低，加热炉氮氧化物(NO_x)的生成少，而加热炉的剩氧含量跟大气一致，点火时要控制加热炉的剩氧含量逐步下降至生产期间的剩氧含量，避免加热炉氮氧化物(NO_x)因剩氧含量高超标。

④ 开炉期间为避免改强制通风操作时对加热炉的剩氧及温度造成影响，在加热炉点主火嘴之前，关闭加热炉主火嘴的风门后，将加热炉自然通风改成强制通风，此时不会对加热炉的剩氧、负压及温度造成影响。

参 考 文 献

[1] 叶光胜．低氮火嘴在延迟焦化加热炉的应用和对策[J]. 化工设计通讯，2017，43(12)：198-199.

[2] 徐进，王静．炼油厂工艺加热炉烟气治理实践与探讨[J]. 安全、健康和环境，2021，21(11)：29-32.

[3] 宋宇璇，武慧娟，赵风杰，等．石化企业开停工工况主要大气污染物管控政策现状及展望[J]. 山东化工，2024，53(6)：270-272，275.

延迟焦化加热炉空气进炉温度低原因分析和对策

卫　恒

（中国石化北海炼化公司　广西北海 536000）

摘　要　延迟焦化加热炉空气预热器空气副线阀长期开启，排烟温度及空气换热后进炉温度低。核算后发现加热炉烟囱挡板存在密封不严情况，部分热烟气未经空气预热器换热而直接排放大气；空气预热器换热效果差，加热炉热效率低。检修期间修复烟囱挡板并更换空气预热器后，空气换热器温度显著提高。

关键词　空气预热器；烟囱挡板；排烟温度；空气进炉温度

1　前言

延迟焦化装置设计加工规模 120 万 t/a，加热炉为双面辐射炉，设计有空气预热器，加热炉设计热效率为 91.7%。分析加热炉运行数据发现，空气预热器空气副线阀位长期处于 65%左右，排烟温度均值 103℃，空气换热后进炉温度 170℃，与设计参数偏差过大。核算空气预热器热量平衡后发现加热炉烟囱挡板存在密封不严情况，部分热烟气未经空气预热器换热而直接排放大气。采取关小烟道分支挡板开度，提高引风机变频，关闭空气预热器副线阀措施后，排烟温度均值提高至 111℃，空气换热后进炉温度提高至 244℃，热烟气热量回收率提高，但仍有部分热烟气未经换热而直接排放大气。

2　空气预热器热量核算

2.1　空气进炉温度低原因分析

加热炉空气预热器流程如图 1 所示，烟气从对流室出来后进入烟囱，在烟囱挡板下方引烟气进入引风机入口，经空气预热器换热后输送至烟囱挡板上方，然后排放至大气。

空气预热器副线阀未关闭前，部分空气未与热烟气换热，大气环境温度均值 35℃，冷空气与热空气混合后温度 170℃，与空气设计进炉温度 250℃偏差过大。以 2024 年 7—11 月运行参数为基准核算加热炉空气预热器，核算结果见表 1。

表 1　空气预热器运行参数

介质	入口温度/℃	出口温度/℃	核算流量/(kg/h)	理论流量/(kg/h)
空气	35	170	53642	53642
烟气	322	103	31093	57227

空气预热器热量核算，空气进炉温度低，烟气流量比空气流量低，表明有部分热烟气未经空气预热器换热而直排大气，直排大气流量为 26134kg/h，热烟气从烟囱挡板处泄漏量约

占总热烟气量的 45.7%，每小时回收热烟气热量 2.1MJ。

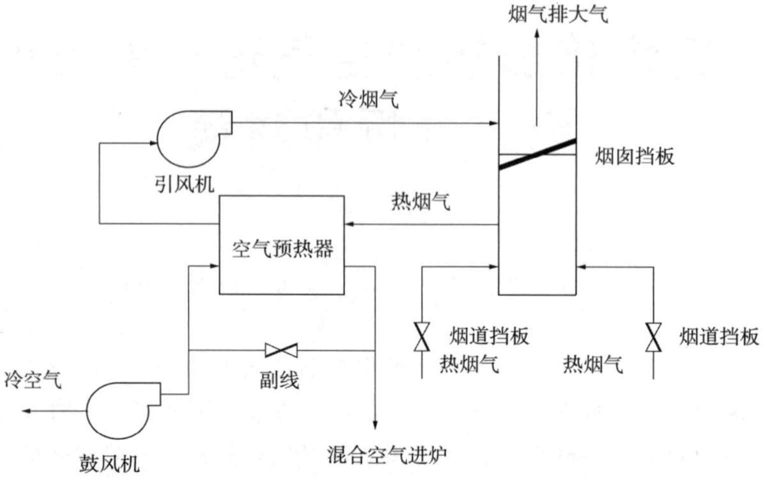

图 1　加热炉空气预热器流程示意图

为评价空气预热器运行效果，将目前运行参数与设计参数作对比。空气预热器设计参数见表 2。

表 2　空气预热器设计参数

介质	入口温度/℃	出口温度/℃	流量/(kg/h)
空气	35	250	67689
烟气	341	146	71746

在空气预热器设计参数中，烟气温差为 195℃，空气温差为 215℃，每小时回收热烟气热量 4.2MJ。实际运行工况下，烟气温差为 219℃，空气温差为 135℃，每小时回收热烟气热量 2.1MJ。空气进炉温度为热空气与冷空气混合温度，如表 1 所示，有 26134kg/h 热烟气未与空气换热，导致空气进炉温度偏低。

2.2　空气预热器调整后换热效果

经核算发现加热炉烟囱挡板密封不严，存在热烟气直排大气后，利用热成像仪检测烟囱挡板上下部分。

烟囱热成像图中，颜色趋向黄色，温度越高；颜色趋向蓝色，温度越低。烟囱挡板上下方温度相近，冷烟气返回烟囱后，烟囱温度下降，侧面佐证了烟囱挡板密封不严、存在热烟气直排大气情况。

为减少热烟气直接排放大气量，采取关小烟气分支挡板开度，提高引风机变频至 90%~100%，关闭空气预热器副线阀措施后，以 2023 年 12 月至 2024 年 2 月运行参数为基准核算，核算结果见表 3。

表 3　调整后空气预热器运行参数

介质	入口温度/℃	出口温度/℃	核算流量/(kg/h)	理论流量/(kg/h)
空气	22	244	53769	53769
烟气	339	111	49290	57486

加热炉调整后，热烟气进入空气预热器流量增加，空气进炉温度提高至 244℃，比调整

前提高 74℃。烟气温差为 228℃，空气温差为 222℃，每小时回收热烟气热量 3.4MJ。核算后热烟气直排大气流量为 8196kg/h，热烟气从烟囱挡板处泄漏量约占总热烟气量的 14.3%。相比调整前，热烟气泄漏率降低 31.4%。

受空气进炉温度提高、加热炉膛烟气温度提高影响，热烟气对流室温度比调整前提高 17℃。空气预热器调整后热量核算，空气流量比烟气流量多，有 8196kg/h 热烟气未经空气预热器换热而直排大气。

3 提高空气进炉温度的对策

3.1 工艺操作调整

加热炉 4 路烟道分支挡板由均值 76%降低至 43%，降低烟囱挡板处真空度。引风机变频由均值 60%提高至 90%，尽可能输送热烟气至空气预热器，减少热烟气从烟囱挡板处直排至大气，提高空气换热后进炉温度。

3.2 修复烟囱挡板

2025 年装置检修期间，发现烟囱挡板未完全闭合，两片挡板最大间隙为 16.5cm，调整后间隙为 1cm，受挡板轻微变形及硬密封影响，未能实现完全密封。

3.3 更换空气预热器

鉴于加热炉烟囱挡板存在密封不严的情况，采取工艺操作调整后，空气换热后进炉温度 244℃，上升 74℃；排烟温度 111℃，上升 8℃。烟囱挡板处热烟气泄漏率由 45.7%下降至 14.3%，仍有 8196kg/h 热烟气未与空气换热而直排大气。装置大修期间将烟囱挡板修复，热烟气全部与空气换热，换热后烟气温度会进一步提高，将无法满足《中国石化炼化企业加热炉管理细则》中涉及热负荷 10MW 以上的加热炉最终排烟温度一般应低于 110℃的要求[1]。

2025 年装置检修期间更换空气预热器，引风机变频由 90%下降至 45%，空气换热后温度上升至 302℃，见表 4。

表 4 更换后空气预热器运行参数

介质	入口温度/℃	出口温度/℃
空气	35	302
烟气	360	104

修复烟囱挡板、更换加热炉空气预热器后，空气进炉温度由检修前的 244℃提高至 302℃，小时回收热量 722kJ，预计全年节约 522tEO。

4 结语

加热炉燃料气单耗占装置能耗的 65%~75%，装置检修期间建议检查烟囱挡板密封情况，清理空气预热器。采取技术措施提高空气进炉温度及降低排烟温度，有利于减少燃料气消耗，提高加热炉热效率[2]，降低装置综合能耗。

参 考 文 献

[1] 中国石化炼化企业加热炉管理细则，2022，12 号：16.
[2] 钱家麟. 管式加热炉[M]. 2 版. 北京：中国石化出版社，2003：16.

TMD技术在焦炭塔结构减振中的应用

赵彦东

（中国石化镇海炼化公司　浙江宁波 315000）

摘　要　针对某石化厂焦炭塔结构振动导致焦炭塔及附属管线振动过高的问题，提出了一种新的减振处理方法，即通过调谐质量阻尼装置对焦炭塔结构进行降振。明确了焦炭塔结构振动的主要原因，并在焦炭塔顶加装了一套频率为1.2~2.2Hz，阻尼为11%的TMD减振系统，经现场验证，焦炭塔结构最大加速度由0.663m/s^{2}降低至0.147m/s^2，有效解决了焦炭塔结构振动对附属设备的影响。为大型石化设备结构振动提供了一种新的方法。

关键词　焦炭塔；TMD；消振

1　概况分析

某石化公司210万t/a延迟焦化装置，为一炉两塔设计，共有2个焦炭塔，在同一个混凝土框架中。焦炭塔框架主要为混凝土+钢结构的组合框架。焦炭塔2层混凝土框架标高25.7m，焦炭塔井架标高114.407m，焦炭塔直径为9.8m、高度为40.7m。每个焦炭塔与混凝土框架通过48根规格为M64的螺栓连接。

由于原料劣质化，焦炭塔在日常生产过程中晃动较大，同时带动塔体附属管线一起振动，极易造成管线振动过大导致开裂，引发火灾事故[1]。此外，振动过大也会导致焦炭塔裙座焊缝开裂，缩短焦炭塔的使用寿命。因此分析焦炭塔结构振动的主要原因，降低焦炭塔的振动十分必要[2]。

2　计算分析

2.1　计算说明

采用MIDAS Gen有限元分析软件，模拟焦炭塔振动最大的给水阶段，即一个焦炭塔处于生焦阶段，另一个焦炭塔处于给水阶段，进行建模[3]。

混凝土、钢结构框架采用梁单元，塔本体采用板单元。不同材料的弹性模量见表1。

表1　不同材料的弹性模量

材料	混凝土	钢结构
弹性模量/MPa	34500	206000

2.2　模态分析

通过模态计算得到焦炭塔框架在给水阶段的固有频率及振型，如表2及图1所示。

表 2　焦炭塔框架各阶固有频率

阶数	1	2	3	4
频率/Hz	1.472	1.712	2.222	2.363

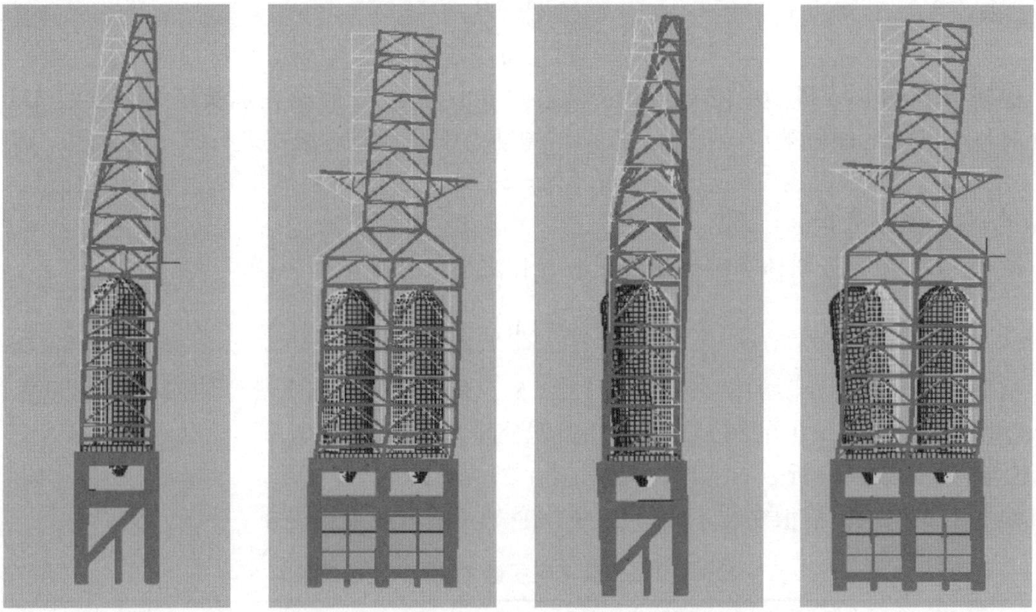

图 1　第 1 阶至第 4 阶焦炭塔框架振型

从各阶振型图可知：1 阶振型为钢框架横向弯曲；2 阶振型为钢框架纵向弯曲；3 阶振型为给水焦炭塔及钢框架整体横向弯曲及扭转；4 阶振型为给水焦炭塔及钢框架整体纵向弯曲及扭转。

从 3、4 阶振型可以看出，给水阶段的焦炭塔振动明显大于生焦阶段的焦炭塔。因此，冷却水进入焦炭塔后迅速汽化，对塔体产生较大的激励，引起塔体及附属管线晃动，进而激起了整个框架晃动[4,5]。

3　减振方案研究

3.1　减振方向明确

焦炭塔是整个框架的核心设备，减小焦炭塔的振动对于降低整个框架的振动十分必要。从结构振型中可以看出，第 3、4 阶振型中焦炭塔振动最为明显，因此，重点对焦炭塔第 3、4 阶模态进行减振分析。

3.2　激振荷载模型

焦炭塔给水时，因冷焦水遇到高温石油焦迅速汽化，同时石油焦骤冷后也存在炸焦的现象，导致焦炭塔内壁受到蒸汽、石油焦颗粒的无规则撞击，进而焦炭塔内部激振荷载很难进行模拟。因此，采用最不利载荷模型，即在焦炭塔施加与框架结构相同频率的正弦载荷。该载荷的模型为：

$$P_H = p_0 \sin(2\pi f_s t)$$

式中　P_H——加载的正弦荷载；

p_0——正弦荷载最大值；

f_s——频率，数值与第3阶或第4阶模态频率一致；

t——时间。

3.3 确定模态质量

MIDAS Gen 模态分析结果得到的振型是振型正交归一化后的振型，即得到的模态质量为1，即：

$$M_n=\{\overline{\varphi}\}_n^T\{M\}\{\overline{\varphi}\}_n=1$$

根据 MIDAS Gen 模型单位制，得到模态质量单位为t。假设在焦炭塔塔顶安装TMD以实现对整个结构的激励响应减振时，根据结构动力学原理需对振型进行归一化处理，即：

$$\{\overline{\varphi}\}_n=\alpha\{\overline{\varphi}\}_n$$

式中 α——振型分量。

第3、4阶振型按塔体顶部振型分量归一化之后的计算结果为：

$$M_3=\frac{1}{\alpha}\{\overline{\varphi}\}_3^T\{M\}\frac{1}{\alpha}\{\overline{\varphi}\}_3=\frac{1}{\alpha^2}$$

根据软件计算第3阶的模态质量为1222.5t，第4阶的模态质量为1189t，即可计算出第3阶的振型分量为$\alpha_3=0.0286$，第4阶的振型分量为$\alpha_4=0.0290$。

3.4 减振效果分析

根据不同模态，模拟安装不同质量的TMD[6]，减振效果见表3。

表3 模拟安装不同质量TMD的减振效果

载荷激励方向	测振点	TMD质量/t	质量比μ/%	安装前加速度/(m/s^2)	安装后加速度/(m/s^2)	减振率/%
横向	焦炭塔塔顶	12	1	0.199	0.0439	78
		24	2	0.199	0.0375	81
		37	3	0.199	0.0322	84
		48	4	0.199	0.0299	85
		61	5	0.199	0.0274	86
	框架顶部	12	1	0.279	0.1070	62
		24	2	0.279	0.0987	65
		37	3	0.279	0.0777	72
		48	4	0.279	0.0739	74
		61	5	0.279	0.0700	75
纵向	焦炭塔塔顶	12	1	0.246	0.0759	69
		24	2	0.246	0.0629	74
		37	3	0.246	0.0490	80
		48	4	0.246	0.0477	81
		61	5	0.246	0.0430	83
	框架顶部	12	1	0.342	0.1465	57
		24	2	0.342	0.1264	63
		37	3	0.342	0.0970	72
		48	4	0.342	0.0851	75
		61	5	0.342	0.0690	80

第3、4阶的模态频率、振型参与质量都很接近，仅是振动方向不同。当单个塔体顶部的TMD减振器的有效质量为37t时，钢框架及焦炭塔塔体的减振率可达70%以上，当减振器质量为61t时，塔体本身减震率可以达到80%以上。在该工况下满载塔的响应明显大于空载塔的响应，故两塔顶部应都安装有效质量为61t以上的TMD减振器。

4 减振方案实施

4.1 减振器现场安装方案

在每个塔顶部安装TMD，TMD质量控制在61t以上。经厂家设计核算，最终实施情况如下：在焦炭塔顶部设置披挂钢梁，在钢梁上均分8等分放置TMD，每个TMD重量为8t，每个塔上放置总重为64t。

4.2 减振效果验证

4.2.1 测试方案

通过工艺调整原料劣质化程度，提高焦炭塔生产的苛刻度，将焦炭塔给水冷焦时的振动最大化，并通过TMD投用前后数据对比，来测试本次改造的消振效果。技术上采用INV3062C分布式采集仪配合891-Ⅱ型超低频拾振器，通过Coinv DASP V10进行采集数据分析。

本次测点选取焦炭塔塔顶平台(标高60.65m)、框架顶平台(标高111.404m)为测点。

4.2.2 加装阻尼器前后对比

选取2天相同工况，第一天将阻尼器能量块强制限位失去作用，进行数据测试；第二天将阻尼器能量块启用，进行数据测试。两次测试结果见表4。

表4 阻尼器作用前后对比

载荷激励方向	测振点	启用前加速度/(m/s^2)	启用后加速度/(m/s^2)	减振率/%
横向	焦炭塔塔顶	0.159	0.033	79.2
	框架顶部	0.591	0.125	78.8
纵向	焦炭塔塔顶	0.197	0.075	61.9
	框架顶部	0.663	0.147	77.8

通过前后对比，安装TMD之后，无论是横向还是纵向加速度明显变小，纵向减振率最高可达77.8%；横向减振率最高可达79.2%。

通过仪器测量该焦炭塔框架的振动频率范围为1.58~1.91Hz。

5 结语

① 在焦炭塔冷焦时，水进入高温焦炭中迅速汽化产生激振力，使焦炭塔及框架产生晃动。因此在焦炭塔上加装阻尼器能有效降低焦炭塔日常生产中塔体及框架的晃动。

② 通过模拟软件分析不同质量比的阻尼器在这台焦炭塔上的作用，当阻尼比大于4%时，继续增大阻尼器的质量，但减振率提高不是非常明显。因此为该型号的焦炭塔阻尼器有效质量选取提供依据。

③ 对其阻尼器启用前后的数据进行分析，证明阻尼器实际可以减振60%以上。在整个生产周期，没有明显感到焦炭塔及框架晃动。可以满足实际生产需求。

参 考 文 献

[1] 王正，王磊，张西义，等．焦炭塔结构的固有频率和振型研究[J]．化工设备与管道，2006(3)：30-33.

[2] 韩腾飞，李晓东，邱金凯，等．某焦炭塔结构振动原因分析[J]．钢结构，2017，32(6)：90-93.

[3] 韩腾飞，李晓东，邱金凯，等．大型焦炭塔 TMD 减振方案研究[J]．建筑结构，2019，49(4)：134-138.

[4] 邢玲，孙铁，谢腾腾，等．9800 焦炭塔结构的模态分析和振型研究[J]．压力容器，2012，29(2)：17-21.

[5] 孟庆娟，关金华，杨郁满，等．基于 ABAQUS 的焦炭塔风载荷分析[J]．辽宁石油化工大学学报，2014，34(2)：61-64，78.

[6] 李婷婷．基于调谐质量阻尼器的大跨楼板振动控制[D]．大连：大连理工大学，2012.

延迟焦化装置除焦设备用钢丝绳的损伤定量仿真研究

刘鹏浩　王　平　王乐毅　李　伟　陈学文　李晨光　奕　龙　赵晓晨

（中国石化河南炼化公司　河南洛阳 471000）

摘　要　钢丝绳作为承载构件一直被应用于焦化装置的除焦设备，实现对钢丝绳损伤的定量评估，不仅能够保障生产安全，还能节约一定资源并减少生产成本。以金属磁记忆效应为基础，对试件施加弱磁场，使用 ANSYS 软件对仿真模型进行有限元分析，验证了钢丝绳损伤信号特征参数（波形面积、短时能量等）与截面损失率之间的强相关性。在实验中使用自制的钢丝绳检测装置对试样进行检测，对采集信号的特征参数求解 Spearman 相关系数后进行独立性权重分析，建立截面损伤的定量拟合方程，其决定系数 $R^2=0.9074$。

关键词　焦化装置；除焦设备；钢丝绳；Spearman；独立性权重分析

1　前言

钢丝绳构件因其承载能力强、耐冲击性好、柔韧性高等优点，使其在延迟焦化装置中一直承担着重要角色，它贯穿了焦炭塔除焦的整个过程。在使用过程中，钢丝绳难免会出现断丝、磨损、锈蚀、形变等疲劳损伤，断丝和磨损会导致绳体金属横截面积的减少[1]，疲劳、表面硬化和锈蚀会影响钢丝绳的内部性能。事实上，各种损伤的产生与发展是相互影响的，钢丝绳锈蚀会加剧磨损的产生，磨损又将促成断丝的发生。只是在各使用状态下，损伤发展的速度和程度不尽相同。这些类型损伤的出现，会使钢丝绳的承载能力逐渐下降，最终导致设备无法正常运行，威胁操作人员的人身安全。因此需要定期对钢丝绳的工作状态进行检测，便于及时发现问题。

通常根据钢丝绳上损伤的不同性质和状况，将钢丝绳损伤分为两大类：局部类缺陷和横截面积损耗类缺陷。横截面积损伤类缺陷相对于局部类缺陷，其沿钢丝绳轴线方向上的变化一般较缓慢。钢丝绳金属横截面积的检测主要通过测量绳中磁通量的大小实现[2]。而磁通量通常是由感应线圈测得，感应线圈成本低，结实耐用，是用于钢丝绳金属截面积损伤检测的主要传感器。但在实际检测中，其存在线圈匝数少检测信噪比低、匝数多绕制和安装复杂、检测速度影响输出信号分析、轴向检测分辨率低等问题[3]。因此，需要引用更加方便快捷的方法实现对钢丝绳截面损伤的定量评估。

金属磁记忆检测法自提出以来，许多学者都利用此方法对铁磁材料的缺陷和损伤检测进行了深入研究。P. Vourna 等测得磁应力校准曲线（MASC），借助磁导率值实现了对材料残余应力状态的评估[4]。基于磁记忆效应[5]和磁机械效应[6]，可以快速准确地检测到铁磁材料的塑性变形和宏观缺陷，并且可以为铁磁材料的早期应力集中提供预警[7]。而在实际应用中，金属磁记忆检测技术是通过地磁场对铁磁材料进行磁化，这就需要严格要求检测环境，否则难免会导致检测结果受无关因素的影响产生波动[8]。为了削弱这些影响，在地磁场的基础上对试件施加弱磁场激励，结果表明这种方法可以有效抑制外部影响因素，增强试件在损伤部位磁信号的敏感性[9]，使其能够适应更加开放的工作环境。

本研究以金属磁记忆效应为基础，对试件施加弱磁场激励，结合损伤信号不同的特征参数，实现对钢丝绳截面积损伤的定量研究。首先，为了验证不同的特征参数是否具有对截面损伤实现定量评估的潜力，使用 ANSYS 软件对三维仿真模型进行有限元求解，并对结果进行分析。其次，在实验部分使用自行设计的钢丝绳检测装置，采集试样的损伤磁信号，并提取信号中的特征参数，结合独立性权重分析，建立钢丝绳截面损伤的定量拟合方程。最后，对研究内容进行总结。

2 仿真分析

采用有限元分析模拟钢丝绳的损伤，有助于更好地理解钢丝绳受损情况下的信号状态。本文中使用 SolidWorks 软件建立钢丝绳的三维模型和弱磁场激励结构模型，并将模型导入 ANSYS 仿真软件进行分析。在建立仿真模型的过程中，由于钢丝绳是通过把高碳钢丝绞在芯线上做成子线，再将多条子线同时拧紧、绞制而成，结构较为复杂。如果完全按照试件原样进行构建，在仿真分析中对模型进行网格划分时需要占用极大的计算机资源。一旦网格参数选取不合适，不仅会浪费较长的时间，还会出现求解错误的现象。因此，为了尽量避免仿真报错，可以将钢丝绳模型简化为单股结构进行仿真。

2.1 模型建立及参数设置

钢丝绳模型直径设置为 30mm，长度为 150mm，材质选择为 60 钢，其力学性能参数见表 1。

表 1 60 钢力学性能参数

材料	弹性模量/MPa	泊松比	密度/(kg/m^3)	屈服强度(σ_s)/MPa	抗拉强度(σ_b)/MPa
60 钢	210000	0.3	7800	400	675

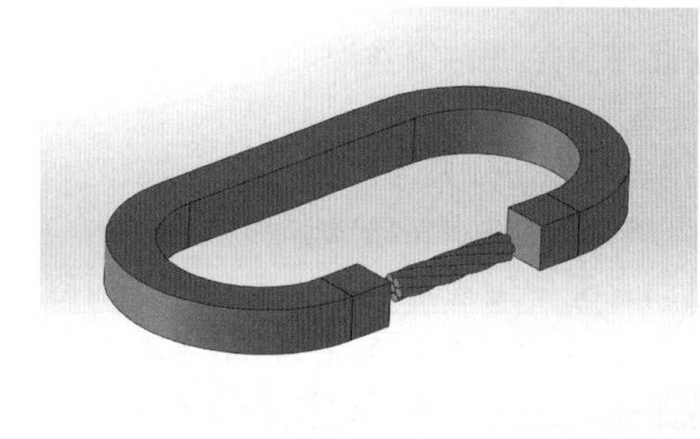

图 1 钢丝绳受弱磁场激励的结构模型

由于钢丝绳一般是在受拉力的情况下运行的，因此为了模拟真实的工作环境，在静力学仿真分析中，对试件模型的一端加以固定，另一端施加一定大小的拉力。最终结合力磁耦合理论和相对磁导率的定义，求解得到钢丝绳受拉力时的磁导率，以实现力磁耦合仿真分析[10]。图 1 为模拟钢丝绳受弱磁场激励的结构模型，由磁铁、衔铁、钢丝绳三部分组成。

2.2 模型仿真

通过改变磁铁参数来实现对钢丝绳模型整体的弱磁激励，磁场大小设定为 160A/m 左右。以钢丝绳横截面积损伤部位为中心，沿轴向两侧各延伸 50mm 作为磁信号的采集路径，求解此路径 X 轴、Y 轴、Z 轴的磁信号分量数据。此外，还需要在相同条件下对无缺陷钢丝绳模型进行仿真分析，对比结果见图 2。可以看出无缺陷钢丝绳在三个方向上的磁信号呈现出波浪形变化，这种现象出现的原因在于钢丝绳特殊的绳股结构。由图 2(c)可以看出 Z 轴曲线上由损伤引起的信号突变并不明显。因此在本文中只对磁信号的 X 轴和 Y 轴的分量数据进行分析。

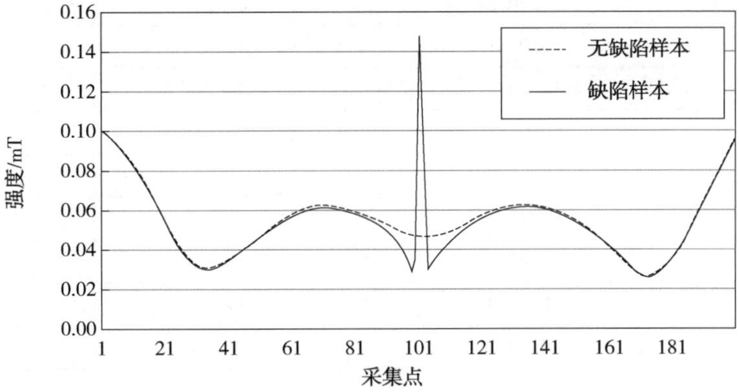

(a) X轴向分量

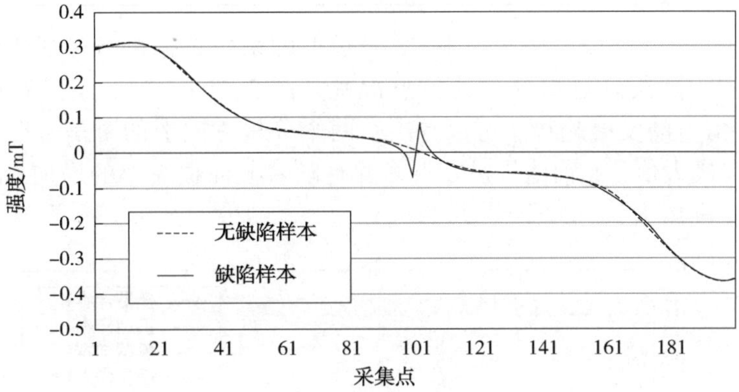

(b) Y轴向分量

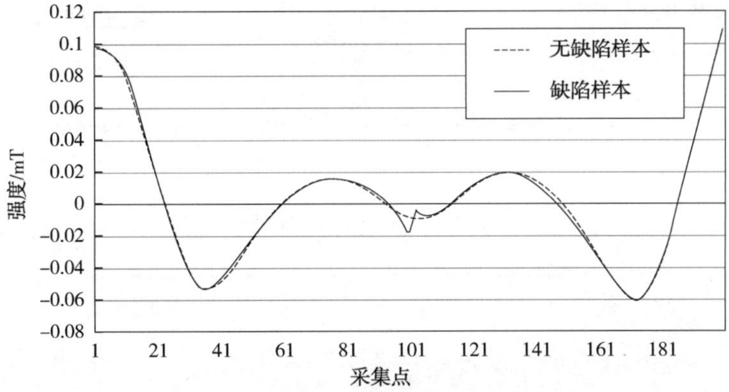

(c) Z轴向分量

图 2　钢丝绳 X 轴、Y 轴和 Z 轴分量信号示意图

在模拟施加拉力的情况下，对钢丝绳损伤模型进行仿真分析，这样做不仅达到了模拟实际工作环境的目的，而且可以更清晰地展示磁信号的变化趋势[11]。在进行损伤制作时，只改变缺陷的深度，保持缺陷的宽度不变，由此得到不同程度的截面损伤。

为了研究钢丝绳横截面积损伤对磁信号的影响，在仿真中制作了 22 组钢丝绳模型，具体缺陷信息见表 2。钢丝绳模型的横截面积为 547.54mm^2。

表 2　钢丝绳模型缺陷信息

钢丝绳编号	截面损失率/%	钢丝绳编号	截面损失率/%
1	0.0025	12	0.0603
2	0.0051	13	0.0621
3	0.0072	14	0.0676
4	0.0132	15	0.0712
5	0.0172	16	0.0758
6	0.0201	17	0.0893
7	0.0277	18	0.1033
8	0.0400	19	0.1148
9	0.0443	20	0.1195
10	0.0496	21	0.1224
11	0.0531	22	0.1293

随机选取第 1、4、8、12、16、20 和 22 号模型的采样数据进行可视化处理，这样做的目的是避免可视图中因线条过多导致的信息混乱。图 3、图 4 展示了随着截面损失率的变化，*X*、*Y* 轴分量信号的发展趋势。可以看出，两个分量方向上的磁信号存在不同的变化特点，*X* 轴信号出现最大值，*Y* 轴信号过零点。并且随着截面损失率的增加，*X* 轴和 *Y* 轴突变信号的幅值也在逐渐增大，且效果明显。

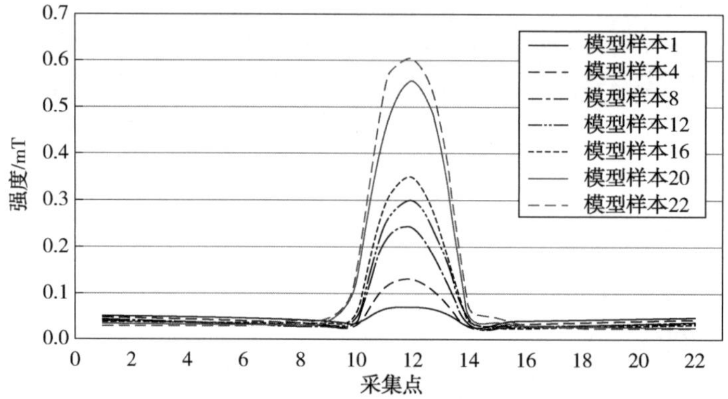

图 3　*X* 轴分量变化趋势

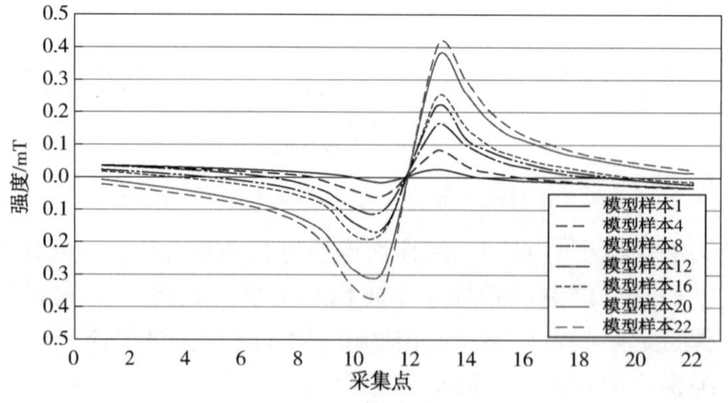

图 4　*Y* 轴分量变化趋势

2.3 仿真结果分析

在对钢丝绳损伤进行磁信号检测的过程中，信号特征往往是局部空间或时间轴上的异常信号。通常情况下钢丝绳横截面积损伤部位磁信号的绝对峰值(AP)高于正常区域，通过设置适当的门限值可以判断出截面损伤是否存在。但是，受环境等复杂因素影响出现的信号基线波动，会导致判断结果错误。峰峰值(PP)的定义是局部异常信号的波峰与波谷之间幅值差的绝对值，计算时首先确定异常信号的一个峰点和两个相邻谷点，求解峰谷之间的幅值差，保留二者间绝对值最大的一个。这一特征参数能够排除信号基线波动的影响，提高异常信号识别的准确性和可靠性。除此之外，波形面积(WA)和短时能量(SE)也能作为损伤信号的特征参数。波形面积定义为异常信号波形中两个极小值点正对坐标轴内的面积，它与异常信号的均值有关，反映了信号的短时一阶原点矩。在检测过程中提取异常信号的短时能量作为基本特征参数，能使这一段异常信号得到更加清晰的展示。

上述只是钢丝绳损伤部位异常信号的一些基本特征参数，将这些特征进行组合后可以获得一些新的特征量。针对 X 轴和 Y 轴不同的信号波形，选择提取 X 轴损伤部位异常信号的波形面积(X_{WA})、绝对峰值(X_{AP})和短时能量(X_{SE})，Y 轴损伤部位异常信号的峰峰值(Y_{PP})和短时能量(Y_{SE})，作为后期对钢丝绳横截面积损伤进行定量分析的特征参数。

图 5 展示了各特征参数的变化曲线，随着钢丝绳截面损失率的不断增加，各特征值的幅值也在不断增大，且变化趋势大致相同。为了分特征参数和截面损失率之间的联系，对数据进行相关性分析。其主要内容是通过计算相关性系数对结果进行判断，目前的相关性系数主要有三种：Pearson、Spearman 和 Kendall，分别适用不同的场合。Pearson 系数也叫线性相关系数，用于进行线性相关分析，当数据满足正态分布时使用该系数。相反，当数据不满足正态分布时，使用 Spearman 系数[12]。Kendall 系数通常用于数据一致性水平研究而非关系研究。因此本文选用 Spearman 系数作为参考。判断数据之间的相关性，还需要观察指标之间的显著性值，即 P 值。当 $P<0.01$ 时，特征参数与截面损失率极为相关[13]。计算结果见表 3。

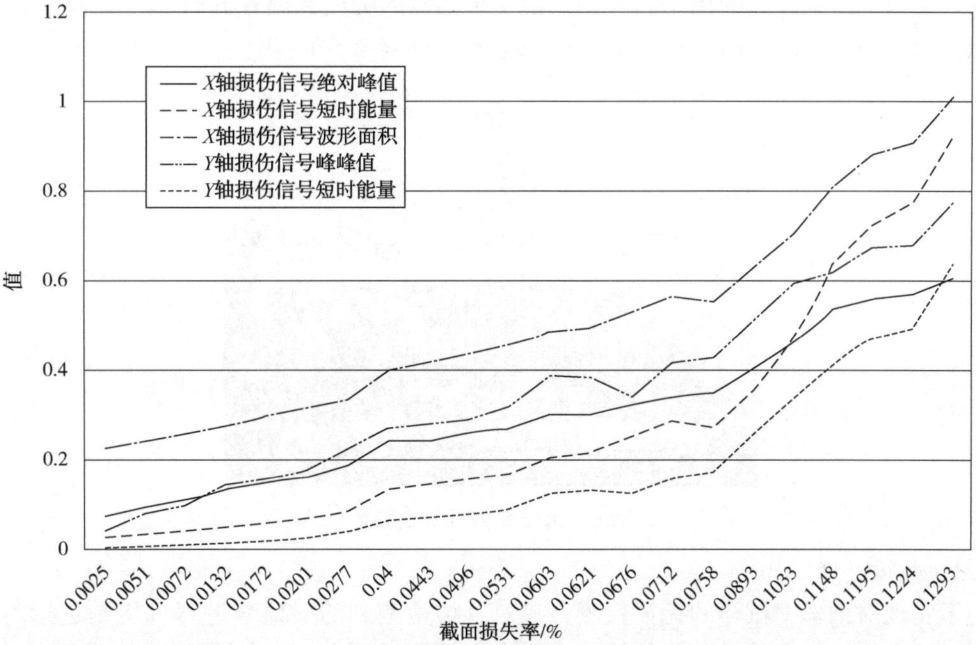

图 5　不同特征参数同截面损失率之间的变化曲线

表 3　特征参数与截面损失率的 Spearman 系数和 P 值

项目	X_{AP}	X_{SE}	X_{WA}	Y_{PP}	Y_{SE}
Spearman 系数	0. 997741389	0. 998870695	0. 998870695	0. 995482778	0. 996612084
P 值	6.18×10^{-25}	6.06×10^{-28}	6.06×10^{-28}	6.27×10^{-22}	3.54×10^{-23}

结果表明，上述各特征参数同钢丝绳截面损失率之间具有极其显著的相关关系。从侧面说明，它们具有对钢丝绳截面损伤实现定量分析的潜力。

3　实验

3.1　实验准备

实验对象选择结构为 6mm×37mm+FC 的纤维芯钢丝绳，其材质为 60 碳素钢，试件的长度为 6. 5m，直径为 30mm。为了避免截取试样时端部散丝对检测数据的影响，并且方便对绳体进行固定，在试件的两端各保留 1. 5m 长的无损伤区域。实验共分 4 组，不同组试样在既定位置制作的损伤程度可以不同，但总体截面损失率都需要控制在 0~10%的范围内。在钢丝绳试样绳股正上方，每间隔 10 股左右制作一处损伤，沿垂直于钢丝绳轴向的方向，利用小型切割机进行制作，保持缺陷宽度不变。

在实验开始之前，需要对钢丝绳试样做静置处理，这样做的目的是尽量使不同实验组试样的初始磁化状态保持基本一致。然后再使用永磁体对试样进行均匀磁化。采集信号的方向沿钢丝绳轴向方向设置。

3.2　实验装置

整个信号采集装置由控制板、采集板、永磁体、光电编码器和 SD 卡五个部分组成，如图 6 所示。通过永磁体来为钢丝绳试样提供弱磁激励磁场，利用光电编码器向控制板发射脉冲来实现对磁信号的等间距采样。使用隧道磁阻传感器来实现对钢丝绳损伤信号的采集，传感器在采集板上沿钢丝绳圆周均匀阵列。由于传感器的类型和放置方向，此次实验采集的是钢丝绳截面损伤信号的径向分量。最后将采集数据存储至 SD 卡中。

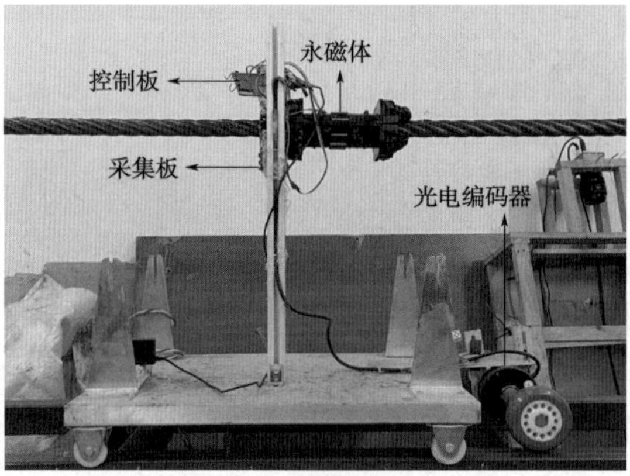

图 6　钢丝绳信号采集装置

3.3　数据处理

为了实现对钢丝绳试样的无损检测，只对直接检测到的磁信号进行分析是远远不够的，还需要对采集到的信号做进一步处理。在多次实验的基础上，确定钢丝绳横截面积的损伤程度并提取出磁信号的不同特征参数，建立损伤与特征参数之间的定量关系，实现对钢丝绳损伤的定量分析。这也是对钢丝绳进行无损检测的最终目的。

在实验过程中，将采集到的损伤信号转换为文本格式保存至 Excel 表格，然后使用 Matlab 对表格中的数据进行处理，原始检测信号波形如图 7 所示，横坐标表示采样点位置，纵坐标表示信号幅值，单位为 mv。对于每组钢丝绳试样，都需要对其进行多次检测，从而保证检测数据的可靠性。在提取损伤信号的峰峰值时，从每组检测数据中随机选择三次检测数据，分别求解峰峰值后再做均值处理，作为最后的参考结果。

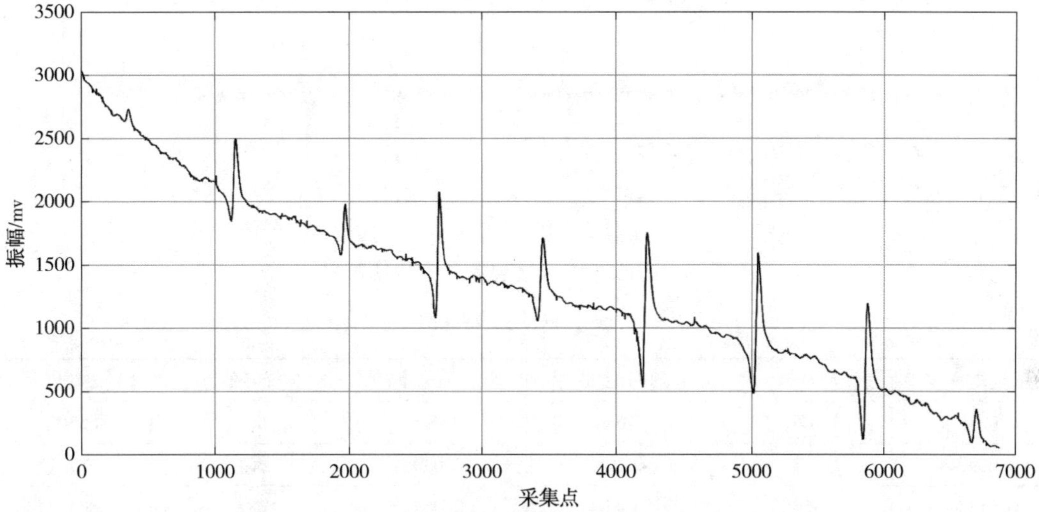

图 7　钢丝绳截面损伤原始检测信号

通过观察原始信号波形，显然可以知道损伤信号峰峰值的求解是较为容易的。提取径向分量信号特征参数的难点在于短时能量的求解，原因在于检测信号出现的基线漂移现象，也就是在相同条件下，不同位置的损伤信号并未出现在同一水平线附近。为了解决这一问题，使用 Matlab 软件中的 Curve Fitting 工具，对原始检测信号进行多项式拟合，直至决定系数 R^2 达到最大值。R^2 的含义是反应拟合曲线的估计值与对应的实际值之间的拟合程度。它的取值范围在 0~1 之间，越接近 1，拟合曲线的可靠性越强[14]。然后通过拟合曲线与原始波形二者之间的差值处理，得到去除基线漂移现象后的损伤信号波形，如图 8 所示。图中拟合曲线 R^2 的值为 0.9742。

局部截面损伤信号短时能量的求解公式为：

$$E_S(m) = \sum_{m}^{m+N} x(m)^2 \tag{1}$$

式中　m——损伤信号的起始采样点；

N——损伤信号的所有采样点数量。

损伤信号采样点数量通过试样的最大损伤确定，以损伤信号过零点位置为中点，向两侧各取 100 个采样点，求解损伤部位信号的短时能量。

3.4　实验结果与分析

实验数据见表 4。可以看出峰峰值与短时能量二者数值范围差距巨大。为了便于分析钢丝绳截面损失率和特征参数之间的关系，首先，分别对峰峰值和短时能量的数据做归一化处理，见式(2)。

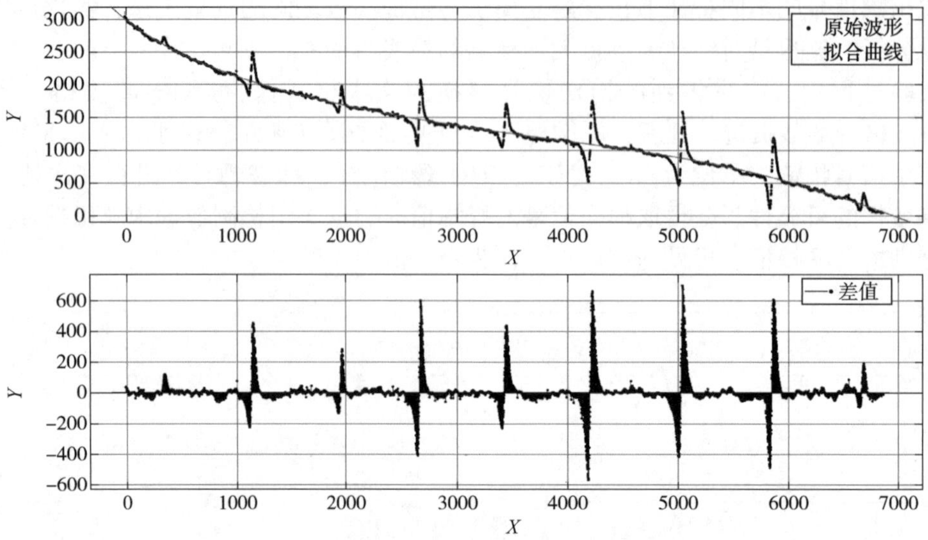

图 8　去除基线漂移现象后的损伤信号

表 4　实 验 数 据

截面损失率/%	峰峰值	短时能量	截面损失率/%	峰峰值	短时能量
0.0045	106	241654	0.0450	570	6530531
0.0090	177	540228	0.0495	601	6877154
0.0135	355	1836864	0.0540	688	8051474
0.0157	227	599107	0.0585	687	11905548
0.0180	222	996377	0.0630	538	7491307
0.0225	387	2593803	0.0675	773	10482568
0.0270	538	7491307	0.0720	821	11564257
0.0315	408	2787438	0.0810	1239	18366273
0.0360	683	6284720	0.0900	1044	18351640
0.0405	499	4956873	0.0990	1127	21127683

$$N=\frac{N*(i,\ j)-\mathrm{MIN}(i,\ j)}{\mathrm{MAX}(i,\ j)-\mathrm{MIN}(i,\ j)} \tag{2}$$

式中　$(i,\ j)$——一组数据；

$N*$——当前要处理的值；

MAX——最大值；

MIN——最小值。

然后，将二者分别同截面损失率进行 Spearman 相关分析。由于实验会受各种因素的影响，难免会导致其结果与仿真结果之间出现差异。峰峰值与截面损失率的 Spearman 相关系数的值为 0.9432118，短时能量与截面损失率的 Spearman 相关系数的值为 0.952237751。可以看出，两个特征参数与截面损失率之间都具有强相关性。

但是在对损伤进行定量分析时，如果只考虑单个特征参数，显然检测结果的可靠性和稳定性受外界因素影响产生的波动会更大。

因此，本研究中提出在对损伤定量分析时结合多个特征参数进行综合评价，以此来抵抗这种波动。为了实现这一目的，使用独立性权重法对各特征参数进行客观赋权分析，其思想在于利用指标之间的共线性强弱来确定权重。如果说某指标与其他指标的相关性很强，则说明二者有较大的信息重叠，该指标的权重会比较低，反之某指标与其他指标的相关性较弱，那么说明该指标携带的独立信息量较大，应该赋予该指标更高的权重。

独立性权重法只考虑数据之间的相关性，通过计算相关系数来表示不同指标之间的共线性强弱。本研究中使用 Spearman 相关系数，在得到相关系数后求其倒数，然后对倒数进行求和归一化得到各特征参数的最终权重，用字母 T 表示。

$$T_{Y_{PP}}=0.502380952$$

$$T_{Y_{SE}}=0.497619048$$

结合峰峰值和短时能量两个特征参数的权重，得到新的特征量 V：

$$V=N_{Y_{PP}}*T_{Y_{PP}}+N_{Y_{SE}}*T_{Y_{SE}} \tag{3}$$

将其与截面损失率进行相关性分析，其 Spearman 相关系数为 0.949229101，P 值为 1.77×10^{-10}。从结果可以看出，新的特征量与截面损失率具有良好的相关性，虽然同上文的短时能量相比有略微下降，但是在计算时考虑了多个特征参数的影响，显然其结果抵抗外界干扰的能力得到了增强。通过线性回归分析，得到新特征量与钢丝绳截面损失率之间的拟合方程：

$$\lambda=0.093V+0.0092 \tag{4}$$

式中　λ——截面损失率，决定系数 R^2 的值为 0.9074。

4　结语

本文以金属磁记忆效应为基础，提出了一种钢丝绳截面积损伤定量检测方法。首先，建立钢丝绳截面积损伤和模拟弱磁激励磁场的三维结构模型，将模型导入 ANSYS 中，进行静磁学仿真。对结果进行 Spearman 分析，验证了特征参数与截面损失率之间的强相关性。随后，在实验中利用自行设计的钢丝绳检测装置，采集试样损伤信号的径向分量，并使用 Matlab 提取了相应的特征参数，利用独立性权重法，实现了结合多个特征参数对钢丝绳横截面积损伤的定量评价。最后，建立了新特征量与钢丝绳截面损失率之间的拟合方程。

本文中研究的是钢丝绳的横截面积损伤，实际应用中的其他类型损伤同样会影响损伤信号的表征。自行设计的钢丝绳检测装置采集的是损伤信号的径向分量，而没有轴向分量。这两个问题将在未来的工作中进行研究，使钢丝绳损伤的定量分析更加准确。

参　考　文　献

[1] ZHANG D, ZHANG E, PAN S, et al. Fast quantitative method to detect the cross-sectional loss of wire rope defects[J]. IEEE Transactions on Instrumentation and Measurement, 2021(99): 1-1.

[2] 杨叔子，康宜华，陈厚桂．钢丝绳电磁无损检测[M]．北京：机械工业出版社，2017.

[3] 晏小兰．钢丝绳金属截面积损伤定量检测关键技术研究[D]．哈尔滨：哈尔滨工业大学，2019.

[4] VOURNA P, HRISTOFOROU E, KTENA A, et al. Dependence of magnetic permeability on residual stresses in welded steels[J]. IEEE Transactions on Magnetics, 2016, 53(4): 1-4.

[5] Dubov A A. A study of metal properties using the method of magnetic memory[J]. Metal Science and Heat Treatment, 1997, 39(9): 401-405.

[6] JILES D C, ATHERTON D L. Theory of the magnetisation process in ferromagnets and its application to the

magnetomechanical effect[J]. Journal of Physics D: Applied Physics, 1984, 17(6): 1265.

[7] YAO K, WU L B, WANG Y S. Nondestructive evaluation of contact damage of ferromagnetic materials based on metal magnetic memory method[J]. Experimental Techniques, 2019, 43: 273-285.

[8] REN S, REN X. Studies on laws of stress-magnetization based on magnetic memory testing technique[J]. Journal of Magnetism and Magnetic Materials, 2018, 449: 165-171.

[9] LIU B, ZHANG J, ZHANG Z. Modeling, simulation and experimental exploration of metal magnetic memory under weak magnetic excitation[J]. SN Applied Sciences, 2022, 4(6): 167.

[10] LIU P, ZHANG J, LIU B. Study of the law of stress magnetisation based on the magnetic memory effect under weak magnetic excitation[J]. Insight-Non-Destructive Testing and Condition Monitoring, 2023, 65(11): 618-624.

[11] 冷建成. 基于磁记忆技术的铁磁性材料早期损伤诊断方法研究[D]. 哈尔滨：哈尔滨工业大学，2012.

[12] XIAO C, YE J, ESTEVES R M, et al. Using Spearman's correlation coefficients for exploratory data analysis on big dataset[J]. Concurrency and Computation: Practice and Experience, 2016, 28(14): 3866-3878.

[13] TIAN J, ZHAO C, WANG W, et al. Detection technology of mine wire rope based on radial magnetic vector with flexible printed circuit[J]. IEEE Transactions on Instrumentation and Measurement, 2021, 70: 1-10.

[14] NAGELKERKE N J D. A note on a general definition of the coefficient of determination[J]. Biometrika, 1991, 78(3): 691-692.

油汽管道温差供电热工仪表装置设计与实验研究

田博彦　赵晓晨　李宏伟　黄献辉

（中国石化河南炼化公司　河南洛阳 471000）

摘　要　本文针对油汽管道余热浪费以及管道热工参数监测问题，以温差供电技术为依托，开展了油汽管道温差供电装置研究。研究分析了热管传热与温差供电技术原理，构建了板式热管传热性能与温差供电装置性能测试实验研究平台；设计了油汽管道温差供电装置，开展了板式热管传热性能以及温差供电装置输出性能实验，揭示了不同电路组合方式下板式热管温差供电装置输出性能的变化规律，实现了油汽管道余热资源的回收利用。

关键词　油汽管道；温差发电；板式热管；热工仪表

1　引言

由于我国现有能源消费结构不合理，以及能源资源分布不均匀等问题，在未来短期乃至中期内化石能源如煤炭还将占据主要位置，新能源发电具备随机性和间歇性等特点，电能输出不稳定[1]。因此，探究新型发电方式至关重要，温差发电技术是基于热电材料的塞贝克(Seebeck)效应，将热能直接转化为电能的发电方式[2]。温差发电装置具有设备体积小、工作时无排放、可靠性高、对环境污染小等优点，其发电过程中无污染，使用寿命长，可以实现低品位余热资源向电能的转化，发电过程绿色环保无污染，因此研究温差发电装置具有非常现实的意义[3,4]。目前利用余热发电的技术有朗肯循环[5]、有机朗肯循环[6]、卡琳娜循环[7]、热光伏[8]和热电[9]等。

Eddine 等[10]搭建了船舶发动机排烟余热温差发电实验台架，获得了 1.3%的节油率。Nuwayhid 等[11]将温差发电器热端与该国一种做饭的火炉外壁连接，冷端置于空气中，利用炉壁高温与环境的温差来发电，输出功率达 4.2W。Niu 等[12]发现，在温差发电材料体积相同的情况下，将传统的长方体结构改为六面体结构，可以显著地提高输出功率。屈健等[13]研究了不可逆情况下发电器的输出功率和效率随外部条件的性能变化规律。任德鹏和贾阳[14]分析了温差发电器的热环境、回路中负载电阻等参数及温差电单体对的连接方式对发电器工作性能的影响。邓亚东等[15]提出了温差发电装置采用 12 片温差发电元件，将其均分为 3 组，每组 4 片进行串联，3 组进行并联，以获得最大功率。

2　温差供电装置设计

2.1　板式换热器

板式热管实物如图 1 所示，板式热管外形图如图 1(a)所示，内部微槽道结构如图 1(b)

所示。所选用的板式热管采用高效扁平多孔热管技术，将丙酮(CH_3COCH_3)作为主要导热介质注入铝制板状腔体内部，经密封成型后，形成具有高效传热性能的板式热管，工作介质受热蒸发后沿腔壁将受热端热能向冷端传递。板式热管材料选用铝 1060，尺寸大小为 500mm×96mm×3mm，充液率为 50%，具有良好的传热性能，以及启动迅速、导热速度快等优点，在本实验中的作用为收集加热台模拟发出的油汽管道表面余热，将该部分余热传递至温差发电组件，供温差发电片使用。

(a) 外形图

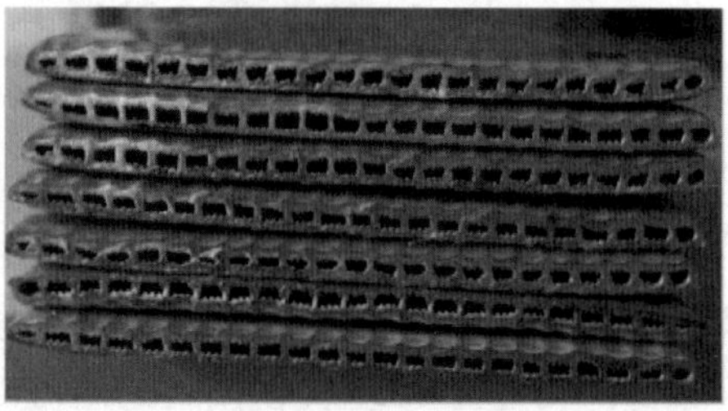

(b) 内部微槽道结构图

图 1　板式热管实物图

2.2　温差供电组件

温差供电组件是板式热管温差供电装置的重要组成部分，高性能与系统匹配的温差供电组件对装置整体的输出电能有着重要影响。为了保证温差供电组件能够适应油汽管道工作环境，发挥出良好的电能输出性能，需要评估并选择合适的温差供电组件。

不同热电材料可以按照工作适宜温度分为三类：高温、中温以及低温热电材料。其中，高温热电材料一般由硅锗(SiGe)合金材料制成，工作温度最高可以达到 1300℃；中温热电材料一般由铅碲(PbTe)合金制成，工作温度最高可以达到 500℃；低温热电材料一般由碲铋(Bi_2Te_3)合金制成，工作温度可以达到 200~300℃。热电材料的常见工作温度见表 1。

表 1　热电材料工作温度

热电材料	最佳工作温度/℃	热电材料	最佳工作温度/℃
Bi_2Te_3	<450	SiGe	1300
PbTe	1000		

本文研究的重点是炼油装置高温油汽管道余热温差供电，高温管道外表面温度普遍在 450℃以内，在此温度条件下，由 Bi_2Te_3 材料制成的温差供电片能够发挥出最大性能，具有良好的输出性能。

本文最终采用的温差供电组件由深圳福田芯泉电子股份有限公司制造，产品型号为 TGM-336-1.4-1.5。该型号温差供电片实物如图 2 所示，其规格参数见表 2。

表 2　温差供电片规格参数

规　格	参　数	规　格	参　数
尺寸/mm	55×55×2	匹配负载输出电流/A	2.87
开路电压/V	8	匹配负载输出功率/W	9.8
匹配负载电阻/Ω	1.59	通过模块的热流量/W	≈166
匹配负载输出电压/V	4	热流密度/(W/cm^2)	≈10.4

图 2　TGM-336-1.4-1.5 温差供电片

3　温差供电装置设计

油汽管道板式热管温差供电装置如图 3 所示。其中，油汽管道形状多为圆筒形，主要用于输送气态或液态的高温油汽介质。根据所用温差供电片的结构、油汽管道尺寸，以及后续其他结构接入的便利性，四根板式热管的蒸发端均与油汽管道连接，将导热硅脂涂抹在连接处，以增加油汽管道与板式热管的接触面积，从而增强热量收集效果。油汽管道与板式热管连接处包有保温层，可以在提高板式热管吸热效率的同时，保证油汽管道的传输质量，减少管道热量损失。温差供电片通过导热硅脂贴附于板式热管冷凝端表面，板式热管冷凝端向外部释放热能，该部分热能可作为温差供电片的热端，为温差供电片提油汽冷温度差。

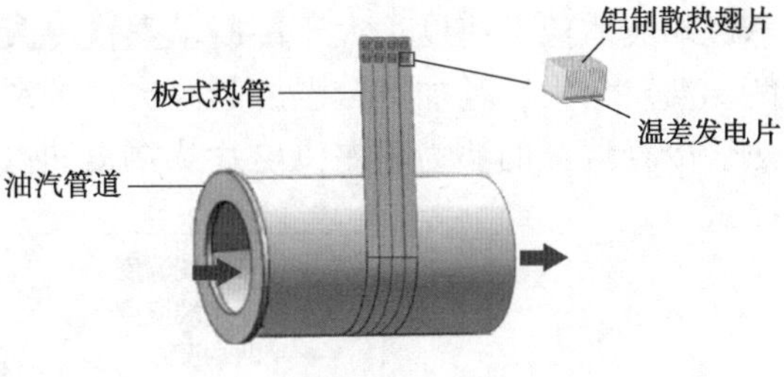

图 3　板式热管温差供电装置

由于油汽管道输送距离过长，冷端部分考虑采取自然降温的冷却方式。采用铝制散热翅片，与温差供电片冷端紧贴，多翅片可增大与空气的接触面积，从而增强冷端散热效果，增大与温差供电片热端的温度差距，并且该翅片散热部分安装过程简便，方便后期的拆卸与维护。

温差供电片安装于板式热管冷凝端与铝制散热片之间，即热端与冷端之间，由双面海绵胶带固定，基于 Seebeck 效应，可直接将热冷端之间温度差转化为电势差，从而将产生的热能直接转化为电能。

4　实验结果与分析

4.1　板式热管传热性能分析

板式热管传输的热能主要被后续接入的温差供电片热端表面吸收，因此该温差供电装置中的板式热管传热性能对于装置的输出功率有着重要影响。当油汽管道散发的热能保持不变时，板式热管的传热性能越强，输送至温差供电片热端的热量也就越多，进而导致温差供电片热冷两端温度差增大，从而提升了温差供电装置的电学输出性能。因此，必须对板式热管

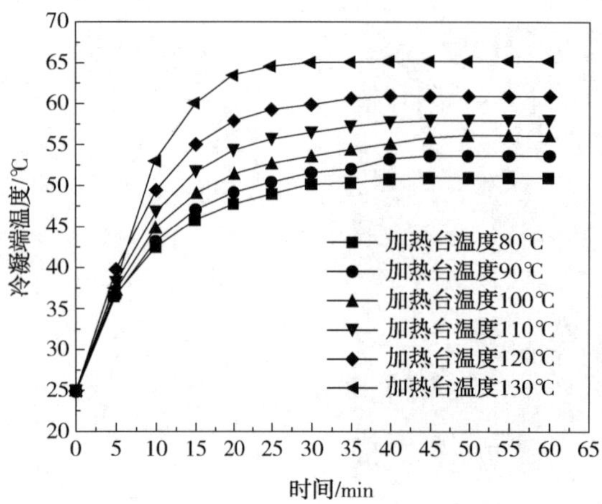

图4　板式热管冷凝端温度

的传热性能进行实验测试，以确保此板式热管可用于温差供电装置的热能传递。

图4为加热台温度分别设置为80℃、90℃、100℃、110℃、120℃、130℃时，板式热管冷凝端温度图。由图4可知，在室温25℃、无风条件下，加热板式热管蒸发端，板式热管的冷凝端温度有所上升，前15min内温度上升速率较快，在15~40min之间温度上升速率减缓，在40min后板式热管冷凝端温度开始稳定，直至60min冷凝端达到最高温度且不再发生变化。

图5为加热台设置不同温度时，板式热管热冷两端温差图。由图5可知，随着加热台温度的提高，板式热管两端温度差逐渐增大，加热台温度设置为80℃时，板式热管冷凝端最高温度可以达到50.9℃，两端温差大小为29.1℃；加热台温度为130℃时，板式热管冷凝端最高温度可达65.5℃，两端温差大小为64.5℃，这是因为随着温度增加，板状热管内部蒸发端液体蒸发速度远大于冷凝端蒸汽冷凝回流速度，蒸发端处液体逐渐干涸，使板状热管两端温差变大，且加热台温度越高，两端温差越大。即证明油汽管道表面余热被传递至板式热管冷凝端，能够为温差供电片热端提油汽量。

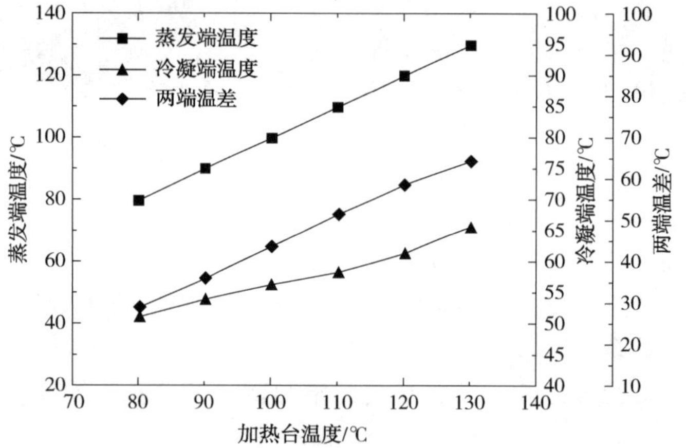

图5　板式热管热冷端温差

4.2　温差供电片热冷端温度分析

由图6可知，加热台温度设置为不同值并开始加热后，温差供电片热端温度在前20min内上升速度较快，20~45min内上升速度平缓，45min后温度趋于稳定，加热台温度设置为80℃时，温差供电片热端最高温度可以达到50.1℃；加热台温度为130℃时，温差供电片热端最高温度可达63.4℃。最高温度低于板式热管传热性能实验中热管冷凝段温度，这是因为一部分热量被温差供电片吸收用于发电，符合能力转化理论。由图7可知，自然冷却条件下，温差供电片冷端温度在加热过程中有所上升，上升幅度很小，在60min内维持在27~30℃，波动范围为3℃。温差供电片热冷两端可以形成稳定的温度差，因此该装置可以实现发电。

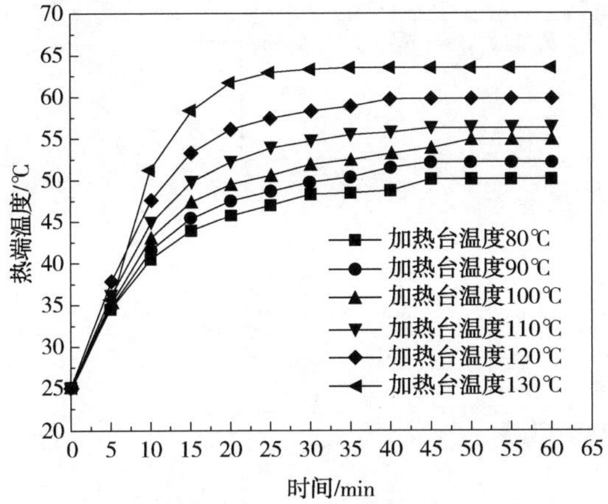

图 6　温差供电片热端温度

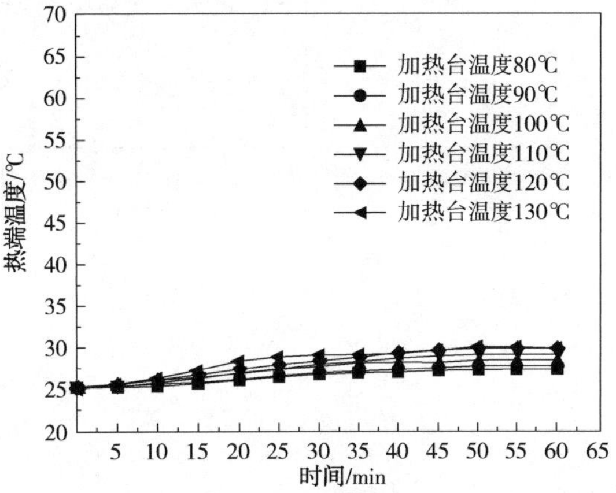

图 7　温差供电片冷端温度

4.3　不同组合方式分析

图 8 为单片温差供电片输出电压、电流随温度变化图；图 9 为两片温差供电片串联时，输出电压、电流随温度的变化图。由图 8、图 9 可知，温差供电片输出的电压、电流与加热台温度，即热端温度成正比，热端温度升高，输出电压、电流也随之增大。单片温差供电片输出的电压、电流值较低，分别可达到 1.7V、1.23A，采用两片温差供电片串联的组合方式，明显增大了输出电压。因此，可以通过串联或并联的方式进行组合，增加输出电压和电流，以满足后期所需设备的电能需求。然而，大量串联的温差供电片会导致内阻增加，从而降低总体的输出性能，所以探究合适的温差供电片串并联组合方式尤为重要。

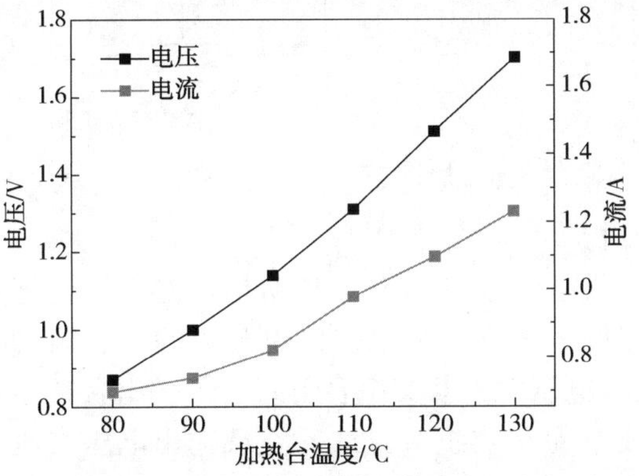

图 8　单片温差供电片输出电压、电流

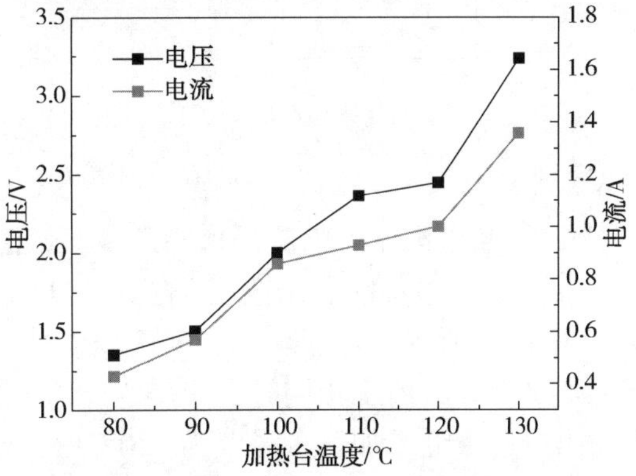

图 9　两片温差供电片串联输出电压、电流

实验选用的温差供电片总数量为十片，设置了三种串并联组合方式，探究这三种组合方式下温差供电装置的输出性能，以确认合理高效的温差供电片组合方式，三种组合方式的电路连接图如图 10 所示。图 10(a)为十片温差供电片全部串联，即Ⅰ类组合方式，该组合方式下电压等效为 $10U_0$，内阻等效为 $10R_{in}$；图 10(b)为每五片温差供电片一组串联，分成两组并联，即Ⅱ类组合方式，该组合方式下电压等效为 $5U_0$，内阻等效为 $2.5R_{in}$；图 10(c)为每两片温差供电片一组串联，分成五组并联，即Ⅲ类组合方式，该组合方式下电压等效为 $2U_0$，内阻等效为 $0.4R_{in}$；其中，U_0 表示单片温差供电片的输出电压，R_{in} 表示温差供电片的内阻。

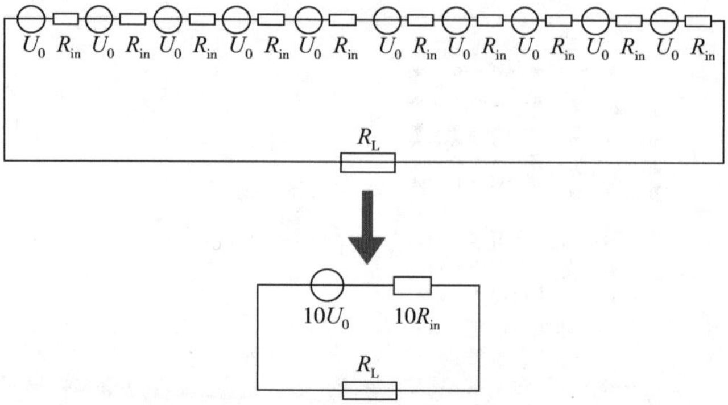

（a）Ⅰ类组合方式

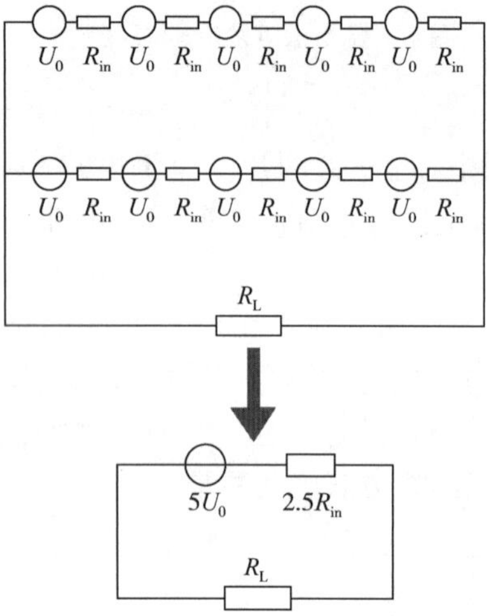

（b）Ⅱ类组合方式

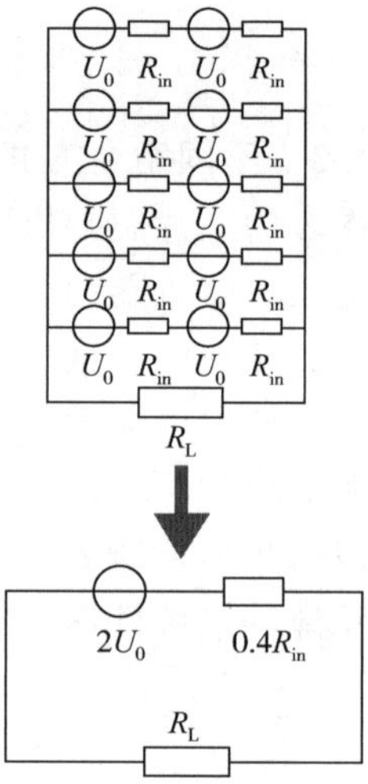

（c）Ⅲ类组合方式

图 10　温差供电片串并联组合方式电路图

4.4　输出电压、电流、功率及冷凝端温度分析

电压变化趋势图表示改变加热台温度时温差供电装置输出电压与加热台温度的变化关系，如图 11 所示。当加热台温度逐步提升时，三种组合方式下温差供电装置的空载输出电压也随之提高；温度相同时，Ⅰ类组合方式的输出电压大于Ⅱ类组合方式，Ⅲ类组合方式空载输出电压最低。加热台温度为 130℃时，Ⅰ、Ⅱ、Ⅲ三类组合方式的空载输出电压均达到最大值，分别为 14.56V、7.1V 和 2.84V，这是因为Ⅰ类组合方式为十片温差供电片串联，输出的电压理论值为单片温差供电片输出电压的 10 倍；Ⅱ类组合方式为两组各五片温差供电片并联，输出的电压理论值为单片温差供电片的 5 倍；Ⅲ类组合方式为五组各两片温差供电片并联，输出的电压理论值为单片温差供电片的 2 倍。实验测试三种组合方式的输出电压低于单片输出电压叠加的理论值，这是温差供电片数量的增加温差供电片的温度分布不均匀、热端温度降低、热能损失量增加导致的结果。通过对比三种组合方式的空载输出电压可知，串联组合方式可以通过电压叠加提升输出电势，但伴随内阻累积效应，最终输出电压低于理论叠加值。

并联拓扑则通过电流分流降低内阻，但需解决温度分布均匀性问题。

电流变化趋势图表示改变加热台温度时温差供电装置输出电流与加热台温度的变化关

系，如图 12 所示。当加热台温度逐步提升时，三种组合方式下温差供电装置的输出电流也随之提高；温度相同时，Ⅰ类组合方式的输出电流小于Ⅱ类组合方式，Ⅲ类组合方式的输出电流最高。加热台温度为 130℃时，Ⅰ、Ⅱ、Ⅲ类组合方式的输出电流均达到最大值，分别为 1. 47A、2. 84A 和 4. 52A，Ⅰ类组合方式的输出电流小于Ⅱ类组合方式，这是由于Ⅰ类组合方式输出电流的理论值与单片温差供电片输出电流相同，Ⅱ类组合方式输出电流理论值为单片温差供电片输出电流的 2 倍，Ⅲ类组合方式的输出电流理论值为单片温差供电片输出电流的 5 倍，实验测试三种组合方式的输出电流均低于理论值，这是多片温差供电片组合时的吸热能力大于单片的吸热能力，温差供电片内部温度升高导致内阻增大，减小了输出电流。其中Ⅲ类组合方式输出电流值明显小于预期值，这是Ⅲ类组合方式有更多的并联支路，每组的串联数量减少，多组并联导致热源(板式热管)负载增加，可能导致每个发电片的热端和冷端温差降低。如果温差不足，输出电压 U_0 就会下降，从而影响总电流。此外，多片并联可能导致散热不均匀，部分区域的温度升高，也会进一步降低有效温差。

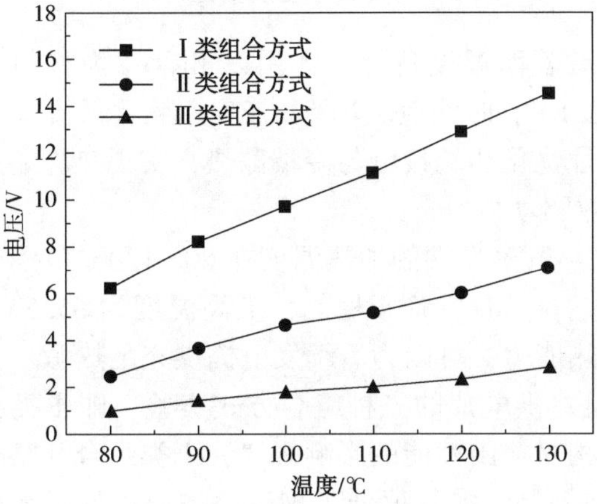

图 11　电压变化趋势

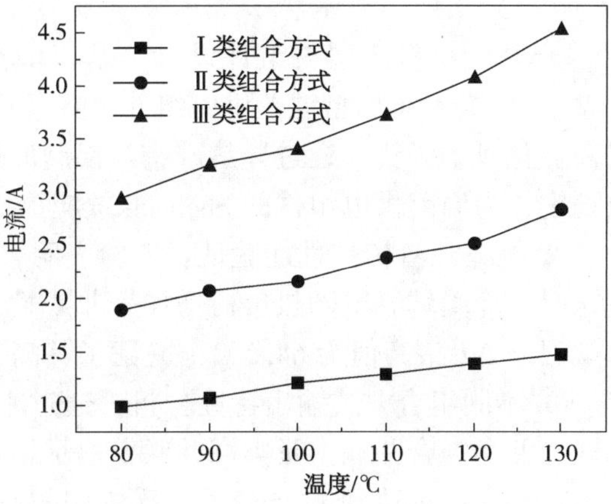

图 12　电流变化趋势

功率变化趋势图表示改变加热台温度时温差供电装置的功率与加热台温度的变化关系，如图 13 所示。由图 13 可知，相同温度下，Ⅰ类组合方式的输出功率最高，Ⅲ类组合方式的输出功率最低；Ⅰ、Ⅱ、Ⅲ类组合方式的输出功率会随着温度的提高而增加，当加热台温度为 130℃即温差供电片热冷端温度差距最大时，可达到最大输出功率值，此时三种组合方式的输出功率分别为 5. 35W、4. 91W、3. 24W，所输出的功率可以满足热工参数监测仪表使用要求，为后续用电设备提供电能。

改变加热台温度，温差供电装置冷凝端温度变化趋势如图 14 所示。由图 14 可知，加热台温度分别设置为 80℃、90℃、100℃、110℃、120℃、130℃时，板式热管冷凝端温度依次为 48. 02℃、49. 43℃、51. 43℃、54. 02℃、56. 73℃、59. 2℃，均低于板式热管传热性能实验测试时的冷凝端温度，这是由于板式热管所传递的部分热量被温差供电片吸收并直接转化为电能，符合能量转化定律。

5　结论

本文围绕油汽管道余热温差供电装置的设计与实现，通过温差供电组件选型、温差供电装置结构优化及多拓扑组合实验，系统研究了板式热管与温差供电组件的耦合机制及输出特性，主要研究内容与结论如下。

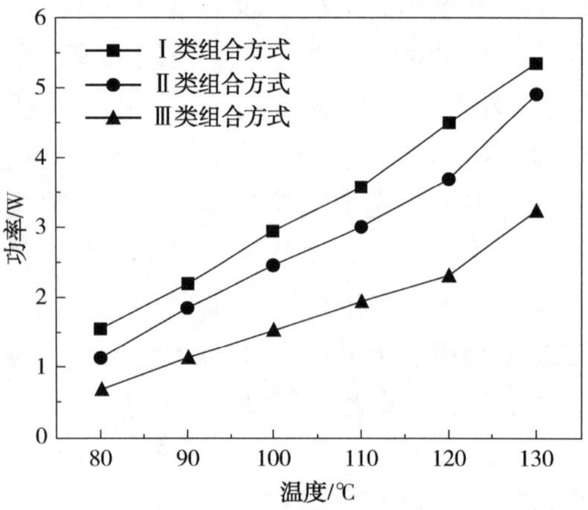

图 13　功率变化趋势

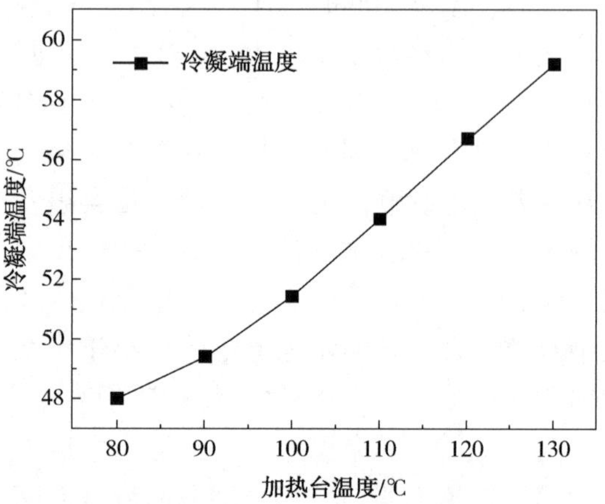

图 14　冷凝端温度变化趋势

① 热电材料选型与组件设计：基于油汽管道表面温度特性，选用以 Bi_2Te_3 为材料的 TGM-336-1.4-1.5 型温差供电组件，其开路电压 8V、匹配负载功率 9.8W，兼具低温高效与商业化成本优势。通过导热硅脂与铝制散热翅片优化热端接触与冷端散热，实现热冷端温差稳定，为温差供电组件的 Seebeck 效应提供有效驱动力。

② 板式热管传热性能验证：实验表明，板式热管蒸发端的加热温度在 80~130℃范围内变化时，冷凝端温度随热负荷增加呈非线性上升，60min 后趋于稳态，最高温度为 65.5℃，热端温差 ΔT 最高值为 64.5℃，验证了其高效传热能力，可以为后续发电提供充足热源。

③ 不同组合方式输出特性分析：通过十片温差供电片的三种组合方式实验，即Ⅰ类全串联、Ⅱ类混合并联、Ⅲ类高并联，揭示拓扑结构对输出性能的影响规律，Ⅰ类组合开路输出电压最高，可达到 14.56V，但受内阻累积效应限制，实际值低于理论叠加值；Ⅲ类组合电压最低 2.84V，但内阻仅 $0.4R_{in}$，电流潜力最大；Ⅲ类组合输出电流达 4.52A，显著高于Ⅰ类 1.47A 与Ⅱ类 2.84A，但较输出电流理论值 7.35A 偏低，是由于受到并联支路热耦合导致的温差衰减的影响；Ⅰ类组合功率峰值 5.35W，适用于高功率场景，Ⅲ类组合功率 3.24W，后续可通过优化温差供电装置热管理从而提升温差供电装置输出功率。

④ 能量转化与热管理关联性：实验发现，板式热管冷凝端温度在发电工况下较纯传热实验有所降低，表明部分热能被直接转化为电能，符合能量守恒定律(图 12)。同时，多并联支路引发散热不均问题，冷端温度波动 27~30℃减小了有效温差，凸显了温差组件热冷端温差对输出稳定性的关键作用。

参 考 文 献

[1] 徐斌，柯达，徐志勇．我国化石能源利用效率提高是否促进了产业结构升级？[J]．江西社会科学，2023，43(3)：52-63.

[2] 朱玉辉．太阳能温差发电系统的设计与实现[D]．哈尔滨：哈尔滨工业大学，2019.

[3] 蒋岳峰．低温半导体温差发电器热电耦合性能及发电特性研究[D]．太原：太原理工大学，2020.

[4] 展聪．发电厂余热回收技术研究与应用[J]．中国新技术新产品，2023(15)：46-48.

[5] MAALI R，KHIR T，ARICI M. Energy and exergy optimization of a combined solar/geothermal organic Rankine cycle power plant[J]. Journal of Central South University，2023，30(11)：3601-3616.

[6] CHINTALA V, KUMAR S, PANDEY J K. A technical review on waste heat recovery from compression ignition engines using organic Rankine cycle[J]. Renewable and Sustainable Energy Reviews, 2018, 81: 493-509.
[7] MAHESWARI G U, GANESH N S, SRINIVAS T, et al. Exergoenvironmental evaluation of kalina power generation system[J]. Energy Sources, Part A: Recovery, Utilization, and Environmental Effects, 2023, 45(1): 3170-3188.
[8] YANG Z, ZHANG Y, DONG Q, et al. Maximum power output and parametric choice criteria of a thermophotovoltaic cell driven by automobile exhaust[J]. Renewable Energy, 2018, 121: 28-35.
[9] PATOWARY R, BARUAH D C. Thermoelectric conversion of waste heat from IC engine-driven vehicles: A review of its application, issues, and solutions[J]. International Journal of Energy Research, 2018, 42(8): 2595-2614.
[10] EDDINE A N, CHALET D, FAURE X, et al. Optimization and characterization of a thermoelectric generator prototype for marine engine application[J]. Energy, 2018, 143: 682-695.
[11] NUWAYHID R Y, SHIHADEH A, GHADDAR N. Development and testing of a domestic woodstove thermoelectric generator with natural convection cooling[J]. Energy Conversion and Management, 2005, 46(9-10): 1631-1643.
[12] NIU Z, YU S, DIAO H, et al. Elucidating modeling aspects of thermoelectric generator[J]. International Journal of Heat and Mass Transfer, 2015, 85: 12-32.
[13] 屈健，李茂德，乐伟，等．半导体温差发电器的工作性能优化[J]．低温工程，2005(2)：20-23.
[14] 任德鹏，贾阳．温差发电器工作特性的数值研究[J]．航天器工程，2008(4)：56-61.
[15] 邓亚东，范韬，郭珣，等．汽车尾气温差发电装置及热电模块的布置研究[J]．武汉理工大学学报(信息与管理工程版)，2010，32(2)：265-267，283.

远程自动水力除焦系统在沧州炼化焦化装置的首次应用

段海峰

（中国石化沧州炼化公司　河北沧州 061000）

摘　要　本文主要探讨了远程自动水力除焦系统在沧州炼化焦化装置的首次应用情况。阐述了该系统的基本原理、构成与特点，分析了其在沧州炼化焦化装置应用过程中展现出的优势以及实际应用效果，同时也对应用过程中面临的挑战及相应解决措施进行了梳理。

关键词　远程自动水力除焦系统；沧州炼化；应用效果；优化措施

1　引言

沧州炼化延迟焦化装置设计规模为 120 万 t/a，采用“两炉四塔”大型化工艺技术方案，焦炭塔采用双塔单井架水力除焦方式，新系列水力除焦步骤增上顺控系统和顶驱操作系统；焦炭塔顶盖及底盖采用完全密闭的自动卸盖机；在延迟焦化装置中，焦炭塔内焦炭的有效清除对于延迟焦化装置的稳定运行起着至关重要的作用。传统的水力除焦方式存在诸多局限，如人工操作劳动强度大、现场作业风险高以及除焦精度和效率难以保障等问题。随着自动化技术的不断发展，远程自动水力除焦系统应运而生，并在沧州炼化焦化装置中得到了首次应用，经过一段时间运行，该系统及设备运行平稳，不仅实现装置安全联锁保护，而且大大降低了员工劳动强度，得到除焦班操作人员的好评。

2　远程自动水力除焦系统概述

2.1　基本原理

远程自动水力除焦系统主要是利用高压水射流的强大冲击力来切碎并清除焦炭塔内的焦炭。先通过高压水泵将水加压至特定的高压状态，然后经专门设计的切焦器将高压水射流定向喷射到焦层上，使焦炭从塔壁等部位脱落，再借助水流将焦炭通过斜溜槽流到储焦场。在远程自动控制方面，远程自动水力除焦控制系统是水力除焦系统“远程化”和“智能化”的产物。其核心内容是利用各类先进传感器获取现场操作过程中的各类运行状态和数据，将状态和数据送至中控室的 DCS 控制系统进行数据处理，然后以图形或参数的形式在上位机进行表达；操作人员可以在除焦控制室，再通过 DCS 系统自动控制如泵、阀门、钻具等各类执行机构及机械设备，根据实时反馈的数据对除焦的各个环节进行精准调控，有条不紊地进行水力除焦作业。

2.2　系统构成

该系统一般由高压水生成与供应单元，除焦切焦器及执行机构、自动化控制系统及各类各传感器构成。供应单元，包括高压水泵、切焦水罐等；除焦切焦器及执行机构，可实现切焦器的多角度、多方位灵活移动与定位；自动化控制系统，集成了各类控制器、操作界面以及数据采集与传输模块；还有各类传感器，如压力传感器、位置传感器等，用于实时监测系统运行参数和设备状态。

2.3 系统特点

该系统具有高度自动化，可减少人工干预，降低人力成本的同时提高作业的规范性；能实现远程操控，保障操作人员的人身安全，避免其暴露在除焦现场的危险环境中；除焦精度高，通过精确控制高压水射流的各项参数，可实现对焦炭更均匀、更彻底的清除，有助于提升装置后续的运行稳定性。

3 远程自动水力除焦系统在沧州炼化的应用优势

3.1 提升安全保障水平

在沧州炼化焦化装置以往的传统水力除焦作业中，除焦操作工每次需要到42m的除焦小屋进行现场操作和巡检，在高温、粉尘等恶劣环境中，近距离直接接触除焦设备，面临烫伤、粉尘吸入以及设备意外故障带来的安全威胁，进行顶底盖机、钻机绞车、除焦阀的操作。同时，人工操作在精准度和效率上也存在一定局限，难以确保除焦工作的高质量完成，而远程自动水力除焦系统投入使用后，操作人员可以在安全的控制室内远程监控和操作整个除焦过程，从根本上避免了人员与危险现场的近距离接触，大幅降低了安全事故发生的可能性，使除焦作业的安全系数得到显著提升。

3.2 提高除焦效率与质量

通过自动化控制系统，能够精准地调节高压水射流的压力、流量和移动速度等参数。与传统人工操作相比，可实现更优化的除焦路径规划和更稳定的作业状态，确保焦炭清除得更加彻底且均匀，有效减少了除焦残留情况。同时，系统的自动化运行也缩短了不必要的作业停顿时间，整体提高了除焦作业的效率，缩短了除焦周期，从而为沧州炼化焦化装置的连续稳定运行创造了有利条件。

3.3 实现精细化管理

远程自动水力除焦系统在运行过程中会实时采集并传输大量的数据，如各时段的除焦压力、设备运行状态、能耗情况等。焦化装置借助这些数据可以进行深入的分析和统计，实现对除焦作业的精细化管理。一方面，能够根据实际数据及时发现系统运行中潜在的问题并提前采取维护措施，保障设备的可靠性；另一方面，可以对除焦作业的成本进行精准核算，通过优化参数等方式进一步降低能耗等运营成本。

4 实际应用效果

4.1 运行数据对比

在应用远程自动水力除焦系统后，通过一段时间统计发现，除焦作业的平均时长较以往传统方式缩短了约半个小时，除焦设备故障率降低80%，充分体现了该系统在效率和对装置稳定性保障方面的优势。同时，在能耗监测方面，通过优化高压水的使用参数，单位除焦能耗降低了8%，实现了节能增效的良好效果。

4.2 对生产流程的积极影响

由于除焦效率和质量的提升，沧州炼化延迟焦化装置后续的物料处理、产品分离等生产环节的运行更加顺畅，减少了除焦不彻底等问题导致的设备堵塞、产品质量波动等情况。整体上提高了整个炼化生产流程的连贯性和稳定性，有助于企业实现更高效的生产运营，提升了产品的市场竞争力。

5 应用过程中面临的挑战及解决措施

5.1 技术兼容性问题

原有的部分设备和控制系统与新引入的远程自动水力除焦系统在技术接口、通信协议等方面存在一定的兼容性问题，导致数据传输不稳定、部分功能无法正常协同工作。对此，焦化装置在系统调试期间，组织了专业的技术团队，对相关设备和系统进行了详细的梳理和改造，通过开发中间转换模块、升级通信协议等方式，实现了各系统之间的良好兼容与稳定交互。

5.2 操作人员技能要求提升

远程自动水力除焦系统的自动化和智能化程度较高，对操作人员的专业知识和技能提出了更高的要求。沧州炼化焦化装置针对设备组这一情况，考虑到操作人员老龄化严重，提前着手谋划，让操作人员参与到项目建设中来，并积极开展了各类专项培训工作，邀请系统供应商的技术专家进行授课，内容涵盖系统的原理、操作流程、故障诊断与应急处理等方面。同时，还建立了内部的技能考核机制，确保操作人员能够熟练掌握并正确运用该系统进行除焦作业。

5.3 设备维护与故障应对

新系统投入使用后，设备的维护和及时处理故障成为重要问题。沧州炼化焦化装置制订了详细的设备维护计划，定期对系统的关键部件，如高压水泵、传感器、切焦器等进行检查、保养和校准。同时，建立了完善的故障预警和应急处理机制，当传感器监测到异常数据或者设备出现故障迹象时，能够及时发出警报，维修人员可根据预先制定的故障处理流程快速响应，最大限度地减少设备故障对生产的影响。

6 结论

远程自动水力除焦系统在沧州炼化焦化装置的首次应用取得了显著的成效，在提升安全水平、提高除焦效率与质量以及助力精细化管理等方面都展现出了巨大的优势，同时也为企业生产流程的稳定运行和整体效益提升做出了积极贡献。尽管在应用过程中面临了一些诸如技术兼容性、人员技能提升以及设备维护等方面的挑战，但通过相应的解决措施都得到了有效的应对。远程自动水力除焦控制系统的精准作业，不仅减少了因除焦操作对周边设备和环境的影响，而且装置内的生产环境更加清洁，符合日益严格的环保要求。

参 考 文 献

[1] 王涛，高志，叶健敏，等. 水力除焦监测系统的设计和研究[J]. 工程设计学报，2010，17(2)：146-150.

[2] 沈晨曦. 远程智能水力除焦控制系统设计与研究[J]. 化学工程与装备，2018(5)：251-252.

产品及技术研发

金陵针状焦用作 ϕ600mm 超高功率石墨电极的应用研究

李诗文[1]　初人庆[1]　卫建军[2]　郭　丹[1]　武　云[1]　张媛媛[1]

(1. 中国石化大连石油化工研究院　辽宁大连 116000；
2. 中国石化金陵石化公司　江苏南京 210000)

摘　要　在国家“双碳”战略推动下，钢铁产业电炉大型化与低碳化转型加速，对超高功率石墨电极及其原料优质油系针状焦的需求显著提升。金陵石化依托大连院自主研发的 THTD 技术，建成 15 万 t/a 针状焦装置，其针状焦产品性能达到国际先进水平。本文以 100%金陵针状焦为骨料开展 ϕ600mm 超高功率石墨电极的试生产研究，通过全流程工序分析与钢厂实际应用评价，系统评估金陵针状焦的性能适配性，为国产优质针状焦的高端规模化应用提供技术支撑。

关键词　超高功率石墨电极；中国石化；针状焦；全流程工序；分析评价

1　前言

在国家“双碳”战略推动下，钢铁产业正加速向电炉短流程炼钢工艺转型，电炉大型化与低碳化发展已成为行业提质增效的关键路径[1]。作为电炉炼钢的核心耗材，石墨电极的性能需求正随电炉容量扩大与冶炼效率提升而显著升级，尤其是超高功率石墨电极的市场需求呈现大幅增长趋势[2]。然而，超高功率石墨电极的国产化进程受限于优质油系针状焦的供应，其低热膨胀系数、低电阻率等特性直接决定了石墨电极的冶炼效率与使用寿命[3-5]。

大连石油化工研究院(以下简称“大连院”)自主研发的 THTD 优质针状焦生产技术为突破这一瓶颈提供了关键支撑[6-8]。采用大连院 THTD 优质针状焦生产技术，金陵石化 15 万 t/a 针状焦装置于 2021 年正式投产，并稳定运行至今，生产的针状焦产品展现出优异的宏观/微观流线型结构及理化性能，指标达到国际先进水平，为替代进口高端针状焦、保障国家战略资源安全奠定了基础[9-11]。

本文以金陵石化针状焦(简称金陵针状焦)进行 ϕ600mm 超高功率石墨电极的试生产，结合全流程各生产工序的分析以及钢厂使用 ϕ600mm 超高功率石墨电极的评价，对金陵针状焦用作 ϕ600mm 超高功率石墨电极的性能进行研究，为国产优质针状焦的高端规模化应用提供技术支撑。

2　实验部分

2.1　实验原料

实验原料为金陵针状焦，用于试生产 ϕ600mm 超高功率石墨电极及使用性能评价。从外观上看，金陵针状焦均质性较好、金属光泽较强，部分针状焦呈片状结构，对其进行偏光显微镜观察，如图 1 所示，其纤维状结构明显。对金陵针状焦进行常规理化指标测试，结果见表 1，各项理化指标稳定，硫含量、挥发分、灰分和真密度等指标达到优质针状焦水平。

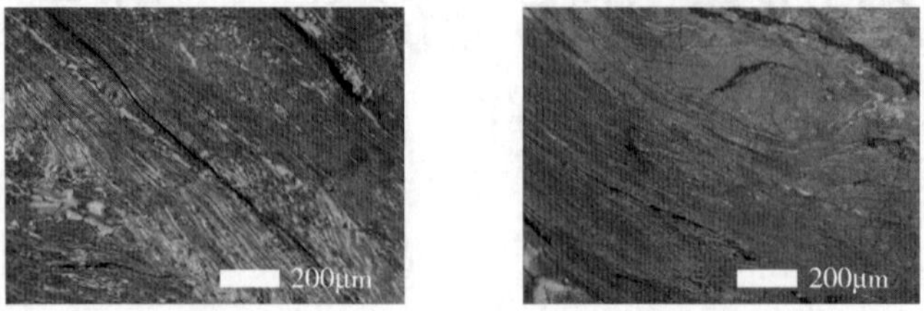

（a）　　　　（b）

图 1　金陵针状焦的偏光显微镜照片

表 1　金陵针状焦理化指标测试

项　　目	测试结果	项　　目	测试结果
硫含量/%（质）	0.39~0.41	真密度/（g/cm^3）	2.12~2.14
挥发分/%（质）	0.07~0.26	粉末电阻率/μΩm	464~513
灰分/%（质）	0.01~0.04	振实密度（2~1mm）/（g/cm^3）	0.92~0.94
水分/%（质）	0.01~0.13	颗粒强度（8~4mm）/%	11.34~12.98

将金陵针状焦进行粒度分布测试，结果见表 2。金陵针状焦小颗粒含量占比稍大，大颗粒含量相对少，可通过优化原料筛分满足生产 ϕ600mm 超高功率石墨电极工艺配方对粒度的要求。

表 2　金陵针状焦粒径分布情况

粒度	>12mm	12~8mm	8~4mm	4~2mm	2~1mm	<1mm
占比/%	17.84	9.38	16.25	17.16	20.56	18.61

以金陵针状焦为骨料，粘结沥青和浸渍沥青用作辅料生产 ϕ600mm 超高功率石墨电极。本次生产使用高温改质沥青作为粘结沥青，中温专用浸渍沥青作为浸渍沥青。

2.2　实验工序

试生产 ϕ600mm 超高功率石墨电极需依次进行混捏压型、一次焙烧、浸渍、二次焙烧、石墨化和机加工工序，各工序的实验条件及控制指标见表 3。

表 3　试生产 ϕ600mm 超高功率石墨电极各工序条件及控制指标

实验工序	实验条件及控制指标
混捏压型工序	①各级料配料误差±5kg； ②需控制压型品体积密度
一次焙烧工序	①填充料均匀灌料； ②装炉时确保产品垂直； ③需控制一次焙烧产品出炉温度
浸渍工序	①浸渍工序需预热，预热参数可根据生产情况作调整； ②需控制浸渍品增重率
二次焙烧工序	①二次焙烧在隧道窑内进行； ②需控制高温带最高温度和产品出匣钵温度

续表

实验工序	实验条件及控制指标
石墨化工序	①装炉前确定装炉吨位、品种规格； ②保温料均匀灌料； ③每出一炉石墨化品进行电阻率检测
机加工工序	按技术标准加工至相应的精度

3 金陵针状焦试生产 ϕ600mm 超高功率石墨电极

以金陵针状焦为原料，试生产 ϕ600mm 超高功率石墨电极，对全流程各工序产品的质量进行测试及评价分析。

3.1 压型品质量

混捏压型生产过程中，粘结沥青用量占比约 21%，用量较少，说明金陵针状焦致密性好，压型品性质见表 4。压型检验发现，使用金陵针状焦生产的 ϕ600mm 超高功率石墨电极体密高，通过压型品切断图(图 2)可以看出，压型品内部结构良好。

表 4 金陵针状焦试生产压型品性质

规格	沥青用量/%(体)	体密度/(g/cm^3)	单重/kg	外径/mm	长度/mm
ϕ600mm×2400mm	21	1.76	1428	632	2570
ϕ600mm×2700mm	21	1.76	1554	633	2792

3.2 一次焙烧品质量

一次焙烧后，一烧品性质见表 5。如图 3 所示，通过一烧品焙烧端部切面图可以看出，一烧品电极结构较好。

表 5 金陵针状焦试生产一烧品性质

规格	体密度/(g/cm^3)	单重/kg	外径/mm	长度/mm	电阻率/μΩm
ϕ600mm×2400mm	1.67	1323	628	2550	41~44
ϕ600mm×2700mm	1.67	1439	629	2773	41~44

图 2 压型品切断图

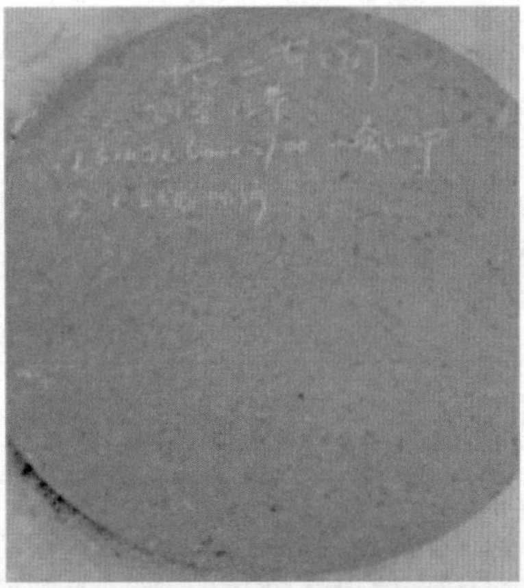

图 3 一烧品焙烧端部切面图

3.3 浸渍品质量

浸渍预热温度控制在355~370℃，预热10h。浸渍后，浸渍品性质见表6，浸渍工序增重率正常。如图4所示，通过观察浸渍品的截面，可见电极被完全浸渍，浸渍品结构较好。

表6 金陵针状焦试生产浸渍品性质

规格	浸前重/kg	浸后重/kg	增重率/%
ϕ600mm×2400mm	1323	1487	12.4
ϕ600mm×2700mm	1440	1605	11.46

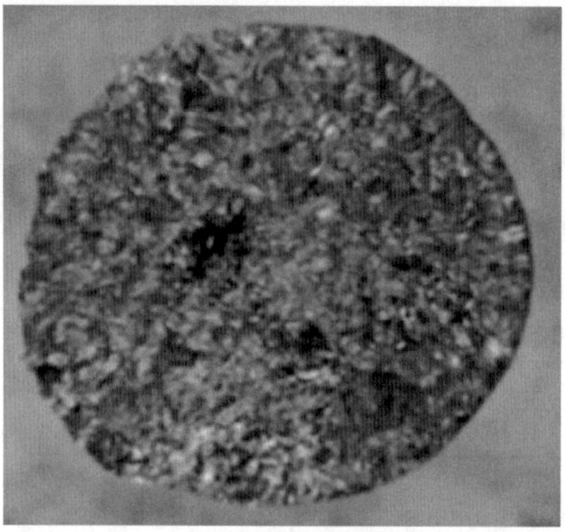

图4 浸渍品截面图

3.4 二次焙烧品质量

二次焙烧工序在隧道窑车间完成，高温带最高温度770~780℃，产品出匣钵温度不高于200℃。二次焙烧后，二烧品性质见表7，二烧品质量较好。

表7 金陵针状焦试生产二烧品性质

规格	体密度/(g/cm^3)	单重/kg	外径/mm	长度/mm	电阻率/μΩm
ϕ600mm×2400mm	1.78	1390	624	2548	36~38
ϕ600mm×2700mm	1.78	1506	624	2771	36~38

3.5 石墨化品质量

石墨化装炉前对二烧品进行端面平整处理，平整处理后同规格产品入炉，每支石墨电极通过柔性石墨垫软连接。石墨化后，石墨化品性质见表8，石墨化品质量较好。

表8 金陵针状焦试生产石墨化品性质

电极原料	电阻率/μΩm	体密度/(g/cm^3)	热膨胀系数/(10^{-6}/℃)	备注
金陵针状焦	4.7~5.3	1.74~1.76	1.28~1.36	无纵裂

3.6 机加工工序

根据相关技术标准进行机加工工序，机加工后成品石墨电极性质见表9，各项指标均满足YB/T 4090—2015《超高功率石墨电极》中的指标要求。成品石墨电极外观如图5所示。

表 9　金陵针状焦试生产成品石墨电极品性质

电极原料	电阻率/μΩm	体密度/(g/cm³)	弹性模量/GPa	抗折强度/MPa	热膨胀系数/(10^{-6}/℃)	灰分/%
金陵针状焦	5.0	1.75	10.3	12.3	1.3	0.08
YB/T 4090—2015 规格要求	≤6.0	≥1.66	≤14	≥10	≤1.5	≤0.5

图 5　成品石墨电极外观图

4　ϕ600mm 超高功率石墨电极在钢厂使用情况

将上述以 100%金陵针状焦作为骨料生产的 ϕ600mm 超高功率石墨电极在三家钢厂进行使用，使用条件及使用情况分别如表 10~表 12 和图 6~图 8 所示。使用过程中，石墨电极没有发生横向开裂，本体、孔壁掉落现象，也没产生下端变细变尖现象，且吨钢消耗满足不同钢厂考核要求。

因此，使用金陵针状焦生产的 ϕ600mm 超高功率石墨电极强度高，吨钢消耗可达到不同钢厂的考核要求，能够满足国内超高功率电弧炉使用要求。

表 10　以金陵针状焦生产的 ϕ600mm 超高功率石墨电极在第一家钢厂使用条件及使用情况

第一家钢厂使用条件	变压器功率/MW	二次电流/kA	二次电压/V	生产钢种	出钢量/t	出钢温度/℃	送电时间/min
	80	45~60	280~320	304 不锈钢	145±5	1520~1530	60
电极使用情况	电极在使用过程没有发生折断和掉块现象，吨钢消耗电极 2.75kg，满足钢厂考核要求						

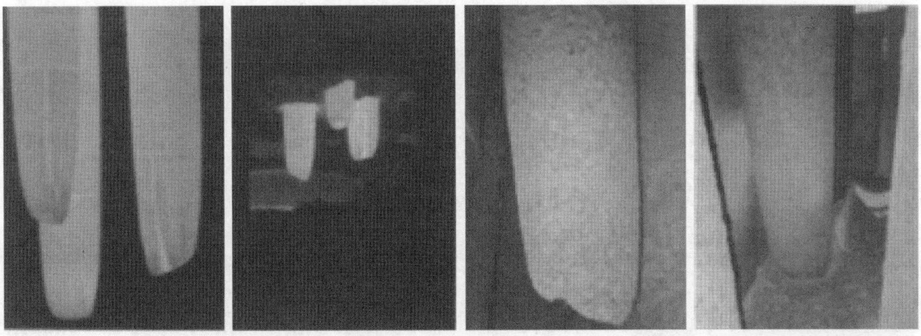

图 6　以金陵针状焦生产的 ϕ600mm 超高功率石墨电极在第一家钢厂使用情况图

表 11　以金陵针状焦生产的 ϕ600mm 超高功率石墨电极在第二家钢厂使用条件及使用情况

第二家钢厂使用条件	变压器功率/MW	二次电流/kA	二次电压/V	生产钢种	出钢量/t	出钢温度/℃	送电时间/min
	80	55~60	280~320	SPHT1	112±3	1670~1680	18~23
电极使用情况	电极在使用过程没有发生折断和掉块现象，吨钢消耗电极 1.1kg，满足钢厂考核要求						

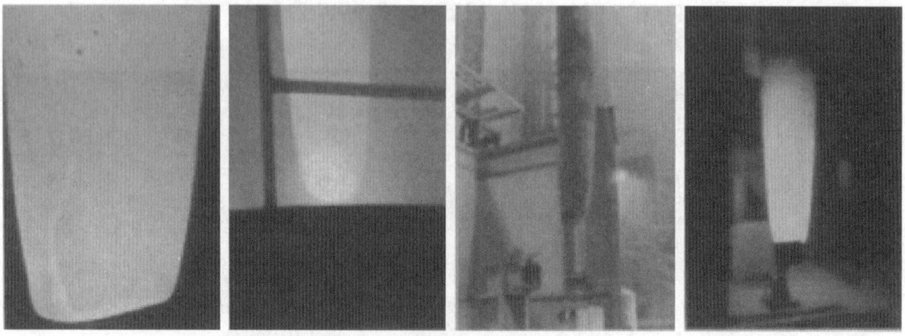

图 7　以金陵针状焦生产的 ϕ600mm 超高功率石墨电极在第二家钢厂使用情况图

表 12　以金陵针状焦生产的 ϕ600mm 超高功率石墨电极在第三家钢厂使用条件及使用情况

第三家钢厂使用条件	变压器功率/MW	二次电流/kA	二次电压/V	生产钢种	出钢量/t	出钢温度/℃	送电时间/min
	90	60~65	450~500	HRB400	120±5	1600~1610	34~40
电极使用情况	电极在使用过程没有发生折断和掉块现象，吨钢消耗电极 0.96kg，满足钢厂考核要求						

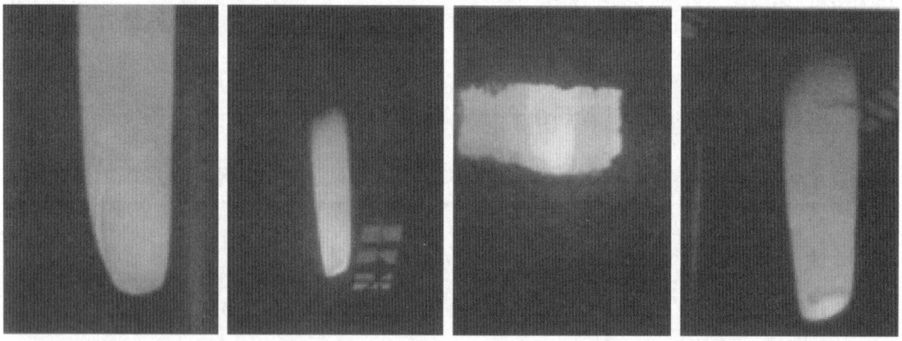

图 8　以金陵针状焦生产的 ϕ600mm 超高功率石墨电极在第三家钢厂使用情况图

5　结论

通过对金陵针状焦常规指标分析、评价后，进行 ϕ600mm 超高功率石墨电极的试生产，结合全流程各生产工序的评价以及钢厂使用 ϕ600mm 超高功率石墨电极的分析评价，对金陵针状焦用作石墨电极的性能总结如下。

① 对金陵针状焦进行常规理化指标测试和粒度分布测试，金陵针状焦能够达到生产 ϕ600mm 超高功率石墨电极的要求。

② 在混捏压型工序中，沥青用量占比约 21%，用量较少，说明金陵针状焦致密性好。

③ 在生产 ϕ600mm 超高功率石墨电极过程中，各工序产品体积密度都比较高，可获得

高体密石墨电极。

④ 使用100%金陵针状焦为骨料生产的 ϕ600mm 超高功率石墨电极，石墨化后电阻率、体积密度、弹性模量、抗折强度、热膨胀系数等各项技术指标均优于 YB/T 4090—2015《超高功率石墨电极》该规格指标要求，可用于电弧炉炼钢。

⑤ 以100%金陵针状焦为骨料生产的 ϕ600mm 超高功率石墨电极在下游钢厂使用，没有横向开裂、折断和掉块等现象，并符合各钢厂对吨钢消耗要求，顺利通过多家钢厂企业应用论证，可以扩大生产和推广应用。

⑥ 金陵针状焦是优质针状焦，生产的 ϕ600mm 超高功率石墨电极能够满足国内超高功率电弧炉的使用要求。

参 考 文 献

[1] 王磊，黄涛，赵亮富．“双碳”背景下我国针状焦市场前景预测及对策研究[J]．中国能源，2022，44(8)：27-32.

[2] 刘向红．石墨电极市场有缺口供不应求格局将延续[J]．电动自行车，2017(8)：19-20.

[3] 郭新房．大规格超高功率石墨电极用针状焦的制备技术与应用研究进展[J]．中国战略新兴产业，2024(9)：106-108.

[4] 康进才；吴沣；胡春玉．超高功率石墨电极原料针状焦的评价及应用[J]．河南冶金，2019，27(1)：1-3+33.

[5] 谷小虎，王旭峰，李飞，等．不同针状焦对石墨电极性能的影响探讨[J]．炭素技术，2021，40(4)：64-66.

[6] 初人庆，侯栓弟，郭丹，等．一种高颗粒强度针状焦的生产方法[P]．北京市：CN119161886A，2024-12-20.

[7] 初人庆，方向晨，郭丹，等．一种焦化系统和焦化方法[P]．北京市：CN113355117B，2022-11-11.

[8] 初人庆，郭丹，方向晨，等．一种焦化装置及生产针状焦的工艺方法[P]．北京市：CN111892941A，2020-11-06.

[9] 陈子佩，张亚培，孙宝翔，等．高端针状焦：劣质油浆变身新能源“精英”[N]．中国石化报，2025-04-09(006).

[10] 王建慧．国产针状焦亟待迈向高端化[J]．中国石化，2024(7)：54-56.

[11] 阎茹钰，陈伟伟．为“油转特”注入“强心针”[N]．中国石化报，2024-05-30(001).

高硫石油焦化学法脱硫研究

马　锐　宋永一　张舒冬　蔡海乐　颜　冬

（中国石化大连石油化工研究院　辽宁大连 116000）

摘　要　金陵Ⅰ石油焦中硫含量高达 8.72%，使用脱硫剂 B 对金陵Ⅰ石油焦进行脱硫，分别考察反应温度、反应时间、石油焦粒径及剂焦比对石油焦脱硫效果的影响。并使用 N_2 物理吸附-脱附仪（BET）、扫描电镜（SEM）、X 射线衍射仪（XRD）及 X 射线光电子能谱仪（XPS）对脱硫前后的石油焦进行表征。在反应温度 900℃、反应时间 20min、粒径 30~300 目及剂焦比分别为 0.5 及 1 时，脱硫后石油焦中硫含量分别为 3.22%及 2.18%，比表面积分别为 5.09m^2/g 及 74.88m^2/g。脱硫后石油焦的形貌未发生明显变化，但石墨片层间距加大、石墨晶粒颗粒减小。金陵Ⅰ石油焦中硫化物主要为噻吩类硫及亚砜类硫，脱硫后的石油焦中噻吩类硫及亚砜类硫明显减少，且反应生成硫酸盐类硫。脱硫剂 B 可以更好地兼顾石油焦脱硫及保持石油焦本体结构。

关键词　石油焦；脱硫；脱硫剂；本体结构

1　前言

石油焦是炼油厂延迟焦化装置的产物，具有热值高、水分高、挥发分低等特点，其产量约为焦化原料油的 15%~25%。随着我国经济的快速发展，对能源的需求也快速提升，目前原油自给率已经不足 50%，进口的原油中，中东高硫原油占比较高，随着炼油过程的传递，大量硫化物富集于石油焦中。石油焦传统用途主要有预焙阳极、燃料、工业硅还原剂、碳化硅研磨料、碳化钙工业、增碳剂、钛白粉工业及负极材料。

近年来，我国高硫石油焦（硫含量大于 3%）产能释放越来越大。2018 年 10 月 26 日起施行的新修订的《中华人民共和国大气污染防治法》要求制定更严格的石油焦标准，这就意味着“硫含量大于 3%的将从生产、销售、进口、使用等全方位渠道进行限制”。高硫石油焦的传统利用途径受到极大限制。2017 年国内高硫石油焦（硫含量>3%）产量 1282 万 t，其中中国石化高硫石油焦产量 1066 万 t，占比约 83%。可以预见，随着政策法规的日趋严格，“双碳目标”的确立及“电动革命”的兴起，下游市场对低硫石油焦资源的需求将明显增大，中国石化面对大量的结构性成因高硫石油焦及巨大的市场机遇，寻找出一条高效、低能耗及兼顾石油焦后续应对的石油焦脱硫技术路线已经成为亟待解决的问题。

目前，对于石油焦产品脱硫技术主要有以下几种，溶剂抽提法[1]、高温煅烧法[2-3]、氧化法[4]、碱金属化合物法[5]、临氢法[6]及生物法[7]等。工业上石油焦产品脱硫主要是“生焦”变“熟焦”过程中，依靠高温煅烧脱硫，其脱硫率一般低于 50%，并且由于石油焦中硫化物在煅烧过程中会逸出，导致石油焦本体产生“晶胀”，将影响石油焦的后续应用，因此该工艺不适合加工硫含量过高的石油焦。溶剂抽提法溶剂存在使用量大、抽提时间长、能耗高及脱硫率低等问题。石油焦中硫化物主要为噻吩类硫化物，使用氧化法可以将噻吩类硫化物氧化生成砜类化合物，该方法剂液比较大、溶剂回收成本高、环保性差，而且其脱硫率相对较低。生物法反应耗时较长，处理量较低，不能满足工业化生产需求。临氢法及碱金属化合物法可以达到较高脱硫率，但是临氢法需要的反应器形式为固定床，难以在工业上大规模放大；常规的碱金属化合物法的剂焦比较大，碱金属容易残留，该方法对石油焦本体结构破坏较大，对石油焦的后续应用有较大影响。目前已报道的脱硫文献更加关注于石油焦脱硫效果，而对脱硫后石油焦本体结构的影响研究较少，因此本文在关注石油焦脱硫效果的前提下，更加关注脱硫后石油焦的本体结构，以期探索出一条兼顾石油焦脱硫及脱硫后石油焦本体结构保持的技术路线。

2 实验部分

2.1 石油焦分析表征方法

石油焦样品中的水分、灰分、挥发分、固定碳、元素含量、硫含量、无机硫含量及金属含量依据中国相关国家及行业标准进行测定，石油焦的孔隙结构、微观形貌及石墨化程度分别使用 N_2 物理吸附-脱附仪(BET)、扫描电镜(SEM)、X 射线衍射仪(XRD)及 X 射线光电子能谱仪(XPS)进行表征。

XRD 分析使用日本理学公司的 D/max-2500 型 X 射线衍射仪，对石油焦的晶体结构进行表征，测试衍射角度 2θ 在 5°~70°范围内，使用 CuKα 靶，管电压为 40kV，管电流为 10mA，扫描速率为 12.5°/min。SEM 表征使用日本 JEOL 公司的 JEM-7500F 型场发射环境扫描电镜，对石油焦的表面形貌进行观察，放大倍数为 $25 \sim 2\times10^5$ 倍，工作电压为 30kV，高真空扫描模式。BET 表征使用美国 Micromeritics 公司的 ASAP-2460 型全自动比表面积及孔隙分析仪，对石油焦的比表面积及孔径分布进行表征。XPS 表征使用 Thermo 公司 Multilab2000 型 X 射线光电子能谱仪，激发源采用 Mg/Al 双阳极 X 射线(hv=1253.6eV，200W)，实验时抽真空至 10^{-6}Pa。

2.2 石油焦中有机硫含量测量

石油焦中硫含量依据煤中硫含量测量标准[8]，使用长沙开元 5E-AS3200B 型自动测硫仪测量。石油焦中无机硫含量亦依据煤中无机硫含量测量标准[9]。据此，石油焦中有机硫含量可以由式(1)计算：

$$C_O = C_T - C_I \tag{1}$$

式中 C_O——石油焦中有机硫含量,%；

C_T——石油焦中总硫含量,%；

C_I——石油焦中无机硫含量,%。

2.3 石油焦脱硫实验

将石油焦与化学脱硫剂 B 按照一定比例，放置于机械混合装置内充分混合，而后放置于真空管式炉内，在氮气气氛条件下，考察不同温度、反应时间及剂焦比对石油焦脱硫效果的影响。反应后得到的石油焦产品，经过洗涤后，至中性，烘干备用。

3 结果与讨论

3.1 石油焦物性

石油焦样品来源于中国石化金陵石化分公司及青岛炼化分公司，相关数据见表 1。

表 1 石油焦的物性

项 目	金陵 I	青岛 I
水分/%	0.3	3.8
灰分/%	0.22	0.48
挥发分/%	12.67	10.05
固定碳/%	86.81	85.67
碳/%	86.02	87.26
氢/%	2.93	3.27
氮/%	1.34	1.4
氧/%	0.98	0.5
总硫含量/%	8.72	7.56
硫化铁硫/%	0.03	0.04
硫酸盐硫/%	0.01	0.08
有机硫/%	8.68	7.44
金属含量/(μg/g)		
Al	1.95	38.61
Ca	110.90	70.99
Fe	60.67	216.5
K	134.70	6.31
Mg	5.98	11.6
Mo	11.88	4.89
Ni	128.00	154.63
V	462.40	420.81
Na	95.79	123.27
Pb	—	1.65
Zn	—	5.2
Mn	—	1.57
比表面积/(m^2/g)	2.69	1.95

由表 1 中数据可知，金陵 I 石油焦及青岛 I 石油焦均属于典型的高硫石油焦，其总硫含量分别为 8.72%及 7.56%、有机硫含量分别为 8.68%及 7.44%、挥发分分别为 12.67%及 10.05%，按照中国石化企业标准划分为 5 号石油焦[10]。石油焦中的金属主要来自于原料油的物料传递及后续存储运输过程的引入，两种石油焦中 V、Ni 含量相对较高，分别为 462.40μg/g 及 420.81μg/g、128.00μg/g 及 154.63μg/g。两种石油焦的初始结构均比较致密，其比表面积分别为 2.69m^2/g 及 1.95m^2/g。

3.2 石油焦脱硫影响因素考察

使用脱硫剂 B 考察反应温度、反应时间、石油焦粒径及剂焦比对金陵 I 高硫石油焦脱硫效果的影响。

3.2.1 反应温度的影响

在氮气气氛条件下，反应时间为 20min、剂焦比为 1 及粒径为 30~300 目，使用真空管式炉，考察活化温度对金陵Ⅰ石油焦脱硫效果的影响，如图 1 所示。

由图 1 可见，随着温度的增加，石油焦脱硫率呈现增加趋势，反应温度为 700℃时，脱硫后石油焦中硫含量为 3.33%，当大于 800℃以后，脱硫率趋于平缓。

3.2.2 反应时间的影响

在氮气气氛条件下，反应时间为 20min、剂焦比为 1 及粒径为 30~300 目，使用常规真空管式炉，考察不同反应温度对金陵Ⅰ石油焦脱硫效果的影响，如图 2 所示。

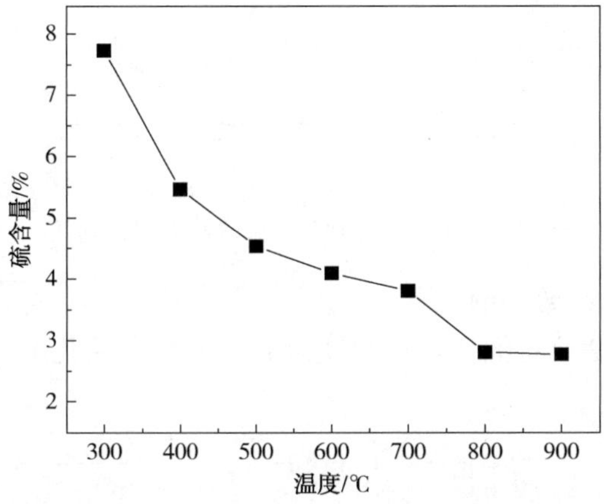

图 1 活化温度对高硫石油焦脱硫效果的影响

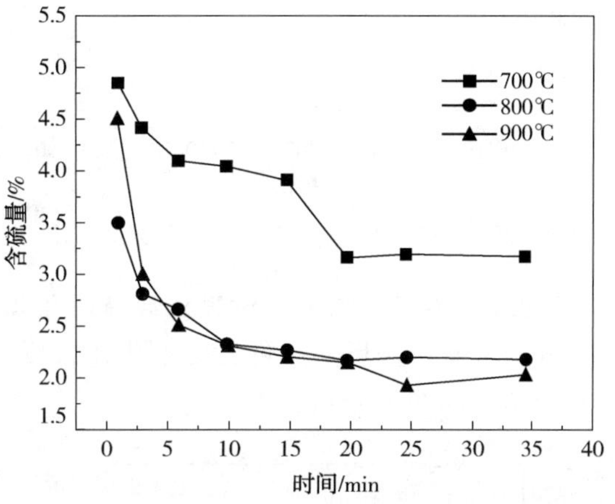

图 2 反应时间对高硫石油焦脱硫效果的影响

由图 2 可见，总体上随着反应时间的增加，脱硫后石油焦中硫含量呈下降趋势，0~5min 之内，脱硫速率较高，之后脱硫速率明显趋缓；20min 之后，脱硫率变化趋缓，表明此时反应已经趋于平衡。图 2 中数据与 3.2.1 中数据可以相互印证，脱硫率随着反应温度的增加而增加，且 800℃与 900℃的脱硫效果比较接近，表明反应温度超过 800℃以后，反应体系内的传质传热比较均衡。

3.2.3 石油焦粒径的影响

在氮气气氛条件下，反应温度为 900℃、反应时间为 20min、剂焦比为 1，使用常规真空管式炉，考察不同粒径对金陵Ⅰ石油焦脱硫效果的影响，如图 3 所示。

由图 3 可见，随着粒径的减小，石油焦脱硫率呈现增加趋势，表明脱硫剂 B 的传质扩散对石油焦脱硫效果影响较大，20~40 目时，可以将石油焦中硫含量降至 3%以下，适当的粒度可以保证石油焦的后续应用。

3.2.4 剂焦比的影响

在氮气气氛条件下，反应温度为 900℃、反应时间为 20min 及粒径为 30~300 目，使用常规真空管式炉，考察剂焦比对金陵Ⅰ石油焦脱硫效果的影响，如图 4 所示。

由图 4 可见，剂焦比为 0.2~2 范围内，石油焦脱硫率增加明显，当剂焦比大于 2 以后，脱硫率明显趋缓，表明此时，脱硫剂 B 已经过量；当剂焦比大于 1 以后，可将石油焦中硫含量降至 3%以下，达到 3 号焦的标准。

3.3 脱硫剂 B 对脱硫后石油焦结构的影响

脱硫后石油焦产品的微观结构会对石油焦的后续应用具有较大影响。因此，脱硫剂的开发，应考虑其对石油焦的本体结构的影响，应尽可能使用对石油焦本体碳质结构破坏小的脱硫剂。

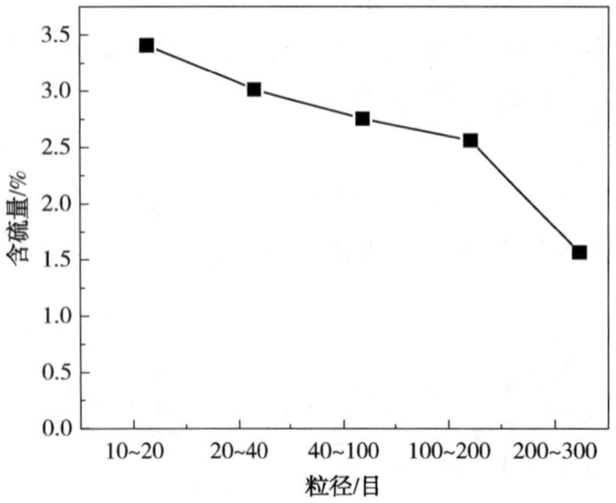

图 3　石油焦粒径对高硫石油焦脱硫效果的影响

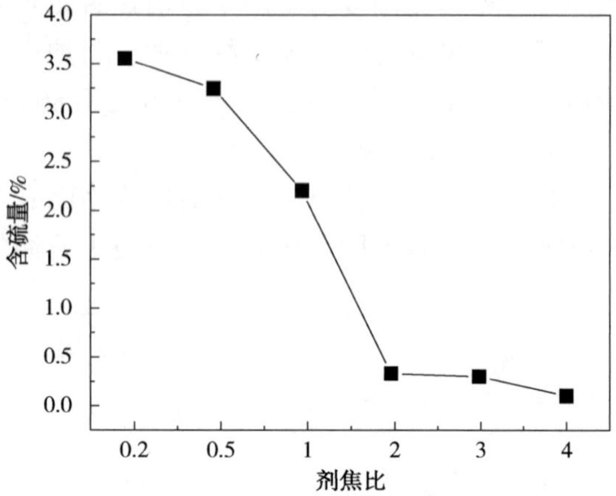

图 4　剂焦比对高硫石油焦脱硫效果的影响

3.3.1　不同反应条件对脱硫后石油焦孔隙结构的影响

分别考察不同反应条件，如剂焦比、反应温度及石油焦粒径对脱硫后石油焦产品孔隙结构的影响，如图 5 所示。

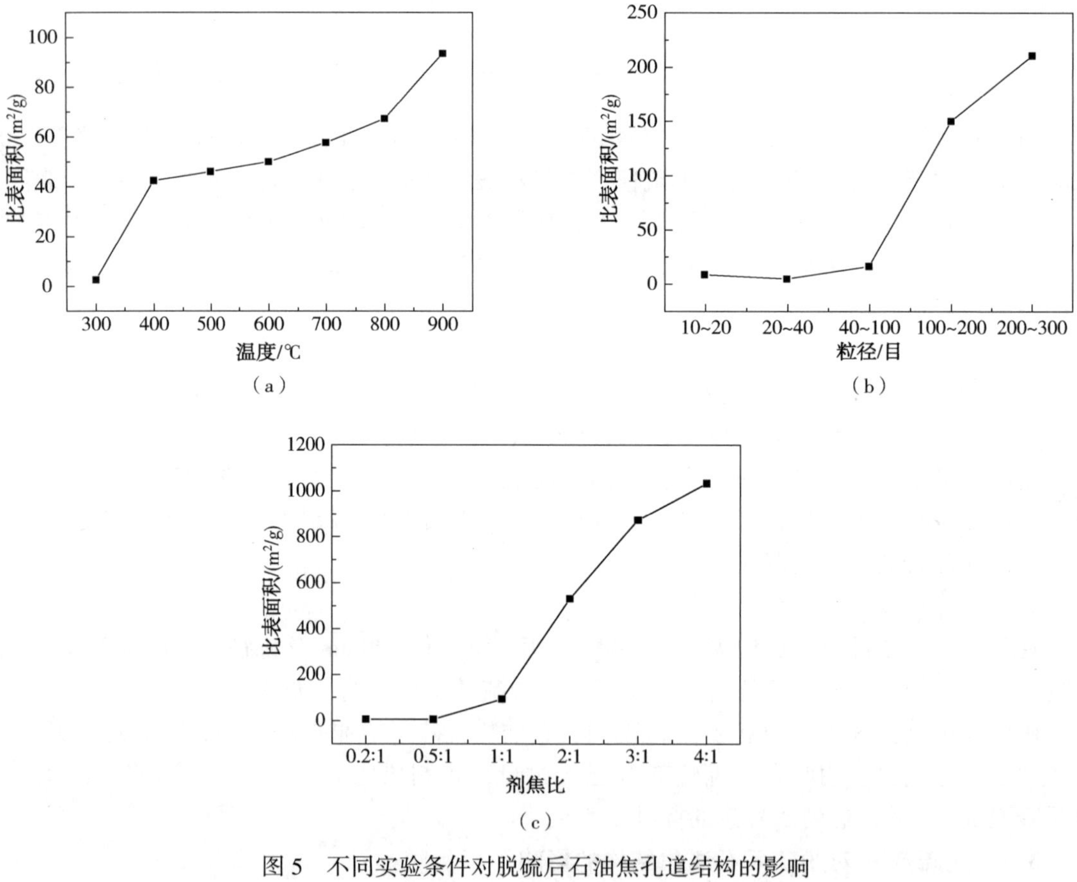

图 5　不同实验条件对脱硫后石油焦孔道结构的影响

注：A 的实验条件与 3.2.1 中实验条件一致；B 的实验条件与 3.2.3 中实验条件一致；C 的实验条件与 3.2.4 中实验条件一致

由图 5 可知，(a)图中脱硫后石油焦的比表面积随着反应温度的升高呈增加的趋势，与 3.2.1 中石油焦脱硫率随温度升高而增加的趋势一致。(b)图中脱硫后石油焦的比表面积随粒径的减小而增加，当粒径大于 100 目后，脱硫后石油焦的比表面积呈明显增加趋势；结合 3.2.3 中数据，40 ~ 100 目时石油焦的脱硫率为 68.43%，脱硫后石油焦的比表面积为 $16.32m^2/g$，100 ~ 200 目时石油焦的脱硫率为 70.85%，脱硫后石油焦的比表面积为 $150.19m^2/g$，两者脱硫率相差较小，而脱硫后石油焦的比表面积却明显增加，可以推测石油焦中硫化物更易与脱硫剂 B 发生反应，而后才是与石油焦中活泼的碳质结构发生反应。(c)图中脱硫后石油焦的比表面积随剂焦比的增加而增加，结合 3.2.4 中数据，当剂焦比为 0.5 时，脱硫后石油焦中硫含量为 3.22%，其比表面积为 $5.09m^2/g$，剂焦比为 1 时，脱硫后石油焦中硫含量为 2.18%，其比表面积为 $74.88m^2/g$，尽管剂焦比为 0.5 时，脱硫后石油焦大于 3%，但是其脱硫后石油焦的比表面与初始石油焦的比表面相差较小，更能维持石油焦的本体结构，更有利于后续的应用。

3.3.2 脱硫后石油焦微观形貌

由图 6 中 SEM 图片可见，脱硫前后的金陵 I 石油焦的 SEM 图片差别不大，说明使用脱硫剂 B 对脱硫后石油焦的结构相对破坏较小，更具有工业应用前景。

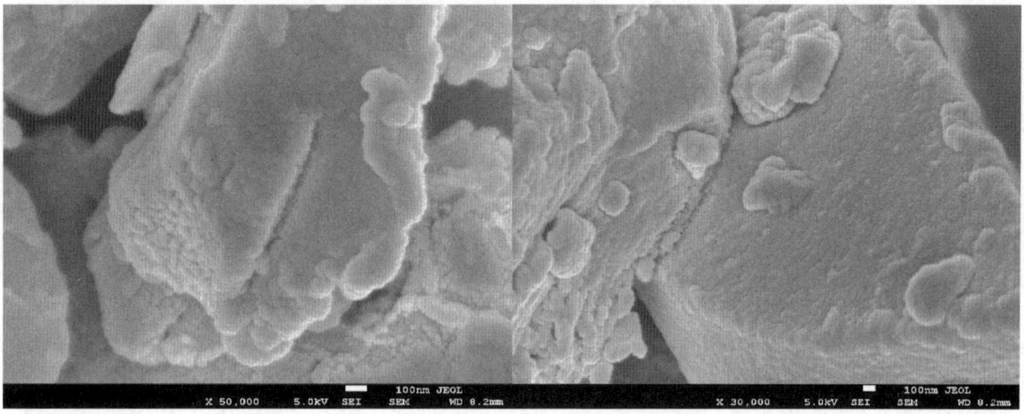

(a) (b)

图 6 脱硫前后石油焦 SEM 图片

注：(a)为脱硫前石油焦；(b)为脱硫后石油焦，其实验条件为：在氮气气氛条件下，反应温度为 900℃、反应时间为 20min、剂焦比为 1，使用常规真空管式炉

3.3.3 脱硫后石油焦的石墨片层结构

由图 7 及表 2 可见，脱硫后金陵 I 石油焦的 002 峰的峰高变低、峰宽变宽，说明石油焦骨架结构上的硫与脱硫剂 B 发生反应，会在一定程度上破坏石油焦的石墨微晶结构，使石墨片层间距加大、石墨晶粒颗粒减小，其现象与 Askari 等[11]及 Tseng 等[12]报道结果相类似。

表 2 脱硫前后金陵 I 石油焦的微晶结构参数 Å

样品	d_{002}	半峰宽	L_C
金陵 I	3.5612	3.026	27
脱硫后金陵 I	3.6088	5.051	16

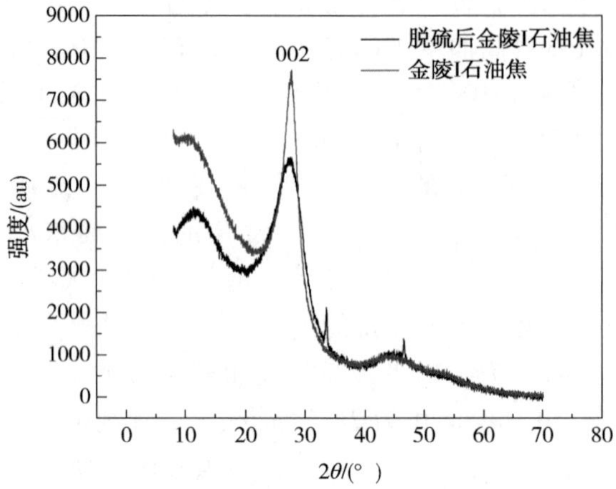

图 7　脱硫前后金陵 Ⅰ 石油焦 XRD 谱图

3.3.4　*脱硫前后石油焦的硫化物形态*

依据分裂峰的方法，设置 $2p_{3/2}$ 和 $2p_{1/2}$ 的劈裂峰面积比为 2∶1、劈裂距为 1.18eV，脱硫前后的金陵 Ⅰ 石油焦 S 2*p* XPS 谱图及分峰拟合结果如图 8 及表 3 所示。

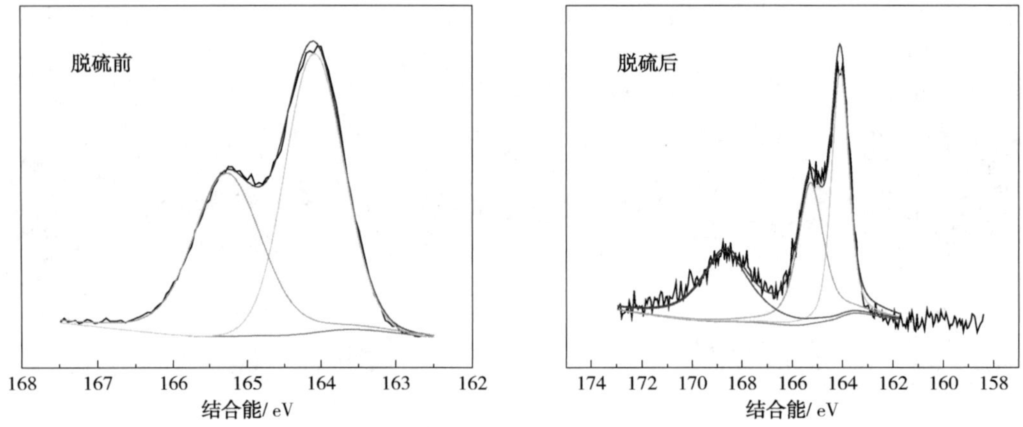

图 8　脱硫前后金陵 Ⅰ 石油焦 S 2*p* XPS 谱图及分峰拟合效果

表 3　脱硫前后金陵 Ⅰ 石油焦的微晶结构参数

样品	2*p* 结合能/eV	半峰宽/eV	峰面积	峰面积比/%	折算硫含量/%	硫形态
金陵 Ⅰ 脱硫前	164.11	0.96	6333.30	58.33	5.06	噻吩类硫
	165.30	0.98	4525.00	41.67	3.62	亚砜类硫
金陵 Ⅰ 脱硫后	164.09	0.80	1159.09	34.73	0.76	噻吩类硫
	165.27	1.22	1096.05	32.84	0.72	亚砜类硫
	168.67	2.26	1082.39	32.43	0.71	硫酸盐类硫

通过文献[13-15]梳理，石油焦中 S 的 2*p* 轨道结合能为：158.7～159.6eV 范围内可认为是硫铁矿硫特征峰，161.2～163.6eV 范围内可认为是硫醚硫醇类硫特征峰，164.0～164.4eV 范围内可认为是噻吩类硫特征峰，165.0～166.0eV 范围内可认为是亚砜类硫特征峰，167.0～168.3eV 范围内可认为是砜类硫特征峰，结合能大于 168.4eV 可认为硫酸盐硫特征峰。脱硫后金陵 Ⅰ 石油焦 S 2*p* XPS 谱图的峰强度明显降低，说明石油焦中硫化物明显减少。

由表 3 中数据可知，脱硫前金陵Ⅰ石油焦中硫化物主要为噻吩类硫及亚砜类硫。脱硫后的金陵Ⅰ石油焦中噻吩类硫及亚砜类硫明显减少，而且出现了硫酸盐类硫，表明脱硫剂 B 与石油焦中的噻吩类硫及亚砜类硫进行反应，生成硫酸盐。

3.4 不同脱硫剂对石油焦脱硫的影响

考察脱硫剂 A 与脱硫剂 B 对石油焦脱硫性能的影响，实验条件为：氮气气氛下，反应温度为 900℃、反应时间为 20min 及粒径为 30～300 目、评价两种活化剂对金陵Ⅰ石油焦脱硫的效果，如图 9 所示。

由图 9 可见，剂焦比小于 0.3 时，脱硫剂 B 的脱硫效果优于脱硫剂 A，当剂焦比大于 0.4 时，脱硫剂 A 的脱硫效果优于脱硫剂 B，说明在低剂焦比条件下，脱硫剂 B 的脱硫效果较优。进一步对石油焦脱硫产品进行表征，考察其孔道结构，如图 10 所示。

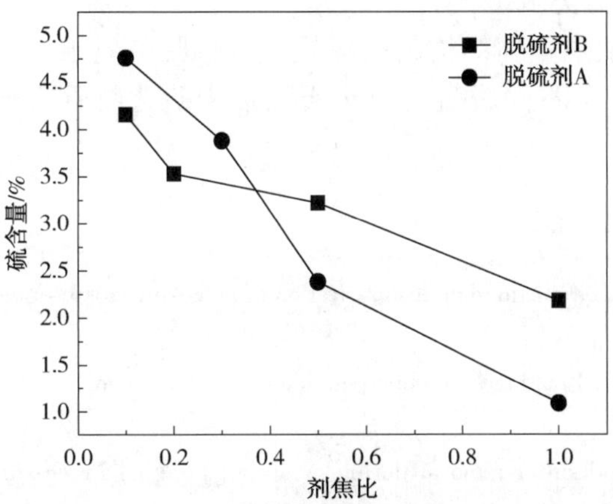

图 9 不同活化剂对高硫石油焦脱硫效果的影响

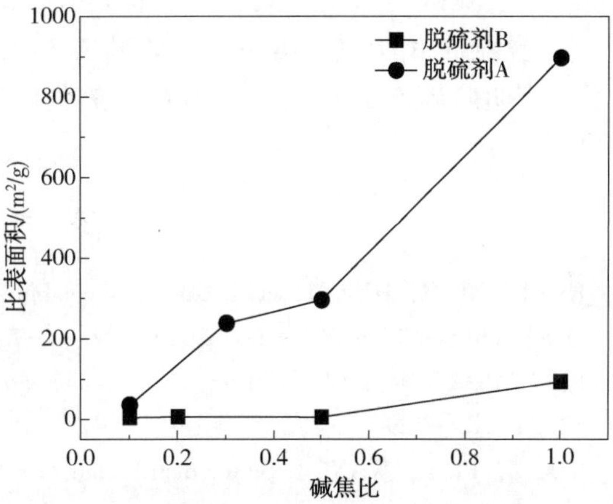

图 10 不同活化剂对石油焦脱硫后孔道结构的影响

由图 10 可见，使用脱硫剂 B 脱硫后的石油焦产品的比表面积明显小于脱硫剂 A，且均小于 $100m^2/g$，表明经优化改进后的脱硫剂 B 对石油焦的本体结构破坏更小。结合图 9 中数据，脱硫剂 B 可以更好地平衡石油焦脱硫深度及脱硫后石油焦本体结构这一矛盾体，更适合作为石油焦脱硫剂使用。

3.5 脱硫剂 B 对不同石油焦脱硫效果的影响

在氮气气氛条件下，反应温度为 900℃、反应时间为 20min 及粒径为 30～300 目，使用真空管式炉，考察脱硫剂 B 对不同石油焦脱硫的效果，如图 11 所示。

由图 11 可见，青岛Ⅰ石油焦的脱硫率，随着剂焦比的增加，呈现明显增加趋势，而金陵Ⅰ石油焦的脱硫率增幅则相对较小。剂焦比为 0.2 时，金陵Ⅰ石油焦的脱硫率明显高于青岛石油焦；而剂焦比为 0.5 时，青岛石油焦的脱硫率却反超金陵Ⅰ石油焦的脱硫率。在两种石油焦硫含量相近及反应条件一致的条件下，结合前期对于石油焦中硫化物形态的一些研究，可以推测石油焦中硫化物

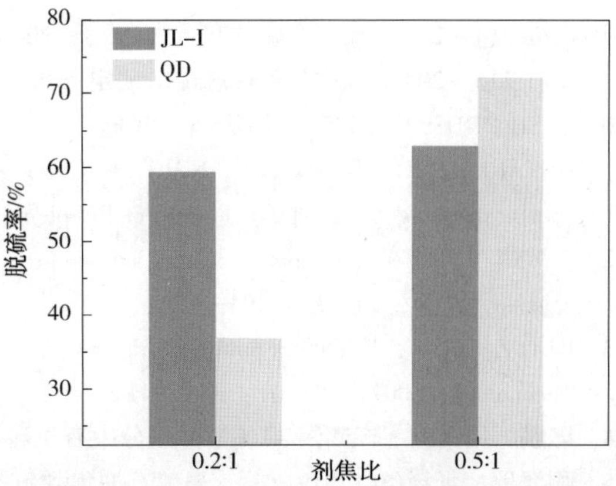

图 11 脱硫剂 B 对不同石油焦脱硫效果的影响

形态及石油焦本体碳质结构对脱硫剂 B 脱硫效果具有较大影响。

4 结语

① 使用脱硫剂 B 分别考察反应温度、反应时间、石油焦粒径及剂焦比对石油焦脱硫效果的影响，在反应温度为 900℃、反应时间为 20min 及剂焦比为 1 时可以将金陵 I 石油焦中硫含量降至 2. 18%。

② 使用脱硫剂 B 对石油焦的本体结构破坏相对较小，基本上可以兼顾石油焦与石油焦本体结构的保持，在反应温度为 900℃、反应时间为 20min 及剂焦比为 0. 5 时可以将金陵I石油焦中硫含量降至 3. 22%，其比表面积为 5. 09m^2/g，与初始石油焦比表面积 2. 69m^2/g 相差较小。

③ 原始金陵 I 石油焦中硫化物主要为噻吩类硫及亚砜类硫，脱硫后的金陵 I 石油焦中噻吩类硫及亚砜类硫明显减少，而且出现了硫酸盐类硫。

④ 脱硫剂 B 相较于第一代脱硫剂 A 对于石油焦本体结构的破坏较小，且脱硫效果比较接近，表明脱硫剂 B 更适合作为石油焦脱硫剂，且不同脱硫剂对于石油焦中硫化物具有选择性。

参 考 文 献

[1] HUI L，XU H，HUA M，et al. Extraction combined catalytic oxidation desulfurization of petcoke in ionic liquid under mild conditions[J]. Fuel，2020，260：1-7.

[2] EL-KADDAH N，EZZ S Y. Thermal desulphurization of ultra-high-sulphur petroleum coke[J]. Fuel，1973，52(2)：128-129.

[3] GUO Z，FU Z，WANG S. Sulfur distribution in coke and sulfur removal during pyrolysis[J]. Fuel Processing Technology，2007，88(10)：935-941.

[4] MANASRAH A D，NASSAR N N，ORTEGA L C. Conversion of petroleum coke into valuable products using oxy-cracking technique[J]. Fuel，2018，215：865-878.

[5] SHAN J，HUANG J，LI J，et al. Insight into transformation of sulfur species during KOH activation of high sulfur petroleum coke[J]. Fuel，2018，215：258-265.

[6] MOCHIDA I，MARUTSUKA T，KORAI Y，et al. Hydrodesulfurization of petroleum coke deposited on iron ores[J]. Industrial & Engineering Chemistry Product Research and Development，1986，25(1)：30-33.

[7] TRIPATHI N，SINGH R S，HILLS C D. Microbial removal ofsulphur from petroleum coke(petcoke)[J]. Fuel，2019，235：1501-1505.

[8] GB/T 214—2007. 煤中全硫的测定方法[S]. 2008.

[9] GB/T 215—2003. 煤中各种形态硫的测定方法[S]. 2003.

[10] Q/SH PRD392—2015. 石油焦[S]. 2015.

[11] ASKARI H，KHORASHEH F，SOLTANALI S，et al. Desulfurization of high sulfur petroleum coke by molten caustic leaching[J]. Egyptian Journal of Petroleum，2019，28(2)：225-231.

[12] TSENG R L. Mesopore control of high surface area NaOH-activated carbon[J]. Journal of colloid and interface science，2006，303(2)：494-502.

[13] GUO Z，FU Z，WANG S. Sulfur distribution in coke and sulfur removal during pyrolysis[J]. Fuel Processing Technology，2007，88(10)：935-941.

[14] 陈鹏. 用 XPS 研究兖州煤各显微组分中有机硫存在形态[J]. 燃料化学学报，1997(3)：47-50.

[15] 蔡海乐，张舒冬，马锐，等. 高硫石油焦脱硫及活化制备活性炭研究[J]. 石油化工，2021，50(12)：1246-1252.

锂电负极包覆沥青炭化机理分析及应用性能研究

李臣泽

（中国石化大连石油化工研究院　辽宁大连 116000）

摘　要　沥青包覆改性是改善石墨负极电化学性能的有效手段，沥青的热解活性及炭化产物结构直接影响到负极材料电化学性质。分析包覆沥青的热解特性、流变性能、润湿性能及炭化结构，并将包覆沥青应用于石墨改性。结果表明沥青的包覆炭化过程分为三个阶段，低温失重阶段主要是低相对分子质量气体从样品中挥发，中温快速失重阶段为沥青中的分子剧烈热解，高温失重阶段主要为大分子物质的缩聚反应，沥青炭化后形成一种短程有序、长程无序，具有一定微晶结构的无定形炭材料，改善了改性天然石墨在电池中的电化学行为。

关键词　包覆沥青；炭化；负极材料；电化学性能

1　引言

锂离子电池（LIBs）因其高能量密度、优异的循环性能及良好的倍率性能，在便携电子设备、储能电池以及动力电动汽车领域广泛应用[1-3]。石墨因其适宜的成本、稳定的结构以及良好的循环寿命，现已成为锂离子电池主流负极材料[4]。然而，石墨材料与有机溶剂相容性差，溶剂共嵌入导致石墨层剥离，引起库伦效率和循环性能下降。同时，随着混合动力汽车和纯电动汽车等新能源汽车的快速发展，人们对锂离子电池的循环性能及充放电速度要求越来越高。沥青包覆改性是改善石墨负极电化学性能的有效手段，可以抑制石墨与电解液界面发生副反应，同时提高负极材料倍率性能，满足快充型锂离子电池负极材料的性能要求[5-6]。

已有大量研究从电化学角度研究了包覆沥青对改性石墨负极性能的影响，考察了沥青品种及最佳包覆用量，但对包覆沥青炭化过程及微观结构变化研究较少[7-8]。Park 等[9]初步研究了非石墨碳涂层对球形天然石墨高温热稳定性的影响，结果表明表面改性的天然石墨电极的热稳定性得到了提高、比表面积降低，但未能深入解析沥青向无定型炭转化过程。

为进一步探究沥青包覆炭化过程中微观结构变化及其包覆对负极性能的影响，本文对包覆沥青进行独立炭化，研究其热解活性及炭化产物结构，进而采用包覆沥青对石墨进行包覆改性，考察其对所得产物电化学性能的影响。

2　实验

2.1　原料

球形天然石墨：$D_{50}=12\mu m$，振实密度 0.84g/cm^3，比表面积 0.75m^2/g；包覆沥青：软

化点 188℃，甲苯不溶物 31.76%，结焦值 63.31%。

2.2 包覆沥青炭化

包覆沥青 5g 放入瓷舟并置于管式气氛炉中，在氦气气氛中以 3℃/min 速率从室温升至 1000℃保温 2h，以 4℃/min 速率降温至 500℃后冷却至室温，研磨之后获得包覆沥青炭化样品。

2.3 包覆石墨的制备

包覆沥青破碎至 5~10μm，包覆沥青：球形天然石墨 = 1：10 质量比混合均匀，取 10g 混合物置于管式气氛炉中，在氦气气氛中以 3℃/min 速率从室温升至 350℃保温 1h，继续以 3℃/min 速率升温至 1000℃保温 1h，以 4℃/min 速率降温至 500℃后冷却至室温，研磨之后获得包覆石墨样品。

2.4 分析表征

采用热重分析仪（耐驰 TG209F1）对包覆沥青进行热解分析；采用动态剪切流变仪（安东帕 MCR 702e）对包覆沥青开展黏温曲线测试；采用接触角测量仪（德飞 OCA25）分析包覆沥青与石墨样品片之间的润湿角；采用 X 射线自动衍射仪（布鲁克 D8 ADVANCE）对炭化前后包覆沥青进行表征；采用透射电子显微镜（TECNAI，Spirit）对包覆石墨微晶结构进行解析；通过拉曼光谱仪（雷尼绍 inVia Reflex）表征包覆石墨表层碳结构类型。

将改性完成的石墨、导电炭黑（SP）、PVDF 按照质量比 8：1：1 混合均匀，加入 NMP 溶液搅拌至微流动状态，在铜箔上进行涂覆，85℃真空烘干切片作为工作电极。采用金属锂作为对电极和参比电极，电解液为 LB-092，隔膜为 Celgard2325，在高纯氩气的手套箱中完成纽扣电池组装，对组装电池开展电化学性能测试。

3 结果与讨论

3.1 包覆沥青热解特性

包覆沥青在石墨负极表面改性是一个铺展、包裹以及炭化过程，经过炭化后沥青形成碳层，而包覆沥青热解行为及炭化结构将对最终应用性能产生直接影响。包覆沥青样品的热重曲线如图 1 所示。根据热重曲线的特点，可将其失重过程分为三个阶段，分别为低温失重阶段（<350℃）、中温快速失重阶段（350~550℃）、高温失重阶段（>550℃）。低温失重阶段失重曲线为水平曲线，失重量非常小，主要是低相对分子质量气体从固体样品中挥发。快速失重阶段为主要失重区，包覆沥青中的分子剧烈热解，芳烃脱烷基、脱氢，芳核自由基的聚合反应主要发生在该阶段，还包括少量低相对分子质量的热稳定性芳烃分子的挥发；根据 DTG 曲线的峰值分布，又可进一步将该阶段分为两个快速失重区，第一个快速失重区主要发生的是低相对分子质量芳环结构的热分解和挥发，第二个快速失重区主要发生芳烃脱烷基、脱氢和芳核自由基的聚合反应。高温失重阶段的失重曲线较为平缓，表明大部分可裂解及脱除的结构或组分已离开体系，该区间主要为热稳定性较好的大分子脱氢或脱甲基聚合的过程，大分子的缩聚反应成为此阶段的主要过程。

3.2 包覆沥青流变性能

包覆沥青在石墨负极表面的改性效果与其高温流变性能密切相关[10]。与热重曲线相对应，沥青高温黏度变化也可分为三个阶段：低温降黏阶段、中温保持阶段、高温生焦增黏阶段（图 2）。低温降黏阶段初期包覆沥青黏度极大，随着温度升高，包覆沥青黏度快速下降，至 350℃后进入低谷期。中温保持阶段沥青具有较低的黏度，同时黏度数值存在波动现象，是由于高于350℃后沥青组分中键能较低的化学键发生断裂，挥发出的轻组分影响到测试稳定性。超过500℃后进入高温生焦增黏阶段，沥青脱烷基、脱氢以及芳核自由基的聚合反应造成分子尺寸快速生长，引起体系黏度快速增加，直至样品成为焦炭。

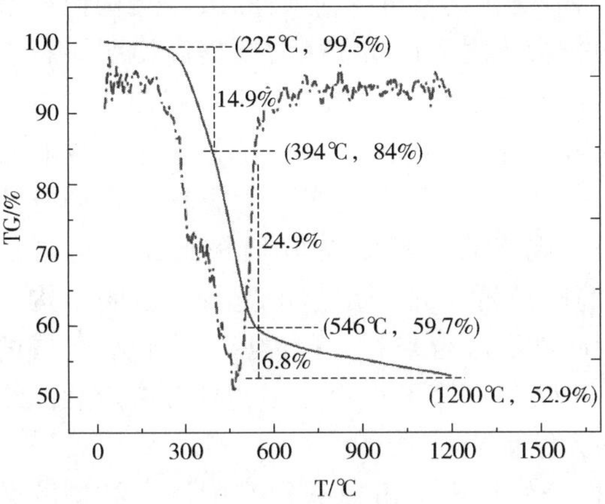

图1　包覆沥青热重曲线

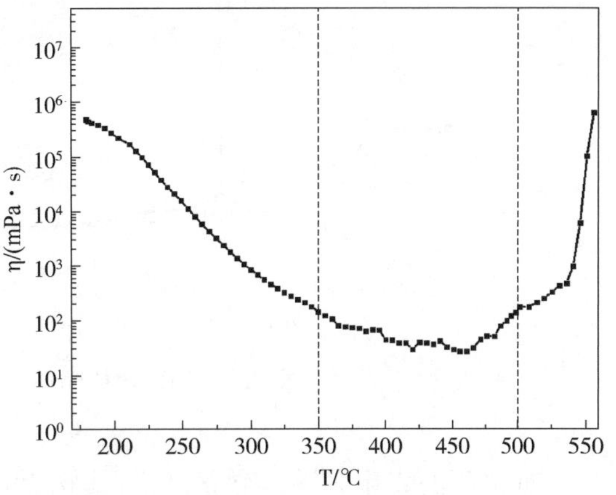

图2　包覆沥青热重曲线

3.3　包覆沥青润湿性能

包覆沥青与石墨材料包覆性，一方面受到沥青高温流变性影响，另一方面取决于沥青与石墨材料之间的润湿性。沥青润湿性可采用高温接触角测量仪进行分析，分析高温下包覆沥青与石墨材料接触角大小，接触角越小，代表沥青与石墨的润湿性越好。图3为包覆沥青与石墨片之间的润湿角，测试温度分别为250℃、300℃、350℃、400℃。温度较低时，沥青未能在石墨片表面良好铺展，润湿角>90°。随温度上升，沥青与石墨片的接触角逐渐降低，润湿性明显改善，温度高于350℃以后接触角不再进一步下降，反而因为温度高于沥青热解温度，开始出现热分解并释放轻组分。

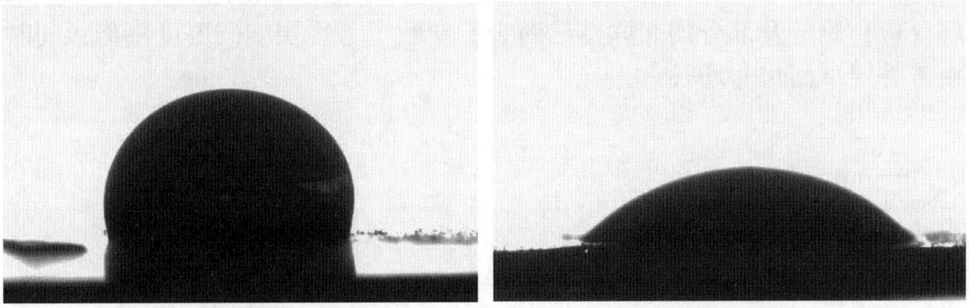

（a）250℃　　（b）300℃

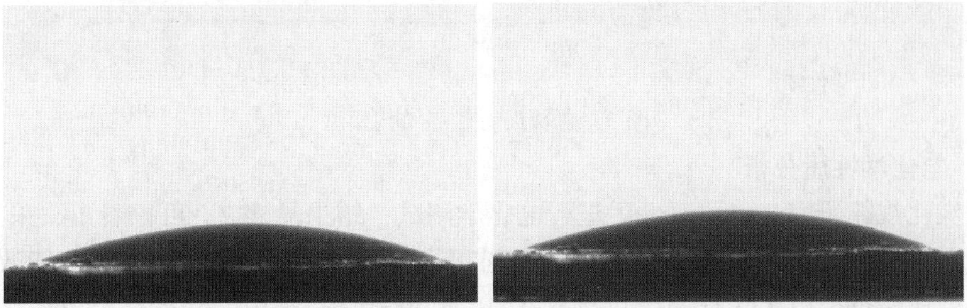

（c）350℃　　（d）400℃

图3　包覆沥青润湿角

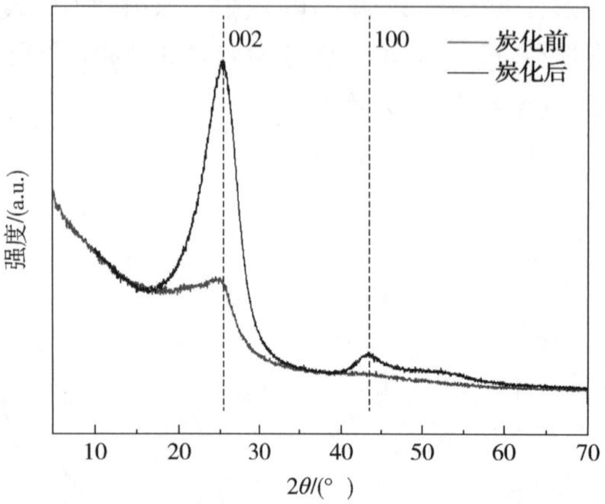

图 4　包覆沥青样品炭化前后的 XRD 图谱

3.4　炭化前后包覆沥青 XRD 分析

对包覆沥青炭化前后进行 XRD 分析，包覆沥青样品炭化前后的 XRD 图谱如图 4 所示。(002)峰是由芳核堆积形成的微晶结构衍射造成的，炭化之后(002)峰大幅提高说明炭材料石墨化程度增加，炭化过程进一步促进包覆沥青大分子稠环芳烃生长，出现一定的微晶结构。(100)峰是与石墨炭中芳香环的排列方式有关，规整的石墨结构峰值极低，炭化之后(100)峰位置出现一定强度宽峰，表明结构存在无序性。综合来看，包覆沥青炭化后形成的是一种短程有序、长程无序，具有一定微晶结构的无定形炭材料。

对包覆沥青甲苯不溶物的 X 射线衍射图谱进行分峰拟合，可以获得其中微晶结构的芳香层间距(d_M)、饱和分间距(d_γ)、芳香层堆砌厚度(L_c)、芳香层基面宽度(L_a)、芳香层堆砌层数(M)、芳香层芳环数目(No_{ar})等信息，计算得到其微晶结构参数见表 1。

表 1　包覆沥青炭化前后材料的微晶结构参数

样品名称	d_M/Å	d_γ/Å	L_c/Å	M	L_a/Å	No_{ar}
炭化前	3.522	4.800	28.9	8.2	17.0	6.4
炭化后	3.482	4.886	19.7	5.7	46.6	17.5

结果表明，包覆沥青样品炭化后材料的芳香层间距从 3.522Å 下降至 3.482Å，芳香层堆砌层数从 8 层下降为 5 层左右，芳香层基面的芳环数目从 6 个增大至 17 个左右。包覆沥青炭化前后材料的微晶结构模型对比如图 5 所示。结合热重分析结果可知，高温炭化过程存在剧烈的热解反应，侧链及部分的交联结构断裂，导致了芳香层堆砌厚度降低；同时发生的热缩合反应使芳香层平面尺寸增长。

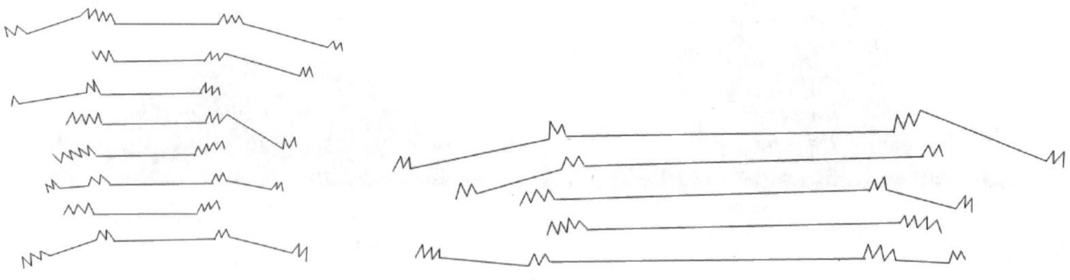

(a) 炭化前　　(b) 炭化后

图 5　包覆沥青微晶结构模型

3.5　电化学性质分析

基于炭化规律研究，包覆改性后进行电化学测试，结果见表 2。可以看出，采用包覆沥青改性，首次放电比容量及首次库伦效率基本不变。包覆改性后负极倍率性能改善明显，1C/0.2C 嵌锂保持率由 42%提高至 66%，2C/0.2C 嵌锂保持率由 12%提高至 26%。1C/0.2C 及 2C/0.2C 嵌锂高保持率体现了负极材料快充潜力，优异的快充潜力也反映了负极材料具有更好的结构稳定性和化学稳定性。

表 2　电化学分析结果

检测项目	包覆沥青改性石墨	未改性石墨
扣电容量及首效		
首次放电比容量/(mA·h/g)	365.7	366.8
首次库仑效率/%	93.1	93.2
扣电倍率		
1C/0.2C 嵌锂保持率/%	66	42
2C/0.2C 嵌锂保持率/%	26	12

3.6　TEM 电镜分析

图 6 分别为未包覆石墨和包覆沥青改性石墨的透射电镜图片，可以看出单纯石墨具有极好的片层结构。因为石墨层间的范德华力比较弱，在充放电过程中容易产生层间剥落，导致新的石墨不断外露，不断形成新的 SEI 膜，影响电化学性能。包覆改性后石墨内部仍为原来自身的规整片层，而表面有一层无定形碳层覆盖，形成石墨和无定形碳的核壳结构。无定形碳呈现短程有序、长程无序，与炭化规律 XRD 结论一致，这种结构具备更大的层间距和更多的端面，为锂离子在负极材料嵌入和脱出提供更多路径，改善了改性天然石墨在极片和电池中的电化学行为。

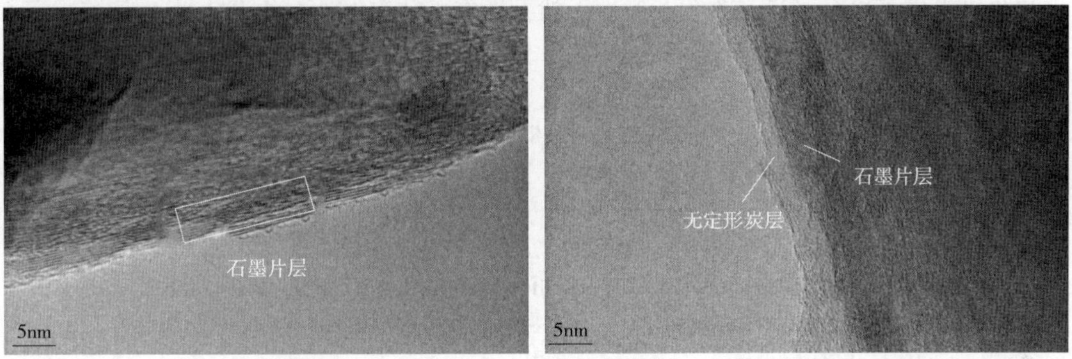

(a) 天然石墨TEM　　(b) 包覆后天然石墨TEM

图 6　透射电镜图

3.7　拉曼光谱分析

图 7 为未包覆石墨和包覆沥青改性石墨的拉曼光谱。从图 7 可看出，两样品在给定的波数范围内均出现了两个峰，分别为 1360cm^{-1} 处的 D 峰(炭材料中的晶体缺陷)和 1580cm^{-1} 处的 G 峰(炭材料中 C 原子的 sp^2 键结构)，包覆改性后 D 峰升高、G 峰下降，表明炭材料表面结构发生了变化。常用 R 值($R=I_D/I_G$，I_D 和 I_G 分别为拉曼光谱 D 峰和 G 峰的强度)表征材料近表面区域的无序度。根据 R 值的计算结果可知，沥青包覆后微晶石墨的 R 值从 0.84 增加到 1.32，表明包覆改性后石墨中近表面区域的无序度大于未改性石墨，这显然是无定形碳包覆于石墨表面的结果。

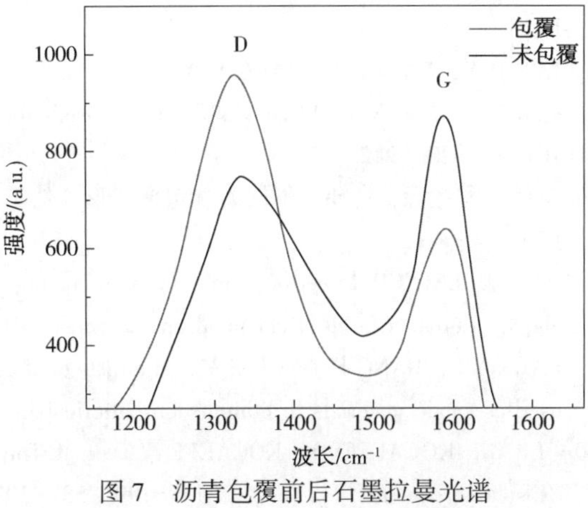

图 7　沥青包覆前后石墨拉曼光谱

综合包覆沥青对石墨负极材料改性效果来看，经过包覆沥青表面碳修饰后，石墨外围包覆一层微晶结构炭，可以实现锂离子电导的高效转移和输运，既保持了高能量密度又提升了倍率性能，制备的负极材料兼顾容量和充放电倍率，并且在嵌锂容量、首次效率等指标方面均具有优异性能。

4 结语

① 包覆沥青的包覆炭化过程分为三个阶段，分别为低温失重阶段、中温快速失重阶段、高温失重阶段。低温失重阶段主要是低相对分子质量气体从样品中挥发，此阶段沥青高温黏度迅速降低，与石墨片间润湿性显著改善。中温快速失重阶段为沥青中的分子剧烈热解，芳烃脱烷基、脱氢，芳核自由基的聚合反应主要发生在该阶段，高温黏度处于波谷并伴有波动，与石墨片间润湿性基本不变；高温失重阶段主要为大分子物质的缩聚反应，高温黏度迅速攀升，沥青炭化后形成一种短程有序、长程无序，具有一定微晶结构的无定形碳材料。

② 包覆改性后，负极倍率性能改善明显，1C/0.2C 嵌锂保持率由 42%提高至 66%，2C/0.2C 嵌锂保持率由 12%提高至 26%。体现了改性后负极材料快充潜力，进一步反映了负极材料具有更好的结构稳定性和化学稳定性。TEM 电镜分析及拉曼光谱分析表明这是由于沥青在石墨表面炭化一层无定形碳层，形成石墨和无定形碳的核壳结构，为锂离子在负极材料嵌入和脱出提供了更多路径，改善了改性天然石墨在极片和电池中的电化学行为。

参 考 文 献

[1] 宋文生，胡成秋，尚尔超．锂离子二次电池炭负极材料：沥青包覆石墨改性研究[J]．冶金能源，2001(6)：27-31.

[2] BAI S，MA Y，JIANG X，et al. Greatly improved cyclability for Li-ion batteries with a PEDOT-PSS coated nanostructured Ge anode[J]. Surfaces and Interfaces，2017，8：214-218.

[3] KO H S，KIM J H，WANG J，et al. Co/Ti co-substituted layered $LiNiO_2$ prepared using a concentration gradient method as an effective cathode material for Li-ion batteries[J]. Journal of Power Sources，2017，372：107-115.

[4] HAN Y J，KIM J，YEO J S，et al. Coating of graphite anode with coal tar pitch as an effective precursor for enhancing the rate performance in Li-ion batteries：effects of composition and softening points of coal tar pitch[J]. Carbon，2015，94：432-438.

[5] YOSHIO M，WANG H，FUKUDA K，et al. Effect of carbon coating on electrochemical performance of treated natural graphite as lithium-ion battery anode material[J]. Journal of the Electrochemical Society，2000，147(4)：1245.

[6] LEE H Y，BAEK J K，JANG S W，et al. Characteristics of carbon-coated graphite prepared from mixture of graphite and polyvinylchloride as anode materials for lithium ion batteries[J]. Journal of Power Sources，2001，101(2)：206-212.

[7] 黄健，闫慧青，肖玮．不同沥青包覆球形天然石墨负极材料结构和性能研究[J]．炭素技术，2018，37(2)：42-47.

[8] JO Y J，LEE J D. Effect of petroleum pitch coating on electrochemical performance of graphite as anode materials[J]. Korean journal of chemical engineering，2019，36(10)：1724-1731.

[9] PARK Y S，BANG H J，OH S M，et al. Effect of carbon coating on thermal stability of natural graphite spheres used as anode materials in lithium-ion batteries[J]. Journal of Power Sources，2009，190(2)：553-557.

[10] LU Y，KOCAEFE D，KOCAEFE Y，et al. The wettability of coke by pitches with different quinoline-insoluble contents[J]. Fuel，2017，199：587-597.

数智化、节能减排技术

延迟焦化装置"操作驾驶舱"
——数智化应用出效益

张水令　曹德旭

（中国石化青岛炼化公司　山东青岛 266000）

摘　要　为应对传统人工操作在现代化工生产中的局限性，青岛炼化公司将延迟焦化装置的自动化与智能化升级作为核心战略，引入集成大数据分析、人工智能算法等技术的操作驾驶舱系统。该系统集成物料监控、操作监控、自动操作升级、加载主要调节控制阀等功能，能实现对生产过程的全方位把控。其主要功能包括对液位和流量进行趋势监控，依托顺控系统开发操作监控并具备提醒功能，将焦炭塔部分长周期操作、冬季防冻凝液位调节等升级为全自动程序操作，还能集成关键控制以实现技术传承。项目研发过程中，分析了全自动操作风险和操作过程数据，设计了多个模块保障程序运行。经计算，该项目年效益约 47 万元，在减轻系统负担、延长设备寿命、稳定生产、提高效益、降低劳动强度等方面意义重大，为企业可持续发展奠定基础。

关键词　延迟焦化装置；操作驾驶舱；数智化

1　前言

随着全球工业生产规模的不断扩张与技术的日新月异，传统的人工操作和监控手段逐渐显露出其局限性，难以匹配现代化工企业对于生产效率、安全性能及运行稳定性的严苛标准。[1]青岛炼化公司，作为炼化行业的佼佼者，始终站在技术革新的前沿，敏锐地洞察到自动化与智能化转型对于推动企业转型升级、增强市场竞争力的关键作用。

面对日益复杂的生产环境，青岛炼化公司深刻认识到，唯有通过自动化和智能化技术的深度应用，才能有效破解生产过程中的瓶颈问题，实现生产效率的飞跃式提升，同时确保生产安全无虞、产品质量稳定可靠。为此，匡荣祺技师工作室果断决策，将自动化和智能化升级作为延迟焦化装置的核心战略之一，并全面启动深入改造。

此次升级不仅聚焦于替代繁重的人工操作，以减轻员工负担，更核心的是，将先进的操作驾驶舱系统融入其中，通过集成化的界面和智能化的控制功能，实现对生产过程的全方位、精准把控和实时响应。操作驾驶舱作为升级项目中的亮点，集成了大数据分析、人工智能算法等前沿技术，使公司能够提前预测潜在的生产风险，迅速制定并执行应对措施，确保生产线的连续稳定运行。

同时，操作驾驶舱的引入还极大地促进了生产数据的深度挖掘和有效利用。管理人员可以在这一平台上轻松获取实时生产数据，通过智能分析工具对数据进行快速处理和分析，为企业的战略决策提供有力支持。这种数据驱动的决策模式，不仅提升了企业管理水平，还推动了运营效率的全面提升。

总之，青岛炼化公司通过将操作驾驶舱融入自动化和智能化升级项目，不仅实现了生产流程的深刻变革，还为企业未来的可持续发展奠定了坚实基础。这一创新举措，无疑将助力青岛炼化公司在激烈的市场竞争中继续保持领先地位。

2 简介

2.1 含义

操作驾驶舱是一个集成物料监控、操作监控、自动操作升级(程序替代人工操作)、加载主要调节控制阀(技术传承)等功能的信息中心系统，对于提高生产效率、降低人工操作成本、提升管理水平和增强市场竞争力具有重要意义。

2.2 主要功能特点

2.2.1 物料监控

对液位和流量等进行趋势监控，通过计算得出趋势目标，对目标设置监控参数。从数值监控变更为趋势监控。

2.2.2 操作监控

青岛炼化公司基于PCS7开发的顺控系统，大部分操作由外操进行，由于每天不是按照固定时间，而是按照固有周期进行，很容易遗漏。因此对部分有需求的操作进行了数据整理，依托焦炭塔顺控系统开发了焦炭塔操作监控，该监控系统具有持续监控和提醒的特点，能够在平台上持续闪烁，直至操作完成。[2]

同时对分馏塔、放空塔等有需求的操作进行了整理，开发了操作持续监控，直至操作完成。

2.2.3 自动操作升级(程序替代人工操作)

对焦炭塔部分操作周期较长(有的3~5h，有的5~9.5h)的操作升级为全自动程序操作，替代人工操作。

对冬季防冻凝液位调节提出自动化程序组指令课题，完成全面自动调节设计。

对焦化物料调节实现原料→加热炉全过程自动调节，并对加热炉实现了全部32台控制阀的指令集自动设计，设计了加热炉出口温度趋势自动监控，实现升温、降温的全过程速率监控，并针对加热炉流量过低开发了全自动注汽调节应急模块。

对分馏塔、放空塔等部分高频操作实现了全自动控制。

2.2.4 加载主要调节控制阀(技术传承)

将关键控制集成至驾驶舱。将经验与技术用程序进行传承。

3 现有成效展示

3.1 给水成效展示

人工操作：现有的给水操作由人工完成，操作量大，操作周期长。给水操作时，操作员对水量的调节量有大有小、调节频次有快有慢，影响到给水泵的长周期运行；调节周期长的会导致调节量过大引起焦碳塔的晃动，放空塔冷后温度超高，储运气柜系统联锁排放；焦粉携带严重冲击放空系统的运转设备和冷却器；同时给水量的突然增大，焦炭塔壁急冷，严重影响设备长周期运行。

程序操作：通过大数据采集和分析建立仪表故障判断、报警系统，建立工艺操作自动化控制系统，优化现有操作，通过程序实时采集数据与数据库的对比，自动步进、自主判断，通过设置报警和联锁来实现本质安全。程序设置多重自动判断程序，根据实际情况调整给水量和给水速度，异常情况也能及时处理并作出报警和联锁。操作便捷、有序、平稳，操作差异小；采用小幅度、高频次的调节手段，可以有效减少对系统的影响和设备的冲击，降低能耗[3]。

3.2 给水成效展示

24h 生焦时，瓦斯预热是 12h 预热一塔，每次预热 5~6h，同样由于操作时间长、操作频率、操作力度的问题，预热期间，焦炭塔预热温升速度不均，预热速度过快可能造成焦炭塔变形、材质迅速变差，将极大影响焦炭塔使用寿命；焦炭塔预热过快，将造成富气量大幅下降，造成压缩机喘振，分馏塔各段产品量迅速下降，吸收温度热源严重不足，影响各系统平稳运行；预热时环阀关闭量大于需求量，造成生产塔压力较高，影响液收。

程序预热操作根据不同时期环阀开关对装置的影响不同，分三段式调节 60%~100%一段速度，40%~60%二段速度，25%~40%三段速度，任意给定阀位目标值，自动计算调节速度。

通过改善预热时环阀的开关速度与时长，可以降低生产塔压力 10~20kPa，在装置加工量均为 300t/h 的情况下，人工操作生产塔压力一直在 0.195MPa 以上；自动预热可使生产塔顶压力降至 0.183MPa，可增加液收约 0.04%每塔，增加年效益约 42.05 万元。同时起到平稳汽化量、降低火炬管网波动、控制预热速度、降低分馏和吸收稳定系统波动、增加装置液收、延长焦炭塔寿命等多重效果。

3.3 操作界面展示

目前自动给水与预热程序的主控制模块已经过多次实验，验证无误，先后下装至 DCS 单站和主机。程序仅投用仅需对目标参数和目标时间进行设定，无须持续关注，程序自动步进，出现异常自动报警。这相当于一个专家系统，集合优秀操作员的智慧，形成最优趋势。

3.4 操作方式对比

对比两种不同的操作方式，程序操作在以下四个方面具有明显的优势：一是平稳率方面，操作便捷、有序、平稳，操作差异小；二是操作频率方面，小幅度、高频次、一次设定、准确调节；三是对系统的影响方面，减少对系统的影响和设备的冲击，提高液收，降低能耗；四是操作安全方面，发现问题提前报警，触发联锁及时动作。[4]

总结对比两种操作优缺点见表 1。

表 1 两种操作优缺点

人工操作		程序操作	
缺点	详　解	优点	详　解
粗	台阶，一次平均几十吨，微步	微	手动 20~50t/h 不等，自动经过计算，每次给 0.5~2t/h
低	15~30min 调节一次	高	15~40min 调节一次，每分钟给出一次 SP 值
忙	给水调节 10~30 次不等	省	每次给水 10~30 次操作不等，自动设定好条件后不再需要调节
错	忙于其他操作，调节幅度过大	准	调节幅度过大导致塔内压力过高，降低水量，反复操作。自动调节准确无误，十分稳定

续表

人工操作		程序操作	
缺点	详　解	优点	详　解
乱	每个操作员差异性	齐	操作频率不一，有快有慢、有多有少。自动频率趋于平缓，相差不大，基本一致
难	提量操作，降量操作。一次设定，节省人力	易	操作有一定难度，新操作员需要精心操作防止出错。自动操作则上手容易，非常方便
险	仪表、控制阀故障发现滞后，系统增加瞬时偏差报警和双流量偏差报警	安	仪表和控制阀故障，比较隐蔽，容易忽略。自动化模块具有报警功能，报警值经过精心设计，及时发现故障进行报警

3.5　加热炉、分馏塔、放空塔高频操作替代操作成效展示

焦化加热炉调整负荷时现状：焦化装置根据渣油平衡和瓦斯管网调整加工负荷。在调整加工负荷时：①加热炉提降量期间操作量大。焦化每次提降量均需要同步调整两台加热炉共计 8 路进料流量和每路 3 点注气流量，合计需要动作 32 个控制阀，易误操作或操作不及时导致炉管壁温升高；在机械清焦停、并炉操作时，从 50t/h 至 26t/h 调整期间，调整频率快、幅度小，该问题更加突出。②提降量期间加热炉波动大。手动提降量操作为阶跃性操作，流量存在明显的上升和下降过程，易造成炉出口温度波动，尤其紧急降量过程中十分明显。因此设计完成了全自动加热炉组指令集。

1）实现进料量和注汽流量的联动，当一个调整时，另一个自动调整；

2）设定提降量的范围和时间，实现进料和注汽的等差调整。

① 通过程序自动化控制实现操作目标值的均匀、缓慢输出，从无序的阶跃式转变为有序的等差调整。

② 程序设置安全逻辑，充分评估，完成变更手续：a. 当设定值与实际值偏差过大，程序报警。b. 当加热炉单路流量低于 20t/h，程序报警并全开单路流量的第一点注汽。

通过程序控制实现了以下目标：

① 实现了提降量、注汽调整的自动化，操作目标值均匀、缓慢输出，从无序的台阶式转变为有序的等差提升，使装置运行更加平稳安全。

② 加热炉提降量期间，通过自动化程序，减少人工操作量，能够完全替代人工进行进料量、注汽量等两炉 32 个控制阀的调节。

③ 提高了操作准确率，杜绝了因操作不当导致的生产波动，在 2024 年 3 月、4 月的焦化装置加热炉机械清焦检修中效果显著。

通过程序控制实现液位、界位集中调整，选择“不循环”将液位调整到位后集中检查，提高检查效率，减少内操冬季防冻凝工作量；选择“循环”可实现液位定期在一区间内循环变化，防止液位失灵。

3.6　装置关键操作集成预警系统成效展示

许多操作都是需要内外操配合的，由于装置运行操作人员数量较少，有些不是很重要或很紧急的工作需要延后操作，很容易遗漏。我们对部分操作集成了操作灯屏，必须完成之后，灯屏才会熄灭。目前集成了大约十几个操作预警、部分液位液差预警。后续会持续增加关键操作以及优化操作的脚本。

3.7 一键禁用及其附属信号系统

开发了基于 PCS7 的顺控强制允许动作、联锁动作等信号，强化了顺控的实际应用。没有联锁动作信号之前，无法从 DCS 单画面中获取相关信息，出现阀门故障或其他动作需求时，找不到给出强制允许动作的操作方法。

开发应用后，能够对全部 82 台电动阀门区别显示程序允许信号、禁止信号、强制允许信号、强制禁止信号、联锁开禁止信号、联锁关禁止信号，极大地方便了操作。

通过历年来的机械清焦，对一键禁用功能进行了实际应用，应用效果十分理想，完全避免了在开停工高强度、高风险情况下进行电动阀切换操作方式并挂几十个电动牌，大大节省了人力物力，同时有力保障了阀门安全，避免了误触误碰造成重大事故。

4 项目研发过程

4.1 给水冷焦操作风险分析

在程序开发时发现给水过程中存在最大风险在于 D106 压控阀为单阀，且无阀位回讯，该阀具有唯一性，是安全放空的唯一通路，却没有阀位反馈及副线联锁阀。存在严重安全隐患，亟待解决。另外在数据分析中我们发现空冷 A105 存在流程优化的必要，空冷 A105 共计 12 台，每次给水时冷后温度均产生温度高报警，一方面，给水时汽化量比较大，热负荷较重；另一方面，空冷存在较严重的偏流现象，可以将空冷入口修改为一分二、二分三流程，这样可以最大限度地避免空冷偏流，能有效降低冷后温度，降低对气柜系统的冲击。部分设备、阀门描述及危害和原因见表 2。

表 2 部分设备、阀门描述及危害和原因

设备、阀门等	描述	隐蔽性	描述及危害	原因
D106 压控阀	HC14302	无阀位反馈	压力超高导致跳安全阀甚至损坏设备	出现自关现象
A105 变频器	A、C、E	不显示停运	冷后温度过高	自停
A105 结蜡	12 台	需现场判断	气柜联锁	温度过低等
E112 结垢	2 台	需综合判断	气柜联锁	运行时间长
机泵出口阀杆脱落	P301	无仪表反馈	进塔水量回零。小给水阶段危害最大	失灵、损坏
溢流线	4 塔	无仪表反馈	压力暴涨，迅速超压，严重时损坏设备	堵塞，进罐堵

4.2 操作过程数据分析

对于自动进行操作、自主进行判断处理的智能程序来说，必要的数据支持非常重要。主要是因为每一步、每一个判断、每一个仪表参数、每一个参数速率等都需要历史数据确定在一定阶段时的一定波动区间，超过该区间意味着过程的异常。为此研发人员收集了近半年的焦炭塔操作数据，包括压力、温度、流量等 9 万多个，仔细分析、判断、整理、汇总，制定出合适的数据区间。

区间数据的收集需要长期进行，因此为智能程序单独编写了数据收集模块，主要为了程序运行的安全和优化。程序还可以对数据进行采纳，并在一定程度上修改报警值和控制过程。

同时为了保证程序的安全正常，除了数据采集模块和程控模块我们还设计了其他几个模块，包括逻辑模块，负责逻辑处理，辅助程序运行；系统自检模块，可以自主识别仪表、控制阀失灵问题；联锁报警模块，确保程序正常自动运行，并在异常时做出报警和联锁。

5 项目降本增效情况

按“两炉四塔”生焦周期 20h 进行计算，全年开工 219 次/塔（共 219×4＝876 塔）计，给水每塔 6.5h，预热每塔 4h。自动给水实施后，给水更加平稳，减少给水前期放空塔负荷，更利于油气回收利用，减少对火炬气柜的冲击和 D303 的浮油频率。实施自动预热程序后，环阀开关幅度更加合理，有利于降低生产塔压力，提高装置液收。总计效益约 47 万元，效益估算如下。

效益一：给水期间将减少火炬排放量 100Nm^3/h（估算），减少时间为 5h/塔，气柜压机功率为 355kW，排气量为 2040Nm^3/h，每年将最多可减少电量为 $100×5/2040×355×219×4 \approx$ 7.6 万 kW·h，按 0.5 元/（kW·h）计算，约合人民币 3.8 万元。

效益二：预热期间通过精确控制环阀开启，可降低生产塔压力 10～20kPa，按降低压力时间为 4h/塔，装置增加液收约 0.04%，折合增加经济效益 120 元/h（按液收与石油焦差价 2000 元/t 计算），最高年效益为 $120×4×219×4 \approx 42.05$ 万元。

效益三：程序投用后，可大幅减少焦炭塔温降，延长焦炭塔使用寿命，产生间接效益。

6 总结

本项目研究示范工程的实际应用表明：自动给水，预热程序的应用，在减轻给水过程对放空塔的冲击，减少冷焦水带油，减轻气柜系统回收负担；减少因预热速度不均而造成的焦炭塔变形，延长焦炭塔使用寿命；减少焦炭塔预热过程富气量的变化，稳定压缩机和吸收稳定系统的运行；提高装置液收，节能增效；降低操作人员劳动强度，提升装置安全性；研发自动过程控制系统形成标准化操作，将焦化装置对系统管网的影响逐步降低，实现高效平稳低能耗等方面，具有重要意义。

本项目研究取得了预定目标，希望通过不断改进，持续优化系统操作，保证延迟焦化装置的安全运行，实现节能降耗目标。

参考文献

[1] 赵启升．先进控制系统在延迟焦化装置的应用现状[J]．现代工业经济和信息化，2024，14(7)：132-134，137.

[2] 朱天福．延迟焦化装置顺序控制程序的深度应用[J]．化工管理，2021(33)：39-40，57.

[3] 魏忠赫．RMPCT 先进控制在延迟焦化装置的应用[J]．石化技术，2017，24(11)：51，64.

[4] 傅钢强，章鹏．先进控制技术在延迟焦化装置焦碳塔给水操作中的应用[J]．自动化博览，2012，29(1)：70-72.

延迟焦化焦炭塔系统操作全自动顺序控制

胡建凯　傅钢强

（中国石化镇海炼化公司　浙江宁波 315000）

摘　要　本文介绍了全自动顺序控制在镇海炼化Ⅱ套延迟焦化装置焦炭塔系统的开发与应用。全自动顺序控制系统投用后，装置运行平稳，完全杜绝了内操、外操所有的误操作，装置的安全生产事故降为零，为镇海炼化实现智能工厂建设奠定了坚实的基础。

关键词　延迟焦化；焦炭塔；顺序控制；自动

1　开发背景

镇海炼化Ⅱ套延迟焦化装置(以下简称Ⅱ焦化)于2004年3月开工建设，2005年4月建成投产，设计规模100万t/a。2007年11月进行扩能改造，新增一炉二塔和吸收稳定系统，设计规模达到200万t/a。2010年装置进行了常规检修，焦炭塔系统除四通三阀组和高温油气隔断阀为电动阀外，其余均为手动阀门。2014年11月装置进行了全面的优化改造，焦炭塔新增远程智能除焦系统和密闭除焦系统，以及全自动顺序控制系统(以下简称顺控系统)，大幅提升了装置的自动化程度，为焦炭塔系统的长周期安全生产提供了保障。

延迟焦化装置的工艺特点为间隙操作，焦炭塔需要根据生产周期切换生产，是一种半连续生产工艺过程，焦炭塔后续冷焦过程和试压预热过程操作复杂，人员劳动强度大、时间长、环境较差，极易发生人为误操作事件，任何一只阀门开关错误都有可能引起法兰泄漏、着火、安全阀起跳等生产异常事故。

2010年至2012年期间，中国石化炼油事业部组织“焦化年”专项优化工作，充分挖掘延迟焦化装置的能力和潜力，并实施了一系列提升装置运行效率和本质安全的技术与措施，在技术、运行、安全、盈利、管理等方面成效明显。在此以后，焦炭塔自动顶盖机、自动底盖机以及顺序控制系统成了改扩建延迟焦化装置的标准配置。2014年Ⅱ焦化优化改造项目以此为契机，焦炭塔增设了顺控系统、远程智能除焦系统以及密闭除焦系统，全系统实现了自动化操作，完全避免了人为误操作引发的生产异常事故，保障了人员和设备的安全。焦炭塔顺控系统由镇海炼化提供方案，由中国石化炼化工程洛阳公司负责工程设计，该系统已连续平稳运行3a。

2　设计原则

Ⅱ焦化增设焦炭塔顺控系统后，焦炭塔系统所有内操和外操的操作均不需要人工干预，实现全自动控制。

焦炭塔系统操作顺控程序要根据Ⅱ焦化装置焦炭塔系统工艺流程特点及岗位操作法要求，制定相应、可靠的顺序控制步骤。

顺控系统要避免现场无人监控情况下进行自动开关操作，在程序设计时考虑在顺控投用状态下，内操即使对检修阀门打检修旁路，此阀门也不能操作，只有在内操给允许信号情况下由外操现场电动头打“就地”进行开关阀门操作，确保所有阀门动作时现场有人监护。

Ⅱ焦化顺控系统程序基于 DCS 操作系统平台，对 DCS 系统功能进行扩展，不再设置新的操作系统或单独 PLC 控制，以便将焦炭塔系统所有工艺参数及控制设备纳入顺控系统中。

为实现精准控制，控制阀门均采用进口电动头，电动阀操作后不停电，采用电动头 ESD 端子和安全联锁端子进行锁定控制。

延迟焦化焦炭塔系统油气管线均为高温(420℃)油气，阀门在半开半关状态较易在密封面结焦，为防止这一现象的发生，顺控系统设置除放水阀采用模拟量操作外，其余阀门全部采用一次性开关到位的两位式控制方式。开关量电动头信号有：开控制(DO)、关控制(DO)、开到位(DI)、关到位(DI)、远程就地(DI)、锁定信号(DO)、综合报警(DI)。模拟量电动头信号有：开阀信号(AO)、关阀信号(AO)、阀位回迅(AI)、远程就地(DI)、锁定信号(DO)、综合报警(DI)。

为确保顺控系统出现故障时不对装置的运行产生影响，要求系统故障安全类型为本质安全型，要求电气停电时，现场阀门不动作；仪表停电时，现场阀门不动作。

焦炭塔允许除焦信号、除焦结束信号参与顺控系统控制，避免焦炭塔除焦操作错误。

焦炭塔顺控系统依据二炉四塔的流程分成两个系列，两个系列顺控程序可单独运行和切出。涉及两个顺控系列的公用设备(如：消泡剂泵、给水阀等)要互不干涉。

考虑阀门检修，程序设置阀门的开旁路信号、关旁路信号、检修旁路信号。

考虑突发事件的应急处理，顺控程序在任何时间、任何状态下均可切除。在顺控程序切出后，焦炭塔系统的所有阀门都将允许现场和远程操作。

为确保顺控系统安全运行，DCS 系统将记录顺控程序中所有的操作内容以及程序检测到的报警信息，便于技术人员分析原因，以及后续顺控程序的完善。

3 技术特点

镇海炼化Ⅱ焦化焦炭塔全自动顺控系统基于某公司集散型 DCS 操作系统平台进行了功能扩展，是 DCS 系统高扩展性和性能的无缝升级，不需要重设系统或另设 PLC 系统，提高 DCS 操作系统的运行效率。

在 DCS 系统中设置顺控系统，充分利用了现有资源，减少仪表控制信号的改动量，节约了改造投资，且顺控系统维护升级较为方便。

焦炭塔系统所有操作参数和设备状态均作为顺控条件或控制对象，不再需要人工操作，内操和外操均只要监视顺控系统运行，即可实现焦炭塔系统高效、安全的生产。

顺控系统与 DCS 系统在同一操作系统内，大大方便了内操的监控与操作，且顺控系统设备为全自动控制，也减轻了外操的劳动强度，以前需要 3 名外操完成焦炭塔切换四通的操作过程，投用顺控系统后，只要 1 名外操在现场监视即可完成，真正实现了在保证安全的前提下以最少的人管理最大的装置。

顺控系统自动化程度较高，操作界面清晰，程序运行情况以不同颜色进行区分，人工操作内容较少、操作简单。

顺控系统程序采用人机结合方式进行，内操根据生产网络控制顺控系统运行的节点，外操根据顺控系统的运行信号进行现场确认，顺控程序则按照预设的步骤逐步检测和运行。

为避免内操阀门打旁路后忘记复位，顺控系统在内操节点确认操作后自动将所有旁路信号复位，确保现场阀门动作正常。同时顺控系统也自动跟踪现场阀门的状态，出现异常及时发出报警信息。

4 控制内容

为达到焦炭塔系统操作全自动控制，杜绝人工操作失误，顺控系统涵盖了焦炭塔系统所有的设备、工艺参数及操作过程，还对除焦系统进行了控制。顺控系统控制内容见表 1。

表 1 顺控系统控制内容一览表

序号	控制内容	数量	备注
1	电动阀	84 台	
2	底盖机	4 台	关键设备
3	顶盖机	4 台	关键设备
4	工艺参数	50 个	
5	控制阀	11 台	
6	除焦设备	4 套	

Ⅱ焦化顺控系统按加热炉分为两个系列，即两套顺控系统，每套顺控系统控制 2 个焦炭塔，每个焦炭塔含 8 个大步骤，约 250 个小步骤，则每个系列共 16 个大步骤，约 500 个小步骤循环运行，其中单塔大步骤内容见表 2。

表 2 顺控系统大步骤内容

序号	大步骤内容	小步骤数量	备注
1	切换四通	46 步	
2	大吹汽	21 步	
3	给水	27 步	
4	溢流	12 步	
5	放水	31 步	
6	除焦	23 步	
7	关顶底盖机	35 步	
8	试压预热	53 步	

4.1 控制方式

顺控程序对生焦周期没有时间限制，时间节点由内操控制。现场电动阀均为程序发出的开关信号自动操作，除焦炭塔系统关键设备顶盖机和底盖机需要人工现场单独确认操作。外操每次现场操作柱按一次确认按钮后，一个操作步骤的多个阀门按顺控系统预设顺序进行自动开关操作，每一个小步骤必须完成后才能进行下一个小步骤。一个操作步骤结束后，需要再次现场确认后进入下个操作步骤。以焦炭塔顺控程序除焦步骤为例说明顺控系统的控制方式，见表 3。

表 3　顺控系统试压预热大步骤内容

序号	小步骤内容	位号	备注
1	内操根据生产网络进行 DCS 按钮确认		需步骤条件满足后确认有效
2	T1101/3 八层指示灯亮	HL2393A	现场操作柱
3	外操 T1101/3 八层按钮确认	SB2393A	手动
4	T1101/3 八层指示灯灭	HL2393A	现场操作柱
5	T1101/3 顶盖机安全销拔出		拔出后才能进入下一步
6	T1101/3 顶盖机打开	XV2317A	手动
7	T1101/3 顶盖机汽封蒸汽控制阀改手动，输出降为 0	PRC2392A	自动
8	T1101/3 二层指示灯亮	HL2391A	现场操作柱
9	外操 T1101/3 二层按钮确认	SB2391A	手动
10	T1101/3 二层指示灯灭	HL2391A	现场操作柱
11	T1101/3 底盖机安全销拔出		拔出后才能进入下一步
12	T1101/3 底盖机打开	XV2318A	操作盘
13	T1101/3 底盖机汽封蒸汽控制阀改手动，输出降为 0	PRC2393A	自动
14	T1101/3 二层指示灯亮	HL2391A	现场操作柱
15	外操 T1101/3 二层按钮确认	SB2391A	手动
16	T1101/3 二层指示灯灭	HL2391A	现场操作柱
17	T1101/3 立管阀关闭	XV2308A	自动
18	发出 T1101/3 除焦允许信号	XN2391A	自动
19	延迟 5min	·	外操现场检查时间
20	T1101/3 二层指示灯亮	HL2391A	现场操作柱
21	外操 T1101/3 二层按钮确认	SB2391A	
22	T1101/3 二层指示灯灭	HL2391A	现场操作柱
23	NEXT STEP		自动进入下一大步骤

4.2　操作界面

Ⅱ焦化顺控系统与 DCS 系统在同一操作系统中，且操作界面清晰，运行参数和阀门状态一目了然，便于内操进行监控和操作。

顺控监控画面包含一个焦炭塔系列，所有操作参数、阀门运行状态：运行参数超工艺指标 DCS 显示为红色闪烁状态，阀门状态变绿色为全开状态，红色为全关状态，黄色闪烁为开关过程中，内操很容易从画面中判断焦炭塔的生产情况。

DCS 系统专设了焦炭塔顺控系统操作画面，顺控控制内容全部体现在顺控画面中，并显示顺控步骤的进度，让内操很容易就了解焦炭塔系统的生产情况。为防止内操操作失误，顺控画面将已完成操作的大步骤内容禁止点击操作和查看。DCS 系统记录每一步阀门动作和内操确认过程。

焦炭塔顶盖机和底盖机是延迟焦化装置的关键设备，它的开关操作既受安全联锁控制，又受顺控系统控制，还需要内操进行顺控确认后，外操才能对顶盖机和底盖机进行操作，确保了焦炭塔系统的安全生产。

Ⅱ焦化顺控系统有电动阀 84 台，在对电动阀进行日常维护时，需要对电动阀做切出处理，在不影响顺控程序运行的情况下，顺控系统设置阀门检修模式，在将开旁路和关旁路均投用情况下，阀门就进入检修调试模式。同时，阀门的开旁路和关旁路也是顺控信号的旁路信号。

顺控系统电动阀的状态信息和操作按钮全部显示在顺控系统阀门状态图中，如阀门的允许操作状态、电动头故障信息、开关状态、开关信号旁路开关、检修开关、远程就地状态、阀门位号、阀门名称等。电动头如果出现故障报警，顺控系统将暂停运行，DCS 系统则发出报警信息，必须经处理、确认后顺控系统才能继续运行。

Ⅱ焦化全自动顺控系统在每个焦炭塔的二层、三层、八层平台各设置一个确认操作柱，主要用于顺控系统外操现场按钮确认。现场确认按钮必须在运行指示灯自动亮起后确认才有效，确认后运行指示灯自动熄灭，顺控系统则按照设定程序进行电动阀的自动开关操作，外操则需要在现场检查阀门开关到位情况、法兰泄漏情况、管线及电动阀的振动情况。若检查发现有异常情况，可立即通知内操停止或切出顺控程序运行。

顺控系统设置每个大步骤运行结束后外操现场检查时间为 5min，5min 后现场操作柱指示灯自动亮起，外操确认后方可离开现场，顺控程序则自动进入下一个顺控大步骤。

5 结论

镇海炼化Ⅱ焦化装置焦炭塔通过全自动顺序控制系统的改造，既彻底避免了所有误操作，保证了人员和设备的安全，实现了装置“安、稳、长、满、优”的生产，又提高了装置自动化控制水平，减轻了操作人员的劳动强度，真正实现了焦炭塔系统的标准化操作。该系统投用至今，已安全平稳运行了 2a 多，得到了操作人员的一致好评，为企业获得更好的经济效益提供了保障，Ⅱ焦化也率先成为在中石化系统真正实现焦炭塔系统自动化操作的装置。

参 考 文 献

[1] 李和杰，杜翔．延迟焦化焦炭塔操作安全控制系统[J]．炼油技术与工程，2013，43(9)：40-48.

延迟焦化加热炉辐射段工况及结焦趋势的模拟分析

阎 龙

（中国石化石油化工科学研究院 北京 100000）

摘 要 延迟焦化是重要的重油加工工艺，而加热炉是延迟焦化的核心装置。以国内某石化企业延迟焦化加热炉为例，模拟研究了工况变化对加热炉辐射段运行的影响，得到了沿加热炉炉管轴向的关键运行参数的变化规律。在此基础上还研究了加热炉炉管的结焦规律。模拟结果表明本文建立的相关方法具有一定可靠性，工艺参数分布趋势与理论、宏观认识一致。模型可用于现场加热炉的工况分析与优化操作，可为焦化加热炉的设计、操作及优化提供一定的理论支持。

关键词 延迟焦化；加热炉；结焦；模拟

1 前言

加热炉是延迟焦化装置的关键设备，为了保证焦化加热炉的长周期运行，通常都希望避免加热炉结焦。一旦加热炉发生严重结焦，会造成装置停车等严重事故。加热炉的操作条件较为苛刻，炉管有一定的结焦倾向，目前在技术上还无法通过有效手段对炉管的结焦趋势进行实时检测，难以直接获得炉管内工艺参数的分布规律，无法满足加热炉优化设计及生产操作的需要。基于此，笔者以国内某石化企业 1Mt/a 延迟焦化装置加热炉为例，使用数学模型，对加热炉辐射段关键操作参数的变化规律进行了模拟研究，并研究了辐射段炉管结焦的变化规律。

2 模型开发

在以前的工作中[1]，为了模拟延迟焦化加热炉，笔者开发了动力学模型，确定了原料、产物的动力学网络、模型中的物性模型及反应器模型，并对模型的可靠性进行了验证。

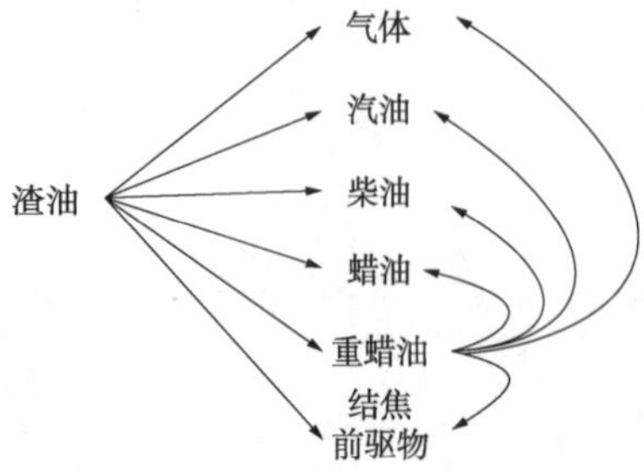

图 1 炉管内动力学反应网络图

2.1 动力学模型

建立的 7 集总动力学模型已发表在文献[1]中，动力学反应网络如图 1 所示，在该动力学模型中包含 7 个集总组分，分别为渣油、气体、汽油、柴油、蜡油、重蜡油、结焦前驱物。渣油集总通过热转化反应生成气体、汽油等集总组分，其中重蜡油集总会发生二次反应，生成气体、汽油等集总组分。动力学方程如式(1)～式(3)所示。

$$-\frac{dC_A}{dt}=\sum k_{Ai}C_A \tag{1}$$

$$\frac{dC_i}{dt}=\sum_i k_{Ai}C_A-\sum_j k_{ij}C_i \tag{2}$$

$$k_{Ai}=A_0e^{-\frac{E}{RT}} \tag{3}$$

式中 C_A——渣油浓度；

C_i——产物 i 浓度；

k_{Ai}、k_{ij}——动力学参数；

A_0——指前因子，s^{-1}；

E——活化能，kJ/mol；

R——摩尔气体常数，其值为 8.3144J/(mol · K)；

T——温度，K；

t——时间，s。

2.2 物性及反应器模型

在建立模型时使用的主要物性模型包括相对分子质量、气体与液体的导热系数等；物料平衡、能量平衡、压降方程的模型方程参照文献[1]。

3 加热炉主要结构参数与操作参数

以国内某石化企业 1Mt/a 延迟焦化装置的加热炉为研究对象，该炉为双室四管程水平管立式炉，每组炉管受热情况类似，操作参数较为接近，因此以一组炉管的操作参数为代表。使用的原料如表 1 所示，加热炉主要结构参数与操作参数如表 2 所示。

表 1 原料结构及性质

分析项目	标定值	分析项目	标定值
初馏点/℃	336	灰分/%	0.045
密度(20℃)/(kg/cm^3)	1.020	饱和烃/%(质)	18.94
黏度(100℃)/(mm^2/s)	1024	芳烃/%	50.57
残炭/%	21.56	沥青质+胶质/%	30.49
含量/%	4.52		

表 2 加热炉主要参数

项 目	数 据	项 目	数 据
对流管尺寸/mm	Φ114×8.5×165000	注汽量/(t/h)	0.635
辐射管尺寸/mm	Φ114×8.5×170000	对流段入口温度/℃	334
对流管数/根	17	对流段出口温度/℃	382
辐射管数/根	24	对流段入口压力/MPa	1.18
渣油流量/(t/h)	27.23	循环比	0.3

4 模拟结果与分析

模型的可靠性已在文献[1]得到了验证，以下对加热炉辐射段进行了模拟分析。

4.1 工况分析

图 2 是沿炉管液相温度、压力的变化，从图 2 中可看出随着介质流动经过的炉管长度增加，液相介质温度逐渐增加；随着温度增加，原料渣油在炉管内反应加快，裂化反应与生焦反应都会增加，结焦趋势增强；在经过第 19 根炉管后，炉管内介质温度虽然还在增加，但增加速率减小。这一方面是因为注汽后流速增加，缩短了原料在炉管内的停留时间；另一方面也因为炉管温度越来越高，原料渣油裂化生成了越来越多的轻质油气。由于流速增加，阻力降增加，炉管压力快速降低。

图 3 是沿炉管管内介质流速、汽化率的分布。从图 3 可看出，一方面，随着介质流动经过的炉管长度增加，介质的速度逐渐增加，特别是第 19 根炉管进行第三点注入蒸汽后，流速迅速增加，增加 2 倍左右，在第 19 根炉管后管内介质呈高速流动；另一方面，沿炉管长度汽化率呈增加趋势，在第 19 根炉管注入点之后气化率快速增加，原因与气速增加、压力快速下降的原因相同。

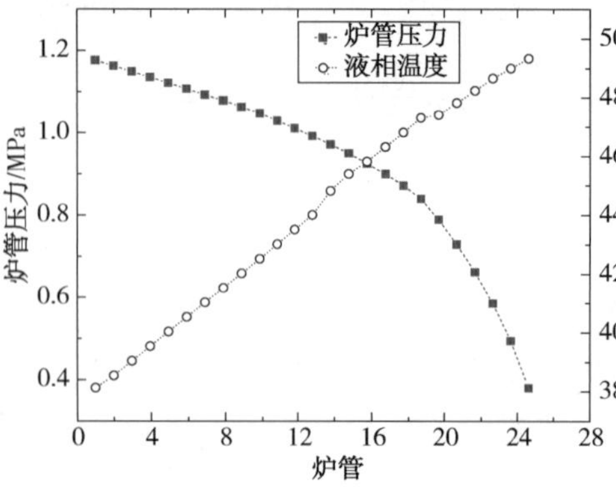

图 2　温度、压力分布图

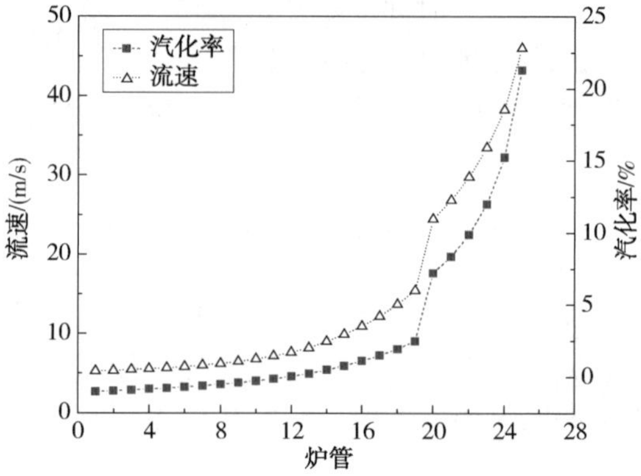

图 3　流速、汽化率分布图

图 4 是沿炉管长度加热炉内转化率的分布。从图 4 中可以看出，沿炉管长度转化率呈增加趋势，转化率在注入点之前随炉管长度逐渐快递增加，增加速率越来越快；而在注入点之后，虽然转化率仍在增加，但增长率出现了下降。这主要是因为随炉管温度升高，原料渣油裂化生成了越来越多的轻质油气。由于流速增加，阻力降增加，炉管压力快速降低，压力降低也促进了液相中轻质油气的进一步逃逸，炉管压力降增加与流速增加。

4.2 炉管结焦趋势分析

周晓龙等[2]提出了炉管管壁结焦沉积模型，该模型已经被一些研究者用于研究焦化加热炉的炉管管壁结焦。该装置在机械清焦时，曾发现运行 1a 左右结焦最厚处达到约 11.2mm，使用该结焦模型预测加热炉的结焦厚度，炉管焦层结焦厚度分布如图 5 中的校正前曲线，预测的最后结焦处焦层厚度在 3.7mm 左右，明显低于实际数值，这是因为装置使用原料、工艺状况与文献模型有较大的差别，需将模型进行修正，在模型中加入修正因子。根据 1a 结焦最厚处 11.2mm，对模型进行校正，然后得到了如图 5 所示炉管结焦厚度分布图。

从图 5 可知，随着介质流动，介质温度、油膜温度升高，原料反应越来越多，炉管结焦厚度逐渐增加，在第 19 根炉管注入蒸汽后，炉内气速迅速加快，减小了焦炭沉积，随着介质温度继续上升，反应加剧，升温效应超过了流速增加导致减缓结焦的效应，所以从第 21

根开始结焦厚度又迅速上升。由于无法确定工业加热炉准确的结焦厚度分布，所以无法判断图5中预测的准确度，但是从流动规律、反应规律分析，炉管结焦厚度分布符合规律。

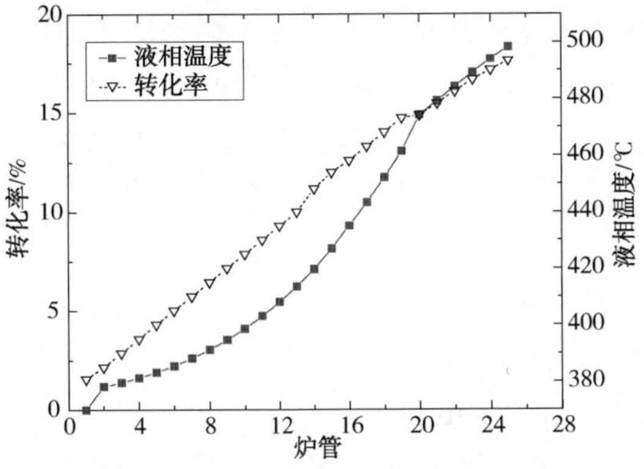

图4 转化率、液相温度关系

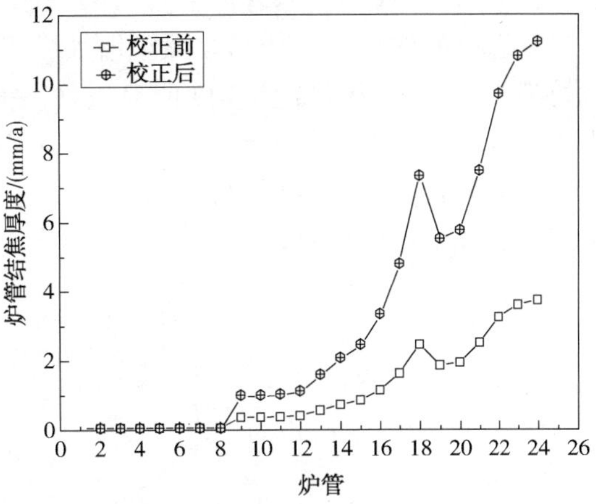

图5 炉管结焦厚度分布

4.3 降低循环比对加热炉的影响

循环比在0.3左右，从节能、增加液收的角度总是希望循环比越低越好，然而循环比降低后，加热炉进料可能呈现劣质化，加热炉结焦风险增大，会影响加热炉的长周期操作，因此从机理上分析循环比降低对加热炉的影响。

本装置在调节循环比时采取保持加热炉辐射段进料量不变、调节蒸发段温度的方法。在分析时，假设循环比从0.3下降到0.25时，由于循环油性质变差，假设循环油在反应时生成气体与焦炭的速度升高10%，同时裂化生成汽油、柴油、蜡油的反应速度降低10%。假设循环比从0.3下降到0.2时，循环油在反应时生成气体与焦炭的速度升高20%，同时裂化生成汽油、柴油、蜡油的反应速度降低20%。模拟计算结果见表3，图6为预测不同循环比时炉管结焦厚度的分布趋势。

表3 循环比降低的影响

项目		循环比0.2	循环比0.25	循环比0.3
对流段	入口压力/MPa	1.36	1.36	1.36
	入口温度/℃	330.3	333	334
辐射段	出口压力/MPa	0.4064	0.3969	0.3780
	出口温度/℃	493.61	493.31	493.51
	出口质量汽化率/%	19.08	20.52	22.79
	平均热强度/(kW/m^2)	26.5	26.5	26.5
	停留时间/s(>426℃)	40.55	35.71	30.78
	最高流速/(m/s)	38.85	40.29	43.22
	转化率/%	10.99	14.37	18.34
	液相中结焦前驱物质量分数/%	5.74	5.58	5.53
加热炉压降/MPa		0.9536	0.9631	0.982

从表3可以看出，随着循环比的减小出口质量气化率下降幅度较小，加热炉压降、最高

流速也下降幅度较小，而介质在>426℃时的停留时间明显延长，渣油的转化率则明显下降。渣油转化率下降的主要原因在于保持辐射段介质流量稳定，在循环油减少的情况下渣油加工量上升，而出口温度又保持稳定。循环比在 0.2 介质在>426℃时的停留时间明显延长，增加了高温段的转化率，使结焦风险增加，正如图 6 所示。在图 6 中随着循环比降低，在炉出口处第 22~24 根炉管结焦厚度明显增加，而在炉第 3 点注汽位置前的所有炉管结焦厚度变化较小。这说明在降低循环比操作时，风险主要来自于>426℃时的停留时间延长带来的在出口附近炉管处的焦炭沉积，在这几根炉管处循环比越小，介质的温升促进结焦效应抵消流速增加对缓解的效应就越明显。

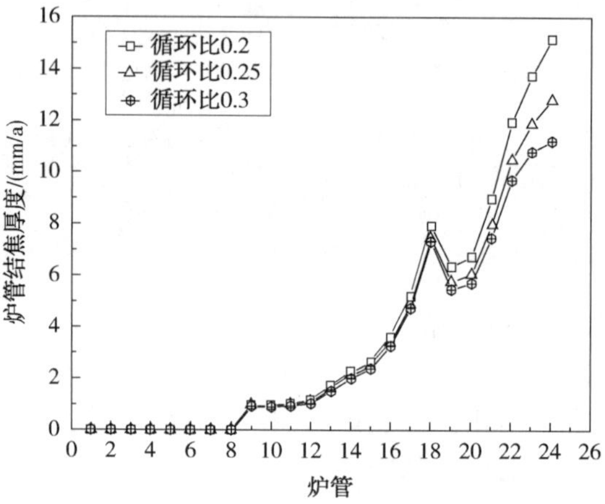

图 6　不同循环比时炉管结焦厚度分布

5　结论

在 7 集总动力学模型、反应器模型等的基础上，根据现场工艺数据对加热炉辐射段的关键参数进行了模拟研究，包括加热炉炉管内温度、压力、流速、汽化率、停留时间、转化率等，分析了这些关键参数之间的相互关系与影响这些关键参数的因素，并且对循环比降低后的影响进行了研究。通过模拟研究，为减缓焦化加热炉的结焦提供了一定的理论基础。

参 考 文 献

[1] 王宝金，阎龙，王明文，等．延迟焦化加热炉的建模与分析[J]．石油炼制与化工，2020，51(5)：95-99.

[2] 周晓龙，陈绍洲，冯继红，等．大庆减压渣油减粘裂化中结焦规律的研究(下)：动态法试验[J]．石油炼制与化工，1992(8)：48-52.

延迟焦化装置密闭除焦技术中智能抓斗与螺旋提升机的对比分析

田淋禾

（中国石化石家庄炼化公司　石家庄 050000）

摘　要　本文针对延迟焦化装置密闭除焦场景中智能抓斗与螺旋提升机两类核心设备，从结构原理、能效表现、环保效益及经济性四个维度展开系统性对比。基于齐鲁石化、洛阳涧光等实际工程数据，发现智能抓斗在旧装置改造适应性上具有显著优势（改造周期缩短40%），而螺旋提升机在单位能耗（0.8kW·h/t）与密闭性（VOCs泄漏率≤5mg/kg）方面表现更优。结合智能控制技术与材料科学的进步，提出“抓斗-提升机”耦合系统的未来发展方向。

关键词　延迟焦化；密闭除焦；智能抓斗；螺旋提升机

1　技术原理与结构特性对比

1.1　智能抓斗系统

1.1.1　工作原理

① 三维视觉识别：通过激光雷达与高分辨率摄像头构建焦炭三维模型，定位精度±5cm；

② 自适应抓取：基于传感器实时控制抓斗抓取，避免抓斗空抓。

1.1.2　典型配置

① 抓斗容积：3~8m³（适配150mm粒径焦炭）；

② 智能化模块：搭载远程通信模块，支持远程操控与数字孪生模拟。

1.2　螺旋提升机系统

1.2.1　工作原理

① 垂直输送：采用双螺旋叶片（螺距300mm）实现焦炭连续提升，输送速度0.5~1.2m/s；

② 脱水集成：螺旋通道底部设置滤水孔（孔径10mm），同步完成焦炭初级脱水；

③ 密封结构：全封闭式壳体。

1.2.2　典型配置

① 提升高度：8~15m（适配焦炭塔高度）；

② 处理能力：50~80t/h。

2　性能参数对比分析

2.1　能效与经济性

能效与经济性对比见表1。

表 1　能效与经济性对比

指标	智能抓斗	螺旋提升机
单位能耗/(kW·h/t)	1.2~1.5	0.8~1.0
设备投资/万元	150~200(改造)	300~400(新建)
维护成本/(万元/a)	12~18(含传感器更换)	8~10(机械部件维护)
人工需求	1人(远程监控)	无人值守

结论：

新建项目优选螺旋提升机：长期运行成本更低，适合连续化生产；

旧装置改造倾向智能抓斗：保留原有焦池结构，改造周期较短。

2.2　环保性能

目前无论智能抓斗还是螺旋提升机，均能实现完全密闭，因此二者在环保性能上并未体现出明显差异。

3　典型应用场景对比

3.1　智能抓斗适用场景

改造项目：如洛阳某炼厂采用“池中池”方案，保留原焦池结构，新增智能抓斗后 VOCs 减排率符合要求；

间歇式生产：适用于焦炭塔切换频繁的装置，抓斗灵活性适配非连续作业；

大颗粒焦炭：对粒径≤250mm 的焦块抓取效率达 95%，优于螺旋提升输送。

3.2　螺旋提升机适用场景

新建大型装置：如齐鲁石化 120 万 t/a 项目，垂直提升机与皮带机联动实现全自动输送；

精细化控制：与 DCS 系统深度集成，实现焦炭流量精准调节(误差±2%)。

4　技术瓶颈与发展趋势

4.1　现存问题

① 智能抓斗：

视觉系统在蒸汽干扰下识别失败率>5%；

定量装车不够准确。

② 螺旋提升机：

螺旋叶片磨损导致寿命仅 8000h；

石油焦粉焦率高；

对含水率>15%的焦炭易发生堵塞。

4.2　创新方向

① 智能协同：

开发“抓斗-提升机”接力系统，抓斗负责粗处理，提升机完成精细输送；

引入 AI 算法预测焦炭堆积形态，动态优化抓取路径。

② 低碳设计：

抓斗驱动系统引入超级电容储能，峰值功耗降低 40%；

密闭棚集成光伏板，年发电量可达 1.2 万 kW · h。

③ 密闭棚内雾气快速消除技术：

降低视觉识别误差率，提高设备稳定运行能力，减少密闭空间内的设备腐蚀。

5 结语

智能抓斗与螺旋提升机在延迟焦化密闭除焦领域各具优势：前者以改造灵活性和复杂工况适应性见长，后者在能效与石油焦精确输送上更具竞争力。两种技术路线的选用炼化企业需要根据装置规模、环保等级及预算进行，新建大型装置优先采用螺旋提升机，中小型改造项目可部署智能抓斗。未来需重点突破耐磨耐腐材料、多机协同控制等关键技术，推动形成标准化、模块化的除焦装备体系。

新型节能低氮燃烧器在延迟焦化加热炉的应用和分析

郑　禹

（中韩（武汉）石化公司　湖北武汉 430000）

摘　要　本文研究了新型节能低氮燃烧器在延迟焦化加热炉中的应用效果。通过与旧燃烧器对比，新型节能低氮燃烧器的瓦斯单耗低、稳定性优异，按 56t/h 的处理量，每年可节省瓦斯费用约 277.70 万元。且炉入口温度、炉出口温度、瓦斯单耗参数更加平稳，更有利于装置平稳生产；但设计仍存在点火困难、火嘴易堵塞、难清理的问题，对长周期生产产生影响；且由于瓦斯喷射速度的增加，外排量也比旧燃烧器高。在使用过程中总结经验，调整后，瓦斯单耗比调整前降低 13.46%、外排气体中 SO_2 比调整前降低 12.46%。

关键词　新型节能低氮燃烧器；瓦斯单耗；稳定性；烟气外排；使用问题

1　前言

在延迟焦化装置中，加热炉是重要的能耗大户，也是含氮氧化污染物排放的主体设备。因此，对于延迟焦化装置来说，当务之急是提高燃料燃烧效率，降低瓦斯单耗和排放烟气中 SO_2、NO_x 的含量[1-2]。

中韩（武汉）石油化工有限公司 1#焦化 F-101 试用一种新型节能低氮燃烧器，设计目的是采用预混多单元分层燃烧，将燃气充分燃烧所需的空气按一定比例分两次送入预混管，使燃气和空气充分混合，最终达到火焰燃烧均匀、温度高、喷射速度快、热效率高、降低燃烧过剩氧的目的，其燃烧示意图如图 1 所示，其中（a）为新型低氮燃烧器示意图、（b）为老式燃烧器示意图。

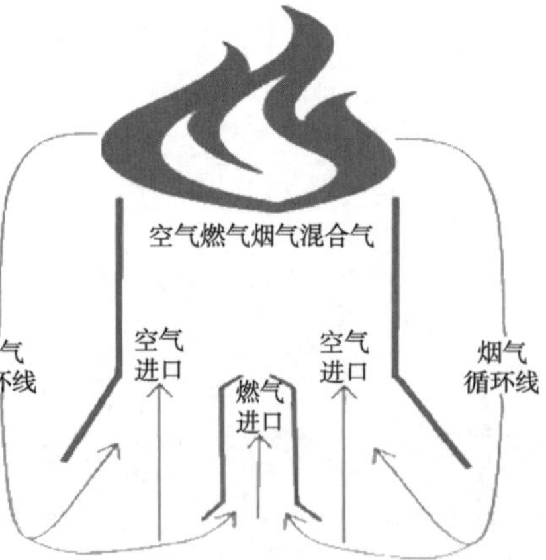

（a）新型低氮燃烧器示意图

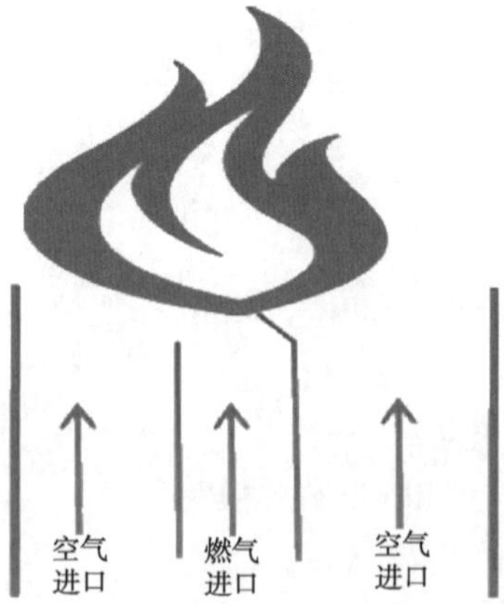

（b）老式燃烧器示意图

图 1　新旧燃烧器燃烧示意图

新型燃烧器由长明灯，燃气燃烧头，主体风筒，观火孔，供风口上调节风门(外火焰供风)、下调节风门(内火焰供风)双风门调节，前浇筑火盆组成，其安装图如图 2 所示。

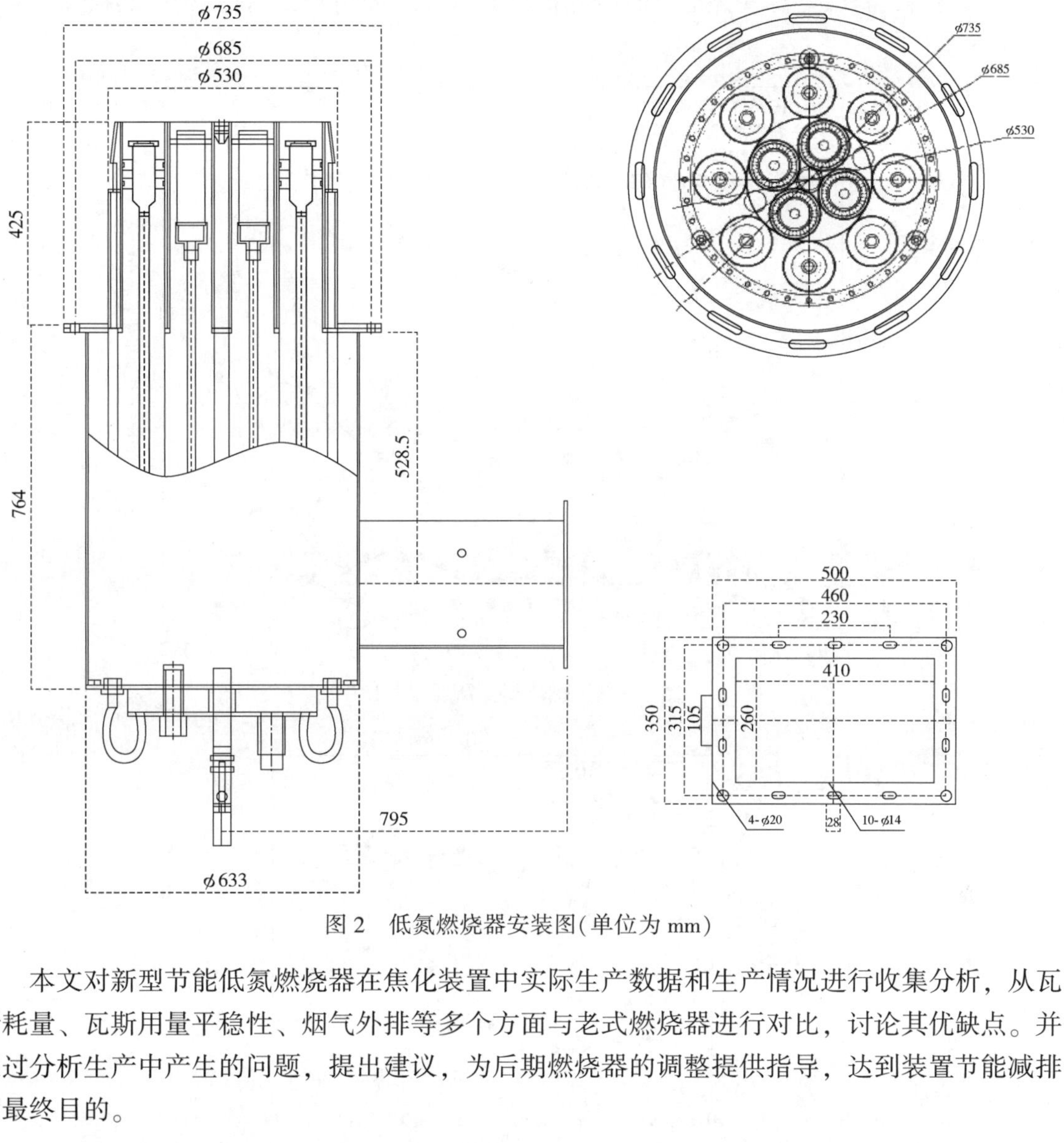

图 2　低氮燃烧器安装图(单位为 mm)

本文对新型节能低氮燃烧器在焦化装置中实际生产数据和生产情况进行收集分析，从瓦斯耗量、瓦斯用量平稳性、烟气外排等多个方面与老式燃烧器进行对比，讨论其优缺点。并通过分析生产中产生的问题，提出建议，为后期燃烧器的调整提供指导，达到装置节能减排的最终目的。

2　新旧节能低氮燃烧器对比分析

1#焦化 F-101 火嘴是在 7~8 月施工，为确保对比的可靠性，本文选取 5 月 20 日—6 月 21 日和 9 月 10—21 日两个天气温度相近的时间段、处理量为 56t/h 的工况，对新旧燃烧器的瓦斯耗量、瓦斯用量平稳性、烟气外排进行对比。

2.1　瓦斯耗量分析

在天气温度相近且处理量相同的条件下，对新旧节能低氮燃烧器的瓦斯单耗以及每升 1℃所需瓦斯量进行对比，瓦斯单位为 Nm^3/h，如图 3 所示，氧含量对比如图 4 所示。

从图 3 可以明显看出，在相同处理量下，节能低氮燃烧器的瓦斯单耗和每升 1℃瓦斯单耗均优于旧火嘴。主要是因为节能低氮火嘴火焰燃烧均匀、喷射速度快，采用预混多单元分层燃烧，热效率高。从图 4 可以看出，新型节能低氮燃烧器生产时加热炉氧含量低于旧燃烧器，计算可得，新燃烧器氧含量比旧燃烧器低 47.4%，说明降低了加热炉的热损失、提升了热效率。

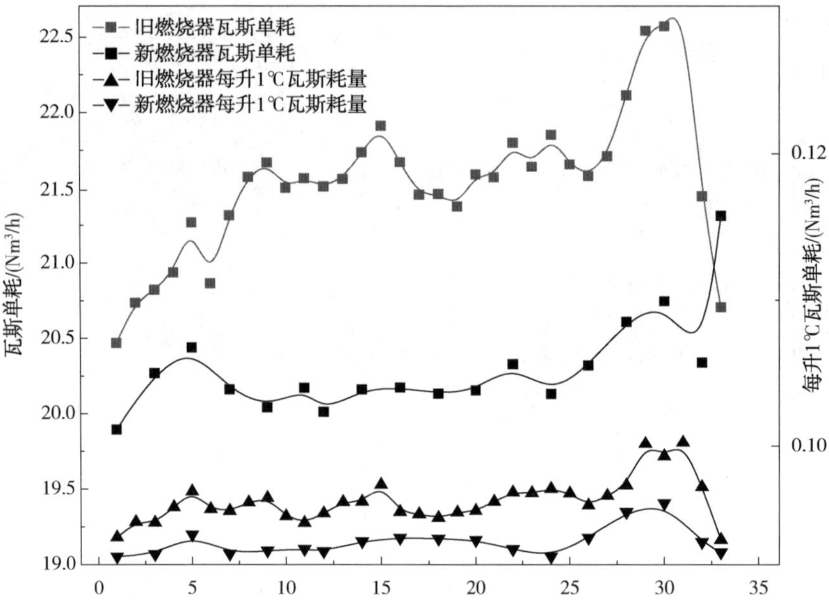

图 3　新旧燃烧器瓦斯耗量对比

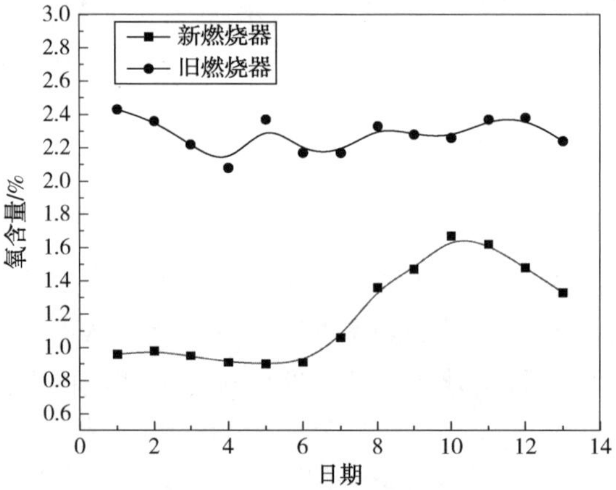

图 4　新旧燃烧器氧含量对比

若处理量按 56t/h 计算，生产普通焦时，炉出口温度按 495℃ 控制，使用节能低氮火嘴每年可节约瓦斯 610332Nm³，按瓦斯计算标准（610332×0.000065×7000），约 277.70 万元；生产负极焦时，炉出口温度按 498℃ 控制，使用节能低氮火嘴每年可节约瓦斯 615850Nm³，约 280.21 万元。

2.2　燃烧器稳定性分析

受延迟焦化生产性质的影响，在预热阶段、切换前后整个系统热量会有较大的变化，若加热炉未能及时增减所需的热量，原料温度会出现大幅波动，对平稳生产、产品质量、节能等方面造成不利影响。本文通过对比新旧节能低氮燃烧器进料温度、炉出口温度、瓦斯单耗、每升1℃瓦斯单耗的稳定性，对新型节能低氮燃烧器的稳定性进行分析。

以上参数的平稳性，主要通过计算样本的标准差、变异系数(CV)来比较，变异系数(CV)可以比较不同均值的数据集相对波动程度。

标准差计算公式：$标准差=\sqrt{\frac{\sum_{i=1}^{n}(x_i-\mu)2}{n-1}}$（$\mu$ 为数据组的平均值）

变异系数(CV)计算公式：$CV=\frac{标准差}{平均值}$

参数计算结果见表1。

表1 参数稳定性计算

项目		进料温度/℃	炉出口温度/℃	瓦斯单耗/[Nm^3/(h·t)]	每升1℃瓦斯单耗/[Nm^3/(h·t·℃)]
标准差	新燃烧器	1.28	0.392	0.317	0.000960
	旧燃烧器	2.97	0.540	0.501	0.00148
变异系数(CV)	新燃烧器	0.00463	0.000790	0.0156	0.0103
	旧燃烧器	0.0108	0.00109	0.0233	0.0154

由表1可知，新燃烧器炉出口温度、瓦斯单耗、每升1℃瓦斯单耗的标准差、变异系数均低于旧燃烧器，说明新燃烧器的三个参数的稳定性更加优异，同时由于炉出口温度、瓦斯单耗、每升1℃瓦斯单耗更加稳定，新燃料气进料温度的稳定性也优于旧燃烧器。故通过进料温度、炉出口温度、瓦斯单耗、每升1℃瓦斯单耗四个参数标准差、变异系数的对比，新燃烧器的相关参数更加稳定，说明生产时新燃烧火焰燃烧均匀、能够更加快速地增减所需热量。

2.3 烟气外排分析

为响应国家“双碳”战略及环保政策要求，减排也是加热炉火嘴性能检验的重要标准之一。本文通过对新旧燃烧器烟气的外排对比并对烟气变化做出相关分析，新旧燃烧器外排SO_2、NO_x变化如图5所示。

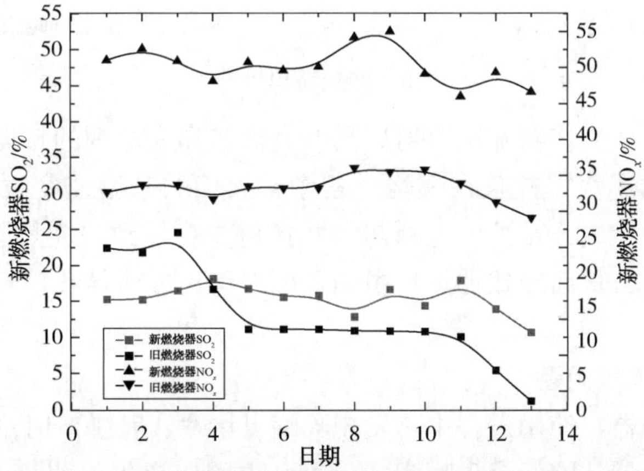

图5 新旧燃烧器SO_2、NO_x对比图

从图 5 可知，新燃烧器外排的 SO_2、NO_x 符合排放要求，但排放量均大于旧燃烧器，SO_2 排放比旧燃烧器高 18.7%，NO_x 排放比旧燃烧器高 49.9%。

通过分析，主要是以下三个原因导致外排增加：一是在燃烧过程中，燃烧温度越低，燃烧气体的滞留时间越长，氮氧化物的排放就越少。随着瓦斯喷射速度的增加，在较高温度范围内的滞留时间变短，有一部分瓦斯脱离了高温燃烧区，并在此过程中向中上部流动，导致瓦斯未充分燃烧[3-7]。二是新燃烧器火嘴易堵塞，导致瓦斯燃烧不充分。三是新燃烧器刚投入使用，火焰调节方法与之前相差较大，需要经验积累。

3　存在问题分析

在新型节能低氮燃烧器投入使用期间，存在的问题也逐渐显露出来。火嘴口径小易堵塞，一体化设计造成清理火嘴困难、点火困难、外排波动大等。

3.1　点火困难

新型节能低氮燃烧器在点火时发现点火困难，通过分析，主要归结为两个原因：一是一体化设计构造；二是喷射速度快。

如图 6(a)所示，燃烧器主体是一体设计，桶体较长，点火孔直径较旧燃烧器偏小；又如图 6(b)所示，点火孔不是单独通道，点火时需要对准图中①的位置，但由于筒体长、点火孔直径小，点火棒伸进后无法看清内部情况，只能盲对位点，增加点火难度。

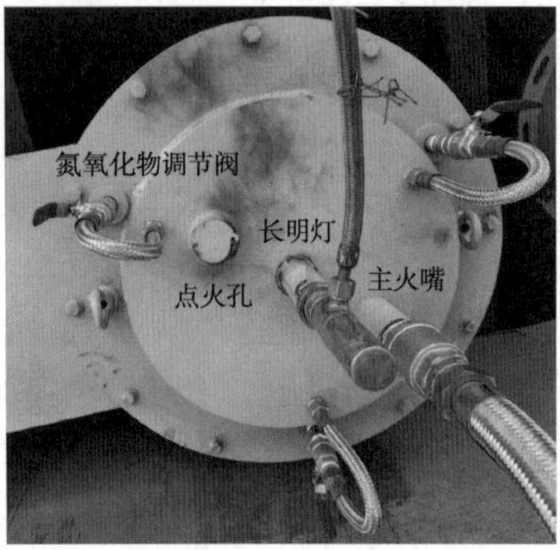

（a）燃烧器主体图

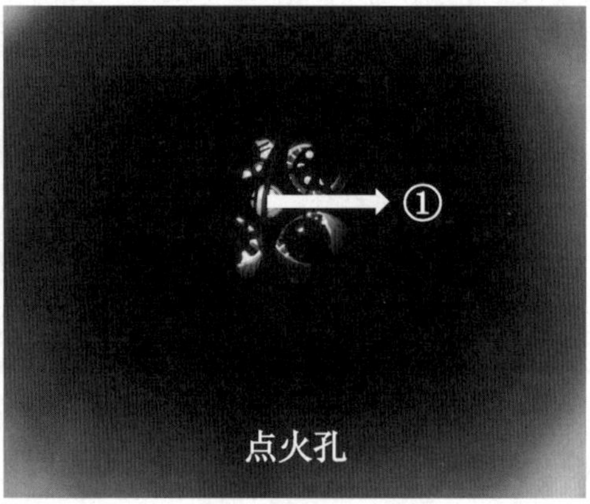

（b）点火孔仰视图

图 6　燃烧器现场图

此外，新型节能低氮燃烧器瓦斯喷射后具有高流速和大范围的特点，因此，在燃烧过程中，瓦斯无法得到有效燃烧，并且在燃烧过程中，火焰的升温速度很慢。此外，在升温期间，由于瓦斯未能充分燃烧，在炉中上部与氧相接触，会导致二次燃烧，造成炉中的温度、烟气浓度有很大的改变，从而导致加热炉中的负压起伏，进而导致短暂的助燃风短缺，火焰骤灭。

3.2　火嘴堵塞、清理问题

新型节能低氮燃烧器在使用过程中，发现火嘴易堵塞，且生产时难清理，如图 7 所示。

如图 7 所示，燃烧器外圈八个火嘴为主火嘴，内圈四个为长明灯，中间小孔为点火孔。

（a）　　　　　　　　　　　　（b）

图7　火嘴现场图

每个火嘴中间设有圆形孔板，直径为1mm左右，目的是提高瓦斯流速，但由于直径过小且每个火嘴只有一个孔径，火嘴极易堵塞，会出现火嘴燃烧情况差甚至无火焰的情况。

出现这样的情况唯一的处理方式是清理火嘴，但由图7(a)可知，燃烧器为一体化设计，不可单个火嘴拆除清理，但生产时，不具备整个燃烧器下线的条件，且拆装较为困难。

故在生产过程中，受火嘴设计、瓦斯组分的影响，火嘴易被堵塞，且生产过程中无法清理堵塞火嘴，对生产、节能方面产生不利因素。

4　燃烧器火焰调节

4.1　燃烧器调节

经过一段时间的使用调整，对燃烧器火焰出现的问题总结出对应的调节方法，见表2。

表2　火焰调节方法总结

故　　障	原　　因	解决办法
火焰形状外观过长，火焰散乱、发烟	缺少空气/燃料过多	调节供风风门
	燃料压力高	调节至规定范围
火焰不稳定，火焰脱火离焰	空气过量	调节调风器、负压抽力
	燃气压力高	检查/调节燃气组分
	火嘴堵塞	停炉后，清理火嘴
不完全燃烧，烟气中含有高可燃物	空气量不足	减少燃烧、调节调风器、密封加热炉
	个别燃烧器熄火	确定火焰熄灭原因，在安全的条件下重新点燃火焰
对流烟气/管壁温度高，排烟温度高	辐射段不完全燃烧；对流段漏风	参见不完全燃烧(上栏) 调节调风器 采取密封措施防止漏风

续表

故　　障	原　　因	解决办法
NO_x 排放高	燃气中氮化物含量高	调节自产与管网比例
	过剩空气量大	减少过剩空气
	预热空气温度过高	降低预热空气温度
	炉膛温度过高	检查炉膛温度高原因传热表面结垢
	炉膛漏风	密封炉体防止漏风
火焰颤动，加热炉振动噪声过大	空气不足	减少燃烧、调节调风器和抽力
	火焰有规律颤动	咨询燃烧器制造商
火焰冲击炉管，炉壁温度过高，炉管表面结焦	喷头堵塞	清洁喷头及喷嘴孔
	分析火焰原因	长火焰处理方法
炉管、耐火材料、燃烧器燃烧头有沉积物	燃料和空气混合不良	按设计检查和调整
	燃气含水/液态烃/胺	检查燃料组分/温度/分液罐液位
	燃气压力低	关掉部分燃烧器可提高燃气压力
	燃料温度低	安装燃料加热系统

4.2　燃烧器调节效果

燃烧器调节方法和经验的积累，F-101 再次点炉生产后瓦斯耗量、外排均有改善。具体见表 3。

表 3　燃烧器调整前后数据对比　　%

项目	瓦斯单耗	SO_2	NO_x
(新火嘴调整后-旧火嘴)/旧火嘴	-17.64	3.92	-36.93
(新火嘴调整后-新火嘴调整前)/新火嘴调整前	-13.46	-12.46	2.26

从表 3 可知，调整后，新火嘴的瓦斯单耗比旧火嘴低 17.64%、比调整之前的低 13.46%。新火嘴外排的 SO_2 也大幅下降，和旧火嘴外排中的 SO_2 基本持平，比新火嘴调整前外排中的 SO_2 低 12.46%。不过调整后外排中的 NO_x 变化不大，仍需继续分析调整。

5　结语

本文对中韩(武汉)石化延迟焦化装置 1#焦化装置中 F-101 试验的新型节能低氮燃烧器与旧燃烧器进行了比较，分析出了优缺点，并总结了使用方面的有效经验。

① 新型节能低氮燃烧器的瓦斯单耗、稳定性优异，按 56t/h 的处理量，每年可节省 277.70 万元。且使用新型节能低氮燃烧器后，炉入口温度、炉出口温度、瓦斯单耗参数更加平稳，更有利于装置平稳生产。

② 新型节能低氮燃烧器与旧燃烧器相比，存在烟气外排较高的问题；同时也存在点火困难、火嘴易堵塞、难清理的问题。

③ 通过对新型节能低氮燃烧器的使用经验总结，调整后的燃烧器，瓦斯单耗比调整前降低 13.46%、外排中 SO_2 比调整前降低 12.46%，但调整后外排中的 NO_x 变化不大，仍需继续分析总结。

参 考 文 献

[1] 李玖重，孙志钦．低温加热炉低氮燃烧器运行状况分析[J]. 石油石化绿色低碳，2023，8(1)：34-37.

[2] 张宇．低氮燃烧器改造对加热炉运行影响[J]. 中国化工贸易，2022(03)：239-242.

[3] 华静宇，张瑞黎，张玉慧．燃气加热炉低氮燃烧器的应用实践[J]. 油气田环境保护，20419，29(4)：36-38，69.

[4] 张昊，甘华，李宝兴，等．锅炉/加热炉燃烧器本体低氮改造技术研究分析[J]. 设备管理与维修，2023(9)：157-160.

[5] 李雪．基于降低氮氧化物排放量的加热炉低氮燃烧器的改造[J]. 中国化工贸易，2021(9)：182-185.

[6] 王博．低氮燃烧器在常减压加热炉上的运用[J]. 中国化工贸易，2021(6)：254-256.

[7] 王艳丽．基于降低氮氧化物排放量的加热炉低氮燃烧器的改造[J]. 工业加热，2017，46(3)：52-57.

提高延迟焦化装置的换热效率

刘鹏浩　王　平　陈学文　李　伟

（中国石化河南炼化公司　河南洛阳 471000）

摘　要　炼油过程的热集成是工业设施技术现代化的有效手段。对于延迟焦化这类高能耗重质渣油裂解技术，合理利用内部工艺物流的热量尤为重要。本研究构建了石油焦生产装置现有换热网络的模型，并采用夹点分析法进行分析。研究发现现有网络设计违反了基本夹点原则，提出了一种通过改造现有设备（无须扩展换热面积）提升工艺能效的方法。

关键词　延迟焦化；换热；夹点分析；夹点图；比热容

1　引言

延迟焦化因其能提高炼油深度、增加轻质油品收率并生产石油焦，成为现代炼油技术的核心工艺之一。延迟焦化装置（DCU）的技术灵活性体现在：可生产石油焦或用于二次加氢催化处理的馏分产物，并能根据原料组成变化及时调整，从而保障整体工艺的经济性。这些因素使延迟焦化成为重质渣油加工的常用方法。

然而，延迟焦化是高能耗工艺。表1对比了不同重油加工装置（年处理量160万t）的吨原料能耗。可见，尽管处理能力相同，DCU的能耗显著高于其他工艺。

表1　主要重油加工装置的能耗对比

装置	燃料气/（MJ/t）	电力/（kW·h/t）	水蒸气/（kg/t）	水/（m^3/t）	总能耗/tCE
催化裂化	1100	29	30	12	203
延迟焦化	1200	25	55	8	209
加氢裂化	800	85	0	80	369
减黏裂化	600	13	18	6	109

2　工艺能耗分析

典型的DCU包括一个带有主分馏塔的焦炭塔装置、一个吸收稳定装置、一个石油焦运输和处理装置，在某些情况下，还包括一个碳氢化合物气体净化装置。需要指出的是，焦炭塔装置消耗的能量最大，因为它的功能是将原料加热到高温（470~510℃），以及加热和冷却主分馏塔中形成的重、轻油产品，裂解汽油和碳氢化合物气体。此外，在除焦过程中，有相当一部分工艺热量损失掉。可以认为，从经济角度来看，延迟焦化过程中的能耗优化是非常重要的。炼油装置新换热系统的建设以及现有系统的现代化，越来越多地基于热集成原理（夹点分析），这是一种在节能领域广泛应用的技术。

一般来说，热积分依赖于具有不同能量特征的冷流和热流之间热交换可能性的热力学证实。热集成的应用在初始阶段产生了一个工业单位最小能耗的理论值。夹点分析在具有大型换热网络的一次炼油装置中得到了广泛的应用，因此具有很大的节能潜力。在分析 ELOU at-3 机组运行情况时，确定了将热回收率提高 11GJ、将换热器出口脱油温度提高 10℃的可能性，从而降低了加热炉燃料消耗。一些出版物研究了热集成在回流装置中的应用。因此发现异构化过程的能源效率可以提高约 20%。在本文中，我们使用 Aspen HYSYS 环境对 DCU 原料加热装置进行建模。为此，使用了有关工艺流的物理化学性质和换热设备规格的实际数据，热交换网络各设备间分解冷热流段的热容率计算结果。基线模型的冷热流之间的最小温差为 62℃。

图 1 显示了目标模型的温度-焓图，表明了回收的热量和外部公用设施的负载。在确定节能潜力时，假设最小温差不超过 10℃。

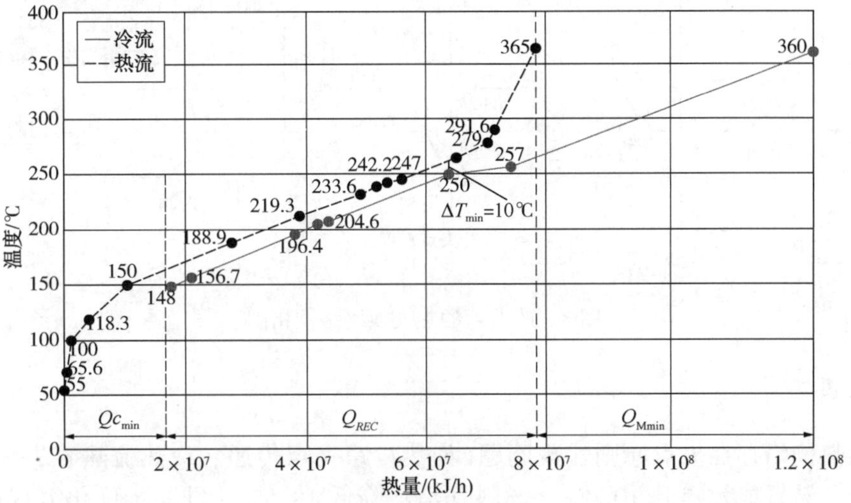

图 1　目标模型温度-焓图

图 2 显示了夹点温度区域的现有换热网络的网格图。本文采用的基线模型优化方法是在不扩大换热面积的前提下，对现有换热设备进行改造，同时考虑设计阶段的误差。例如，来自 K-2 的轻持瓦斯汽油的冷却直接在水和空气冷却器中进行，而不经过热交换器 T-2a 和 T-2b。

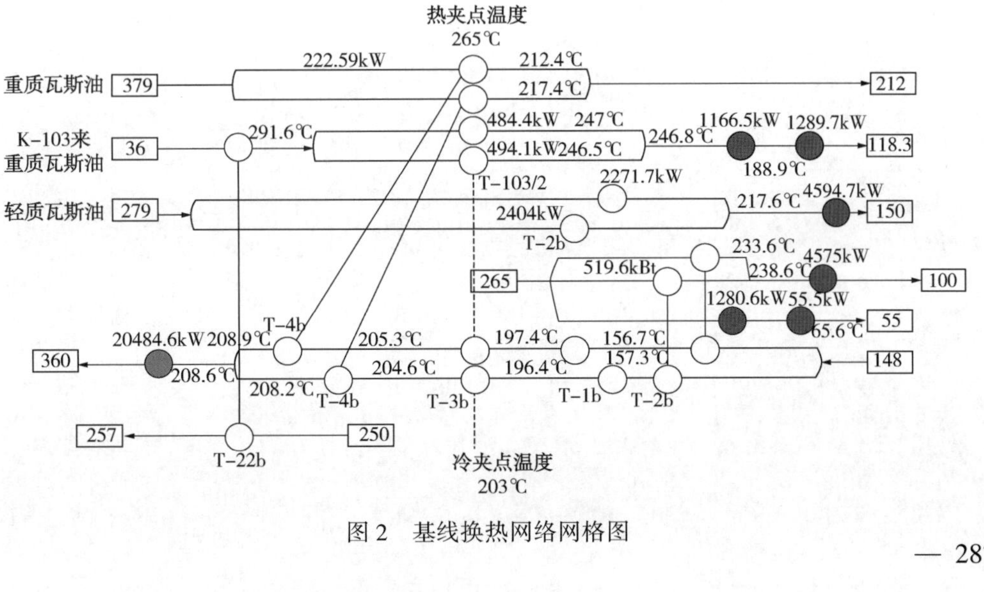

图 2　基线换热网络网格图

图 3 给出了改造后的热交换网络的网格图。可以看出，导热积分并不能完全避免夹紧原理的违反，这与所分析流的特定工艺参数和热性质有关。

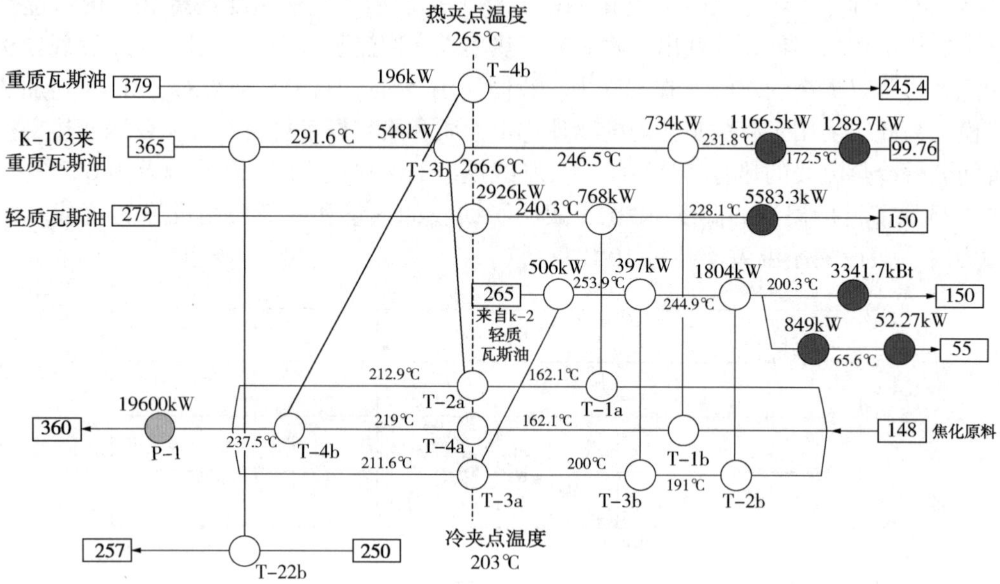

图 3　改造后的热交换网络网格图

3　结语

现有换热网络存在夹点原则违规问题(如热量跨夹点传递、冷热流热容失配等)。通过热集成改造，装置能效提升 10.4%、燃料气消耗降低 18.5%。进一步优化需权衡新增换热面积与投资成本。

延迟焦化装置能耗分析及优化措施

徐 钢 雷云龙 赵昊宇

（中国石化青岛石化公司 山东青岛 266000）

摘 要 分析了延迟焦化装置前期能耗偏高的主要原因，从工艺优化、设备管理、装置长周期运行等方面，采取一系列调整和优化措施，使装置能耗由2023年的48.17kgEO/t降低至37.98kgEO/t，取得了较大成果，创造了可观的经济效益。

关键词 延迟焦化；节能；降耗；损失；优化

1 前言

随着高硫、高残炭、高金属和高酸值原油加工比例的增加，特别是随着原料性质越来越重质化和非常规石油资源开采技术的日益成熟，焦化工艺越来越受到各炼厂的重视，成为第一位的重油转化技术。从本质上而言，焦化是热脱炭工艺，焦化反应中的热裂化反应是强吸热过程，需要消耗较多热量。因此，在焦化工艺日益受到各炼厂重视、延迟焦化装置数量得到快速发展、节能降耗日益成为全社会共同关注的今天，探讨如何降低延迟焦化装置能耗具有重大意义。通过对装置的能耗状况进行分析，找到影响能耗的主要因素，并有针对性地进行改造，采取节能措施，使装置在最近几年能耗水平逐年降低，创造了可观的经济效益。

2 装置能耗的构成

延迟焦化装置能耗主要包括燃料气、蒸汽、电及水等消耗，其中燃料气所占比例在55%以上、蒸汽所占比例约34%、电耗所占比例在10%以上。因此，降低燃料气、电耗和蒸汽消耗是降低装置能耗的决定性因素。

3 装置能耗偏高的原因分析

青岛石化延迟焦化装置，原设计加工能力为16×10^6t/a，采用两炉四塔、循环比可调的工艺流程。装置分为加热炉、焦炭塔、分馏、密闭放空、冷切焦水处理，水力除焦、富气压缩，吸收稳定以及双脱单元。装置设计能耗37.98kgEO/t，2023年能耗48.17kgEO/t，能耗挖潜余地较大。达到节能降耗、降本增效的目的。经分析，影响装置能耗偏高的主要原因有以下几点。

① 装置负荷偏低。

理论和实践经验表明，对于同一套装置，处理量越高，维持装置运行所需的基本能耗占总能耗的比例就越低，装置能耗相对较低；而装置负荷较低时，能耗会相应上升。延迟焦化开工后，受装置进料等因素影响，加工量负荷较低，能耗较高。

② 装置3.5MPa蒸汽消耗较高，1.0MPa蒸汽消耗较高。

延迟焦化装置蒸汽消耗点：

a. 伴热(条，t/h，仪表伴热未计)

b. 汽轮机(3.5MPa，t/h)

c. 除氧蒸汽 t/h

d. 焦炭塔小吹汽(3.5t/h，1.5h)、大吹汽(15t/h，2.5h；回炼污泥5t/h、1.5h)、焦炭塔新塔准备过程中的赶空气试压(8t/h，40min)

e. 特阀汽封用汽(1.5t/h)，仪表伴热用汽。

③ 加热炉热效率偏低。

装置开工后，受空气预热器换热效果差等因素影响，加热炉排烟温度过高、加热炉热效率较低、燃料气消耗较大。

④ 水利用效果差、新鲜水耗量大、节水措施落实不到位，特别是循环水冷却器使用与空冷器调配不合理。

4 优化及调整措施

4.1 燃料气措施

加热炉瓦斯消耗占装置总能耗的55%以上，如何降低瓦斯消耗成为降低装置能耗的关键之一。

① 提高加热炉进料温度($T \geq 300$℃)，强化对流传热技术，充分发挥采用热联合用能优势，降低加热炉排烟温度、减少热损失，进一步减少燃料气消耗。充分利用柴油、中段油、蜡油与原料换热，使进料温度136℃提高至310℃，平均传热温差约54℃，利用蜡油及柴油发生0.5MPa蒸汽3.2t/h。

② 操作弹性范围内增加处理量降低循环比($R \geq 0.75$)，目前装置循环比已由检修前的1.1降低至0.71水平。

③ 定期对余热回收系统、对流室和辐射室的烟气组成进行分析和比较，以检测炉体漏风状况和燃烧器配风是否合理，控制氧含量2%~3%，控制负压-35~-25Pa，保证较低过剩空气系数。除此之外，保证加热炉控制器有效投用率≥90%，通过投用APC，保证排烟氧含量和炉膛负压接近设定值，保证燃料气完全燃烧，降低能耗。

④ 加强日常操作维护，封堵漏风部位，各个看火窗、看火孔使用后必须关严，288个燃烧器分班组维护，定期清理火嘴和阻火器。参考国内其他炼厂焦化炉平均表面温度为50℃，仍存在较大差距，加热炉炉壁散热损失大，择机对墙体、看火窗和防爆门内侧增加保温衬里。

⑤ 在石油焦质量合格前提下，考虑低控加热炉出口温度。

⑥ 保持燃料气加热器及伴热投用，对燃料气进行加热，可使燃料气温度由36℃提高至82℃。

⑦ 加强日常火焰检查，控制做到短火焰、齐火苗、有力不飘、颜色淡蓝明亮。

⑧ 确保加热炉四路分支热负荷平衡，以达到炉膛燃烧负荷均衡平稳的效果，严控四路分支进料流量，不能偏流，强化各分支工艺参数的监控，及时发现并处理分支流量指示偏差

和便宜现象。进行进料调节阀PDI参数整合，减小流量波动幅度。

4.2 蒸汽措施

4.2.1 装置3.5MPa蒸汽

① 压缩机投入自动性能控制系统，优化喘振与转速的调节，喘振阀最低可关至5%水平，平均转速由9100r/min降低为8900r/min，实现防喘振线的卡边控制，经计算，每小时节约3.5MPa蒸汽1.5t，每月可节省蒸汽约1080t。

② 结合酸性水优化，矫正加热炉18路注汽流量，针对注汽流量指示不准的问题考虑择机重新选定孔板安装位置，摸索最低注汽量。在负荷高、循环比较大情况下，适当降低注汽量。结合原料性质，沥青质高、初期结焦温度低的原料加大注汽。在保证流速前提下，考虑18路注汽量由占加热炉进料量的1.5%降低至1%。

③ 在保证吸收塔干气C_3及以上组分不超标的前提下，吸收稳定系统实行"低温、低压"的方案，减少富气压缩比，可降低蒸汽消耗1.5t/h。

4.2.2 装置1.0MPa蒸汽

① 严控焦炭塔吹汽操作用量，小吹汽用量由5t/h降低至3.5t/h，小吹汽时间至1.5h。大吹汽结合水带汽操作，保证净化水控制阀全开，蒸汽用量控制由10t/h降低至≤7t/h，大吹汽时间至2.5h。以当前36h生焦周期计算，每个周期可节约18t蒸汽。

② 按照防冻防凝工作安排，气温回升停用部分工艺管线伴热，吸收稳定系统、双脱系统、放空塔塔顶空冷、冷焦水空冷保持低温热水伴热，停用蒸汽伴热流程。

③ 各常年投用的伴热做好日常巡检的测温记录，控制疏水器温度<90℃，总回水<95℃。

4.3 节电措施

4.3.1 焦化及冷焦单元

① 优化生焦周期：以当前负荷88t/h、直供料≥20t/h为基准，通过调整生焦周期，由5d4塔改为6d4塔，以20m焦高为例，每月高压水泵运行可节省约[(30/5)×4-(30/6)×4]×4500×2=36000(kW·h)电量。按照最短8h冷焦计算，每月冷焦设备运行可节省约[(30/5)×4-(30/6)×4]×8×[129.89+96.52+(24.91×12)]=16810.56(kW·h)电量。

② 开展除焦设备故障率劳动竞赛，加大对除焦设备故障的技术攻关力度，减少高压水泵运行过程中因除焦附属设备故障导致泵长时间回流状态，焦化装置高压水泵电机功率为4500kW·h，每次可节约0.5h，节电2250kW·h。

③ 目前已降低引风机变频开度下限至30%，控制引风机变频开度33.5%~35%，调节炉膛压力的同时提高了加热炉炉效率。

④ 结合酸性水系统优化，每次大吹汽、小给水阶段停运酸性水泵P401C、P404AB。每塔焦可停运约12h，配电室查P404开启时的电流平均为52A，按照每月20塔焦计算，每月停运可节省的电量=380×52×1.732×0.9×20×12≈6653(kW·h)，全年节电量79836kW·h。

⑤ 优化一二级焦池提升泵运行，按照一级池液位≤3m，二级池液位≤3.6m进行控制，满足条件后及时停P801A/B、P802A/B/C。每小时节约电消耗=(96×380×1.7321×0.91/1000)×3≈172.5(kW·h)。

⑥ 焦炭塔大吹汽前，酸性水罐液位控制60%后停运酸性水泵P404，待重污油罐V504涨幅5%时，开启酸性水外送泵P404，每小时节约电消耗=39.7×380×1.7321×0.9/1000≈

23.52(kW·h)。

4.3.2 分馏单元

节能设备优先运行：在保证设备低负荷管控措施落实到位前提下，优先运行叶轮改造及切削的11台机泵。在干气产品质量合格前提下，优先运行换小流量叶轮1台(P110B)。变频设备优先运行，因装置加工重质稠油，原料性质复杂多变，电机调频技术可以提高电机效率，目前装置变频设备有顶循泵(P104B)、分馏塔塔顶空冷器(E141A、E141C)。

4.3.3 吸收稳定及双脱单元

通过排查的吸收稳定双脱区30台机泵、8台风机的功率，在保证电机效率前提下优先运行节能电机，按照目前排查的平均最小相差2kW·h，2×38×24×30=54720(kW·h)。

4.4 节水措施

4.4.1 新鲜水措施

目前焦化装置较大用水点有四处，分别为冷焦水罐水封注水、分馏区机泵冷却水、焦场装车喷淋、自动洗车机。其他用水点如两处洗眼器、各服务点、药剂罐均为间歇使用，实际耗量影响不大。

① 自动洗车机设定的每次喷淋15s耗水量约0.25m^3，废水经回收利用排至二级焦池，经计算每月消耗新鲜水0.25×30×30=225(m^3)，考虑改用中水或循环水以减少新鲜水消耗。

② 焦场装车喷淋系统新鲜水耗量约为7t/h，规范喷淋时间，除特殊情况外由连续使用改为每天9点至16点使用，考虑改用循环水以减少新鲜水消耗。

③ 二级池及冷焦水罐新鲜水补水流程停用，利用中水补充系统水位，实现冷焦水单元新鲜水零消耗。

4.4.2 除盐水措施

目前焦化装置用除盐水点有三处，分别为富气空冷入口洗涤水、液化气水洗和高压水泵密封冷却。结合液化气碱液夹带，目前装置低控液化气水洗罐液位，控制液位30%~35%，除此之外，针对除盐水注入过大对解析稳定塔底冲击，控制富气洗涤水1~1.5t/h。高压水泵非运转阶段停注除盐水。

4.4.3 循环水措施

在保证冷后温度的前提下，根据空冷冷后温度和水冷冷后温度显示，当温差接近小于1℃时或者冷后温度达到循环水进装置温度，停止E401A-D运行，减少循环水消耗。平均每3塔节约10个小时的循环水计算，每小时节约400t，5d3塔累计节约4000t。按照36h生焦周期、每月18塔焦计算，每月可节约循环水24000t。

4.4.4 凝结水措施

实现装置凝结水回收利用，目前装置凝结水集中回收至水槽子换热器溢流，造成了资源浪费，通过抽样化验凝结水电导率及油含量实现凝结水连续外送，控制凝结水外送流量≤1t/h或E402液位≤40%。实现外送凝结水的同时凝结水泵间歇运行，每小时节约电消耗=27.8×380×1.7321×0.9/1000≈16.47(kW·h)。

4.4.5 焦池补水节约措施

焦场水回收、沉淀池补水改用中水。加设淋水回收系统，焦场水统一回收至水池，用潜水泵打回焦池再利用。切焦水系统以往在系统缺水情况下，补入新鲜水，在很大程度上增加了新鲜水耗量，现引入中水至沉淀池，代替新鲜水降低新鲜水耗量。

4.5 保持装置长周期平稳运行

装置开停工期间加工量为零，但要消耗蒸汽(用于吹扫、试压等)和电力(用于照明、检修等)，开停工期间退出的污油还会带来损失，因此长周期运行可降低装置消耗。主要采取的措施：

① 保持合适的分馏塔蒸发段温度，既要满足较低循环比运行的需求，又要防止蒸发段温度过高而干板；

② 在分馏塔底循环泵负荷允许的情况下，提高循环量，增加塔底扰动，防止结焦；

③ 对分馏塔顶循系统进行在线清洗，确保顶循系统长周期运行；

④ 利用好中子料位计，加强对生焦塔的监控，同时将原料质量流量计在线密度显示引入 DCS，依据原料在线密度显示和中子料位计指示变化趋势及时调整加工量，在确保长周期安全运行的前提下充分挖掘装置空余能力；

⑤ 及时注入消泡剂，降低泡沫层高度，减少焦炭塔塔顶油气中焦粉携带量，降低对后续系统的影响；

⑥ 加强设备日常维护。

5 效果检查

焦化装置经过一系列的优化操作，综合能耗由 2023 年能耗 48.17kgEO/t 降低至目前的 37.98kgEO/t，见表 1。

表 1 延迟焦化装置历年能耗对比表

小时用量	2023 年月均	2024 年月均
新鲜水/t	454	2826
循环水/t	1630264	2050130
除盐水/t	3097	3698
电/(kW·h)	2268770	2173477
3.5MPa 蒸汽/t	36868	30628
1.0MPa 蒸汽/t	-0.21	-0.15
燃料气单耗/(kg/t)	24.11	22.56
综合能耗/(kgEO/t)	48.17	37.98

6 结语

① 降低循环比，最大限度地提高装置处理量，应可有效降低能耗。

② 加强加热炉管理，控制合适的炉膛氧含量，提高加热炉效率，可降低瓦斯消耗。

③ 对各种机泵进行分门别类管理，特别是控制好高压水泵用电操作，可有效降低电单耗。

④ 装置长周期满负荷运行，利于降耗。

⑤ 从装置的本身特点出发，采取一些有针对性的措施，通过操作优化和小规模的技术

改造，也可降低装置电耗、汽耗和水耗等。

⑥ 合理利用焦化装置高温位余热，优化换热流程，可为装置的节能降耗增加新的亮点。

⑦ 保证做好两个平衡：提高蜡油、中段抽出温度，多产蒸汽与焦化装置分馏塔热量的平衡；提高处理量，原料性质、生焦时间、异味管控及焦炭塔安全空高之间的平衡。

参 考 文 献

[1] 瞿国华．延迟焦化工艺在重质/劣质原油加工过程中的地位和发展[J]．炼油技术与工程，2010，40(6)：1-7.

[2] 曹湘洪．我国炼油工业可持续发展的对策思考[J]．中外能源，2010，15(7)：65-72.

延迟焦化装置环保治理技术应用与探讨

申　剑

（中国石化荆门石化公司　湖北荆门 448000）

摘　要　针对延迟焦化装置在生产过程中产生的废气、废水、废渣及噪声等环境污染问题，深入分析现有环保治理技术的应用现状，探讨了当前治理技术存在的问题与挑战，并结合实际案例，总结了延迟焦化装置环保治理的有效措施，旨在为提升延迟焦化装置的环保水平，实现清洁生产与可持续发展提供理论依据和实践参考。

关键词　延迟焦化装置；环保治理；废气处理；废水处理；废渣处理；发展趋势

1　前言

延迟焦化是炼油工业中重要的二次加工工艺，通过将重质渣油转化为轻质油品和石油焦，在提高原油加工深度、生产高附加值产品方面发挥着关键作用。然而，延迟焦化装置在生产过程中会产生大量的废气、废水、废渣以及噪声等污染物，对生态环境和人体健康造成不良影响。随着全球环保意识的不断增强和环保法规的日益严格，对延迟焦化装置进行有效的环保治理已成为炼油企业实现可持续发展的必然选择。深入研究延迟焦化装置的环保治理技术，探索更加高效、经济、环保的治理方案具有重要的现实意义。

2　延迟焦化装置污染物产生及危害分析

2.1　废气

2.1.1　加热炉烟气

加热炉在燃烧燃料过程中会产生含有二氧化硫（SO_2）、氮氧化物（NO_x）、颗粒物等污染物的烟气。SO_2 排放到大气中会形成酸雨，腐蚀建筑物、破坏植被；NO_x 是形成光化学烟雾、酸雨和雾霾的重要前体物；颗粒物尤其是细颗粒物会被人体吸入，引发呼吸道疾病和心血管疾病。

2.1.2　装置泄漏及放空、除焦废气

装置运行过程中设备密封处可能出现泄漏，以及焦炭塔除焦过程中会排放含有挥发性有机化合物（VOCs）、硫化氢（H_2S）等污染物的废气。VOCs 是臭氧和二次有机气溶胶的重要前体物，会对大气环境和人体健康产生危害；H_2S 具有强烈的刺激性气味，低浓度接触对眼、呼吸道及中枢神经产生影响，高浓度可致人死亡。

2.2　废水

2.2.1　含硫污水

延迟焦化生产过程中产生的大量含硫污水，主要由焦化分馏塔塔顶回流罐污水接触冷却

塔塔顶回流罐污水以及吸收稳定单元的回流罐污水等组成，且污水中含有大量的焦粉油硫化物等污染物，存在易乳化、污水中油含量高、污水量波动大等特点，处理难度大。污水中携带的大量焦粉石油类在下游酸性水汽提装置汽提塔塔盘上沉积，堵塞塔盘，影响酸性水汽提装置的长周期安稳运行。

2.2.2　含油废水

装置中还会产生含油污水，废水中的油类物质漂浮在水面，阻碍水体复氧，影响水生生物的生存。

2.3　废渣

2.3.1　石油焦

石油焦是延迟焦化装置的主要固体产物，虽然大部分石油焦可作为工业原料进行利用，但在装卸、储存和运输过程中，若管理不善，会产生粉尘污染。

2.3.2　污水处理污泥

在废水处理过程中产生的污泥含有大量的有机物、重金属和残留的污染物，若处理不当，会造成土壤和地下水污染。

2.4　噪声

延迟焦化装置中的大型机械设备，如泵、压缩机、风机等在运行过程中会产生高强度噪声，操作人员长期暴露在噪声环境中，会对其听力和身心健康造成损害。

3　延迟焦化装置现有环保治理技术

3.1　废气治理技术

3.1.1　加热炉烟气治理

① 低氮燃烧技术：通过采用低氮燃烧器，优化燃烧条件，降低燃烧过程中 NO_x 的生成量。

② 加热炉烟气在线监控仪：通过实施加热炉烟气在线监控，实时监控加热炉烟气排放，确保烟气稳定达标排放。

③ 焦化脱后干气总硫分析在线仪：通过安装焦化脱后干气总硫分析在线仪，实时监控焦化脱后干气，及时指导焦化脱硫单元稳定运行。

3.1.2　装置泄漏、焦炭塔放空塔油气治理

① 泄漏检测与修复(LDAR)技术：定期对装置设备密封点进行检测，及时发现并修复泄漏点，减少 VOCs 和 H_2S 的无组织排放。

② 焦炭塔放空塔油气回收：将焦炭塔改放空油气引入放空塔，经放空塔冷却后进入富气压缩机入口分液罐，密闭回收焦炭塔放空油气。

3.1.3　冷焦水罐、污油罐罐顶气、除焦废气治理

冷焦水长期循环使用，冷焦过程中少量焦炭中残油随冷焦水进入冷焦水罐，冷焦水罐顶产生大量含烃废气。

系统污油进入焦化装置回收回炼，污油罐顶聚集含烃废气。

将来自冷焦水热水罐、冷焦水中间罐、污油罐、冷焦水冷水罐的罐顶气送至尾气脱硫塔，用贫胺液脱除其中的 H_2S，尾气脱硫塔塔顶气经脱硫塔塔顶水封罐及尾气风机增压后，

进入尾气分液罐脱液。脱液后的尾气引进加热炉的空气预热器前与空气混合作为配风进炉焚烧，除去罐顶气中 VOCs，实现达标排放。

冷焦水罐、污油罐等罐顶增设的氮封阀与罐顶压力联锁，罐顶压力既大于 0. 5kPa(表)关，又小于 0. 2kPa(表)开。

尾气分液罐至加热炉的罐顶气管线上设置紧急切断阀，切断阀后增设氮气吹扫管线，现场放空的管线设置紧急切断阀及阻爆轰型阻火器。当总烃在线分析仪总烃分析值≥25%LEL(爆炸下限)时，联锁关闭去加热炉切断阀，联锁开排空阀，并打开氮气吹扫阀。

罐顶气密闭处置项目投用后，冷焦水罐区、污油罐区周边大气环境得到显著改善，VOCs、H_2S 现场检测数据均为 0。

除焦过程中，产生大量异味气体污染周边大气环境。

将储焦池和沉淀池区域整个封闭，再对各收集点废气统一进行收集处理。

在焦炭塔顶盖机、溜焦槽、封闭焦池、蒸汽泄放点各处设置废气收集点，收集的废气先经过动力波反应器，与经循环洗涤水泵加压后的洗涤水接触，去除液态水及焦粉颗粒，然后送至废气洗涤吸收塔进行处理。废气在废气洗涤吸收塔下部首先经过碱液喷淋去除废气中的硫化物，随后经过除雾器及升温脱饱和后变为干燥气体，一部分干燥气体经焚烧风机加压后作为配风，进入加热炉焚烧，消除 VOCs 后达标排放；另一部分干燥气体进入活性炭吸附罐去除 VOCs，洁净气体经过主引风机加压后返回储焦池封闭区域进行气体置换。

焦池废气治理项目污染物设计及排放指标见表 1。

表 1　焦池废气治理项目污染物设计及排放指标　　mg/Nm^3

序号	项　　目	改造之前排放浓度	改造之后排放指标	国家排放标准限值	备注
1	非甲烷总烃	无组织排放	≤20	≤120	加热炉出口
2	H_2S	无组织排放	≤1	≤10	吸收塔出口
3	颗粒物	无组织排放	≤1	≤20	吸收塔出口

焦池废气治理项目投用后，焦化装置周边大气环境得到了根本性改变，焦粉随风飞扬现象彻底消除。

3. 2　废水治理技术

3. 2. 1　含硫污水

焦化装置含硫污水 pH 值呈碱性，有油水乳化现象，沉降分离罐不能实现油水彻底分离。

通过采用华东理工大学以亲疏水组合纤维物理强化破乳及内循环强化溶解油萃取分离为核心的高效低耗除油技术，通过分级分步处理，将游离态的分散油、悬浮油、乳化油以及部分溶解油通过分级分步的方法进行快速高效分离，与普通的加药—絮凝、气浮、沉降脱水等污水处理工艺相比，该工艺使污水中石油类去除精度可达 10mg/L，运行费用较传统斜板—气浮工艺可降低 70%以上，同时实现难降解溶解性有机物的协同去除，降低后续生化处理负荷。该技术操作简单、无须加药、节能环保且效果稳定。含硫污水分析数据见表 2。

表 2　含硫污水分析数据表

采样时间	采样位置	分析项目		
		石油类/(mg/L)	悬浮物/(mg/L)	COD/(mg/L)
2024 年 9 月 28 日 16:00	一级进水	17600	<0.8	—
	一级出水	162	<0.8	32000
	二级出水	84	<0.8	11900
	三级出水	78	<0.8	8730
2024 年 9 月 29 日 15:00	一级进水	26100	<0.8	—
	一级出水	8420	<0.8	30000
	二级出水	70.4	<0.8	21600
	三级出水	—	<0.8	19600
2024 年 9 月 30 日 11:00	一级进水	80000	<0.8	38900
	一级出水	36300	<0.8	23200
	二级出水	83	<0.8	16200
	三级出水	58	<0.8	14600

3.2.2　含油污水

焦化装置含油污水主要来源于机泵密封冷却水、雨水携带油花。

① 机泵密封冷却水可采取设置地下密封冷却水回收罐进行回收，一方面，减少含油污水排放；另一方面，实现密封冷却水回用，节约用水。

② 雨水携带油花，主要是装置内设备、管线泄漏，产生污染源，与雨水接触后产生含油污水，因此关键是减少泄漏点、及时回收清理泄漏点，同时设置含油污水提升池，密闭输送含油污水，并设置在线监控仪连续检测污水 COD 值、氨氮值、流量，减排与分流、源头管控与过程监控并举进行治理。

3.3　废渣治理技术

① 石油焦处理：采用密闭输送系统对石油焦进行装卸和运输，减少粉尘产生。

② 污水、污泥处理：将污泥通过螺杆泵小流量连续注入焦炭塔塔顶进行密闭回炼，是污泥处理的有效措施。

3.4　噪声治理技术

① 设备选型优化：在设备采购时，优先选择低噪声设备，从源头上降低噪声产生。

② 隔音降噪措施：对高噪声设备安装隔音罩、消声器，在装置高噪音区域设置隔音墙等，减少噪声的传播。

4　延迟焦化装置环保治理存在的问题与挑战

4.1　技术层面

① 治理技术的局限性：如冷焦水罐、污油罐顶气在总烃浓度高于联锁值时，为防止加热炉发生闪爆，罐顶气联锁后直排大气。

② 技术集成与优化不足：如污泥进入焦炭塔塔顶进行密闭回炼，若上游污泥处置不好，

泥沙等固体物含量偏高，将导致焦炭塔内石油焦灰分超质量控制指标；焦池废气密闭后，低温天气密闭仓内能见度低，影响天车正常装焦操作。

4.2 经济层面

① 环保治理投入大：建设和运行环保治理设施需要大量的资金投入，包括设备采购、安装调试、运行维护、药剂消耗等费用，给企业带来较大的经济压力。

② 投资回报周期长：环保治理项目通常难以直接产生经济效益，投资回报周期长，企业在环保投入方面的资金压力大。

5 延迟焦化装置环保治理技术发展趋势

5.1 污染物深度治理技术研发

① 开发新型高效处理技术：针对难降解污染物，研发新型的高级氧化技术、生物强化处理技术等，提高污染物的去除效率；对于废气中的复杂 VOCs 成分，开发更高效的吸附、催化氧化技术，实现污染物的深度净化。

② 多污染物协同控制技术：研究开发能够同时去除多种污染物的一体化技术，如废水处理中有机物与氮磷等污染物协同去除技术，简化处理流程，降低治理成本。

5.2 智能化与信息化管理应用

① 智能监测与控制系统：利用物联网、大数据、人工智能等技术，建立智能化的环境监测与控制系统，实现对污染物排放的实时监测、预警和精准控制，提高环保治理的自动化和智能化水平。

② 环保管理信息化平台建设：构建企业环保管理信息化平台，整合生产、环保治理、监测等数据，实现数据的共享和分析，为企业环保决策提供科学依据，提升环保管理效率和水平。

5.3 低碳与资源综合利用

① 余热回收与能源优化：进一步推广装置间物料热直供，提高装置的能源利用效率，降低碳排放；通过能源系统优化，实现能源的梯级利用，减少能源消耗。

② 资源循环利用技术发展：加强对石油焦、污水处理污泥等废渣的资源化利用技术研发，提高资源的综合利用率；探索从废气、废水中回收有用物质的技术，实现资源的循环利用，提高企业的经济效益和环境效益。

5.4 工艺与设备创新

① 绿色焦化工艺研发：开发新型的绿色延迟焦化工艺，从源头上减少污染物的产生，如采用催化焦化工艺、加氢焦化工艺等，减少废气、废水和废渣的排放量。

② 高效环保技术研发：研发高效、节能、环保的新型设备，如高效的脱硫剂、新型的废水处理膜组件等，提高环保治理效果和设备运行稳定性。

6 结语

延迟焦化装置的环保治理是炼油企业实现可持续发展的关键环节。目前，虽然已经有多种环保治理技术应用于延迟焦化装置，但仍面临着技术、经济和管理等多方面的问题与挑战。未来，延迟焦化装置环保治理技术将朝着污染物深度治理、智能化与信息化管理、低碳与资源综合利用以及工艺与设备创新等方向发展。企业仍需要通过不断研发和应用新技术、新设备，加强环保管理，持续提升延迟焦化装置的环保水平，推动炼油行业的绿色发展。

参 考 文 献

[1] 于亚飞．延迟焦化密闭除焦技术发展现状及展望[J]．辽宁化工，2023，52(1)：135-137.

[2] 龚朝兵，王大寿，胡博，等．焦化含硫污水处理技术进展综述[J]．石油化工技术与经济，2022，38(5)：59-62.

延迟焦化装置异味治理措施及优化探讨

何晓强

（中国石化高桥石化公司　上海 200000）

摘　要　本文针对高桥石化公司两套延迟焦化装置的异味治理问题，系统分析了焦炭塔开盖、除焦废气、放空塔污水及冷切焦水系统等主要异味来源。通过优化生焦周期、增设除焦废气治理设施、改造放空塔污水系统以及密闭收集冷切焦水罐废气等措施，显著降低了装置异味排放。然而，塔底除焦废气收集不完全、冷焦水罐废气泄漏等问题仍需进一步解决。研究为延迟焦化装置的环保治理提供了技术参考，并提出了后续密闭除焦等改进方向，以实现更高效的异味控制与达标排放。

关键词　延迟焦化；除焦废气；放空塔污水；水处理；异味治理

1　装置概况

中国石化高桥石化公司炼油加工工艺流程上共设置两套延迟焦化装置，分别为 1400kt/a 延迟焦化装置（以下称 1 号焦化装置）和 1200kt/a 延迟焦化装置（以下称 2 号焦化装置），两套装置均由中国石化工程建设有限公司（SEI）设计，均采用“一炉两塔”工艺方案，两套装置工艺流程设置大体一致，主要区别为在设计建设时共用解吸—稳定系统及冷切焦水处理系统，两套装置目前构成情况见表 1。

表 1　公司两套延迟焦化装置构成情况表

序号	项目	1 号焦化装置	2 号焦化装置
1	设计加工量	1400kt/a	1200kt/a
2	装置建设开工时间	2002 年 9 月	2007 年 12 月
3	工艺路线	一炉两塔	一炉两塔
4	设计循环比	0.2	0.2
5	主要单元	焦炭放空单元、分馏单元、压缩吸收单元、水处理单元（共用）	焦炭放空单元、分馏单元、压缩吸收单元、解吸稳定单元（共用）、脱硫单元
6	石油焦产品处理方式	溢流冷焦工艺，开盖水力除焦，敞开式焦池，管带机输送	
7	冷切焦水处理方式	水处理系统循环利用，冷焦水系统密闭，切焦水水系统敞开	

延迟焦化装置受限于石油焦产品生产及处理过程的工艺特点，焦炭在冷却、切除过程中会产生污水、粉尘、废气等污染物，特别是切焦水及冷焦水中含有大量硫化物，严重污染装置周围大气环境并对装置操作人员的身体健康造成危害[1]。在装置的焦炭塔区域及水处理区域会散发出大量有异味的 VOCs 废气未进行完全收集处置，造成装置在焦炭塔开盖、水处理转水等特定操作时段时，现场有轻微异味产生，不符合目前的环境保护要求。为对该部分的异味废气进行收集、处置，两套焦化装置通过生产操作调整、技术改进以及密闭收集等措施，对装置内不同种类废气进行分类收集、合规处置，实现了延迟焦化装置现场异味的有效整治。

2 装置异味治理措施

2.1 操作调整优化

延迟焦化装置根据石油焦生产特点，对两个焦炭塔进行周期性切换使用，为满足装置加工负荷的需求，同时尽可能降低石油焦处理后温度，减少现场异味排放，两套焦化装置对焦炭塔生焦周期不断地进行优化调整，适当延长焦炭塔冷焦时间至 7~8h，在满足生产需求的前提下，实现了降低焦炭塔开盖时异味的产生，提高了装置的环保水平。优化后两套装置典型的生焦周期安排见表 2。

表 2 延迟焦化焦炭塔典型生焦周期操作时间安排表(20h 生焦周期)

设备位号	操作步骤	日期时间	第 1d	第 2d	第 3d	第 4d	第 5d
1 号焦化装置							
C101/1 北塔	切换			1:00	17:00		9:00
	小吹汽	1		1:05	17:05		9:05
	大吹汽	2		2:00	18:00		10:00
	冷焦、溢流	8		4:00	20:05		12:00
	放水	1.5		12:00		3:30	19:00
	除焦	2		13:30		5:00	21:00
	试压预热	5.5		15:30		7:00	23:00
C101/2 南塔	切换		5:00	21:00		13:00	
	小吹汽	1	5:05	21:05		13:05	
	大吹汽	2	6:00	22:00		14:00	
	冷焦、溢流	8	8:10		0:00、	16:00	
	放水	1.5	15:30		7:00		0:00
	除焦	2	17:00		9:00		1:30
	试压预热	5.5	19:00		11:00		3:30
2 号焦化装置							
C2101A 南塔	切换		15:00		7:00	23:00	
	小吹汽	1	15:05		7:05	23:05	
	大吹汽	2	16:00		8:05		0:00
	冷焦、溢流	8	18:00		10:00		2:00
	放水	1.5		2:00	18:00		9:00
	除焦	2		3:30	19:30		10:30
	试压预热	5.5		5:30	21:30		13:30
C2101B 北塔	切换			11:00		3:00	19:00
	小吹汽	1		11:05		3:05	19:05
	大吹汽	2		12:00		4:00	20:05
	冷焦、溢流	8		14:00		6:00	22:00
	放水	1.5	6:00	22:00		14:00	
	除焦	2	7:30	23:30		15:30	
	试压预热	5.5	9:30		1:30	17:30	

2.2 增设除焦废气异味治理设施

为解决装置焦炭塔开盖、除焦以及水处理冷焦水系统异味问题，两套焦化装置于 2018 年 5 月检修期间，设计新增了除焦废气异味治理设施，对焦炭塔开顶/底盖以及切焦过程中排放的废蒸汽及含硫化物烃类等废气进行收集及处理，采用“废气收集+冷凝/分液+液环泵抽真空+碱液循环吸收脱硫(备脱硫剂吸附)”技术，对焦化除焦废气进行脱水/除油/脱硫/脱臭处理后，去除高温废气中夹带的蒸汽、焦粉、硫化物和硫醇等，最终对不凝气设置在线烃含量分析仪，以达到进入加热炉风道进炉膛燃烧的条件，实现安全高效、清洁排放。装置增设的除焦废气异味治理设施流程示意如图 1 所示。

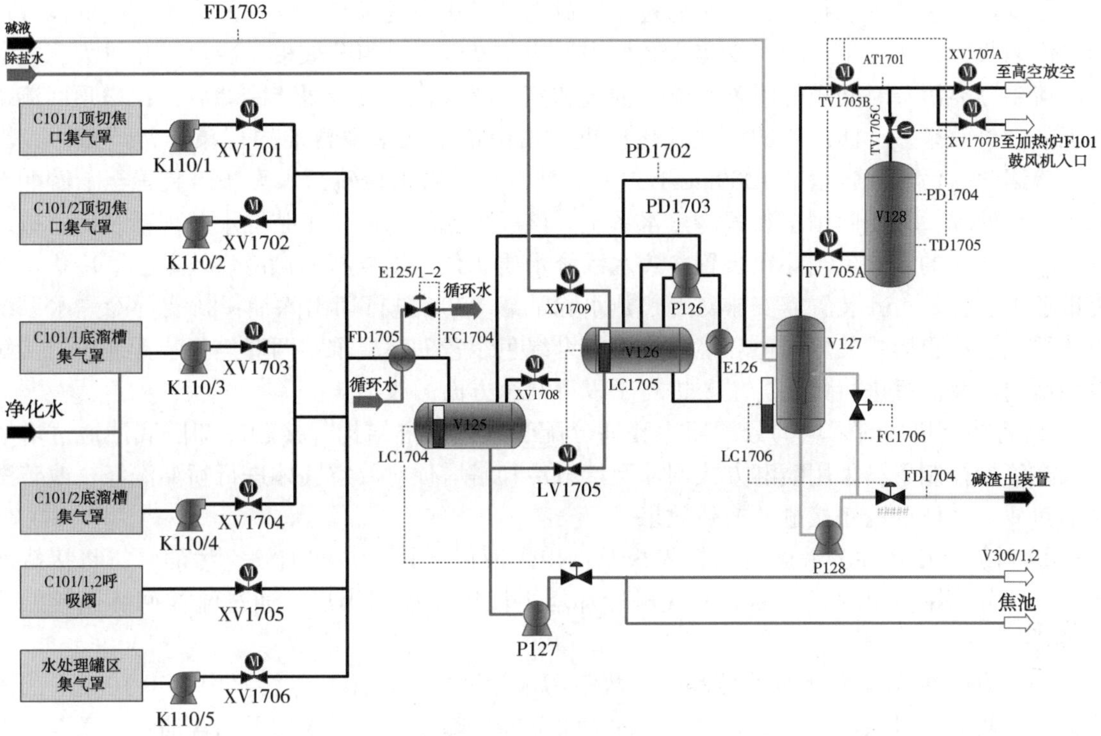

图 1　除焦废气异味治理设施流程示意图

该除焦废气异味治理设施投用，装置对设施运行情况不断地进行摸索、优化，最终顺利实现设施的有序、平稳运行，该设施投用后，装置对废气收集及处置情况进行采样分析，得出分析数据见表 3。

表 3　除焦废气异味治理设施采样分析成绩统计表

项　　目		第 1 次	第 2 次	第 3 次
除焦废气 H_2S 含量/(mg/m^3)		0	0	0
净化废气 H_2S 含量/(mg/m^3)		0	0	0
除焦废气改进加热炉前烟气数据	CO_2/%	8.6	8.2	8.0
	O_2/%	2.4	2.6	2.6
	CO/%	0	0	0

续表

项目		第1次	第2次	第3次
除焦废气改进加热炉后烟气数据	CO_2/%	8.0	7.8	7.8
	O_2/%	3.0	3.0	3.2
	CO/%	0	0	0

通过分析数据可以得出，装置除焦废气异味治理设施净化尾气改进加热炉后，对加热炉的操作及排放无明显影响，现场异味得到明显改善，达到预期效果。

2.3 放空塔系统污水处置优化

根据焦化装置工艺特点，通常通过设置放空塔对焦炭塔预热、吹汽及冷焦期间的油气进行洗涤回收，在实际生产中，受焦炭塔塔内反应不充分、重组分较多，冷焦气化量大，放空塔回流罐分离沉降时间短等因素影响，油气和蒸汽混合物经过冷凝、冷却后，在塔顶回流罐内沉降分离效果差，回流罐的污油乳化严重，油中带水和水中含油的现象非常严重[2]，塔顶分液罐含硫污水油含量在1000mg/L左右，使放空塔塔顶含硫污水无法出装置至下游酸性水中进行处理，只能回用至装置冷焦水系统。该股含硫污水回用至装置水处理系统后，造成以下三个方面的影响：①导致装置冷焦水系统水质恶化，影响石油焦冷焦效果；②冷焦水系统带油严重，每15d装置需安排对冷焦热水除油罐V306进行切出除油；③装置冷焦水系统异味严重，严重影响装置周边环境，也不符合绿色装置创建要求。两套焦化装置通过对接触冷却塔内件及流程进行优化，主要进行了以下几个方面的改造：

① 将放空塔回流入塔的分配器由普通分配管改为喷淋结构，接触冷却塔底油通过塔塔底泵在流量控制下，采用喷淋方式回流至接触冷却塔塔顶对放空气体进行喷淋洗涤，改善洗涤油对放空气体的洗涤接触及换热效果。

② 对放空塔塔顶分液罐内增加隔板及抽出、液位开孔，并增加放空污油泵，将接触冷却塔塔顶分离罐分出的轻污油打入接触冷却塔下段回流控制阀后，通过流控回炼至接触冷却塔。

③ 增加一台放空污水过滤器和一台放空污水除油器，过滤放空污水中大于100μm的固体颗粒，然后通过除油器加强放空污水的油水分离，降低放空污水的平均含油量，送至酸性水汽提装置处理，除油器顶部污油至放空塔塔顶分液罐回炼。

放空塔塔顶污水处理设施流程改造示意图如图2所示。

装置通过对放空塔及罐顶分液罐进行改造，增加相关除油除焦设施，对塔顶废水进行过滤、除油处理后，装置放空污水通过除油器将放空污水的含油量稳定降至400mg/L以下，至下游酸性水汽提装置处理，实现了装置放空塔系统污水的稳定达标排放，改善了装置内冷焦水系统的水质。装置改造后放空污水采用分析数据见表4。

表4 装置改造后放空污水采用分析数据统计表

序号	年份	含油量平均值/(mg/L)	序号	年份	含油量平均值/(mg/L)
1	2018年(改造前)	1000	5	2021年	327.6
2	2018年(改造后)	168.6	6	2022年	167.2
3	2019年	146.8	7	2023年	62.2
4	2020年	260.6	8	2024年	40.1

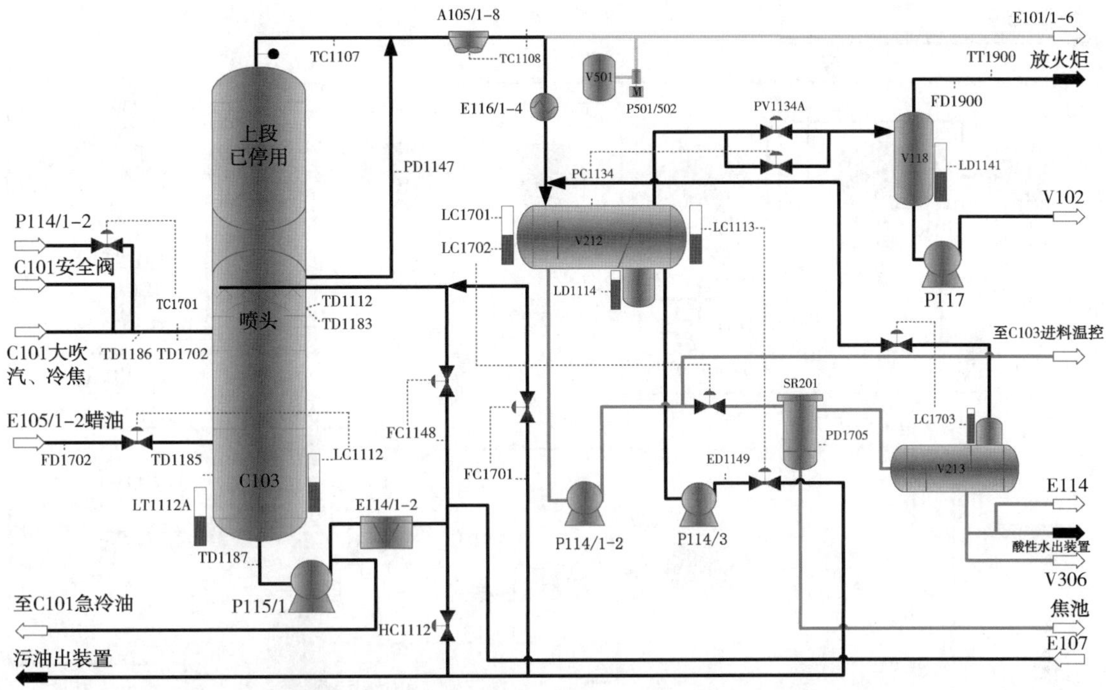

图 2　装置改造后放空塔塔顶污水系统流程示意图

2.4　冷切焦水处理系统废气治理

延迟焦化装置水处理系统设置主要为石油焦产品的处理工序中冷焦和除焦使用，为降低装置运行能耗，装置内部冷切焦水循环使用。石油焦冷焦期间，通过冷焦水的气化带走石油焦中的热量，将石油焦冷却至 120℃以下，石油焦中溶于水的部分挥发性组分随冷焦水携带至冷焦水罐中，在水罐进料期间，部分异味组分从罐顶呼吸阀中排出，导致现场异味产生。公司两套焦化装置共用一套冷切焦水处理，该系统流程示意如图 3 所示。

装置通过对水处理区域各水罐进行排查梳理，分析认为切焦水系统水质相对较好，同时温度也相对较低，水面实际 VOCs 检测数据最高约 20mg/kg，故暂不进行整治。装置冷焦水系统存在带油情况，同时温度较高（V306 内温度最高，约 90℃），挥发性 VOCs 含量高，故首先考虑对冷焦水系统水罐、污油罐进行废气整治考虑。装置在 2018 年、2021 年分阶段对冷焦水系统除油罐 V306、水罐 V1511、污油罐 V308 顶废气进行收集整治，实现了罐顶废气的清洁达标排放。

2.4.1　冷焦水除油罐 V306

装置共设置两台冷焦水除油罐（V-306/1，2），容积为 $1600m^3$/台，冷焦水除油罐为公司两套焦化装置共用设备，用于焦炭塔冷焦水的沉降及除油。当冷焦水排入冷焦水除油罐时，罐顶废气通过管道收集先进入脱臭罐处理，脱臭罐为敞口非密闭设备，采用贫胺液进行脱硫除臭，除臭后的废气通过高空排放。装置生产过程中，两台冷焦水除油罐（V-306/1，2）液位在 1h 内同时最大上升值约为罐高 30%，即进料量最大为 $Q=3.14\times6.9\times6.9\times13\times30\%\times2\approx1166m^3/h$。废气量较大，同时可能携带较多的 VOCs 组分，装置在除焦废气异味治理项目中将该股废气进行收集，通过在罐顶除臭罐出口增加集气罩及轴流风机，将废气引入除焦废气处理设施，与焦炭塔系统除焦废气混合，经过预处理后最终送至加热炉炉膛作为配风燃烧，实现清洁排放，废气收集处理流程图如图 1 中“水处理罐区集气罩”部分所示。同时，

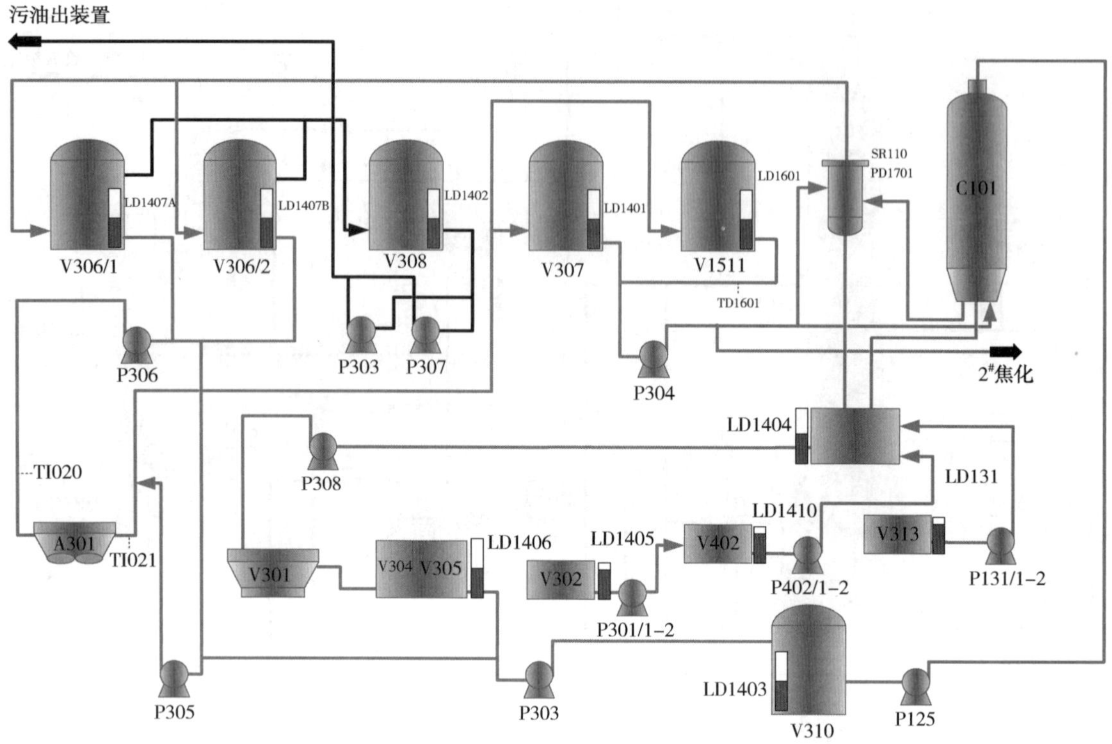

图 3　装置冷切焦水系统流程示意图

因 V306 两台罐顶呼吸阀规格较为老旧，在日常运行中存在密封不严、废气外漏等问题，装置通过对呼吸阀更新为高效环保呼吸阀，并控制罐内压力在呼吸阀泄放压力以下，消除了呼吸阀处的废气泄漏情况，呼吸阀更新前后对比情况如图 4 所示。

图 4　装置 V306 呼吸阀更新前后对比示意图

2.4.2　冷焦水罐 V1511

装置焦炭塔运行到冷焦时，将冷焦水罐 V1511 中冷焦水送入焦炭塔进行冷焦，再通过冷焦水过滤器过滤焦粉后排入冷焦水除油罐进行沉降、除油，然后冷焦热水用循环热水泵输送，经过冷焦水空冷器冷却降温后，最后送至冷焦水罐 V1511 进行循环使用。装置冷焦水罐 V1511 总罐容 5000m³，罐顶呼吸阀排气 VOCs 监测值为 1600mg/m³，存在排放的废气浓度较高、气量大、间断排放、硫含量低等特点，故装置改造将此股废气引入 1 号焦化装置加热炉进行高温氧化处理。具体方案为：在冷焦水罐呼吸阀口处设置集气罩，用新增废气风机对集气罩收集的罐顶气进行抽吸，然后输送至新增的废气分液罐分离废气中夹带的液体，最后再至 1 号焦化装置加热炉作为配风使用，经加热炉炉膛高温氧化后实现清洁排放。装置冷焦水罐 V1511 废气收集流程示意如图 5 所示。

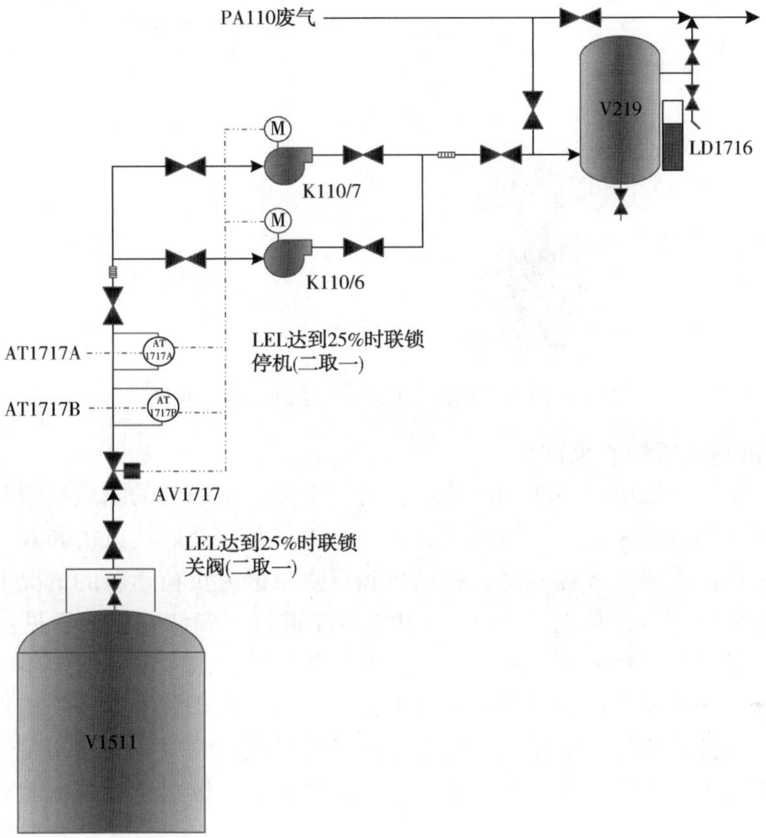

图 5 装置冷焦水罐 V1511 废气治理流程示意图

2.4.3 污油罐 V308

装置污油罐 V308 主要为水处理区域水罐顶撇油至罐内进行收集沉降，通过罐底泵送出装置至下游储运部污油罐进行后续处理。污油罐 V308 总罐容 500m³，罐顶呼吸阀排气 VOCs 监测值为 13000mg/m³，排放的废气具有浓度高、气量小、间断排放的特点，不应送入加热炉炉膛进行氧化焚烧处理，故装置将污油罐进行密闭改造，设置氮封和废气收集系统，再将罐顶废气外送至储运部罐区现有废气处理设施，采用“低温柴油吸收+碱洗脱臭工艺”进行处理后，最终送至催化裂化装置再生器氧化处理合格后排放。装置污油罐 V308 废气收集流程示意如图 6 所示。

3 装置目前在异味治理方面仍存在的问题及改进建议

装置对焦炭塔系统、水处理系统各异味产生情况进行了梳理、整治，但目前在已有废气处理设施或未进行整治的异味方面仍存在或多或少的问题，主要体现在以下几个方面。

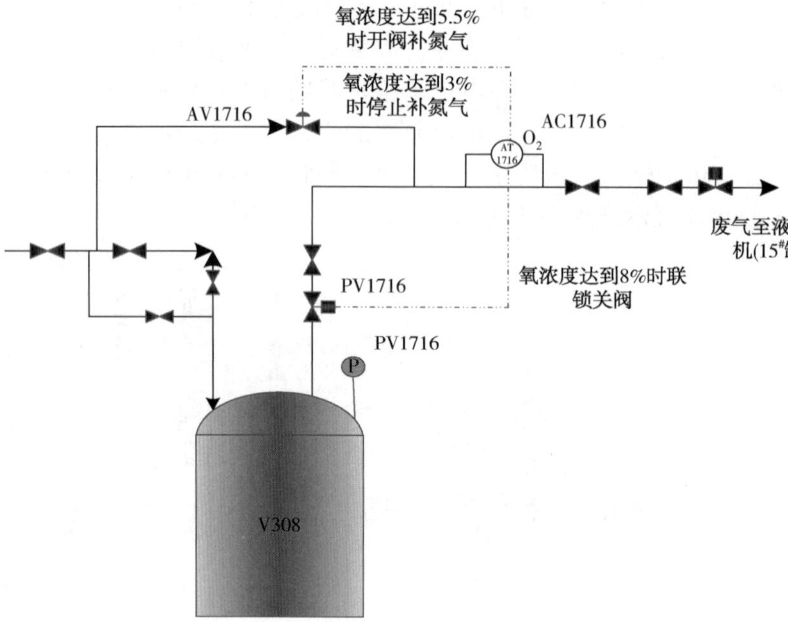

图6　装置污油罐 V308 废气治理流程示意图

3.1　塔底除焦废气的收集问题

装置在对焦炭塔塔底废气收集的改造中，对每个焦炭塔塔底的除焦溜槽都增加了一个集气罩，但从实际使用效果来看，在除焦过程中，该集气罩以及后续风机和真空泵的抽送能力无法满足生产和环保需要，除焦期间，在风机和真空泵最大负荷运转的情况下，塔底仍有大量的蒸汽并伴有异味。装置与设计方(SEI)对该情况进行了确认并反馈意见：表明该套废气处理设施的设计是以焦炭塔塔顶、底废气量并入加热炉后，最大值情况下不处于爆炸极限范围的设计为前提，并兼顾占地和投资等综合因素考虑，该套系统主要用于焦炭塔开盖时的瞬间抽气并尽量减少其他废气点的排放，对于焦炭塔呼吸阀的泄放尤其是切焦过程中产生的大量蒸汽，该套系统不具备完全抽引处理能力。该问题需在后续焦化装置密闭除焦项目改造中完善改进。

3.2　冷焦水除油罐顶废气收集不完全

由于装置冷焦水热水除油罐罐顶废气脱臭罐顶集气罩与罐顶原设计为非密闭连接，加上引风机抽力不足，在焦炭塔溢流放水期间除臭罐罐顶废气量增大，风机无法将脱臭后的废气全部抽至除焦废气治理设施，部分废气泄漏至空气中，导致脱臭罐罐顶周围异味较大，影响操作人员身体健康，且不符合环保要求。另外，脱臭罐为敞口设备，脱硫溶剂(醇胺)与空气直接接触会发生氧化降解，导致溶剂发泡、吸收脱硫能力下降，不利于下游装置的长周期运行。在后续的装置异味整治过程中，应改进该罐的废气收集治理方式，将废气完全收集，实现达标排放。

3.3　酸性水处理系统废气未进行收集处置

装置原设计两套焦化酸性水先进入1#焦化装置除油罐 V03 中储存，经静置油水分离后，上层污油经撇油口自流至储油罐 V-06 中储存，下层酸性水经污水提升泵(P-03、04)输送至均质罐区，最终送至3#酸性水汽提装置进行处理。因为1#焦化装置除油罐 V03、储油罐 V-06 罐顶废气一直未进行废气收集和处理，现场异味严重，企业的环保压力较大，故自

2018年起，两套焦化酸性水改为直接送至均质罐区，由于焦化装置生产特点，酸性水中含油、焦粉较多，不利于下游酸性水汽提装置的长周期运行。故在后续的装置优化改造中，应将装置酸性水预处理设施废气进行收集处理，确保设施有效投用，同时减少现场异味。

3.4 装置储焦池、切焦水系统水池未进行密闭收集

装置切焦水系统虽然水质较好，现场异味情况也在管控范围内，但随着目前环保要求日益严格，含VOCs介质敞口容器始终不符合环保要求，在后续装置的异味整治过程中，应积极推进装置密闭除焦和切焦水系统的异味治理改造项目的实施。

4 结语

装置通过对延迟焦化装置内异味产生部位进行梳理、排查，通过工艺调整、技术改进等措施，对装置内异味废气进行分类处置，实现了装置现场环境的改善、废气的达标排放，针对装置异味治理方面仍存在的问题进行收集并提出后续改进建议，为焦化装置的异味治理提出了改进方向。

参 考 文 献

[1] 党建军，龚朝兵．冷切焦水一体化处理技术在惠炼延迟焦化装置的应用[J]．广东化工，2010，37(6)：125-126.

[2] 俞欢．延迟焦化装置降低冷焦水系统异味的研究[J]．化工管理，2025(1)：119-122.

低负荷延迟焦化装置掺炼三泥的问题分析及对策

王乐毅

（中国石化河南炼化公司　河南洛阳 471000）

摘　要　由于原料不足，焦化装置的负荷降为原来的64%（进料量为90t/h），每个生焦周期只能掺炼三泥8t，随着掺炼三泥量的逐渐增加，出现了焦炭和冷焦水臭味大、冷焦水中油含量增加的现象。分析认为主要原因是焦炭塔的热量不够，把三泥注入节点由给水初期改为大吹汽中后期，借助装置的大吹汽节能系统，使三泥和140℃凝结水在平衡管中混合后进入焦炭塔进行掺炼，成功解决了掺炼三泥量与掺炼三泥造成二次污染的矛盾，同时也避免了处理过程中因三泥泵断量引发泡沫层回流或颗粒浮渣沉降堵塞生焦孔的难题。每个生焦周期掺炼三泥量可以达到23t，有效地缓解了三泥处理的环保难题，增加经济效益达26万元/a。

关键词　延迟焦化；低负荷；大吹汽节能系统；三泥掺炼

1　前言

炼油过程中的含油污泥主要由排水车间污水处理场的池底泥、浮渣、活性污泥，油气车间三相分离后的油泥等组成，简称为三泥[1]。目前利用延迟焦化装置处理三泥的方法主要有三种：一是三泥与冷焦水混合后进入焦炭塔，对热焦炭进行冷却，重组分的有机质被焦化或分散在焦炭的微孔内，轻质烃类被回收，三泥中的污水则进入冷焦水处理系统；二是三泥与接触冷却塔塔底泵提升的重质循环油混合进入接触冷却塔顶部，与焦炭塔吹汽、冷焦时产生的大量蒸汽及少量油气在塔内逆向接触换热[2]；三是三泥取代部分急冷油从焦炭塔顶部直接注入塔内，和上升的450℃高温油气接触，三泥中的水分被蒸发，有机物和焦化料一起成为焦炭[3]。洛阳石化140Mt/a延迟焦化装置自2023年9月12日开始采用方法一掺炼三泥，掺炼三泥量为每个生焦周期20t，产品质量合格。自2024年来，装置的进料量降为原来的64%（90t/h），每个生焦周期掺炼三泥8t，虽然焦炭和冷焦水的质量都合格，但是当掺炼三泥量大于10t时，在焦炭塔放水时出现了冷焦水油气味大、冷焦水油含量超标的现象，造成了二次污染。对三泥掺炼的原理及操作数据进行分析，认为影响三泥掺炼量的关键因素是焦炭塔顶温，利用大吹汽节能系统，将掺炼三泥的节点由给水初期改为大吹汽中后期，使三泥和140℃凝结水混合后进入焦炭塔，此时三泥掺炼的温度由380℃提高到430℃，成功解决了这个难题。

2　延迟焦化掺炼三泥工艺原理

延迟焦化装置掺炼三泥的工艺原理：将三泥经过泵升压后和冷焦水一起注入延迟焦化装

置已停止进料的焦炭塔(俗称处理塔)。含油污泥在塔底350℃以上的高温焦床中骤热汽化，浮渣中90%的水、轻质烃气化形成气流并携带浮渣中300℃以上的重质烃及灰分沿焦床中直径约240mm的油气孔道迅速上升，在塔顶，由于体积膨胀，流速减缓，固体灰分及难气化的重质烃沉降进入焦炭塔顶部约400℃的泡沫焦层中，重质烃则继续与泡沫层中的自由相进一步进行焦化反应，体积缩小，最终形成松软的泡沫层[4]。

洛阳石化延迟焦化装置掺炼三泥流程如图1所示，具体步骤为：在焦炭塔切换四通阀后，先用1.0MPa蒸汽对处理塔进行1h的小吹汽(蒸汽量4t/h)，然后运用大吹汽节能系统进行2h的大吹汽；在冷焦给水阶段开始掺炼三泥，一开始开给水泵提水量至150t/h，贯通给水线，待处理塔塔底温度开始下降，确认水进焦炭塔后，降水量至30~40t/h，开三泥掺炼泵，控制三泥量在10~15t/h，使三泥和冷焦水混合后进入焦炭塔，焦炭塔塔顶温度降至280℃时停止掺炼，继续小给水。

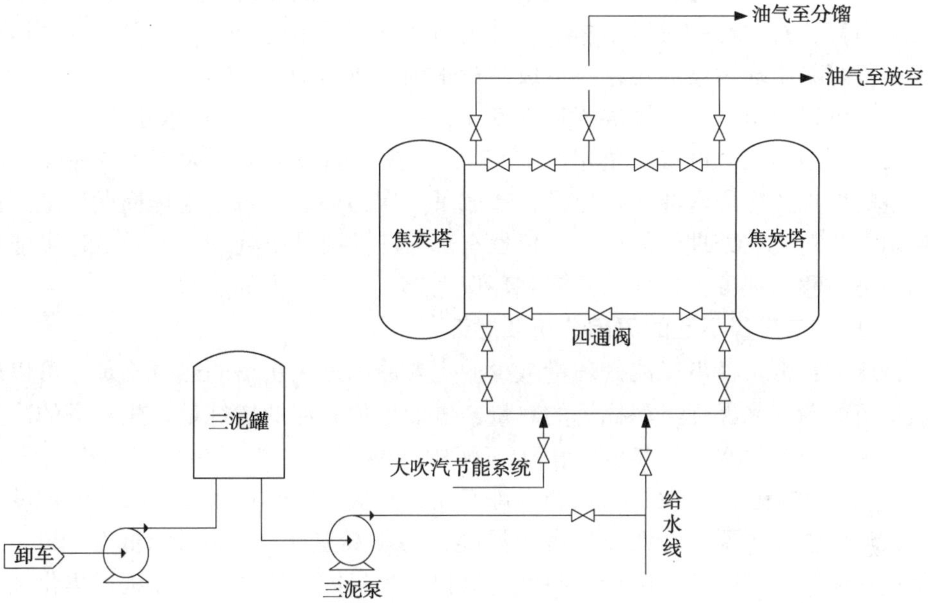

图1　延迟焦化装置掺炼三泥流程

3　存在的问题及对策

为了解决延迟焦化装置掺炼三泥量与冷焦水中油含量超标的问题，装置2024年3月1日至9日进行了三泥掺炼的实验，每天记录一次数据，掺炼三泥数据见表1。

表1　延迟焦化处理三泥的操作数据

项目		1	2	3	4	5	6	7	8	9
三泥	三泥注入量/(t/h)	15	15	15	15	15	15	15	15	15
	注入时间/h	0.5	0.5	0.4	0.5	0.6	0.8	0.8	1.0	1.2
	三泥掺炼量/t	8	7	8	8	9	10	12	15	18
	塔顶起始温度/℃	380	381	379	380	381	380	380	378	382
	塔顶终止温度/℃	280	280	280	280	280	280	260	250	240

续表

项目		1	2	3	4	5	6	7	8	9
石油焦	挥发分/%(质)	10.01	9.07	8.26	8.83	9.5	9.76	9.32	8.27	8.3
	灰分/%(质)	0.48	0.28	0.34	0.36	0.44	0.44	0.36	0.35	0.3
	硫/%(质)	2.16	1.72	2.09	2.5	2.48	2.38	2.54	2.73	3.59
冷焦水	ρ(油)/(mg/L)	89	8.22	41.3	45.6	49	160	168	180	192
	pH 值	9.65	7.54	8.05	8.05	8.05	8.1	8	7.2	7.8

3.1 掺炼三泥对产品质量的影响

根据中国石油化工集团公司企业标准 Q/SH PRD 392—2010《石油焦》3B、4A 之规定，石油焦灰分质量分数应不大于 0.8%，挥发分质量分数不大于 15%，冷焦水中油质量浓度不大于 150mg/L。由表 1 可看出，处理三泥量的大小与石油焦的质量没有明显关系。所以就三泥掺炼量而言，石油焦的质量基本不会受到所掺炼三泥量的影响，主要受处理塔塔顶温的影响，控制不好易出现污染的转移，造成冷焦水油含量增加。

由表 1 可以看出，当三泥掺炼量在 9t 以下时，石油焦、冷焦水正常采样后分析未出现不合格现象，但是当三泥掺炼量超过 10t 时，冷焦水油质量浓度大于 150mg/L，而且随着三泥掺炼量的增加，冷焦水油含量上升，造成了二次污染。而每个生焦周期处理三泥 8t，不能满足洛阳石化对三泥处理量的要求，仍然有部分三泥要外委处理。外委处理可能会出现二次污染和污染转移的现象，这样在经济和环保上都要承受较大的压力。

3.2 掺炼三泥量不足的原因分析及对策

分析认为：低负荷下三泥处理量减少的主要原因是焦炭塔的热量不足，可以通过改变三泥进焦炭塔的节点来保证三泥掺炼的热量，进而增加三泥的掺炼量。焦炭塔的冷焦过程分为小吹汽—大吹汽—给水三个步骤，由于三泥中 90%以上的组分为水，在小吹汽阶段掺炼三泥对分馏系统影响较大，在给水初期掺炼三泥，焦炭塔的热量不足，掺炼三泥的量有限。焦炭塔大吹汽的作用主要是降低焦炭塔的温度，将焦炭温度从 430℃ 降低至 380℃ 左右，为后续给水创造条件，同时还可以最大限度地汽提出焦炭内轻质油，增加延迟焦化装置的液体收率，降低焦炭挥发分含量，减少焦炭收率[5]。三泥在大吹汽阶段进行掺炼，既可以避免掺炼三泥对分馏系统的影响，还可以保证三泥掺炼时的热量以及三泥掺炼量。同时为了防止处理过程中因操作或者三泥泵断量而引起泡沫层回流或颗粒浮渣沉降，在掺炼三泥期间利用大吹汽节能系统持续向焦炭塔中通入凝结水。在大吹汽时进行掺炼，由于三泥温度较低，和高温焦炭的传热温差较大，三泥和 145℃ 的凝结水混合后，避免了低温液相水靠近或直接接触焦炭塔壁而导致焦炭塔塔壁温降速率过高的现象，预防了焦炭塔热应力疲劳损坏。

延迟焦化大吹汽节能系统是以专用雾化器为核心，1.0MPa 蒸汽以及水进入雾化器后，在喷嘴及导流器件作用下，将凝结水雾化成微米级雾滴，凝结水和蒸汽在雾化器内混合并雾化，以水雾的形式经原有大吹汽管线进入焦炭塔，雾化后水的体积已经初步膨胀，避免了凝结水直接接触焦炭塔内高温焦炭层汽化发生急剧膨胀而产生炸焦、震动等风险。该工艺配套专用的 PLC 控制系统，对整个大吹汽进行自动控制。在大吹汽时，根据焦炭塔塔顶压力和塔壁温降速率，调节 1.0MPa 蒸汽量和代替蒸汽用凝结水量，将焦炭塔塔壁温降速率以及焦炭塔塔顶压力控制在工艺要求范围内。在整个大吹汽中，蒸汽和水的比例随焦炭塔内焦炭温度的变化而变化。大吹汽初期，由于焦炭温度较高，进入焦炭塔凝结水量较小，确保焦炭塔塔壁温降速率符合工艺要求。随着焦炭温度下降，进入焦炭塔凝结水的量逐渐增加，1.0MPa 蒸汽流量逐步降低。大吹汽节能系统使用蒸汽和凝结水的量见表 2。

表 2 大吹汽节能系统蒸汽和水用量表

系统运行时间/min	3	6	9	12	15	20	30	40
蒸汽/t	5	6	7	8	9	9	8	6
水/t	0	1.3	1.6	2	2.1	2	3	4

3.3 在大吹汽中后期掺炼三泥

为提高掺炼温度，将焦炭塔大吹汽时间由 1.5h 延长为 2.5h，利用装置大吹汽节能系统，将掺炼三泥的节点由给水初期改为大吹汽中后期，掺炼三泥的温度由原来的 380℃提高到 430℃，提高了三泥的气化、反应温度，减少了焦炭含油量。

改进后掺炼三泥的步骤：借助装置的大吹汽节能系统，在大吹汽 1h 后，焦炭塔顶温为 430℃，大吹汽节能系统的蒸汽量为 1t/h，凝结水量为 7t/h，为了防止水击，停用蒸汽，保证凝结水的量为 7t/h，打通三泥掺炼流程。开三泥泵，开始控制三泥量为 10~15t/h，10min 后可调整到 15~20t/h，使三泥和凝结水混合后进入焦炭塔。三泥掺炼期间，为避免三泥温度低造成焦炭降温过快，出现炸焦等危险，使三泥和凝结水在平衡管中混合后进入焦炭塔，掺炼时间为 1.5h，掺炼量为 22t。改进后装置处理三泥的数据见表 3。

表 3 改进后装置处理三泥的数据

项目		1	2	3	4	5	6	7	8
三泥	三泥注入量/(t/h)	15	18	20	20	20	20	21	21
	注入时间/h	1	1	1	1.2	1.1	1.1	1.1	1.1
	三泥掺炼量/t	15	18	20	24	22	22	23	23.1
	塔顶起始温度/℃	430	430	423	420	420	421	422	419
	塔顶终止温度/℃	390	392	393	389	391	390	387	385
石油焦	挥发分/%(质)	8.27	8.63	8.81	9.12	9.5	9.76	9.8	9.9
	灰分/%(质)	0.48	0.28	0.58	0.57	0.44	0.44	0.4	0.35
	硫/%(质)	1.65	1.66	2.09	2.48	2.58	2.38	2.6	2.83
冷焦水	ρ(油)/(mg/L)	75	86	87	93	98	70	87	95
	pH 值	9.25	7.84	8.32	8.07	8.09	8.21	9	7.37

从表 3 可以看出：将掺炼三泥的节点由给水初期改为大吹汽中后期，保证了掺炼三泥的热量。从 2024 年 6 月 1 日至 9 日，三泥掺炼量由 15t 增加到 23t，并未出现冷焦水油含量超标、二次污染的现象。因此，将掺炼三泥的节点由给水初期改为大吹汽中后期成功解决了掺炼三泥量增加与冷焦水油含量超标的难题。

4 注意事项

① 三泥和凝结水混合后一起进焦炭塔，保证了三泥进焦炭塔的温度，同时防止了水击，但是大吹汽时凝结水的消耗量增加，由原来的 5t 增加到 10t，需要及时关闭凝结水排入焦池的阀门，提前拉高凝结水罐的液位，防止凝结水罐抽干。

② 大吹汽节能系统蒸汽停用后，及时开大凝结水，控制好衔接时间，保证凝结水进焦

炭塔的量，防止黏油回落堵塞生焦孔。

③ 在大吹汽后期掺炼三泥，焦炭塔内部热量大，会有少量焦粉被带入放空塔系统，造成放空塔塔底过滤器堵塞。掺炼时，可利用放空系统的压控阀，根据焦炭塔的压力情况，控制放空系统的压力，避免因两者的压力差过大，油气线速度高，焦粉被携带进放空塔。

④ 污水处理厂来的三泥含水量极不稳定，有时非常黏稠，为了保证三泥的良好流动性能，浮渣必须是浓缩后未经脱水的，应避免分层后再送，稳定含水质量分数在90%以上，保证输送三泥时的流动性。

5 结语

对延迟焦化装置掺炼三泥的原理和数据进行分析，得出了影响三泥掺炼量的主要因素——焦炭塔顶温，通过调整掺炼三泥的节点，三泥的掺炼温度提高了50℃，合理地利用了焦炭塔的热量，每个生焦周期可多掺炼三泥15t，每年可多掺炼三泥3200t，掺炼三泥的效益达到26万元/a，同时也解决了装置的环保难题。

参 考 文 献

[1] 江岩，程浩，杨岳，等．炼油厂含油污泥无害化处理工艺研究[J]．石化技术与应用，2010，28(5)：419-422.

[2] 吴振华．延迟焦化焦炭塔大吹汽节能改造[J]．炼油技术与工程，2013，43(4)：48-50.

[3] 孙松柏，郭守学，熊志强．采用新工艺处理延迟焦化冷焦水恶臭污染[J]．安全、健康和环境，2007(1)：27-28.

[4] 瞿国华．延迟焦化工艺与工程(精)[M]．北京：中国石化出版社，2008.

[5] 王晓强，王文斌，涂连涛．焦炭塔间歇操作对分馏系统的影响及改进[J]．炼油技术与工程，2014，44(4)：13-16.

延迟焦化含硫污水除油除焦粉技术的工业化应用

赵　岩

（中国石化河南炼化公司　河南洛阳 471100）

摘　要　随着劣质重油在炼厂原油中所占份额的不断提高，延迟焦化装置掺炼越来越多的高残炭、高金属质量分数原料，导致装置产生的污水中乳化带焦粉情况也越发严重。鉴于目前采用的脱油除焦粉办法处理不彻底，下游汽提装置易结焦堵塞的情况，本文提出一种新的无药剂预处理工艺，该工艺以“旋流溶气气浮+聚结除油”为核心，辅之以过滤器除焦粉，作为汽提装置的预处理工艺。结果表明，在小吹汽阶段平均除油率高达99.86%，出口悬浮物含量仅为6.33mg/L，处理过程无药剂加入，高品质轻污油可回收利用，为同类污水资源化处理提供参考。

关键词　延迟焦化装置；含硫污水；除油；焦粉

1　背景

1.1　延迟焦化

一般原油经过电脱盐处理后进入石油加工的第一道工序常减压蒸馏后可以得到汽油、煤油及柴油等轻质油品仅10%~40%[1]，其余的重质馏分及残渣油需要进行二次加工才能得到轻质油品。催化裂化就是其中最常用的手段，也是一般石油炼化企业最重要的生产环节。由于催化裂化对于原料的要求较高，即使是用于重质油催化裂化的装置，通常进料残炭值也不大于10%，金属质量分数不大于32μg/g[2]。然而多数重质油相应含量远高于此值，加工过程中焦炭及重金属在催化剂孔道及表面沉积，造成催化剂中毒失活。而延迟焦化是以贫氢重质残油（如减压渣油、裂化渣油以及沥青等）为原料，对原料的品质要求比较低，被众多炼厂作为处理劣质渣油的首选方案[3]。

延迟焦化通常采用一炉（加热炉）二塔（焦化塔）或二路四塔工艺，加热炉连续加热，焦炭塔交替进料，主要是将原料油或循环油经过加热炉加热并在短时间内升至焦化温度（约763K）[4]，控制油品在炉内不产生结焦，进入焦炭塔后发生焦化，最终转化为粗汽油、柴油等轻质油品。延迟焦化工艺流程如图1所示。

1.2　含硫污水

根据污水成分和性质可将延迟焦化产生的污水分为[5]含油污水（冷切焦水）、高含油污水（吹气冷凝水）及含硫污水，其中含硫污水需要经过汽提装置脱氨氮、回收硫化氢后用于电脱盐注水或污水处理达标后排放。由于劣质重油含有天然的表面活性剂（沥青质、胶质、石油酸等），加之采油过程中添加的助剂（烷基苯磺酸、脂肪醇聚氧乙烯醚等），电脱盐添加

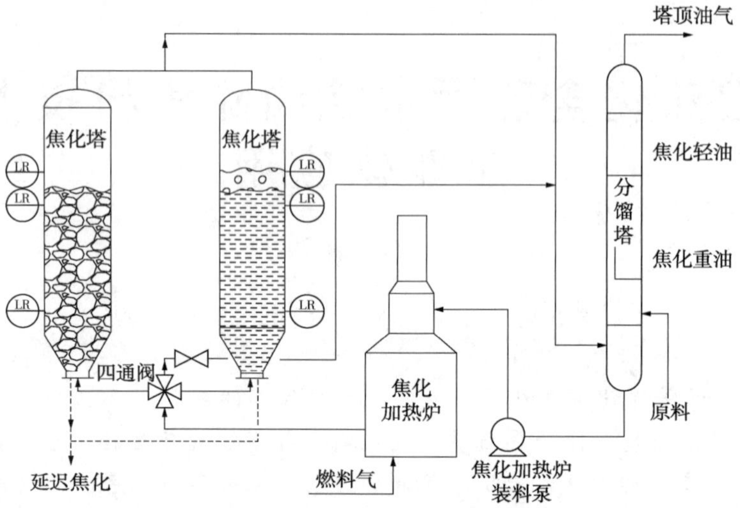

图 1　延迟焦化工艺流程图

的破乳剂及常减压蒸馏过程中添加的缓蚀剂等导致了含硫污水中水包油型乳化液稳定存在[6]，长时间静置不分层、含油量较高。含硫污水中大量焦粉和油的存在使汽提塔塔盘积油结焦、浮阀堵塞，从而影响汽提操作，严重时会导致装置停机，极大影响了蒸汽汽提的效率，因此，焦化含硫污水进入汽提装置前必须进行严格的除油、除焦粉处理。

1.3　预处理技术

目前针对含硫污水除油、除焦粉的常规处理技术主要有机械过滤法、重力沉降法、药剂破乳法、旋流法等[7~12]，见表 1。

表 1　除油、除焦粉技术

除油、除焦粉技术	适用范围	主要优点	主要缺点
机械过滤法	焦粉	出水无浮渣、成本低	需要不断反洗
重力沉降法	分散油、乳化油	处理量大、投资低	占地大，乳化油处理效率低
旋流法	浮油、分散油	占地小、成本低	运行费用高，对乳化油几乎无效
药剂破乳法	乳化油	去除效果好、工艺成熟	占地大、化学药剂量大
粗粒化法	分散油、乳化油	占地小、操作方便	长期运行易堵塞
气浮法	乳化油、分散油	去除效果好、工艺成熟	占地大、难处理浮油

单一技术的处理效果相对有限，国内外许多机构与学者开展了大量研究工作，对多种单一技术进行耦合与集成。旋流气浮一体化装置在此背景下应运而生。通过以旋流气浮一体化装置与其他技术组合而成的工艺不仅可以实现焦粉的完全去除，还可以使含油达标进入汽提装置。从长期运行角度出发，旋流气浮一体化装置是一种具有低占地面积、高处理能力、高分离效率和易于维护等优点于一身的含油污水处理新技术。

2　项目概况

2.1　项目背景

中石化某炼厂 1.4Mt/a 延迟焦化装置于 2008 年 6 月建成投产，采用"一炉两塔"工艺流程，原料以减压渣油为主，掺炼催化裂化油浆和脱油沥青，同时回炼全厂重污油、轻污油、轻烃及其他化工废剂[13]。该炼厂于 2018 年 9 月开始掺炼塔河减压渣油，由于塔河减压渣油与其他渣油互溶性极差，进一步加重了原料的劣质化[14]。原料劣质化加快了焦炭塔油气线结焦的速度，大量油气携带焦粉进入分馏塔，这导致分馏塔塔顶回流罐冷凝分离出来的含硫污水中也携带大量焦粉，焦粉与高度乳化的含硫污水混合后直接进入汽提塔，导致了塔盘积油、结焦，浮阀堵塞，严重影响了装置的稳定运行，大幅增加了汽提塔的处理费用。

2.2 改造方案

为了解决含硫污水携带焦粉以及乳化严重的问题，焦化装置隔离出一台冷焦水罐，增加一台水罐作为含硫污水缓冲罐，同时加入适量抗乳化剂静置分离，定期从缓冲罐上部撇油去装置内重污油罐。然而焦粉和重油密度与水接近，出水含油最高可达 0.5%，这种靠密度分离的方法仍达不到理想效果；侯继承等[15]报道一种含硫污水深度除油成套设备，通过“过滤除焦粉+聚结除油”组合工艺对含硫污水进行预处理，结果表明除油效果良好，最高去除率可达 90.71%。此工艺除油效果较为稳定，但大量焦粉易造成过滤器堵塞，需要频繁反洗，同时还会对聚结除油器稳定运行造成影响，长期运行容易堵塞。

因此，本文提出一种以“旋流气浮+聚结除油”为核心的组合工艺，通过粗过滤与精过滤除去油中焦粉，聚结除油器与旋流溶气气浮一体化设备回收高品质的轻质油，工艺流程示意如图 2 所示。

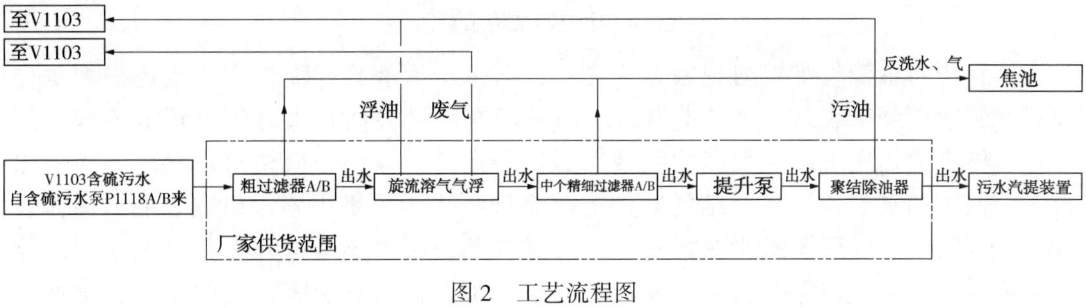

图 2 工艺流程图

由图 2 可知，含硫污水来自于分馏塔顶回流罐 V1103 中，通过污水泵 P1118A/B 进入成套脱油除焦粉设备，经过粗过滤器 A/B 去除掉大颗粒焦粉和杂质后进入旋流溶气气浮一体化装置，在该装置内，大量超微气泡在旋流产生的离心力作用下，快速与含硫污水中的分散油、乳化油和悬浮物碰撞并黏附，上浮至排油口排入 V1103 中，析出的气体(N_2/烷烃等)随排油管道一同排入 V1103 中。出水再经过精过滤器 A/B(绝对精度 1μm)除去绝大部分焦粉及悬浮物后进入聚结除油器中，除油器中粒径微小的乳化油滴不断聚结形成大油滴，大油滴快速上浮至集油腔后排入污油收集罐中，脱油除焦粉后的含硫污水再进入下游汽提装置中。

粗/精细过滤器 A/B 根据系统压差达到反洗设定压力后用非净化风进行气反洗，并设定定期进行气反洗时间(在压差一直达不到的情况下)。反洗水和气进入焦池。

考虑到该项目为厂内改造项目，采用撬装设备可缩减占地面积，聚结压力除油器撬块尺寸不超过(长×宽×高)12m×2.5m×4.5m，旋流溶气气浮撬块尺寸不超过(长×宽×高)6.5m×2.8m×4.8m。两个撬块总占地面积为 48.2m^2。

2.3 技术原理

除油器结构示意如图3所示，主要由稳流板、改性聚结纤维填料、集油包及相应控制仪表组成。含硫污水在入口处旋流离心作用下起到一定的聚结作用，经稳流板整流后内部流态快速稳定，同时分离出一部分污油进入集油包中，在改性聚结纤维填料区域中，乳化油被特殊改性材料捕捉，聚结成大油滴后在流体的曳力作用下脱落，在第二个集油包中回收。

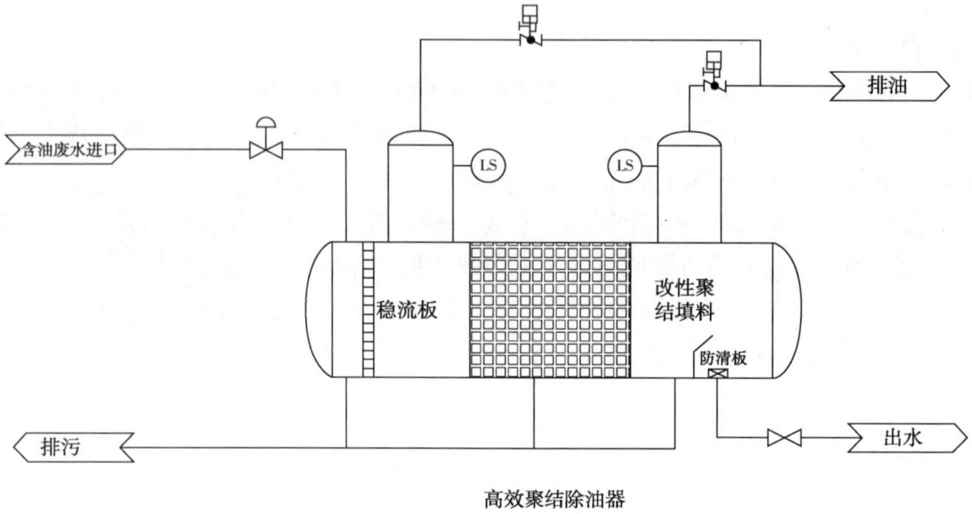

图3 除油器结构示意图

Hazlett[16]将液滴纤维聚结现象分为三步，第一步为液滴在惯性力、范德华力等作用下接近并黏附于纤维表面。第二步为黏附的液滴在纤维表面长大并铺展形成液膜。第三步为在流体曳力作用下纤维表面的大液滴脱落分离。而液滴与聚结材料发生黏附的先决条件为界面膜的破裂，因此聚结材料的疏水亲油性成为关键因素。研究表明，固体表面的润湿性与材料表层原子团的性质和排列情况有关，与内部结构并无直接关系，因此在材料表面进行改性修饰等办法可改变其表面能，不同材料对于表面能的影响程度亦不相同。聚结床层所用纤维为疏水亲油性物质，设计油固接触角小于65°，亲油润湿性能越好，除油效率越高[17]。

3 运行效果

3.1 运行数据分析

焦炭塔操作分为生焦和除焦，生焦操作时，焦炭塔内发生裂解、缩合反应，生成富气、汽油、柴油、蜡油、循环油组分和焦炭，高温油气进入分馏塔，焦炭停留在塔内；除焦操作的工序主要是：①小吹汽去分馏塔；②大吹气去火炬；③小给水熄焦；④大给水熄焦；⑤排空焦炭塔内的水；⑥拆卸塔顶、塔底出焦口法兰；⑦高压水切焦；⑧安装法兰；⑨蒸汽试压；⑩引另一焦炭塔油气预热[18]。

生焦周期中部分(非小吹汽阶段)含硫污水预处理数据见表2和图4，含硫污水进口平均含油量为4.5%，经过以“旋流气浮+聚结除油”为核心的组合工艺处理后，平均含油量175.11mg/L，平均去除率98.83%。除油效果明显。此外，出口悬浮物平均值为7mg/L，表明该工艺对焦粉有优异的去除效果。

表 2　非小吹汽阶段运行数据

含油量		除油率/%	出口悬浮物/(mg/L)
进口/%	出口/(mg/L)		
0.417	144	96.55	6
0.358	137	96.17	7
0.333	135	95.95	6
1.02	161	98.42	8
0.923	150	98.37	7
0.355	131	96.31	5
0.308	124	95.97	5
4.44	259	99.42	32
4.04	221	99.45	3
6.25	303	99.52	14
7.94	326	99.59	11
5.26	341	99.35	12
4.69	357	99.24	4
9.76	202	99.79	2
2.39	97.6	99.59	16
4.29	125	99.71	4
5.46	112	99.79	5
5.46	117	99.79	7
7.4	112	99.85	3
7.1	147	99.79	2
8.8	144	99.84	3
6.8	137	99.80	3
7.5	113	99.85	2
6.8	107	99.84	1

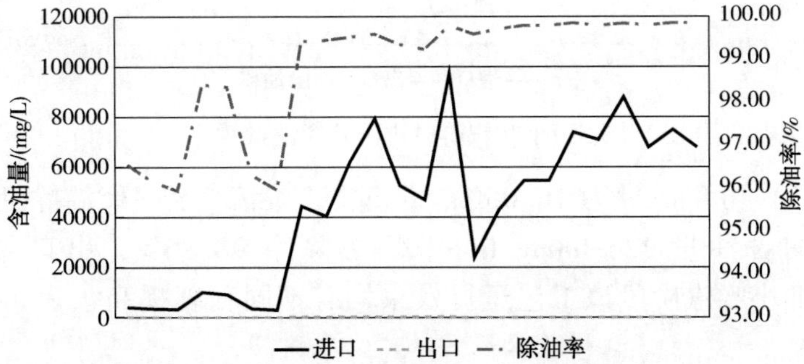

图 4　非小吹汽阶段进出口含油量对比

因焦化装置生产特性，每个生焦周期(现为36h)进入小吹汽阶段时，分馏塔塔顶回流罐V1103含硫污水流量升至最大，含硫污水中的油含量也会升高。焦炭塔小吹汽阶段持续时间约1.5h，故每隔36小时含硫污水量会达到最大值，持续时间1.5h。为验证含硫污水除油设施在工况最苛刻，即含硫污水高流量和油含量的处理效果，在焦炭塔小吹汽阶段采样3次(样品分别在小吹汽开始时、进行中和结束时取样)，正常阶段采样2次进行性能考核。考核结果见表3和图5。

表3 小吹汽阶段运行数据

时间	含油量		除油率/%	悬浮物/(mg/L)
	进口/%	出口/(mg/L)		
12月21日8:30	5.00	130	99.74	6
12月21日9:30(小吹汽)	16.70	289	99.83	7
12月21日10:00(小吹汽)	18.00	298	99.83	6
12月21日10:30(小吹汽)	25.80	319	99.88	8
12月21日15:00	7.14	135	99.81	6
12月22日8:30	4.35	128	99.71	5
12月22日15:00	47.10	347	99.93	9
12月22日21:30(小吹汽)	13.50	231	99.83	6
12月22日22:00(小吹汽)	28.40	305	99.89	7
12月22日22:30(小吹汽)	15.80	268	99.83	7
12月23日8:30	7.63	136	99.82	4
12月23日15:00	3.12	127	99.59	5

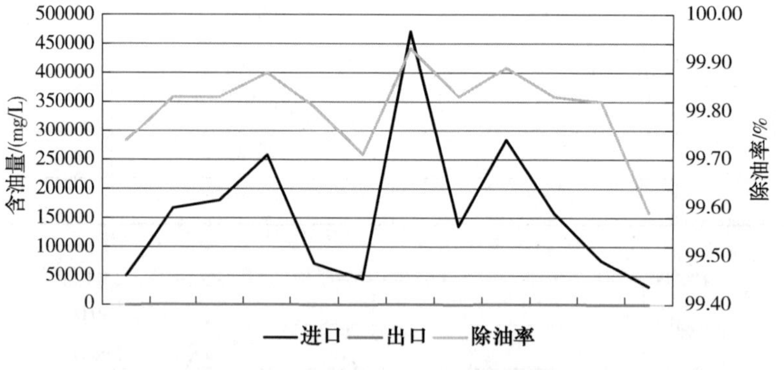

图5 小吹汽阶段进出口含油量对比

含硫污水进口平均含油量为16.05%，经过以“旋流气浮+聚结除油”为核心的组合工艺处理后，平均含油量226.08mg/L，平均去除率98.86%，出口悬浮物平均值为6.33mg/L。对比非小吹汽阶段该工艺运行效果均有不同程度提高，表明该工艺具有良好的抗波动性能。

3.2 经济效益分析

该工艺成套除油设备处理 $15m^3/h$ 含硫污水，运行仅使用少量电气，具体费用核算见表4。

表4 运行成本

项目	数据	项目	数据
流量/(m^3/h)	15	氮气费/(元/t 水)	0.283
电费/(元/t 水)	0.635	总计/(元/t 水)	0.918

4 结论

延迟焦化装置的工艺特点决定了焦炭塔内一般会形成泡沫层，因此焦粉夹带在焦化生产过程中普遍存在，关键在于如何减少焦粉夹带以及如何及时清除夹带的焦粉。高权坤等[19]通过调整反应温度、反应压力、加热炉注汽量、小吹汽速度、急冷油加入量、消泡剂加入量等参数减少焦粉夹带量。孙艳朋等[20]通过定期清理分馏塔内焦粉、控制回流以及增加反冲洗系统等措施减少焦粉对分馏塔塔顶产品质量的影响。尽管如此，仍然无法避免含硫污水乳化带焦粉问题，以“旋流气浮+聚结除油”为核心的组合工艺占地面积小、运行成本低，不仅解决了乳化油带焦粉对于下游汽提装置的冲击问题，还回收了酸性水中大部分轻质油，为炼厂含油污水的资源化处理提供了具有实际经济效益的工业化技术参考。

参考文献

[1] 吴圣禹．催化裂化装置旋风分离器内流场数值模拟及优化设计研究[D]．哈尔滨：哈尔滨工业大学，2016.

[2] 万利锋．劣质重油流化热转化工艺基础研究[D]．北京：中国石油大学，2021.

[3] SAWARKAR A N, PANDIT A B, SAMANT S D, et al. Petroleum residue upgrading via delayed coking: a review[J]. The Canadian Journal of Chemical Engineering, 2007(1), 1-24.

[4] 周猛飞．延迟焦化工业过程先进控制与性能评估[D]．杭州：浙江大学，2010.

[5] 方力．稠油延迟焦化含硫污水预处理技术研究[D]．大庆：东北石油大学，2016.

[6] HE C, ZHONG H, ZHANG Y, et al. Organic matter in delayed coking wastewater: molecular composition and its effect on emulsification[J]. Fuel, 2020, 279: 118432.

[7] 李林，刘小维，姚伟，等．减少延迟焦化装置焦粉携带的技术措施[J]．石油与天然气化工，2017，46(3)：27-30，35.

[8] 汪昌保．新型陶瓷膜在延迟焦化含硫污水处理的应用研究[J]．硫酸工业，2020(6)：39-42.

[9] 杨凯．焦化含硫污水处理技术研究[J]．山西化工，2024，44(5)：52-53，59.

[10] 周付建．一体式气浮装置高效处理延迟焦化含油污水[J]．环保科技，2022，28(02)：13-16，64.

[11] 杨强，卢浩，李裕东，等．聚结分离技术在含油污水处理中的应用研究进展[J]．环境工程学报，2021，15(3)：767-781.

[12] 王显训．含酸油加工废水治理技术研究[D]．青岛：中国石油大学(华东)，2017.

[13] 唐嗣伟，翟志清．延迟焦化装置掺炼脱油沥青问题分析与对策[J]．中外能源，2013，18(6)：65-69.

[14] 崔禹东，吴玉娇，宋晓峰．延迟焦化装置焦炭塔大油气线结焦原因分析及处理[J]．中外能源，2021，26(5)：73-77.

[15] 侯继承，卢浩，刘健．延迟焦化含硫污水高效除油技术的工业应用[J]．石油炼制与化工，2018，49(8)：94-97.
[16] HAZLETT R N. Fibrous bed coalescence of water steps in the coalescence process[J]. Industrial & Engineering Chemistry Fundamentals，1969，8(4)：625-632.
[17] VOGLER E A. Structure and reactivity of water at biomaterial surfaces[J]. Adv ances in Colloid and Interface Science，1998，74(1-3)：69-117.
[18] 魏文，陈继高，郑志斌．电动升降式高温旋塞阀在延迟焦化装置上的应用[J]．炼油与化工，2021，32(1)：39-41.
[19] 高权坤，杨靖．焦炭塔晃动和焦粉携带原因分析及处理措施[J]．化工管理，2022(27)：156-158.
[20] 孙艳朋，谢金超，宝金昕．延迟焦化焦粉夹带的原因及应对措施[J]．安全、健康和环境，2014，14(10)：4-7.

基于 MPE+CFC 技术的延迟焦化含硫污水高效除油解决方案

王丙庆　张常兴　王　宾

（中国石化青岛炼化公司　山东青岛 266000）

摘　要　延迟焦化装置放空塔塔顶含硫污水中油含量高、乳化严重，且携带较多的焦粉，油水难以实现高效分离，含硫污水夹带污油和焦粉输送至下游装置或冷焦水系统，严重影响到下游污水处理装置的正常生产，同时对焦化装置的效益和环保带来负面影响。中国石化某延迟焦化装置增设放空塔污水除油系统，实现了放空塔含硫污水油水高效分离，外排污水油含量降低至 182.5mg/L，不仅达到了环保要求，也增加了装置经济效益。

关键词　延迟焦化；放空塔；含硫污水；高效除油；环保

1　放空塔含硫污水的产生

延迟焦化装置放空系统用于处理焦炭塔冷焦过程中从焦炭塔内排出的高温油气和蒸汽，从大吹汽开始，塔顶产生的大量蒸汽和油气的混合气体进入放空塔下部，塔顶排出的蒸汽和油气混合物经冷凝冷却后，在沉降分离罐内分离出污油和污水。

2　放空塔含硫污水油含量高原因分析

2.1　原油劣质化

原油品质日趋变差，硫含量及其他杂质含量不断升高，以致在加工过程中油水乳化现象日益严重，污水品质不断恶化。含硫污水中硫、酚等化合物的含量较高，其中含硫化合物主要为杂环化合物，酚类化合物以含氧有机物为主，这些化合物具有表面活性，含硫污水乳化液呈现水包油型结构，其稳定存在的主要原因是这些具有表面活性的化合物，能使水中油滴表面带有负电荷，造成油滴间因相同电性产生相互排斥作用力，油滴难以碰撞增大而与水沉降分离。

2.2　回炼污油及浮渣

焦化装置大部分承载公司重污油及浮渣回炼的重任，主要在焦炭塔大吹汽及给水初期进行回炼，由于重污油及浮渣性质复杂且多变，加重了含硫污水中硫、氮、酚和其他杂质含量，使油水乳化液更加稳定，能长时间维持而不分层，导致含硫污水含油量较高。

2.3　放空塔结构形式简单

放空塔多数由塔盘及回流喷头组成，塔底污油经冷却后作为塔顶冷回流，与高温气体逆向接触。塔板形式简单、层数少，气、液两相传质传热时间和空间不够；塔底污油是从高温油气中冷凝下来的重油组分，馏程宽、杂质含量高，放空塔对焦炭塔来的高温气体主要起冷却作用，基本没有精馏作用，造成塔顶蒸汽夹带大量重油组分，经过空冷和水冷进入沉降分离罐中。

2.4 塔顶沉降分离罐容积较小

放空塔塔顶沉降分离罐容积 $138m^3$，液相存储容积 $67m^3$。在焦炭塔每次冷焦约 7h 内产生约 210t 污水，含硫污水最大时为 55t/h。同时由于两炉四塔生产，放空塔运行间隔时间短，含硫污水在沉降分离罐内的沉降分离时间和空间不足，造成含硫污水中夹带大量污油到下游装置。

2.5 放空塔负荷变化大

在大吹汽阶段，含硫污水量是大吹汽蒸汽冷凝产生的；在给水阶段，初期给水基本上全部汽化成高温蒸汽，随着塔内热量越来越低，冷焦水汽化量越来越少，产生的蒸汽量逐渐降低。焦炭塔在冷焦时放空塔负荷短时间内由小到大，再由大转小不断变化，导致放空塔负荷变化大，塔内气、液相平衡不稳定，气相中混有大量重组分污油进入塔顶冷却系统。

3 除油系统工艺流程及设备

为解决放空塔含硫污水含油量高的问题，降低装置安全环保风险，选用华东理工大学研发的 MPE+CFC 除油技术，对放空塔含硫污水进行处理。该套设备包括 MPE 分离器、CFC 分离器以及配套的管线和反吹流程。

含硫污水自泵出口首先进入 MPE 分离器，经过脱固及初步的油水分离后，含硫污水进入 CFC 分离器进行深度分离，深度除油后的含硫污水至出装置线，分离出来的污油自 MPE 分离器及 CFC 分离器顶部返回至放空塔进行回炼。简要工艺流程如图 1 所示。

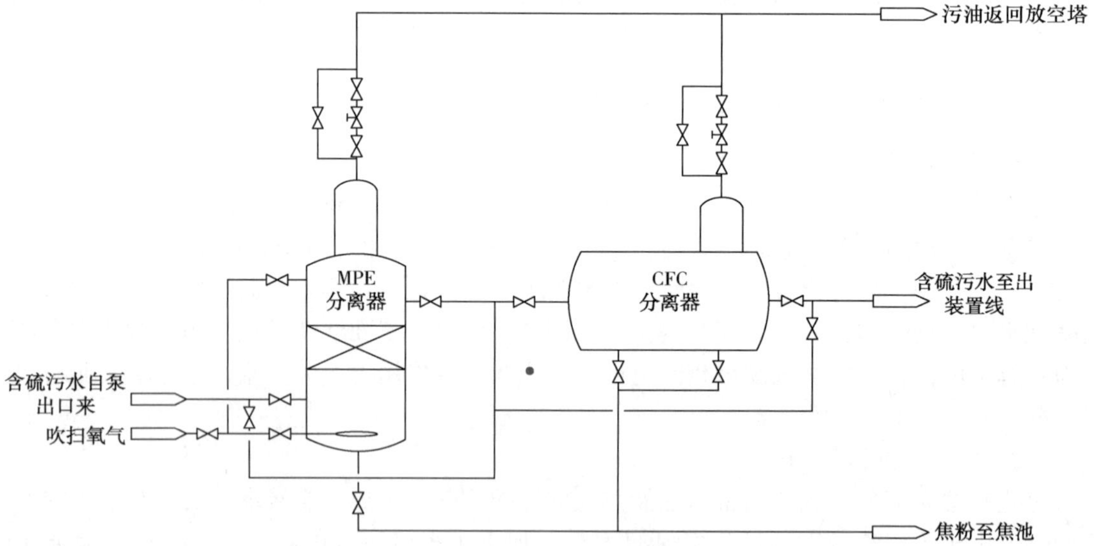

图 1 除油系统工艺流程简图

4 成套设备技术原理

4.1 介质颗粒聚结(MPE)过滤技术

MPE 颗粒是一类带有良好亲水性或亲油性的耐高温、耐腐蚀的颗粒介质。其床层由两种或多种不同亲疏水性 MPE 颗粒堆积而成，兼顾除油、脱固两种功能。

MPE 除油技术核心在于聚结，即采用物理方法使小油滴变为大油滴，在重力作用下被分离。其原理是让含油污水自上而下通过亲水性和亲油性 MPE 颗粒床层，水中粒径较小的乳化油滴在单个亲油疏水颗粒表面和多个亲油疏水颗粒间碰撞、黏附、聚并、融合、长大，最终被释放，如图 2 所示。

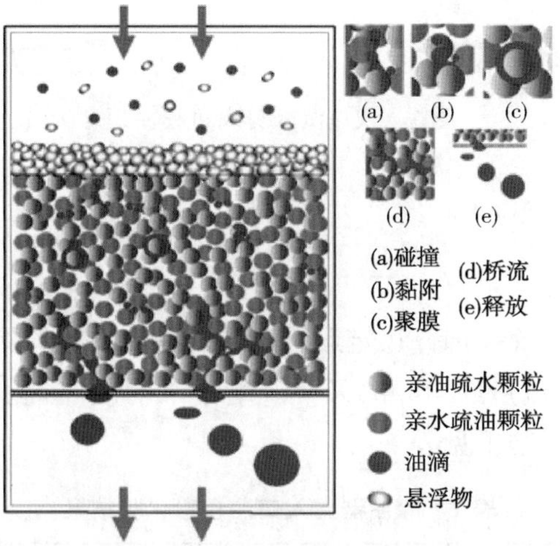

图 2　MPE 除油脱固原理

除油的具体过程如下：①碰撞：分散相油滴与亲油性颗粒的碰撞，油滴与亲水性颗粒碰撞后会反弹；②黏附：油滴润湿黏附在亲油性颗粒表面，油滴从亲水性颗粒反弹后向亲油性颗粒黏附；③聚膜：多个油滴黏附到亲油性颗粒表面，逐渐融合形成一个封闭油膜将颗粒包裹；④桥流：带有油膜的颗粒在床层中连成“油桥”，在较大流动力的作用下，油滴沿着油桥自上而下移动，并伴随相互间碰撞、聚并、融合、长大以及油桥的自我更新；⑤释放：在床层末端，长大后的油滴脱离油桥束缚，以游离态随水相流动直至被收集。

脱固过程中 MPE 颗粒对黏稠悬浮物、固体颗粒杂质分离主要依靠床层的吸附与拦截作用。如胶质颗粒、不溶性盐在流过 MPE 床层时，因粒径大于床层空隙被拦截在上表层；粒径较小的杂质在穿过介质床层时，会被表面带有微小孔道的 MPE 颗粒吸附，或是被黏性较大的油层、油床吸附，最终同油相一起被分离。

4.2　快速沉降分离(CFC)技术

快速沉降分离技术实现油水两相快速分散分离，牵引并快速分离已经聚合并长大后的悬浮油，防止外界因素导致油水两相反混。作为高效油水分离器中的最后单元，有较好的机械强度和使用寿命，可适应各种工况，保证组合纤维颗粒除油器的高效性、稳定性。

CFC 油水分离器核心破乳内件材料为组合纤维颗粒和异性分散颗粒。技术核心在于乳化态油滴聚并、融合、长大。油滴粒径越大，除油效率越高。根据极性材料对油水两相受力不同，采用纯物理方法进行破乳，当含油污水通过由表面亲油的纤维束颗粒构成的填充床层时，水中细小油滴就会黏附在填充床层表面上，层层捕获、逐步积累，最终在中心颗粒处变成大油滴而得以加速分离。快速沉降分离过程如图 3 所示。

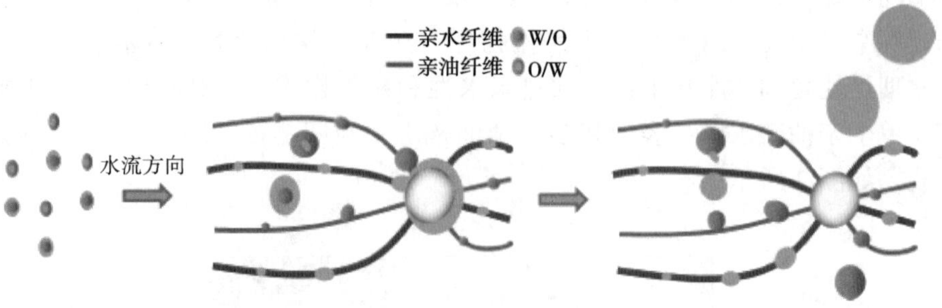

图 3　快速沉降分离过程原理

5　工业运行结果

5.1　系统除油效果

放空塔含硫污水除油系统投用并稳定运行后，对除油系统的除油效果进行了检验，在焦炭塔大吹汽期间(含硫污水流量约 20t/h)及焦炭塔给水初期(含硫污水流量约 55t/h)的工况下多次采样化验进行对比，结果见表 1。

表 1　除油器出入口油含量化验结果

项　　目		正常负荷工况	大负荷工况	平均
除油器入口	石油类/(mg/L)	396	640	518
除油器出口	石油类/(mg/L)	163	202	182.5
除油效率/%		58.84	68.4	64.77

从结果来看，除油器在高负荷情况下，除油效果依然良好，达到污水油含量<200mg/L 的预期，满足环保和设计要求，从源头上控制了污油对装置及环境的污染风险。

5.2　经济效益

焦炭塔每次冷焦过程共产生约 210t 含硫污水，含硫污水除油前后的含油量以平均值计算，含硫污水除油前含油量为 518mg/L，除油后含油量为 182.5mg/L，每年装置焦炭塔冷焦次数约 850 次，共可回收污油量约 59.89t，回收的污油返回放空塔后进入原料罐进行回炼，大部分分离成蜡油和柴油，按产品和污油价格差为 2000 元/t，每年可产生效益约 11.98 万元。

5.3　其他

放空塔含硫污水除油系统投用后，冷焦水系统油含量显著减少，各罐浮油次数由每月一次降低至每季度一次，减少了环保风险的同时降低了操作人员劳动强度。

5.4　优化及建议

放空塔含硫污水除油系统投用后，MPE 分离器堵塞次数较多，运行约一周后即出现前后压降增大的情况，此时需要进行反吹，分析原因为含硫污水中携带较多焦粉同分离器中填料混合后堵塞其分布结构，建议在含硫污水进入 MPE 分离器前增加篮式过滤器，降低 MPE 分离器堵塞频率。

6 结语

含硫污水除油成套设备在焦化装置放空塔含硫污水系统投用后，运行安全平稳，实现了放空塔含硫污水、油水高效分离，外排污水油含量降低至182.5mg/L，不仅达到了环保要求，也增加了装置经济效益。

该成套技术设备流程简单、改造方便、能耗低、投资少，降低了传统冷焦水系统定期浮油操作的频率、放空塔含硫污水及冷焦水系统的维护成本和人员劳动强度。

参考文献

[1] 张峰，于丽，秦冰，等．延迟焦化装置放空塔塔顶冷凝水中有机污染物的分布特征[J]．石油炼制与化工，2021，52(9)，69-74.

[2] 胡建凯．延迟焦化装置放空塔系统改造总结[J]．炼油技术与工程，2021，51(6)，13-16.

[3] 俞欢．延迟焦化装置降低冷焦水系统异味的研究[J]．化工管理，2025(1)：119-122.

[4] 侯继承，卢浩，刘健．延迟焦化含硫污水高效除油技术的工业应用[J]．石油炼制与化工，2018，49(8)：94-97.

动态旋流分离技术在酸性水除油中的工业应用

王乐毅

（中国石化河南炼化公司　河南洛阳 471000）

摘　要　洛阳石化公司延迟焦化装置分馏塔塔顶的酸性水中有 10%~20%（质）的轻油组分，存在于酸性水中的污油不仅会对该装置及下游污水处理装置的正常生产造成影响，同时也会造成轻油组分的损失及环境污染。通过对静态旋流除油技术和动态旋流除油技术的对比分析，选用了操作弹性大、对操作压力要求低的动态旋流除油技术，应用该技术对分馏塔塔顶酸性水中的污油进行分离，分馏塔塔顶酸性水中的油含量由 6000~20000μg/g 降至 300μg/g 以下，大大降低了酸性水中的油含量，预计每年可回收污油 1500t，产生经济效益 560 万元/a。

关键词　动态旋流技术；酸性水；除油；环保

1　前言

洛阳石化 140Mt/a 延迟焦化装置分馏塔塔顶油水分离器底部排出的酸性水含有 10%~12%的汽油，这部分汽油随装置的酸性水一起到下游的污水汽提装置，大量焦化汽油随酸性水一起排入污水处理场作为污油处理掉；酸性水带油不仅会破坏污水汽提塔塔内的气液平衡，造成汽提塔操作波动，影响汽提效果和产品质量，也会造成轻烃的流失[1]。因此，酸性水除油对装置的平稳运行具有重要意义，采用高效、经济的酸性水除油技术对装置的环保达标有着重要作用，同时回收污油对装置又能产生一定的经济效益。

2　酸性水带油问题的分析

该延迟焦化装置的焦炭塔在停止进料后，先用 1.0MPa 蒸汽向分馏塔小吹汽，赶净塔内的油气，然后经大吹汽—给水进行冷焦处理，由于焦化装置周期性操作的特点，分馏塔塔顶酸性水的流量和油含量也周期性变化，选取 2024 年 9 月 1—3 日分馏塔塔顶酸性水的流量及酸性水中的油含量进行分析，具体如图 1、图 2 所示。

通过图 1、图 2 发现，分馏塔塔顶酸性水的流量波动范围不大，在 16~21t/h，分馏塔塔顶酸性水的油含量波动范围大，在焦炭塔切塔前的 0.5h 含量最高，达到 18936μg/g，在焦炭塔小吹汽结束后最低，最低为 6832μg/g。

为了更好地选择分馏塔塔顶酸性水除油的方法，运用气相色谱对分馏塔塔顶的酸性水中污油的成分进行了分析，见图 3、表 1。

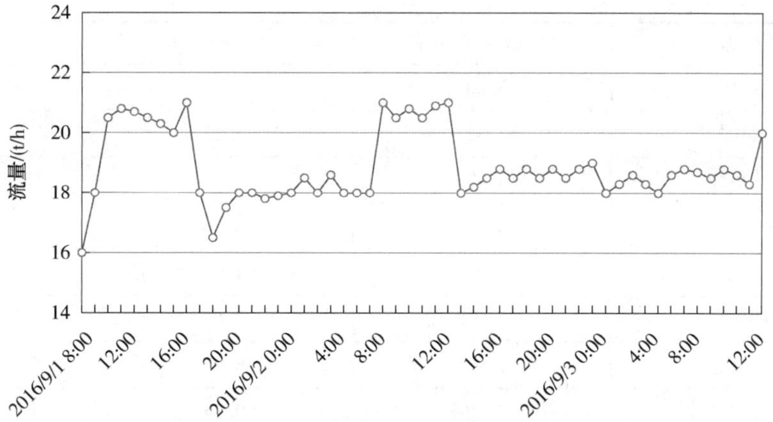

图 1　酸性水流量随操作周期的变化

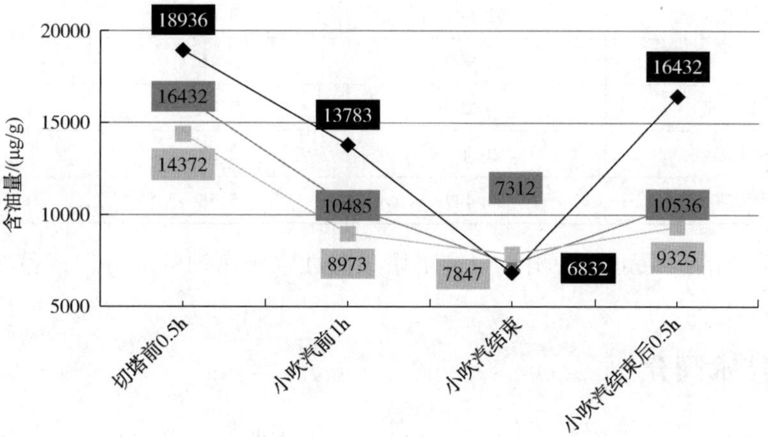

图 2　酸性水油含量随操作工况的变化

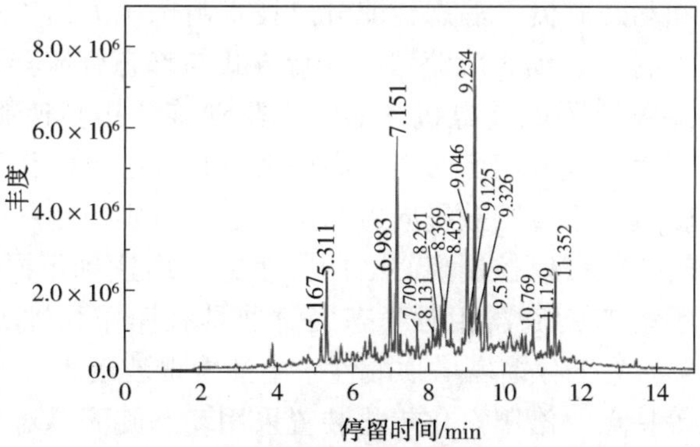

图 3　分馏塔塔顶酸性水中污油成分分析

表 1　污油成分分析结果

序号	名称	停留时间/min	质量分数/%	分子式
1	戊烷	2. 074	2. 37	C_5H_{12}
2	己烷	2. 464	4. 91	C_6H_{14}
3	苯	2. 967	2. 06	C_6H_6

续表

序号	名称	停留时间/min	质量分数/%	分子式
4	1-庚烷	3.227	2.22	C_7H_{14}
5	庚烷	3.325	5.22	C_7H_{16}
6	1-辛烷	4.873	24.37	C_8H_{16}
7	辛烷	5.062	12.34	C_8H_{18}
8	乙苯	6.745	4.91	C_8H_{10}
9	1-任烷	7.638	2.69	C_9H_{18}
10	任烷	7.931	6.96	C_9H_{20}
11	邻乙基甲苯	10.269	0.95	C_9H_{12}
12	1-癸烷	11.476	2.85	$C_{10}H_{20}$
13	癸烷	11.844	8.07	$C_{10}H_{22}$
14	1-十一烷	15.909	3.16	$C_{11}H_{22}$
15	十一烷	16.299	9.02	$C_{11}H_{24}$
16	1-十二烷	20.19	2.53	$C_{12}H_{24}$
17	十二烷	20.499	5.38	$C_{12}H_{26}$

通过污油分析的结果可以看出，分馏塔塔顶酸性水中污油的成分组成虽然复杂，但是基本为轻油组分。

3 除油技术简介

旋流分离技术是离心分离技术的一种，其具有结构简单、成本低、占用空间小、维护费用少、能耗低、安装灵活方便、工作连续可靠等优点，在工程实际中一直被广泛应用[2]。分离技术分为静态旋流和动态旋流。静态旋流分离技术由于压力损失过大、设备运行费用较高而在应用上受到一定限制[3]。动态旋流器的运行方式与静态旋流器有很大不同，如图4所示，由于在旋流器的顶端安装了旋转电机，由电机驱动旋转栅高速旋转，介质进入旋流器后，在旋转栅的转动下产生实现分离所必需的离心力，在离心力的作用下，液相混合物中较轻的组分向轴心汇集，较重的组分则被甩向侧筒壁，然后分别由排料端的集油口和集水口排出。通过调节旋转栅的转速就可以控制离心力的大小，从而达到不同密度介质的分离要求。动态旋流器的原理决定了动态旋流器相对静态旋流器具有操作弹性大、对进料压力要求低(0.2~0.5MPa)等优点[4]。鉴于分馏塔塔顶酸性水中油含量波动大、污油的轻组分较多、酸性水泵的出口压力较低等特点，洛阳石化焦化装置采用动态旋流器对分馏塔塔顶的酸性水进行油的分离。

动态旋流器保持了离心机旋流强度高、压力损失小的优点，弥补了离心机的不足，机械振动大大降低，机械可靠性及运行寿命得以提高，旋流分离段采用固定形式，大大降低了结构产生的振动对旋流场稳定性的影响，具有分离效率高、设备体积小、结构简单、操作灵活、运行连续而稳定等特点[5]。

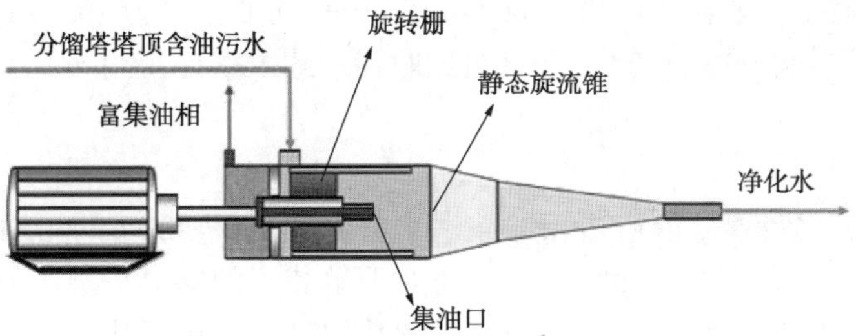

图 4　动态旋流除油器结构图

4　分馏塔塔顶酸性水除油流程

分馏塔塔顶酸性水除油流程如图 5 所示。

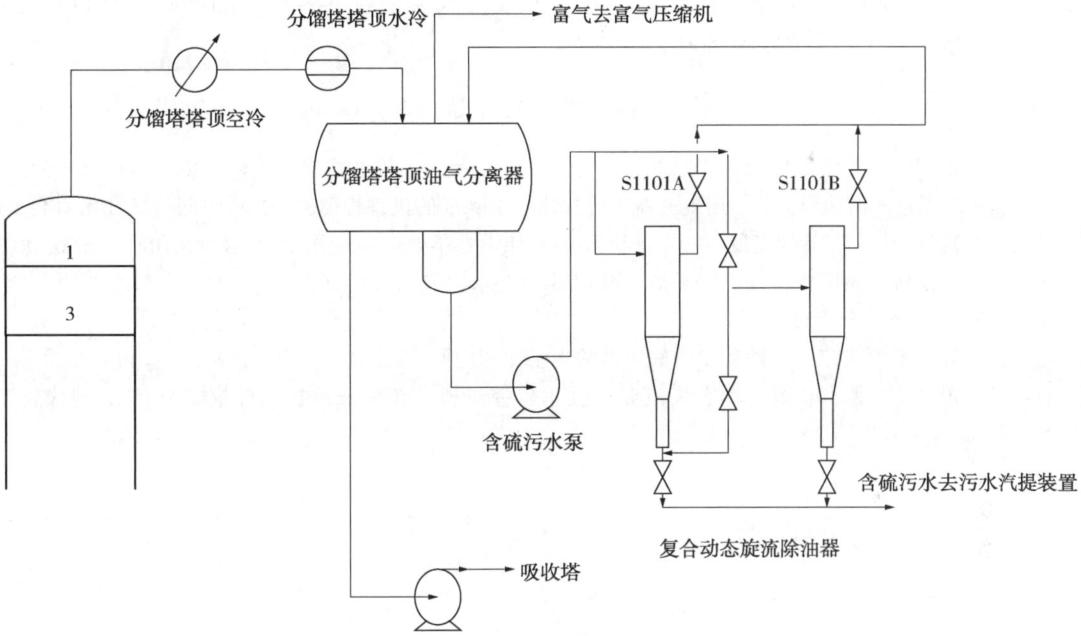

图 5　分馏塔塔顶酸性水除油流程

焦化装置分馏塔顶的 120℃、0.1MPa 的顶循油经分馏塔塔顶空冷、分馏塔塔顶的水冷冷却后，进入分馏塔塔顶油气分离器进行油、气、水的分离，上部的富气送至富气压缩机，汽油送至吸收稳定单元的吸收塔，含硫污水经过含硫污水水泵后进入动态旋流除油器，在离心力场的作用下，密度大的水相被甩向四周，并顺着壁面向下运动，作为底流排出，送入污水汽提装置；密度小的水相向中间迁移，并向上运动，最后作为溢流排出，返回到装置的分馏塔塔顶油气分离罐进行循环利用，这样就达到了将分馏塔塔顶酸性水中的污油分离的目的。

5　实施效果

① 在正常的生产状态下，分馏塔塔顶酸性水的油含量为 6000~20000μg/g，使用了动态旋流除油器后，在其出口的酸性水中油含量不大于 300μg/g。大大降低了分馏塔塔顶酸性水带油对下游污水汽提装置生产造成的影响，消除了环保隐患。

② 正常生产状态下，酸性水的流量为 18t/h，按平均油含量为 10000μg/g，每小时可回收轻污油 0. 17t(按回收效率 95%计算)，每年可回收污油约 1500t，产生经济效益 560 万元/a。

6 结语

洛阳石化延迟焦化装置分馏塔塔顶的酸性水中含有 10%～20%的污油组分，这些污油不仅对环境造成了污染，降低了装置的液收，还对下游装置的安全平稳运行造成了影响。通过对分馏塔塔顶酸性水的流量及酸性水中油含量的数据进行分析后认为：酸性水的流量在 16～21t/h 之间波动，波动范围不大，而酸性水中的油含量在 6832～18936μg/g 之间波动，波动范围大。同时用气相色谱对污油的组成分析后得出酸性水中的污油主要为轻油组分。对动态旋流除油技术和静态旋流除油技术对比分析后，选用了结构简单、操作灵活的动态旋流除油技术对分馏塔塔顶酸性水中的轻油进行分离，使分馏塔塔顶酸性水的油含量由 6000～20000μg/g 降至 300μg/g 以下，增加了装置的液收，减少了对下游装置的影响，预计每年可回收污油 1500t，产生经济效益 560 万元/a。

参 考 文 献

[1] 姜满意，李国庆. 污水汽提装置酸性水汽提塔的操作优化[J]. 炼油技术与工程，2008(4)：49-52.

[2] 袁惠新，王跃进，俞建峰，等. 用旋流器进行含油污水除油的机理性研究[C]//中国科学技术协会. 西部大开发科教先行与可持续发展——中国科协 2000 年学术年会文集，中国科学技术出版社，2000：818.

[3] 王尊策，刘晓敏，蒋明虎，等. 用于油水分离的动态水力旋流器的研制[J]. 大庆：东北石油大学学报，2003(1)：62-65，114.

[4] 白文雄. 静态水力旋流器与动态水力旋流器的现场比较[J]. 国外油田工程，1996(3)：48-53.

[5] 袁惠新，董译文，张衍，等. 动态旋流分离技术研究进展及新型分离机的理论研究[J]. 现代化工，2016，36(4)：159-162.

高效气浮装置处理延迟焦化含油污水

张鹏浩

（中国石化天津石化公司　天津 300270）

摘　要　因为各个炼油公司的原料特点、技术操作等状况各有不同，所以焦化装置产生的这股高浓度的污染物排放状况会存在一些差异。由于目前国内外对这些超高浓度含量污染物的处置工艺还不完善，大部分炼油厂通过“间歇”排放途径排出至城市污水处理厂。污染物中的氢、氨、氮含量，高油分等不但会影响炼油厂内和周围的空气，也会对城市污水处理厂原有的气浮技术形成很大的影响效果，还将影响其他生化处置效果和外排污染物 COD 的达标。所以，如何解决焦化设备含油污染已引起更多炼油厂的关注。

关键词　高浓度含油污水；延迟焦化；除油处理

1　引言

炼油延迟焦化装置含油污水是炼油废水的预处理，含有大量氮、氧杂环化合物，油、硫化物等。在生产过程中，通过各种研究，开发了一种集成的微纳米气泡气浮脱脂技术，以达到脱脂效果。借助新设备，可对高浓度含油废水进行延迟焦化装置处理。

2　含油污水性质

国内的某炼油厂延迟焦化装置，含油污泥（即 V205 切水）是乳化能力很大的高含油污泥，体积约为 180t/d。原处置方法是间歇性污水至一污处理厂（以下简称一污），但由于一污现有的气浮除油方法效果并不理想，且出流的原油浓度也偏高，所以对污泥生化处理单元的质量影响很大，并曾多次出现外排污水原油浓度、COD 值等超标，严重影响了环保达标合格率。

3　新型高效气浮装置处理焦化含油污水

3.1　现场情况

现在石化焦化含油污水中所含的乳化程度、含油量都高，甚至下游出现水污染等环境问题。经过前期几次静态和动态试验，研制了一体式微纳米气泡气浮除油设备。停机后，在炼焦现场通过停机期间的维护，构建了“V205 炼焦废水处理系统”（又称“除臭系统”）。预计净化能力可达 10t/h，半年后开始调试。

3.2　高效气浮除油装置

新型高效空气浮选设备是一种集絮凝反应、微纳米泡沫生成、空气浮选、沉淀和渣处理于一体的污水连续处理设备。微纳米气泡发生器是设备的核心部件，要改革传统的直接曝气法，不需要回流，便能使用 T 型微通道来生成微纳米泡沫，利用压缩风通过纳米级孔道流入污泥中生成泡沫，再利用一定流量的污泥剪切，微纳米级泡沫源源不断地流入水体；并且利用协同生化药物剂型效应，污泥中原有的高乳化系统平衡被打破，形成密度相对较轻的絮凝，由上升级数的微泡沫和小絮凝形成水垢，从而完成石油和废水的排出。与传统的涡凹气浮和水溶性气浮相比，该装置具有结构简单、微泡沫颗粒小、容量大、所生成的浮渣更密实、除油类和COD效能更高等优势。

3.3 污水处理系统流程

焦化V205污水处理装置主要分为：全自主加剂装置、含油污泥和除油分散物料的混合器、微纳米气泡发生器、油水分离器、渣罐、预制混凝土罐等。当启动污水泵时，将除油分散物料A由计量泵直接投入管道中，与贫油污泥初步混匀，在压力下，它迅速进入微纳米气泡发生器，巨大的微纳米气体进入污水中，使微片状微气泡形成胚状，即微气泡和微片状在一起，然后结合产生小片状；和微絮凝剂B一起作用形成较大的絮凝剂，如快速上升的“簇”“团”“偏”(即“共凝聚气浮”)。此工艺不仅没有受水力振荡的限制，而且还能够缩短渣水分解时间。上部浮渣经过刮渣系统直接排入浮渣罐内，并进行返炼；下层处理后的清液则任其自流至回收水罐内回用。

污水在经过除油技术的处理后，出水满足协议技术指标后进入V208(冷焦水罐)内，这成为“冷焦水”的额外水循环利用；产生的浮渣将每3~4d进入灰泥清洗一次。反向精炼方法：大吹汽后将浮渣送入煤焦炭生产塔，再对渣上的废油进行煤焦油柱的残余热处理。桶内的药送到现场后，混凝土被泵入带有填料的平台上的药瓶中。

4 应用运行情况

4.1 污水检测

JLBG-126红外分光光度计用于检测污水中的含油量；紫外可见光谱分光光度计用于硫化物检测，检测标准必须符合GB/T 16489—1996标准；COD检测符合GB/T 15496—2019标准；泡沫含水量由原油含水量分析仪分析，检测标准应符合GB/T 8929—2006标准。

4.2 污水处理

处置前，V205污水呈现黄色，表面有少许的黑色污油。在现场采样时有刺鼻的氢硫基臭味；处置后的水色泽为微黄至无色，水体澄清透亮。

焦化V205污泥油含量、COD、硫代物指数在使用前后的变化很大，三个指数最高分别超过了47375mg/L、82648mg/L和5100mg/L以上，经高效气浮除油设备处理的污泥中的原油量、COD、硫代物分别可控制在180mg/L、2000mg/L和300mg/L以内。长循环的三个主要技术指标，都高于国际技术协议所制定的标准。现场处置后的污泥，可用作焦化装置的冷却焦水回用。

较油水平、COD两项指数，污泥的硫去除率相对较低，但变化很大，而且与原污泥中的硫代物水平关联并不明确。主要成因可能性为：受上游水影响，水质波动区域很大，同时污泥中的硫浓度也不能全部由原油浓度确定，溶解在水底的硫代物不一定因为原油的减少而降低。微纳米气泡气浮法基本上是一个物理化学除油法，针对溶解度于污泥中的化合物来说，其除去效应并不突出，所以存在着硫化物去除率相应较低、价格波动性很大的情形。

4.3 浮渣分析

当三种浮渣在105℃(在窑中干燥至恒定质量)下进行试验时，其灼减损失分别为77.7%、32.7%和51.8%。浮渣的易油性部分、挥发性成分和其他有机物(沸点<105℃)以

及泡沫的破坏会造成漏气，这种漏气可能接近水垢中的含水量，远小于凹空气浮选和溶解空气浮选时产生的浮渣(含水量90%)。当三个样品的浮渣温度低于400℃时，105℃的最大减燃百分比之和超过99.5%，表明当温度低于400℃时，浮渣会完全挥发。因此，如果将该成套设备形成的浮渣送入焦炉滚筒进行精炼，则不能形成新的浮渣。

5 装置回收的效益

5.1 回收废油

延迟焦化装置将含油污泥中的原油浓度平均值按1%计，每180t污泥中每天可回收约1.8t原油，所回收的污原油则可返炼并到CFB锅炉中焚烧，按2500元/t计算，每年生产按300d计算。每年污油部分可带来的利润：300×1.8×2500=135万元。

5.2 回用水

净化完成后，其中一部分用作冷焦水，另一部分则需流入废水蒸馏脱硫后用作净化水。总水量的75%为循环水总量，每年节约淡水用量：300×180×0.75≈40500t。每吨水的价格为1.7元，每年节省的水费可达：40500×1.7=68850元。

5.3 减少污水处理费

通过处理之后，V205污水的渣、液全部都能回用，不再外排，这样每年就能够降低对污水处理的投资。目前处理1t污泥的平均运行费约为2元，5.4万t污泥减排的平均节约处理费：5.4×2=10.8万元。将上述三点合计，年均可带来的直接效益：135+6.8+10.8=152.6万元。

6 结语

新型高效气浮除油设备，可有效地解决某石化炼油厂延迟焦化含油污染，并可用作焦化装置冷焦水的补给水及回用；生成的浮渣含水量很低，可运往焦炭塔内回炼以利用其中的绝大部分污油，对工艺没有产生干扰。这种方法操作，一年可带来近百亿元的效益。

某石化炼油厂的延迟焦化系统贫油污水是高油产量且乳化强烈的工业废水，经过达标处理后再回用，不但降低了水污染的外排，还有利于生活质量改善。所以，这套技术有着巨大的环保价值和社会效益。

参 考 文 献

[1] 周付建. 一体式气浮装置高效处理延迟焦化含油污水[J]. 环保科技，2022，28(2)：13-16，64.

[2] 谢鹏波，徐志达. 广州石化延迟焦化含硫污水的处理技术探讨[J]. 炼油技术与工程，2017，47(7)：54-57.

液化气深度脱硫技术在延迟焦化装置的应用

严家陈　吴逸轩　马　达　王　浩

（中国石化扬子石化公司　江苏南京 210000）

摘　要　炼油厂焦化装置产出的液化气，经液态烃脱硫塔脱除硫化氢后，高浓度有机硫并未有效脱除。通过前期小试探索试验，深度脱硫技术对焦化液化气中的有机硫有着良好的脱除率。鉴于此，进一步实施了焦化液化气深度硫脱中试试验，较小试提高约 200 倍。通过对主要工艺条件的测试，摸索最佳工况条件。试验结果表明：通过调整不同操作条件，可以实现甲硫醇和乙硫醇脱除率大于 99%、羰基硫脱除率大于 99%、甲硫醚脱除率大于 70%的目标值。

关键词　液化气；有机硫；脱除；延迟焦化

1　前言

焦化液化气中含有高浓度的硫醇、硫化氢、羰基硫及少量惰性的硫醚[1]。典型有机硫组成为：硫醇 12000~25000μL/L，羰基硫 300~800μL/L，硫醚：20~80μL/L。而硫化氢含量高达 6%~20%（体积分数）[2]。硫化氢使用现有醇胺脱硫工艺可以做到彻底脱除，虽使用复合型脱硫剂替换 *N*-甲基乙二醇胺能够脱除部分有机硫，现有工艺无法彻底脱除焦化液化气中的高浓度有机硫。焦化液化气中含有 15%~30%（体积分数）的丙烯，脱硫不彻底会使焦化液化气提取的丙烯中的硫含量不能达标，焦化液化气的附加值难以提高[3]。

焦化液化气虽然只有炼厂液化气总量的十分之一，但其中有机硫总量却占 70%，这些硫化物是炼油企业环境的主要污染源，如果脱除方式不能做到环保，最终需排放大量的废渣、废水及恶臭气体[4]。对生产环境和自然环境造成巨大污染。目前对液化气中高浓度有机硫环保脱除还没有有效的方法[5]。

2　现状

液化石油气/天然气脱硫醇的方法由美国环球油品公司（UOP）于 1958 年首次提出，发展至今形成了成熟的液液抽提、氧化再生工艺即 Merox 法[6]。Merox 法存在明显的缺点：①硫醇呈弱酸性，由于不能形成氢键，在水中的溶解度较小，碱液短时间接触时可能脱除不彻底，导致液化气硫含量超标；②硫醇钠被氧化为二硫化物的速度较慢，未被氧化的硫醇钠在循环系统反复积存，会使碱液效率大大降低，相当于增加了进料硫醇含量，如此恶性循环致使脱硫醇效果不好，导致碱液更换频繁，碱渣排放量大，既增加成本又污染环境。另外，其流程长，装置复杂，投资高，生成过程中大量产生废液、碱渣、废气，脱除的硫最终生成低附加值的硫黄，经济效益较差。特别是并不适合高含量硫醇的脱除，而且不能对高浓度羰基硫实现脱除[7]。

另一种常用的工艺方法是无碱脱硫醇工艺，该方法是使用氧化剂催化氧化硫醇钠为沸点较高的二硫化物，通过分馏将含硫成分切入重油组分中[8]。如：OCT-MC 工艺。该工艺投资大，能耗大，尾气中油气夹带损失严重，使重油加工条件恶化，轻质油脱硫醇并不彻底，经济效益差，碱废渣排放多[9]。无碱脱硫工艺是让液化气通过固定床催化剂使硫醇转化成二硫醚，实际硫含量并没有减少，只是惰性化了，这种方法对高浓度硫醇和羰基硫无能为力[10]。所以开发焦化液化气中高浓度硫化物的深度环保脱除方法是极其有必要的[11,12]。

目前 2#延迟焦化装置液态烃脱硫塔使用复合型脱硫剂，硫化氢脱除效果较好，有机硫脱除效果不佳。南京展能特化学品有限公司开发的脱硫剂对焦化液化气的甲硫醇、乙硫醇、甲硫醚和羰基硫具有优良的脱除效果，初步试验显示：其中甲硫醇、乙硫醇和羰基硫脱除率在 99%以上，甲硫醚脱除率大于 70%。中试试验较小试提高 200 倍左右，考察是否能达到小试阶段的脱硫效果[13]。为工业化应用提供参考。

3 反应机理及流程简述

3.1 反应机理

硫醇钠具有一些独特的性质，首先它可以溶于醇或醇醚等有机溶剂形成偏碱性的溶液[14]。其次，其可与极性溶剂深度络合，如，甲硫醇钠可以吸收与自身重量相同的水生成稳定的结晶物[15]。而甲硫醇，乙硫醇同样具有极性，可以和硫醇钠发生络合反应生成稳定的络合物。甲硫醇、乙硫醇偏酸性，脱硫剂 T201 生成硫醇钠溶液后为碱性。实验证明硫醇、羰基硫和硫醚在脱硫剂体系中的溶解度远远大于液态烃。这就使脱硫剂体系成为有机硫极佳的萃取剂[16-18]。

脱硫剂在脱硫时与硫醇发生下面所述的多种反应：

① 酸碱中和反应：$NaOH+CH_3SH=CH_3SNa+H_2O$（反应迅速，彻底）；

② 络合反应：$CH_3SNa+(CH_3SH)_n=CH_3SNa-(CH_3SH)_n$（$n=1\sim3$，$n=1$ 时反应迅速彻底，$n=2$、3 时反应迅速，不彻底）；

③ 萃取反应：硫醇、羰基硫及硫醚等有机硫在脱硫剂体系中溶解度远远高于液态烃，这些有机硫被溶解萃取到脱硫剂体系中（这种脱硫方式受制于有机硫在液态烃及脱硫剂两相间的分配系数，不能做到彻底脱除，会有残留）；

④ 羰基硫还会与微量水发生水解反应：$O=C=S+NaOH=CO_2+NaHS$；

⑤ 反应中可能发生了少量的活性硫转化成惰性硫-硫醚的反应。

3.2 流程简述

液化气原料自 PIC32603 阀前，靠自身压力进入聚结器，与助剂泵 P101A 送来的脱硫剂 T201 和计量泵 P102 送来的富液在静态混合器混合后进入纤维膜接触器和沉降罐 V104A，助剂泵 P101B 送出的脱硫剂 T201 与沉降罐 V104A 中脱硫来的液化气进一步反应脱硫，若一级脱硫效果不佳，则使用二级脱硫，保证液化气的脱硫效果。脱硫后的液化气通过调节阀去 FIC32617 阀后，也可放火炬。

V104A/B 排出的富液进入富液中转罐 V102/V103，通过计量泵 P102 送至沉降罐 V104A 中循环使用，当富液中转罐 V102/V103 液位达到 80%时，根据试验进程，关闭计量泵 P102，将富液中转罐 V102/V103 中的富液排至饱和富液罐 V105 储存，待试验结束后转移出装置（见图 1）。

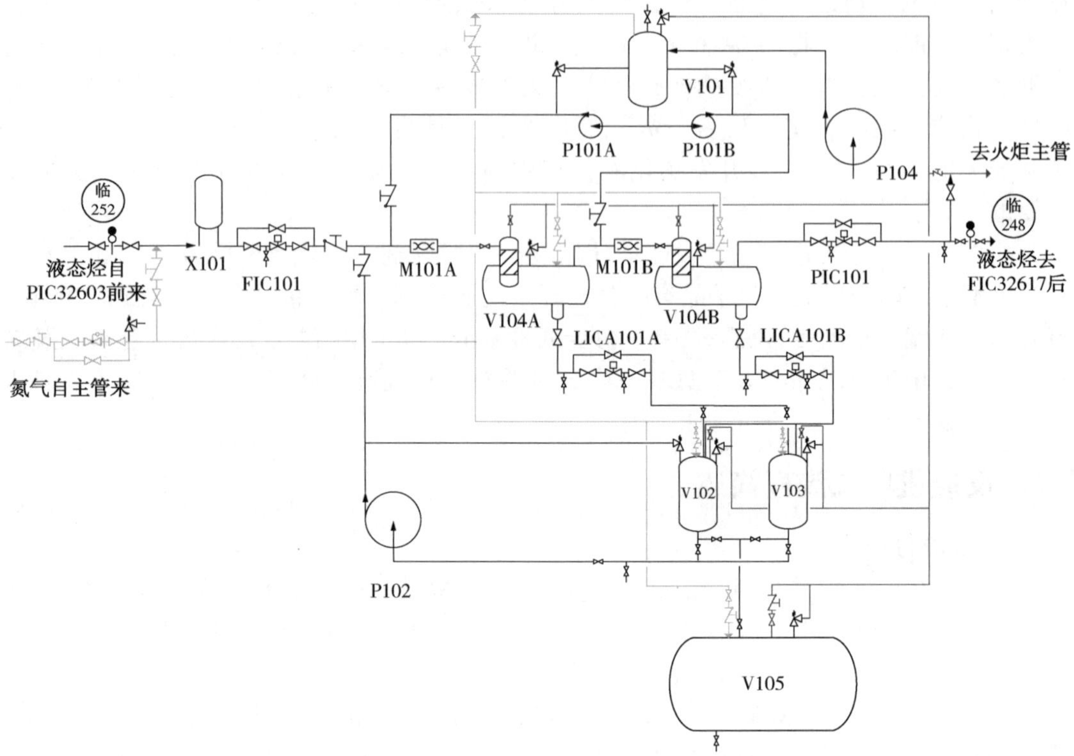

图 1　延迟焦化装置液化气高浓度有机硫脱除设施流程示意图

4　中试试验过程

影响脱硫效果的参数主要有一级脱硫剂流量、富液循环流量、二级脱硫剂流量、物料混合强度和反应压力。固定脱前液化气进料流量，采用控制变量法，改变上述参数，考察对液化气脱硫效果的影响，摸索最佳工况条件。使用中试装置进行长周期运行模拟，为下一步工业化应用提供参考。

4.1　一级脱硫剂流量脱硫效果试验

脱前液化气流量设定为 80kg/h，一级脱硫剂注入量分别为 4.8L/h、3.2L/h、2.4L/h、1.2L/h、0.9L/h 和 1.96L/h，二级脱硫反应未使用，试验时间均为 2h。试验结束后，采脱前液化气和一级脱后液化气样品，分析甲硫醇、乙硫醇、羰基硫和甲硫醚。

4.2　富液循环试验和二级脱硫剂流量脱硫效果试验

一级富液流量为 8L/h，二级脱硫剂流量分别为 0.9L/h、1.32L/h、1.6L/h，试验开始 2h 后采脱前液化气和一级脱后液化气样品；试验开始 4h 后，采二级脱后液化气样品，分析甲硫醇、乙硫醇、羰基硫和甲硫醚。

4.3　物料混合强度变化和反应压力脱硫效果试验

沉降罐 V104A 反应压力设定在 0.6MPa，脱前液化气与脱硫剂混合物分别从静态混合器中部和入口进料，从混合器中部进料时，脱前液化气与脱硫剂的混合强度为从入口进料时的一半；试验结束后，采脱前液化气和一级脱后液化气样品，分析甲硫醇、乙硫醇、羰基硫和甲硫醚。

脱前液化气与脱硫剂混合物进料方式和流量不变，沉降罐 V104A 压力设定为 0.95MPa，试验结束后，采脱前液化气和一级脱后液化气样品，分析甲硫醇、乙硫醇、羰基硫和甲硫醚。

4.4 长周期运行

4.4.1 第一次长周期运行试验

① 脱前液化气流量设定为160kg/h，一级脱硫剂流量为8L/h，运行2h后，将沉降罐V104A富液转至富液缓冲罐V102中，停止加注一级脱硫剂；采脱前、一级脱后液化气样品，分析甲硫醇、乙硫醇、羰基硫和甲硫醚。

② 富液缓冲罐V102中富液以8L/h的速度注入沉降罐V104A中，二级脱硫剂流量为4.8L/h，运行2h后，将沉降罐V104A中富液转至富液缓冲罐V102；再次重复上述富液循环步骤。采一级脱后液化气和二级脱后液化气样品，分析甲硫醇、乙硫醇、羰基硫和甲硫醚。

本次长周期试验从11月15日12:00至16日1:00，共计13h。

4.4.2 第二次长周期运行试验

① 脱前液化气流量设定为100kg/h，一级脱硫剂流量为5L/h，运行2h后，将沉降罐V104A富液转至富液缓冲罐V102中，停止加注一级脱硫剂；采脱前液化气、一级脱后液化气样品，分析甲硫醇、乙硫醇、羰基硫和甲硫醚。

② 富液缓冲罐V102中富液以8L/h的速度注入沉降罐V104A中，二级脱硫剂流量为3.5L/h，运行2h后，将沉降罐V104A中富液转至富液缓冲罐V102；再次重复上述富液循环步骤。采一级脱后液化气和二级脱后液化气样品，分析甲硫醇、乙硫醇、羰基硫和甲硫醚。

本次长周期试验从11月20日8:00至18:00，共计10h。

4.4.3 第三次长周期运行试验

富液缓冲罐V102中富液以8L/h的速度注入沉降罐V104A中，二级脱硫剂流量为3.8L/h，运行2h后，将V104A中富液转至富液缓冲罐V102；再次重复上述富液循环步骤。采一级脱后液化气和二级脱后液化气样品，分析甲硫醇、乙硫醇、羰基硫和甲硫醚。

本次长周期试验从11月21日9:00至16:00，共计7h。

5 试验结果分析

5.1 一级脱硫剂流量对液化气有机硫脱除效果的试验结果与分析

一级脱硫剂流量对液化气有机硫脱除效果的试验结果与分析见表1。

表1 一级脱硫剂流量对液化气有机硫脱除效果的试验结果

序号	脱前液化气流量/(kg/h)	一级脱硫剂流量/(L/h)	脱硫剂质量/总硫质量(剂硫比)	脱前液化气/(μL/L)				一级脱后液化气/(μL/L)				脱除率/%			
				甲硫醇	乙硫醇	羰基硫	甲硫醚	甲硫醇	乙硫醇	羰基硫	甲硫醚	甲硫醇	乙硫醇	羰基硫	甲硫醚
1	80	4.8	7.89	5957.1	2403.6	0.2	/	/	/	/	/	100	100	100	100
2	80	3.2	4.29	6806.3	3319.6	84.4	36.4	10.5	6.4	15	8.4	99.85	99.81	82.23	76.92
3	80	2.4	5.21	4657.8	1579.3	83.2	18.9	8.7	6.6	5.3	3.3	99.81	99.58	93.63	82.54
4	80	1.2	3.34	3998.6	833.7	95.7	12.4	1592.3	535.8	4.6	23	60.18	35.73	95.19	-85.48

注：“/”表示未检出，计算脱除率时视为0；脱除率为负值表示脱后数值高于脱前数值。

① 液化气流量为80kg/h，一级脱硫剂流量在4.8L/h，硫醇、羰基硫和甲硫醚的脱除率

均为 100%，可实现硫醇脱除率大于 99%、羰基硫脱除率大于 99%、甲硫醚脱除率大于 70%的目标值。

② 一级脱硫剂流量在 3.2L/h，甲硫醇、乙硫醇、甲硫醚脱除率高于目标值，羰基硫脱除率低于目标值，羰基硫和甲硫醚脱除率明显降低。

③ 一级脱硫剂流量在 2.4L/h，甲硫醇、乙硫醇、甲硫醚脱除率高于目标值，甲硫醇和乙硫醇脱除率无明显变化，甲硫醚脱除率有所提升，羰基硫脱除率有所提升，但低于目标值。

④ 一级脱硫剂流量降至 1.2L/h，甲硫醇和乙硫醇脱除率大幅降低，羰基硫脱除率无明显变化，但低于目标值，但脱后液化气甲硫醚含量较脱前液化气大幅上升。

⑤ 一级脱硫剂流量降至 0.9L/h，处于助剂流量误差范围较大的阶段，此组数据不进行采用。

5.2 富液循环试验和二级脱硫剂流量对液化气有机硫的脱除效果的试验结果与分析

富液循环试验和二级脱硫剂流量对液化气有机硫的脱除效果的试验结果与分析见表 2、表 3。

表 2 富液循环试验和二级脱硫剂流量对液化气有机硫的脱除效果的试验结果

液化气流量/(kg/h)	富液流量/(L/h)	二级脱硫剂流量/(L/h)	脱前液化气/(μL/L)				一级脱后液化气/(μL/L)				二级脱后液化气/(μL/L)				备注
			甲硫醇	乙硫醇	羰基硫	甲硫醚	甲硫醇	乙硫醇	羰基硫	甲硫醚	甲硫醇	乙硫醇	羰基硫	甲硫醚	
80	8	0.9	6350.6	2397.9	38.3	24.6	1334.1	737.7	1.6	37.3	78.7	26.6	0	109.8	第一轮循环
80	8	1.32	8391.7	2941.5	159.9	35.5	0	0	0	21.9	7.3	0	0	17.7	第二轮循环
80	8	1.44	9801	4721.6	172.6	76	15.5	7.2	0	62.6	1.6	0	0	64.7	第三轮循环
80	8	1.6	5317.2	1521.4	114.5	17.8	12.3	5.7	0	32	1.7	0	0	14.6	第四轮循环
80	8	0	6087.6	2504.7	105.3	27.5	123.6	26.7	4.3	45.2	—	—	—	—	第五轮循环
80	8	0	4081.7	1355.6	172	20.4	4.1	1.6	0	82.4	—	—	—	—	第六轮循环
160	8	0	11312.6	5677.1	147.3	65.3	7.5	3.8	12.8	18.6	—	—	—	—	第七轮循环

表 3 富液循环试验和二级脱硫剂流量对液化气有机硫的脱除效果的试验脱除率

富液循环轮次数	一级脱除率/%				二级脱除率/%				总脱除率/%			
	甲硫醇	乙硫醇	羰基硫	甲硫醚	甲硫醇	乙硫醇	羰基硫	甲硫醚	甲硫醇	乙硫醇	羰基硫	甲硫醚
第一轮循环	78.99	69.24	95.82	-51.63	94.10	96.39	100.00	-194.37	98.76	98.89	100.00	-346.34
第二轮循环	100.00	100.00	100.00	38.31	/	/	/	19.18	99.91	100.00	100.00	50.14
第三轮循环	99.84	99.85	100.00	17.63	89.68	100.00	/	-3.35	99.98	100.00	100.00	14.87
第四轮循环	99.77	99.63	100.00	-79.78	86.18	100.00	/	54.38	99.97	100.00	100.00	17.98
第五轮循环	97.97	98.93	95.92	-64.36	—	—	—	—	—	—	—	—
第六轮循环	99.90	99.88	100.00	-303.92	—	—	—	—	—	—	—	—
第七轮循环	99.93	99.93	91.31	71.52	—	—	—	—	—	—	—	—

注：因为一级脱后液化气和二级脱后液化气均未检出，“—”表示无实际计算意义；“/”表示未检出；脱除率为负值表示脱后数值高于脱前数值。

富液循环试验进行七轮循环：

① 其中一级脱硫反应使用富液进行脱硫，甲硫醇、乙硫醇和羰基硫脱除率较高，甲硫醚脱除效果不佳，主要原因是富液循环时，甲硫醚出现富集，富液同时夹带少量脱前液化

气，所以在循环过程中，富液萃取的甲硫醚又进入液化气中，出现了一级脱后液化气甲硫醚浓度高于脱前液化气现象。

② 二级脱硫反应甲硫醇、乙硫醇和羰基硫脱除率较高，甲硫醚脱除效果不佳。甲硫醇、乙硫醇和羰基硫总脱除效果较好，脱除率达到目标值，但甲硫醚的脱除效果不佳，增加二级脱硫剂流量并不能提高甲硫醚的脱除率。

5.3 物料混合强度变化和反应压力对液化气有机硫脱除效果的试验结果与分析

物料混合强度变化和反应压力对液化气有机硫脱除效果的试验结果与分析见表 4。

表 4 物料混合强度变化和反应压力脱硫效果的试验结果

液化气流量/(kg/h)	一级脱硫剂流量/(L/h)	混合强度	压力/MPa	脱前液化气/(μL/L)				一级脱后液化气/(μL/L)				脱除率/%			
				甲硫醇	乙硫醇	羰基硫	甲硫醚	甲硫醇	乙硫醇	羰基硫	甲硫醚	甲硫醇	乙硫醇	羰基硫	甲硫醚
80	1.2	全混	0.6	5158	2127	61.9	26.6	1041.7	390.7	/	9.6	79.80	81.63	100.00	63.91
80	1.2	半混	0.6					1653.4	630.3	/	6.6	67.94	70.37	100.00	75.19
80	1.2	全混	0.95					21.9	7.4	/	31.5	99.58	99.65	100.00	-18.42

注：“/”表示未检出，计算脱除率时视为 0；脱除率为负值表示脱后数值高于脱前数值。

进行一级脱硫反应时，一级脱硫剂流量为 1.2L/h，有机硫脱除率出现拐点，因此将一级脱硫剂流量固定在 1.2L/h。

沉降罐 V104A 压力在 0.6MPa 时，提高液化与脱硫剂混合程度能够提高甲硫醇和乙硫醇的脱除率，但甲硫醚的脱除率略有降低，羰基硫的脱除率均为 100%，总体上看，全混合与半混合不是影响脱除率的主要因素。

对比甲硫醇、乙硫醇、羰基硫和甲硫醚脱除率，羰基硫最容易脱除，其次是甲硫醇和乙硫醇，甲硫醚脱除难度最大。

同一混合程度下，提高沉降罐 V104A 压力能够提高甲硫醇和乙硫醇的脱除率，羰基硫的脱除率均为 100%，一级脱后液化气甲硫醚含量高于脱前液化气，因为反应过程中存在少量活性硫转化成惰性硫—硫醚的反应，提高压力反而降低甲硫醚脱除率。

5.4 长周期运行试验

长周期运行试验见表 5、表 6。

表 5 长周期运行试验数据

试验	液化气流量/(kg/h)	一级脱硫剂流量/(L/h)	富液流量/(L/h)	二级脱硫剂流量/(L/h)	脱前液化气/(μL/L)				一级脱后液化气/(μL/L)				二级脱后液化气/(μL/L)			
					甲硫醇	乙硫醇	羰基硫	甲硫醚	甲硫醇	乙硫醇	羰基硫	甲硫醚	甲硫醇	乙硫醇	羰基硫	甲硫醚
第一次长周期试验	160	8	0	4.8	3501.5	1088.5	80.6	13.2	/	/	2.4	18.5	/	6.2	/	9.1
	160	0	8	4.8					2916.7	1524.7	3.4	22.8	1.6	1.5	/	31
第二次长周期试验	100	5	0	3	3052.4	1086.9	67.8	12.5	/	46.5	/	/	2.5	25.9	/	/
	100	0	8	3.5					21.9	7.4	/	31.5	19.1	12	/	3.4
第三次长周期试验	100	0	8	3.8	4941.5	1541.5	62	15.9	35.5	18.2	/	11.4	/	29.2	/	/
	100	0	8	4					1474.6	1338.1	2.1	27.7	3.7	3.1	/	5.1

注：“/”表示未检出，计算脱除率时视为 0。

表 6　长周期运行试验脱除率数据

试验序号	一级脱除率/%				二级脱除率/%				总脱除率/%			
	甲硫醇	乙硫醇	羰基硫	甲硫醚	甲硫醇	乙硫醇	羰基硫	甲硫醚	甲硫醇	乙硫醇	羰基硫	甲硫醚
第一次长周期试验	100.00	100.00	97.02	-40.15	—	—	100.00	50.81	100.00	99.43	100.00	31.06
	16.70	-40.07	95.78	-72.73	99.95	99.90	100.00	-35.96	99.95	99.86	100.00	-134.85
第二次长周期试验	100.00	95.72	100.00	100.00	—	44.30	—	—	99.92	97.62	100.00	100.00
	99.28	99.32	100.00	-152.00	12.79	-62.16	—	89.21	99.37	98.90	100.00	72.80
第三次长周期试验	99.28	98.82	100.00	28.30	100.00	-60.44	—	100.00	100.00	98.11	100.00	100.00
	70.16	13.19	96.61	-74.21	99.75	99.77	100.00	81.59	99.93	99.80	100.00	67.92

注：因为一级脱后液化气和二级脱后液化气均未检出，“—”表示无实际计算意义；脱除率为负值表示脱后数值高于脱前数值。

① 从总脱除率上看，三次长周期试验甲硫醇、乙硫醇、羰基硫脱除效果较好，达到目标值，甲硫醚脱除效果不佳，六次试验中，只有三次达到目标值。

② 在第一次长周期运行中，二级纤维膜沉降罐 V104B 富液液位在 75cm，富液中富集的甲硫醚进入脱硫后液化气中，出现了甲硫醚脱硫后比脱硫前还高的现象，在第二次和第三次长周期运行中，控制二级纤维膜沉降罐 V104B 的液位 35cm 左右，及时排出富液，甲硫醚的脱除率大幅上升。

③ 在第二次长周期试验中，一级反应使用脱硫剂时，甲硫醚脱除效果良好，使用富液循环时，甲硫醚脱除效果差，且脱硫后液化气甲硫醚含量高于脱硫前液化气，富液对甲硫醚的吸收效果差，同时可能自身吸收甲硫醚释放至脱硫后液化气中，造成脱硫后液化气甲硫醚含量高于脱前液化气。

④ 一级脱硫反应使用富液进行循环时，在二级脱硫反应中，脱硫剂注入流量相对于液化气流量比例大于 3.5%时，甲硫醚脱除率基本可达到大于 70%的目标值。

6　结语

① 液化气流量为 80kg/h，使用新鲜脱硫剂流量 4.8L/h，甲硫醇、乙硫醇、羰基硫和甲硫醚的脱除率均为 100%，可实现甲硫醇和乙硫醇脱除率大于 99%、羰基硫脱除率大于 99%、甲硫醚脱除率大于 70%的目标值。

② 甲硫醚的脱除是萃取脱除的，使用富液循环吸收时，甲硫醚脱除效果不佳，且富液中吸收的甲硫醚可能会解吸释放出来，造成脱后液化气甲硫醚含量反而高于脱前液化气。使用新鲜脱硫剂脱甲硫醚时，通过降低沉降罐 V104B 的液位，及时移走富液，防止富液中甲硫醚的解吸，可有效提高甲硫醚的脱除率。

③ 一级脱硫反应使用富液进行循环时，在二级脱硫反应中，脱硫剂注入流量相对于液化气流量比例大于 3.5%时，甲硫醚脱除率基本可达到大于 70%的目标值。

④ 提高沉降罐 V104A 压力(从 0.6MPa 提高至 0.95MPa)能够提高硫醇的脱除率，但降低了甲硫醚脱除率。

7　存在的问题及改进建议

纤维膜沉降罐中应设挡板，增加富液分离效果，减少富液夹带液化气。流程设计中应增加富液闪蒸步骤，去除其中的液化气，可提高富液脱除效果，使富液增加循环次数，进一步降低脱硫成本。饱和富液罐中应增加气提工序，以利于饱和富液中转及处置。

参考文献

[1] 朱银松．焦化液化气脱硫醇装置存在问题分析及技术改造[J]．石油化工技术与经济，2023，39(2)：30-33.

[2] SHEN Y，HU Y，WANG M，et al. Speciation and thermal transformation of sulfur forms in high-sulfur coal and its utilization in coal-blending coking process：a review[J]. Chinese Journal of Chemical Engineering，2021，35：70-82.

[3] 石义平．胺液在线净化对降低焦化液化气硫含量的影响[J]．石化技术，2024，31(3)：1-3.

[4] 淳于声雯．焦化液化气脱硫醇装置深度脱硫技术应用[J]．齐鲁石油化工，2015，43(3)：194-200.

[5] 张峰，沈本贤，孙辉，等．纤维液膜接触器内复配型溶剂高效脱除液化气中有机硫[J]．石油炼制与化工，2015，46(6)：68-73.

[6] 孙学锋，汪优华．焦化液化气脱硫醇工艺技术改造[J]．当代化工，2013，42(12)：1765-1767.

[7] 雷兵，马玲，李磊，等．国内炼厂 Merox 脱硫工艺体系存在的问题与对策[J]．广州化工，2023，51(2)：220-223.

[8] 张玉芬，赵刚，申宝剑，等．液化气硫醇无碱转化组合工艺的开发及工业侧线试验[J]．石油与天然气化工，2009，38(6)：505-508+459-460.

[9] 毛永丰．焦化厂脱硫工艺的优化改进[J]．山西化工，2023，43(5)：225-227.

[10] 郭佳林，张迎，李宁．深度脱硫工艺在焦化液化气处理中的应用[J]．石油化工技术与经济，2022，38(2)：41-43+48.

[11] 张鹏．液化石油气无碱脱硫醇工艺改造分析[J]．炼油技术与工程，2007(5)：13-17.

[12] MAO S，ZHAO Y，CHEN J，et al. Development of process safety knowledge graph：a case study on delayed coking process[J]. Computers and Chemical Engineering，2020，143：107094.

[13] 孟耀波．延迟焦化反应中硫化物转化的研究[J]．山西化工，2022，42(7)：85-86.

[14] TAILLEUR R G. Hydrogenation and hydrodesulfurization in gas phase of light hydrocarbons from hydrocracking，desulfurization and delayed coking. I catalyst deactivation[J]. Chemical Engineering Science，2019，210：115195.

[15] 耿胜楚．利用煤化工装置含硫化氢酸性气生产甲硫醇钠的工艺研究[J]．氮肥与合成气，2019，47(7)：16-18.

[16] 蔡镇锋．高硫液化气脱硫醇工艺的选择[J]．中国石油和化工标准与质量，2020，40(11)：237-240.

[17] 周晓龙．焦化液化气脱硫醇工艺及装置升级方案研究[J]．精细石油化工，2019，36(6)：72-75.

[18] 程佛子，周静，肖翔，等．延迟焦化装置液化石油气脱硫醇工艺优化[J]．炼油技术与工程，2014，44(1)：26-29.